住房城乡建设部土建类学科专业"十三五"规划教材

高等学校城乡规划专业系列教材

规划师业务基础

荣玥芳　主编

中国建筑工业出版社

审图号：GS 京（2023）0145 号

图书在版编目（CIP）数据

规划师业务基础 / 荣玥芳主编 . —北京：中国建筑工业出版社，2022.11

住房城乡建设部土建类学科专业"十三五"规划教材

高等学校城乡规划专业系列教材

ISBN 978-7-112-28149-7

Ⅰ.①规… Ⅱ.①荣… Ⅲ.①城市规划—高等学校—教材 Ⅳ.① TU984

中国版本图书馆 CIP 数据核字（2022）第 209405 号

本教材为住房城乡建设部土建类学科专业"十三五"规划教材，主要内容包括：规划师业务概述、规划师业务基础知识、规划师的相关专业知识、城乡规划法规与技术标准、总体规划编制实践、控制性详细规划编制实践、其他规划设计业务实践、城乡规划管理实践。教材理论与实践相结合，配有数字资源。本书可作为高等学校城乡规划及相关专业的教材，也可供相关行业从业人员学习参考。

为更好地支持本课程的教学，我们向采用本书作为教材的教师提供教学课件，有需要者请与出版社联系，邮箱：jgcabpbeijing@163.com。

责任编辑：杨　虹　尤凯曦
责任校对：张　颖

住房城乡建设部土建类学科专业"十三五"规划教材
高等学校城乡规划专业系列教材
规划师业务基础
荣玥芳　主编
＊
中国建筑工业出版社出版、发行（北京海淀三里河路 9 号）
各地新华书店、建筑书店经销
北京雅盈中佳图文设计公司制版
建工社（河北）印刷有限公司印刷
＊
开本：787 毫米 ×1092 毫米　1/16　印张：27$\frac{1}{2}$　字数：548 千字
2025 年 2 月第一版　2025 年 2 月第一次印刷
定价：**65.00** 元（赠教师课件）
ISBN 978-7-112-28149-7
（40603）

教材编委会

主　　编：荣玥芳
副 主 编：张险峰　张　戈　吕　飞
主编助理：贾梦圆　张秀芹　王学兰　林浩曦　马　源　王海蒙
　　　　　孙永青　乔　鑫

编委（以姓氏笔画为序）：

马玉婷　马　源　王学兰　王　祎　王海蒙　王德震
牛金莹　户钰洁　邓　岳　石春晖　成露依　毕莹玉
吕虎臣　朱　天　朱宏伟　乔　鑫　刘立群　刘　芳
刘津玉　安秉飞　孙永青　李井楠　李航程　杨蕊源
余　婷　宋万鹏　宋　健　张秀芹　张　典　张新月
张　蕊　陆胤京　陈江娜　陈　巍　范光华　林浩曦
周彦灵　郑煜昂　侯建辉　郭思维　贺艺菲　栗闻君
贾梦圆　梁晓航　彭思淼　程　廷　薛　严

序言

规划，指人们在开始做某事之前仔细考虑如何去做，与计划、打算、谋略近意。规划，是人们对未来发展的期望和预测，是人类区别于动物的主要行为之一，伴随着人类文明进程。凡事预则立，不预则废。规划广泛地应用在人类生活之中。从规划的本质看，规划的目的是要为其服务对象谋取未来可能条件下的最大利益。因此，不同社会组织，甚至个人，都可以编制规划。选取对象和衡量利益是规划的两个关键。

规划，有多种分类方法。从主体分，有政府规划、企业规划、社区规划等；从内容分，有经济规划、社会规划、环境规划等；从时间阶段分，有长远规划、中期规划、近期规划等；从空间范围分，有全国规划、地方规划、流域规划等；从深度分，有总体规划、详细规划、专项规划等。坦率地讲，目前的规划研究大多只是针对政府的或者公共部门的规划而言的，并不能完整反映规划的全部特征。由于各级政府组织编制和实施的规划涉及公共权力的应用和公众利益的维护，往往受到更多关注。作为推动工作的重要方式，产生了名目繁多的政府规划。经过长期的演化，我国的政府规划逐步形成了以发展规划为统领、以空间规划为基础、以专项规划为支撑的，具有中国特色的城乡规划体系。

本教材所讲的规划显然不是规划的全部内容，而是指以城市规划为主线发展形成的城乡规划。城市规划是规划的重要类型，可以从多个层面理解，不同时期、不同地区、不同学科、不同专家对城市规划的定义差距很大，这显然与城市规划实践远早于学术研究有关。从字面上理解，城市规划是针对城市进行的规划，从发展过程看，并非如此。作为一项社会实践的城市规划，历史悠久，从农业文明的定居点到工业文明的大城市，其形成过程都有规划工具的运用，表现为不同的形式。

尽管城市规划的理解存在巨大的时空差异，但是也有明显的共同特点。现代城市规划是建立在以城市土地和空间使用为主要内容的基础之上的，城市的土地和空间使用以及广泛的城市环境构成城市规划研究和实践的主要对象。编制城市规划首先要确定范围和时间，前者称为规划区，后者称为规划期限。虽然围绕城市环境的规划实践同样是丰富多彩的，但不同规划的共同点最终是要为人们的各种活动提供合适的空间场所或地方，其本质是对地表空间的布局安排，仍然以政府的规划和土地政策作为前提条件。

作为职业的规划师源自规划教育的发展和职业化进程。由于规划和城市规划的实践特点，规划成为大学专业教育的学科并没有多长时间。国际上的城市规划学科至今也只有一百多年的历史。城市规划曾经是建筑学专业的一个培养方向。受建筑学的影响，城市规划类似物质形态的城市设计。与形体传统对应，现代城市规划同时形成了以社会健康发展为主线的综合路径。不论哪种情况，城市规划的重点放在编制和实施城市发展的合理方案，强调知行合一，逐步成为一种职业实践。职业实践其实是官方认定的一种制度。

我国的规划教育和职业化相对时间更短。1999年，人事部、建设部印发了《注册城市规划师执业资格制度暂行规定》，开始实施注册城市规划师执业资格制度，明确了相关政策制定、组织协调、资格考试、注册登记和监督管理等规定。2000年，两部又印发了《注册城市规划师执业资格考试实施办法》。2011年，国务院学位委员会和教育部联合颁布文件，将城乡规划学设为一级学科，城市规划逐步摆脱作为建筑学下属专业的地位。

毋庸讳言，由于涉及重大利益关系调整，城乡规划始终充满争议，近年来又遇到了一些新的挑战。这主要是由于规划发展的步子迈得过大、社会的期望值过高引起的。从城市规划，到城乡规划，再到国土空间规划，规划的业务范围发生了很大变化，需要实践的积累过程。但人们总是希望在自己管辖的范围内规划所有的东西，这不符合规划的基本特征。超出实际能力规划不可规划的内容，往往正是造成规划折腾的主要原因。建构一个发现问题的平台和解决问题的机制，远比画一张面面俱到的图纸重要。

我国正处于空间规划体系建构的阶段，面临着很多改革。作为教材，既要保持原有知识的连贯性，又要增加新的内容，编写工作是一项艰巨的任务。但是，规划的基本逻辑并没有大的变化。无论处于什么阶段，规划师都要掌握一些基本知识，这些知识有一定范畴和合理的结构。城乡规划学科建设，一方面，要重视历史实践，进行理论的归纳总结，让学生知道自己所学专业的来龙去脉。另一方面，要全面构建面向未来的专业知识体系，打好走上社会从业的基础。

在当前情况下，出版《规划师业务基础》一书，可以说是雪中送炭，非常及时。在快速变迁的过程中，归纳出一整套知识和技能作为规划师的业务基础，确实是一件不容易的事情。这本教材适应城乡规划行业和规划设计技术方法的发展变化，由教学和设计机构合作，历时5年完成，包括的知识内容系统、丰富，提供的实践技能实用、全面。教材还根据网络社会学习方式的变革，采取电子阅读拓展的办法，增加了大量延伸的内容。当然，不能要求一本教材解决所有的规划业务问题。它只要是解决了一定时期的主要问题，就是好教材。

　　规划学科的实践性强，学科建设与政府工作是高度相关的。但是，两者也不能画等号。规划师的培养基于专业的长期积累，政府工作需要根据千变万化的形势不断调整。如果政府部门过多干预学科建设，导致学科缺乏稳定性、独立性和学术性，得不偿失。规划不是谁管的问题，而是怎么做的问题。应该说，这本教材，为怎么做好规划，提供了一个基本的路径。看了整体框架之后，我对规划专业的发展充满了期待。

前言

"规划师业务基础"是城乡规划专业本科生高年级的理论必修课。该课程是在学生一年级至四年级所学习的全部理论课程的基础上，促进学生全面构建城乡规划专业知识体系的课程，为学生未来更好地面向毕业综合训练以及注册城乡规划师考试的一门课程。

因为该教材具有以上梳理总结相关课程内容的重要任务，教材内容包含城市规划原理、城市规划相关知识、城市规划管理与法规、城市规划实务四个板块的内容。该教材申请获批住房城乡建设部土建类学科专业"十三五"规划教材，为更好契合城乡规划行业发展变化、规划设计实践以及规划技术方法的演化，教材编写组历时5年完成书稿编写工作。

教材编写组来自北京建筑大学、天津城建大学、苏州科技大学、北京清华同衡规划设计研究院等高校和国内优秀设计机构。其中北京建筑大学荣玥芳教授团队负责教材提纲与教材统稿工作，同时主要负责城市规划原理板块内容；天津城建大学张戈教授团队负责城市规划管理与法规板块内容；苏州科技大学吕飞教授负责城市规划相关知识板块内容；北京清华同衡规划设计研究院张险峰总规划师团队负责规划实务部分的内容。

本教材的内容在保证书稿各板块内容的系统性与完整性的同时，为了减小师生及读者使用教材的压力，尽量压缩了纸质版教材的内容，同时教材中增加了很多电子二维码阅读内容，即在教材干货内容的基础上，编写组把一些法律法规、技术规范以及案例部分的内容进行了电子阅读拓展，在读者需要进行扩展阅读的时候可以扫描二维码进行电子阅读。由此实现该教材内容的丰富度。

教材编写团队成员均拥有丰富的教学与实践经验，其中实践案例来自清华同衡规划设计研究院实践项目，且具有一定的典型性和代表性。该教材为读者提供了系统、全面的规划师业务基础知识内容。

　　该教材使用对象包括城乡规划专业及相关专业的本科生、研究生以及有计划参加注册规划师考试的相关专业人员。

编者

目录

第 1 章

规划师业务概述

1.1 总述

城市规划是"对一定时期内城市的经济和社会发展、土地利用、空间布局以及各项建设的综合部署、具体安排和实施管理"。城市规划对提高人类居住与生活水平、自然和空间资源的可持续利用、城市设施效率的充分发挥具有重要的意义。城市规划代表着城市的综合实力和城市的发展未来,是规划师技术、文化、政策、国际视野等能力的重要标志。

1898年,霍华德《明日——真正改革的和平之路》一书的出版标志着近现代城市规划学科的开始,城市规划学科由物质形体规划向社会经济生态规划演变。进入20世纪,城市化发展越来越快,城市逐渐形成了一个庞大的系统,城市规划理论也不断充实和完善。20世纪60年代以后,城市规划学从以建筑规划为主发展到多学科交叉。城市规划教育走过了以工程学、建筑学为基础的本科生教育为主的阶段后,开始转向以文、理、工等多学科交叉背景的城市规划硕士学位及博士学位的研究生教育阶段。建筑学、地理学、经济学、环境学、心理学、社会学、历史学、人口学、法学及政治学等学科和专业相继加入城市规划的行列。

我国的城市规划发展分为五个阶段:

1950—1957年为创建发展期。"苏联模式"的引入拉开了中国现代城市规划历史的序幕。这一时期城市规划的主要特征是以安排项目建设的空间布局为主导,城市建设和住宅建设实行同步配套进行。城市规划的主要任务是落实国家的长期计划,根据工业建设的需要,进行城市规划编制工作。

1958—1977 年为徘徊倒退期。为了适应"大跃进"的需要，规划界普遍开展简化内容的"快速规划"。1960 年全国计划工作会议提出"三年不搞规划"，导致规划机构精简、规划教育停办和规划工作的停顿。"文化大革命"时期，全国经济发展速度缓慢甚至停止，城市规划被排斥在经济社会之外。

1978—1999 年为迅速发展期。1978 年 3 月，国家召开第三次城市工作会议，制定了《关于加强城市建设工作的意见》，城市规划工作重新走上正轨，进入迅速发展期。1979 年 3 月，中共中央批准成立国家城市建设总局，直属国务院。1982 年 5 月，国家城市建设总局、国家建筑工程总局、国家测绘总局、国家基本建设委员会的部分机构和国务院环境保护领导小组办公室合并，成立城乡建设环境保护部。1985 年，完成全国设市城市第二轮总体规划。1988 年 5 月，根据《关于国务院机构改革方案的决定》，撤销城乡建设环境保护部，设立建设部。1989 年，《中华人民共和国城市规划法》颁布，标志中国城市规划步入法制化轨道。1990 年代末，开创一个全面的开放式规划体系，全国第三轮设市城市总体规划编制工作基本结束。

2000—2017 年为城乡规划体系构建成熟期。我国很多城市开展了新一轮城市总体规划修编工作。2007 年，《中华人民共和国城乡规划法》出台并于 2008 年 1 月 1 日起施行，"城市规划"演进为"城乡规划"。2008 年 3 月，根据《国务院机构改革方案》，建设部改为住房和城乡建设部，是负责建设领域行政管理的国务院组成部门。2010 年，中华人民共和国住房和城乡建设部发布《省域城镇体系规划编制审批办法》，全面开展省域城镇体系规划编制。

2018 年至今为国土空间规划体系创新改革期。2018 年 3 月，组建自然资源部。根据《中共中央办公厅 国务院办公厅关于调整住房和城乡建设部职责机构编制的通知》规定，住房和城乡建设部城乡规划管理职责，划归自然资源部；住房和城乡建设部风景名胜区、自然遗产管理职责，划归国家林业和草原局；将公安部指导建设工程消防设计审查职责划归住房和城乡建设部。2019 年 5 月 10 日，中共中央、国务院正式印发《中共中央 国务院关于建立国土空间规划体系并监督实施的若干意见》，明确提出了建立国土空间规划体系的重大意义和总体要求，确立了空间规划体系的总体框架和编制要求，对空间规划的实施与监管、相关法规政策与技术保障做出规定，并对国土空间规划工作的开展提出了具体要求，开启了"多规合一"国土空间规划体系全面构建的新时代。

我国城乡发展到高质量发展新阶段，城乡空间及其承载的功能必然随之变化，规划设计不能再沿袭原有主要通过蓝图管控增长的方法，而需要推动通过空间再生产、再创造提升城市价值和品质，通过空间有机更新、全面提升改善人居环境，更好地推进以人为核心的城镇化，在"百年未有之大变局"中，通过空间综合治理，推动实现城乡高质量的发展。

1.2 规划师职业的产生与发展

　　城市规划的历史可以追溯到人类城市文明史的起源，但系统的城市规划教育却是起源于现代。城市规划教育及学科的发展为规划行业发展提供了重要的智力支持和人才保障。

1.2.1 国外规划师职业发展概况

　　1909 年，哈佛大学在美国最先开设了城市规划课程，成为西方发达国家城市规划专业教育百年历史的开端。随着不断地实践探索和发展完善，西方现代城市规划教育已具备了能够适应政治、经济、社会、文化的系统性学科理论体系，并且这一理论体系始终处于科学的动态调整之中，为城市规划专业教育进行动态调整提供了引领与保障。

　　西方国家城市规划教育体系具有多样化的教育形式，包括高等教育、职业培训、职业继续教育，发展出一套成熟、完善的运行机制。从高等教育结构层次看，以研究生教育为主，形成了从学士、硕士到博士的结构层次。本科阶段侧重基本素质培养，研究生阶段强调专业性教育。其中，硕士研究生向职业型教育发展，博士研究生向研究型教育发展。研究生课程设置专业化程度很高，执业针对性强，采取教学与实践相结合的开放式办学模式，注重培养创新思维和解决实际问题的能力。课程内容包括城市规划基本理论与基本技能课程，还包括经济学、社会学、数量分析与定量化技术、计算机应用能力、哲学与方法论、社区建设、法律、城市历史文化、职业道德与价值取向教育等。

1. 美国的规划师职业培养体系

　　美国城市规划师的培养被认为是一种职业教育，主要集中在大学研究生院的硕士课程阶段。在全美各地的综合性大学中，分别设置有"城市与区域规划"（City & Regional Planning）、"城市研究"（Urban Studies）、"城市/公共政策"（Urban/Public Policy）等学科，开设有关城市规划专业技术人员所必修的专业基础或专业课程。毕业生通常就职于各级政府城市规划管理部门或民间城市规划咨询机构，也有一部分人在大学任教或在科研机构从事研究工作，或继续攻读博士学位。美国城市规划专业组织有"美国城市规划师协会"（APA）、"美国规划院校联合会"（ACSP），两者相结合，共同认证高校的专业教育学位；另外，通过规范、系统的注册资格考试，认定注册规划师的执业资质。该模式强调高校的专业学位研究生教育面向注册规划师制度，是强制统一型的设置方式。

2. 法国的规划师职业培养体系

　　法国于 1990 年代初期成立了法国城市规划师理事会（CFDU）；1998 年成立了法

国城市规划师资格认证及职业办公室（OPQU），城市规划师认证制度开始实行。通过实行认证，可以规范行业，同时，经过认证的规划师对规划项目的理解、操控能力更强。

法国城市规划师分为大学城市规划专业毕业后从事城市规划工作与大学非城市规划专业毕业后从事城市规划工作（其中一部分人毕业后又接受了城市规划教育）两大类。法国城市规划师的专业背景非常广泛，来自建筑、工程技术、地理学、法律、经济学等多种专业领域，其中建筑、土木工程专业毕业的规划师中的一部分人是在原专业毕业后再学习城市规划专业课程的，他们中的许多人同时持有两种资格，如建筑师与城市规划师或土木工程师与城市规划师。

3. 日本的规划师职业培养体系

日本的城市规划专业教育除东京大学、东京工业大学、筑波大学等少数几所大学是设在一个独立的学科系之外，大多是设在工学部的建筑系或土木工程系内。日本规划师的培养教育主要有以下三个特点：一是注重行政规划师对多样化规划课题的适应与综合的能力。强调每个规划师对土地利用、道路、铁路、河川、城市开发、公园绿地等多领域专业知识的了解。二是注重作为城市规划管理人员能力的培养。除城市规划所要求的素质外，还注重对公共事业的意义、税收制度、管理体制、行政学等有关知识的培训。三是有关协调能力的培养。包括与上级政府管理部门及与一般市民的协商调节能力。

日本的城市规划师按所属部门可分为学者规划师、行政规划师与职业规划师三大类。日本 1968 年制定了"城市规划法"，1969 年制定了"第二次全国综合开发计划"，加大了城市规划对当时大规模的城市开发实施调控的力度。1970 年以后，出现了企业或私人城市规划设计事务所和城市规划咨询机构，即产生了职业规划师。目前职业规划师已成为日本城市规划专业队伍的主力军。1993 年，日本成立城市规划家协会，规定会员为"具有从事城市规划与区域规划 10 年以上实践工作经验，且取得了相应成就的专家，或者从事与城市规划、与区域规划相关领域的工作，并取得了相应成就的专家与学者"。在日本，能够取得国家认定的"建设咨询机构"资质的城市规划设计事务所或城市规划咨询机构，其法人代表中必须有通过国家统一考核取得了"建设咨询·城市与区域规划部门技术士"资格的成员。

1.2.2 国内规划师职业发展概况

20 世纪 50 年代，城市规划院作为我国城市规划制度体系的重要组成部分逐步建立起来。1954 年，国家城市建设总局城市设计院（即现在的中国城市规划设计研究院的前身）成立，由原国家城建局的部分技术干部、地方上抽调一些技术力量以及新毕业的大学生组建而成。1956 年，国家教育主管部门批准"城市规划"专业正式开始招生，标志着我国城市规划专业教育的确立。同年，中国城市规划学会前身"中国建筑学会城乡规划学术委员会"在北京成立，标志着中国城乡规划专业学术团体的形成。

1982 年，中国城市规划设计研究院（简称"中规院"）正式成立。作为建设部的直属科研机构，中国城市规划设计研究院是全国城市规划研究、设计和学术信息中心，是城市规划人才集聚中心，也是城市规划决策的技术咨询机构。1984 年，在建设部和中国科协领导下，中国城市科学研究会正式成立，是城市研究的重要学术团体。1980 年代开始，各地规划院纷纷恢复或新设，并逐步推行事业单位企业化管理。

20 世纪 90 年代，我国城市规划工作者与海外城市规划工作者的交流、合作日趋频繁，规划设计市场全面开放，城市规划行业的市场化转型吸引了大批专业人才，壮大了技术队伍。1994 年，中国城市规划协会正式成立，标志着城市规划作为一个独立的行业得到普遍认可。1999 年 4 月 7 日，我国人事部、建设部颁布了《关于印发〈注册城市规划师执业资格制度暂行规定〉及〈注册城市规划师执业资格认定办法〉的通知》（人发〔1999〕39 号），决定在城市规划领域实行注册城市规划师执业资格制度。注册城市规划师执业资格是对城市规划人员为履行其岗位职责与业务活动所必备的专业技术知识和实际工作能力的确认，注册城市规划师执业资格须通过考试取得。

2007 年，《中华人民共和国城乡规划法》出台，并于 2008 年 1 月 1 日起施行，首次将城市规划师职业资格制度的相关内容纳入了法律框架，为城市规划师执业制度提供了法律依据。2017 年，为了加强城乡规划专业技术人才队伍建设，保障规划工作质量，维护国家、社会和公共利益，人力资源社会保障部、住房和城乡建设部印发了《注册城乡规划师职业资格制度规定》和《注册城乡规划师职业资格考试实施办法》。国家对注册城乡规划师实行准入类职业资格制度，纳入全国专业技术人员职业资格证书制度统一规划。

随着中国经济进入高质量发展阶段，2019 年颁布的《中共中央 国务院关于建立国土空间规划体系并监督实施的若干意见》指出将主体功能区规划、土地利用规划、城乡规划等空间规划融合为统一的国土空间规划，实现"多规合一"。国土空间规划对规划专业人才和规划教育提出了更高的要求。

中国城乡规划学科经过六十余年的发展，培养造就了一支庞大的规划设计队伍，集聚了大批规划技术人才，拥有其他规划领域无法比拟的专业优势。首先，从国家层面到省、市层面，基本建立了隶属于各层级的规划院。加上众多高校和科研院所以及民营的规划设计机构，已经形成覆盖总体规划、详细规划，包含城市设计、交通市政和其他专项规划以及城市研究在内的完整规划体系的技术阵容，从业人员规模有一定的基础。其次，这支队伍并不是由单一的城市规划专业人员构成，而是拥有多专业、多学科的背景，具有较为扎实的理论基础、知识储备和丰富的实践经验。特别是经过长期的规划实践历练，规划专业人员已经形成了较为成熟而独特的规划思维。最后，城市规划行业已经具备很强的自我生存和发展能力。各类规划院尽管与政府行政主管部门仍保持着密切的业务联系，但并不具有依附性，在组织、运营和管理上具有独立性。通过多年市场经济的锤炼，规划院已经培养出高适应性的学习能力，具有很强的应变能力。当前城乡规划行业的服务对象、业务范围、研究范畴，已远远超出过去国家对城乡规划工作边界的定义，拓展到更广泛的领域。

1.2.3 规划师职业发展趋势

在国际环境错综复杂、国内需求变化多元的背景下，规划设计行业面临严峻挑战，应直面"分化—融合"的变革。未来的行业努力方向是加快专业融合与跨界，开展多学科协作、多专业配合及多专题研究，提升空间设计水平和推进规划信息化、智能化。规划师也应主动迎接变革，积极顺应国家的改革方向和市场需求，迅速转变思想观念和工作模式，在努力提升个人素质的基础上进行社会转型，以适应全球化、信息化、城市化和地方化对城市规划师提出的挑战。

1. 加强与其他专业部门的深度融合与协作

城市规划工作者应当主动学习土地利用规划中行之有效的管控手段，深入了解土地调查、用途管制、计划管理、土地供应和权籍管理等政策知识，在构建"多规合一"的一张蓝图中发挥更大的作用。

2. 加强跨学科、跨专业的学习和知识储备，拓展服务能力

城乡规划专业人才的知识体系需要向更加综合性的方向拓展，要特别加强经济学、社会学、地理科学、生态学、环境科学与工程、法学、管理学等学科领域的相关知识储备。

3. 巩固和强化塑造美好人居环境的空间设计优势

城市规划工作者需要持续提升空间设计质量和设计水平，努力塑造高品质的人居环境。有实力的规划院应当继续致力于"规划—设计—工程"全产业服务链条的打造。

4. 推动规划行业的数字化、信息化、智能化发展

规划方案的制定和评估等工作的信息化、系统化是未来行业发展的趋势，通过对大数据的深入分析，可以更好地了解城市运行的状况，助推智慧城市建设。同时，应大力推进地理信息系统技术、复杂计量模型、多智能体模型等新技术在国土空间规划编制中的广泛应用，全面提升规划行业的科技水平。

1.3　国内城乡规划师人才来源与路径

2011 年 3 月，国务院学位委员会确定城乡规划学为国家一级学科，标志着独立的城乡规划学科体系正式确立。

从我国城乡规划学科发展的大背景看，主流的城乡规划学科主要发源于建筑学科。伴随城乡规划工作内涵的不断丰富，城乡规划学科队伍的不断扩大，地理学、经济学、环境学和艺术类背景的城乡规划专业也逐渐建设并壮大。随着国家构建国土空间规划体系，以及对土地资源化使用与管理的强化，经济地理学、土地资源学等领域的学术理论势必进一步被充实到城乡规划学科的教育体系中，城乡规划教育也将进一步呈现不同的办学特色。城乡规划的专业指导和评估体系也将形成多元化目标，以适应行业发展的趋势和教育培养多元目标的要求。

从我国城乡规划专业人才培养来源看，城乡规划专业教育按照学科背景大致可以分为建筑类高校、地理类高校、土地类高校和景观类高校 4 类，不同学科背景的城乡规划专业人才培养方向、教学侧重点和培养路径不同。

1.3.1　建筑类高校

工科类高等院校的城乡规划专业是在原有的建筑学专业人才培养基础上发展形成的，侧重于以城市物质空间的规划设计为教育核心，以合理安排城市各类活动、协调城市空间布局为目标，致力于培养具备坚实城乡规划基础理论知识和实践应用能力的高层次规划设计人才。

建筑类高校城乡规划专业课程体系一般包括以下几类（表 1-1）：

建筑类高校城乡规划专业课程体系　　　　　　　　　表 1-1

课程类别	课程名称
专业基础课程	建筑表达、建筑设计基础及原理、城市设计初步、城市建设史、城市道路与交通、城市工程系统规划、园林植物与运用、城市生态与环境保护等
专业（主干）课程	城乡规划原理、城市规划思想史、城市规划设计、风景园林设计
公共基础选修课程	城市社会和经济学、政策分析、行政管理与法规、城市地理学、城市历史和文化保护、房地产开发和区域经济等
专业基础选修课程	工程经济学、建筑结构、城市绿地系统规划设计、风景园林建筑工程、工程地质与风景地貌、景观设计理论与方法、地理信息系统等

资料来源：作者自绘.

1.3.2　地理类高校

一些高等院校的城乡规划专业是在人文地理学专业基础上发展起来的，侧重于在区域范围内研究城市和城镇群的发展演变规律，以面向人地关系的协调、实现区域可持续发展为目标，致力于培养具备区域城乡建设和统筹规划技术的城乡规划专业人才。

地理类高校的城乡规划专业课程体系一般包括以下几类（表1-2）。其中，前两类课程偏重理论，后两类课程侧重于技术应用。

地理类高校城乡规划专业课程体系   表1-2

课程类别	课程名称
地理类课程	自然地理学、人文地理学、经济地理学、自然资源学及城市地理学
环境类课程	环境科学、城市生态学等
城乡规划类课程	区域分析与规划、城市规划原理、居住区规划、城镇总体规划、土地规划与管理
规划技术及地理信息技术类课程	地理信息系统、遥感导论、测量学、地图学、计算机辅助规划设计、城乡规划信息技术等

资料来源：作者自绘．

1.3.3 土地类高校

土地类高校的城乡规划专业主要是一些农业类院校以土地资源管理为学科背景开设的，侧重土地利用的总体布局和用途管制，优势是侧重自然与社会经济资源综合考察下的土地资源合理利用的空间布局与指标管控，与土地管理实践密切结合，致力于为国土、城建、农业、房地产及相关领域培养高级专业人才。

土地类高校的城乡规划专业课程体系一般包括以下几类（表1-3）：

土地类高校城乡规划专业课程体系   表1-3

课程类别	课程名称
土地基础理论类课程	自然地理学、土地资源学、土地管理学、地籍管理学、土地经济学、城市经济学、经济学概论、土地法
土地技术类课程	地图学、土地测量与制图、地籍测量、计算机辅助制图、土地管理信息系统、土地管理软件应用、遥感概论、土地资源遥感监测等
土地规划类课程	土地利用规划、城市规划原理、建筑制图、建筑设计与园林艺术等
不动产管理板块	房地产经济学、房地产经营管理、房地产营销与策划、房地产金融与投资、项目策划与管理、土地与房地产估价、土地登记代理、不动产法案例专题、财务管理等

资料来源：作者自绘．

1.3.4 景观类高校

景观类高校的城乡规划专业以风景园林优势学科群为依托，以形态规划与城市景观设计为基础，以注重城市规划的生态化为特点，以创建社会融合与价值多元的宜居空间环境为目标，致力于培养具备综合研究分析能力的城乡规划专业人才。

景观类高校的城乡规划专业课程体系一般包括以下几类（表1-4）：

景观类高校城乡规划专业课程体系 表 1-4

课程类别	课程名称
城市研究类课程	人类生态学、文化生态学、城市社会学、微观经济学、宏观经济学、生态景观规划、生态环境学等
城市规划类课程	城市区域规划、总体规划、分区规划、交通规划、工程规划、风景区规划、旅游区规划等
城市设计类课程	居住区规划、公共建筑设计、景观建筑设计、详细规划、城市设计、风景园林设计、庭院设计与施工等
园林植物类课程	园林植物基础、观赏植物学、园林植物景观设计、风景园林工程、园林管理、园林植物栽培养护学等

资料来源：作者自绘.

1.4 规划师的角色与价值

从城乡规划专业人才需求市场来看，规划师主要承担四种不同类型的角色，即规划编制部门的规划师、政府部门的规划管理者、代表社区利益的社区规划师、研究与咨询机构的规划师等不同角色的规划师。

1.4.1 规划编制部门的规划师

规划编制部门的规划师主要职责是编制法定或非法定的城乡规划，其主要角色是专业技术人员和专家。城乡规划作为政府行为，且具有公共政策的属性，城乡规划的编制具有极强的政策性。不仅要落实国家和政府的政策，而且其成果也将通过法定的程序转化为政府的政策和作为政府管理的依据，因此，具有极强的政府行为的特征。这是规划编制机构与其他的咨询机构所不同的地方，也是城市规划编制部门的城市规划师区别于其他专业技术人员或专家的特殊方面。作为规划编制部门的规划师，是为政府部门管理决策者提供咨询和技术支持，因此强调专业技术上的科学性和合理性，使最终的决策建立在科学研究的基础之上。

由于城市规划中的工作内容涉及社会利益的调配，因此，规划编制单位的规划师同样担当着社会利益协调者的角色，这就需要公正、公平地处理好各种社会利益之间的相互关系，保障社会公共利益，实现社会的和谐发展。

1.4.2 政府部门的规划管理者

政府部门的城市规划师担当两方面职责，一方面是作为政府公务员所担当的行政管理职责，是国家和政府的法律法规和方针政策的执行者；另一方面担当了城市规划领域的专业技术管理职责，是城乡规划领域和运用城乡规划对各类建设行为进行管理的管理者。他们是行政管理体系与城乡规划专业技术之间的桥梁，有的更是专业技术领域的行政决策者。因此，政府部门的城乡规划师是城市领域中贯彻执行国家和政府的法律法规和方针政策的核心，同时也是保证城乡规划专业技术合理性的中坚，是城乡规划实施和发挥作用的关键。

政府部门的城乡规划师在具体行政行为开展的过程中，要发挥城乡规划在城乡建设和发展中的作用，运用城乡规划的专业技术手段，执行国家和政府的宏观政策，保证城市的有序发展。同时通过各类建设的规划管理对不同的利益诉求进行协调，维护社会公共利益。

1.4.3 代表社区利益的社区规划师

社区规划师是致力于社区管理、社区更新和社区复兴等事项的管理型规划人员，也是街（镇）机构的政府规划师。社区规划师的职业目标是在不侵犯其他社区发展机遇，不妨碍城市整体长期利益的基础上，为本社区谋求长远利益和最大利益。社区规划师在引导公众参与城乡规划中发挥了不可或缺的作用，他们的主要工作内容涉及社区更新改造、社区形象塑造、社区投资筛选、建设项目评估、社区发展评价、社区建设资料汇总等工作，为政府规划师进行城市研究和公共政策制定提供可靠的材料。

社区规划师职责主要包括：①宣传解释规划政策，解读相关规划，组织开展对社区干部的规划知识培训工作，培育社区居民的规划公众参与意识；②听取社区居民的意见和建议，跟踪了解规划政策、规划的实施情况，提出改进工作的建议；③收集和整理社区反映的问题，跟踪解决并及时向社区反馈；④为社区提供规划技术咨询服务，帮助社区提高规划建设水平；⑤推动城市重大项目、规划重点工作在基层落实。

1.4.4 研究与咨询机构的规划师

研究与咨询机构的规划师是以专业技术人员和专家身份为主，从事着城乡规划相关的研究和咨询工作。这种研究和咨询的工作内容较少受到现实和实施中具体问题的制约，工作的重点在于提出合理的建议和进行技术储备。研究与咨询机构的规划师也可能成为不同社会利益的代言人，其所代言的往往是受人委托的。他们通过对社会利益的代言而参与到社会利益协调的过程中，并发挥相应的作用。

1.5 规划师应具备的专业能力

城乡规划作为城乡社会经济建设的龙头，无疑是要致力于城乡空间的有序发展，致力于保证城乡自然、社会、经济、环境的一致性和协调性，从而为城乡居民提供一个舒适、健康的人居生态环境。因此，规划师必须具有健康的身心和健全的人格。在专业能力方面，规划师除了具备城市规划学专业核心知识，还要掌握建筑学、生态学、地理学、人文社科学、管理学、计算机科学等相关交叉学科知识。综合而言，一名合格的规划师必须具备六方面的能力，即前瞻预测能力、综合思维能力、专业分析能力、公正处理能力、共识构建能力、协同创新能力。

1.5.1　前瞻预测能力

超前性是规划的首要特征，规划师必须能够理解城市规划的动态本质，能够认识规划的复杂性与矛盾性、地域性与阶段性，培养对城乡发展历史规律的洞察力，具备对社会未来发展趋势的预测能力，能够支撑开展城乡未来健康发展的前瞻性思考。

1.5.2　综合思维能力

城市是一个复杂的巨系统，要解决城市这个复杂巨系统的所有问题，就要求规划师必须能够将城乡各系统综合理解为一个整体，以更加宏观、综合和长期的眼光审视城市规划，从战略导引到土地的空间管控，从政策意图到落地施工，提供系统化的解决方案。

1.5.3　专业分析能力

规划师应具备对城市的全面认知和扎实的知识技能。全面的城市认知包括全面了解城乡规划的本质、规划本身的运作机制、相关学科对城乡规划的影响等知识，进而对城乡规划本质问题展开思考；扎实的知识技能要求规划师既要掌握城市规划原理、管理与法规、城市规划实务等专业核心内容，又要了解管理学、计算机科学、生态学、建筑学等交叉学科的知识，并且注重项目实践训练，将理论结合于实践。基于全面的城市认知和扎实的知识技能，培养出专业的分析能力，进而对规划对象的未来需求和影响进行分析推演，发现问题和特征，并提出规划建议。

1.5.4　公正处理能力

规划作为一种宏观调控实现的手段，有维护公共利益、维系社会公平的责任。因此作为有专业知识的规划者，能够在分析备选方案时考虑到不同群体所受的影响，尤其是对社会弱势群体利益的影响，并寻求成本和收益的公平分配。

1.5.5　共识构建能力

规划是一种公共政策，涉及社会各界的不同利益和需求，因此，规划师应当能够考虑不同层次利益主体的不同需求，重视并开展公开的公众参与，增强公众与规划的互动以及公众对规划编制的认知度，广泛听取来自社会各方面的正当合理的要求和意见，并在此基础上达成共识，将这些意见尽可能地反映在规划决策之中，保证各利益主体和多维度利益得到平衡，确保空间规划的公共政策属性和意图得以实现。

1.5.6　协同创新能力

规划是一项涉及多个专业领域的复杂性、系统化的工作，需要由多方共同配合完成。因此，规划师要能够协同合作，服从大局，彼此互相支持和配合，提高团队协作的素质和能力，形成高度的团队精神。同时，随着城市化进程的加快和信息爆炸时代的来临，规划师还必须具备与时俱进的创新能力，能够以变革的思路和创新的思维应对新的城乡规划新需求。

思考题（具体内容扫描二维码 1-1 阅读）

本章参考文献

二维码 1-1

[1]　全国城市规划执业制度管理委员会.城市规划原理（2011 年版）[M].北京：中国计划出版社，2011：93-94.

[2]　深圳市规划和国土资源委员会.深圳市规划和国土资源委员会社区规划师制度实施方案（试行）[Z].深圳：深圳市规划和国土资源委员会，2012.

[3]　陈有川.规划师角色分化及其影响 [J].城市规划，2001，25（5）：77-80.

[4]　赵荣钦，丁明磊.专业更名背景下人文地理与城乡规划专业发展方向及定位分析 [J].高等理科教育，2014（5）：74-78.

[5]　李翅.风景园林类高校城市规划专业教育的特色研究——以北京林业大学为例 [J].中国林业教育，2009，27（3）：16-19.

[6]　冯娴慧.高等学校城市规划专业教育的发展历程与课程体系设置初探 [C].广州：第三次城市规划教育学术研讨会，2004：223-227.

[7]　吕斌.国外城市规划潮流的变化与城市规划师的培养教育 [J].规划师论坛，1998，14（2）：33-37.

[8]　姜秀娟.浅谈中国城市规划专业设置的发展历程 [J].福建建材，2010（1）：117-118.

[9]　周岚.鼎志刚.新发展阶段中国城市空间治理的策略思考——兼议城市规划设计行业的变革 [J].城市规划，2021，45（11）：9-14.

[10]　王唯山.国土空间规划体系中的规划理论发展与行业变革 [J].规划师论坛，2020，36（13）：10-14.

[11]　孙施文.国土空间规划体系改革背景下规划编制的思考学术笔谈 [J].城市规划学刊，2019，252（5）：1-13.

[12] 邹兵 . 国土空间规划体系重构背景下城市规划行业的发展前景与走向 [J]. 城乡规划，2020
（1）：38–46.

[13] 王唯山 . 机构改革背景下城乡规划行业之"变"与"化" [J]. 规划师论坛，2019，35（1）：
5–10.

[14] 孙施文 . 解析中国城市规划：规划院制度与中国城市规划发展探究 [J]. 城市规划学刊，2018，
244（4）：10–15.

[15] 李和平 . 适应空间规划体系变革的城乡规划专业教育改革的几点思考 [J]. 城市规划学刊，2019
（1）：7.

[16] 黄贤金 . 面向国土空间规划的高校人才培养体系改革笔谈 [J]. 中国土地科学，2020，34（8）：
107–114.

[17] 朱孟珏 . 高校土地资源管理专业课程体系构建及优化建设 [J]. 高等教育，2018（1）：
156–157.

[18] 张赫，运迎霞 . 国外城乡规划专业学位研究生教育制度研究 [J]. 高等建筑教育，2015（4）：
46–51.

[19] 住房和城乡建设部执业资格注册中心 . 法国城市规划师认证制度概述 [J]. 城市规划，2010
（5）：53–71.

[20] 吕斌 . 日本城市规划体系的变迁与规划师的职责和作用 [J]. 规划师，1998，14（1）：
36–38.

第 2 章

规划师业务基础知识

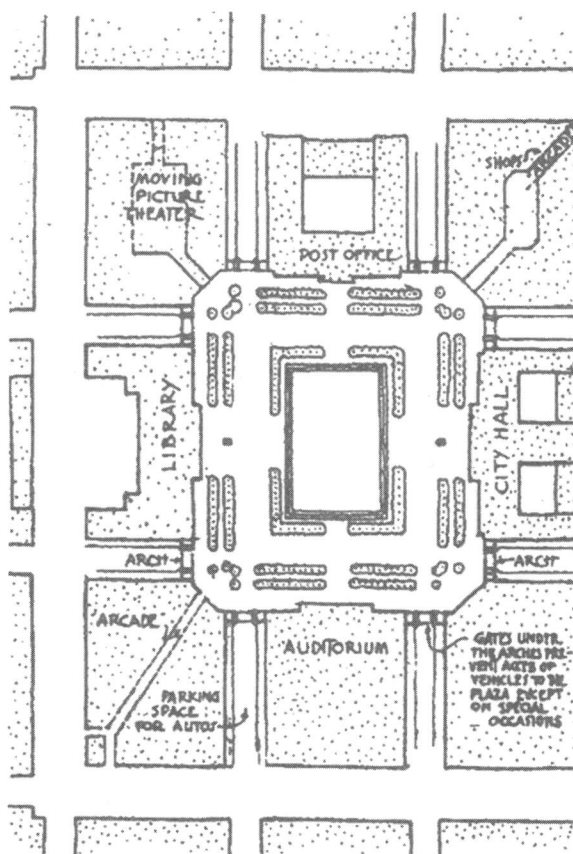

```
                                    ┌─────────────┐
                                    │    总述     │
                                    └─────────────┘
                                                  主要理论
                                                  基本概念
                                                  城市规模预测
                                    ┌─────────────┐产业选择
                                    │   总体规划   │城镇空间结构
                                    └─────────────┘用地布局原则
                                                  城市重大基础设施选址与布局

                                                  主要理论
                                                  基本概念
                                    ┌─────────────┐上位规划衔接
                                    │   详细规划   │功能与规模
                                    └─────────────┘用地与空间管控
                                                  配套设施设置控制

                                                  主要理论
                                                  基本概念
                                                  规划结构与空间布局
                                    ┌─────────────┐配套设施分级与布局
                                    │  居住区规划  │住宅建筑布局形式
                                    └─────────────┘竖向规划设计
 ┌──────────────────┐                              综合技术经济指标
 │  规划师业务基础知识  │
 └──────────────────┘                              主要理论
                                                  基本概念
                                                  乡村规划的基本认知
                                    ┌─────────────┐乡村类型与产业选择
                                    │   乡村规划   │乡村空间布局与在地性特征
                                    └─────────────┘村庄整治规划
                                                  乡村文化遗产保护与乡村旅游

                                                           主要理论
                                                           基本概念
                                    ┌──────────────────┐城市设计与相关学科的关系
                                    │  城市设计与城市更新  │城市设计的类型
                                    └──────────────────┘城市更新

                                                  概述
                                                  城市绿地系统专项规划
                                    ┌─────────────┐地下空间专项规划
                                    │  其他专项规划  │城市防灾工程系统规划
                                    └─────────────┘
```

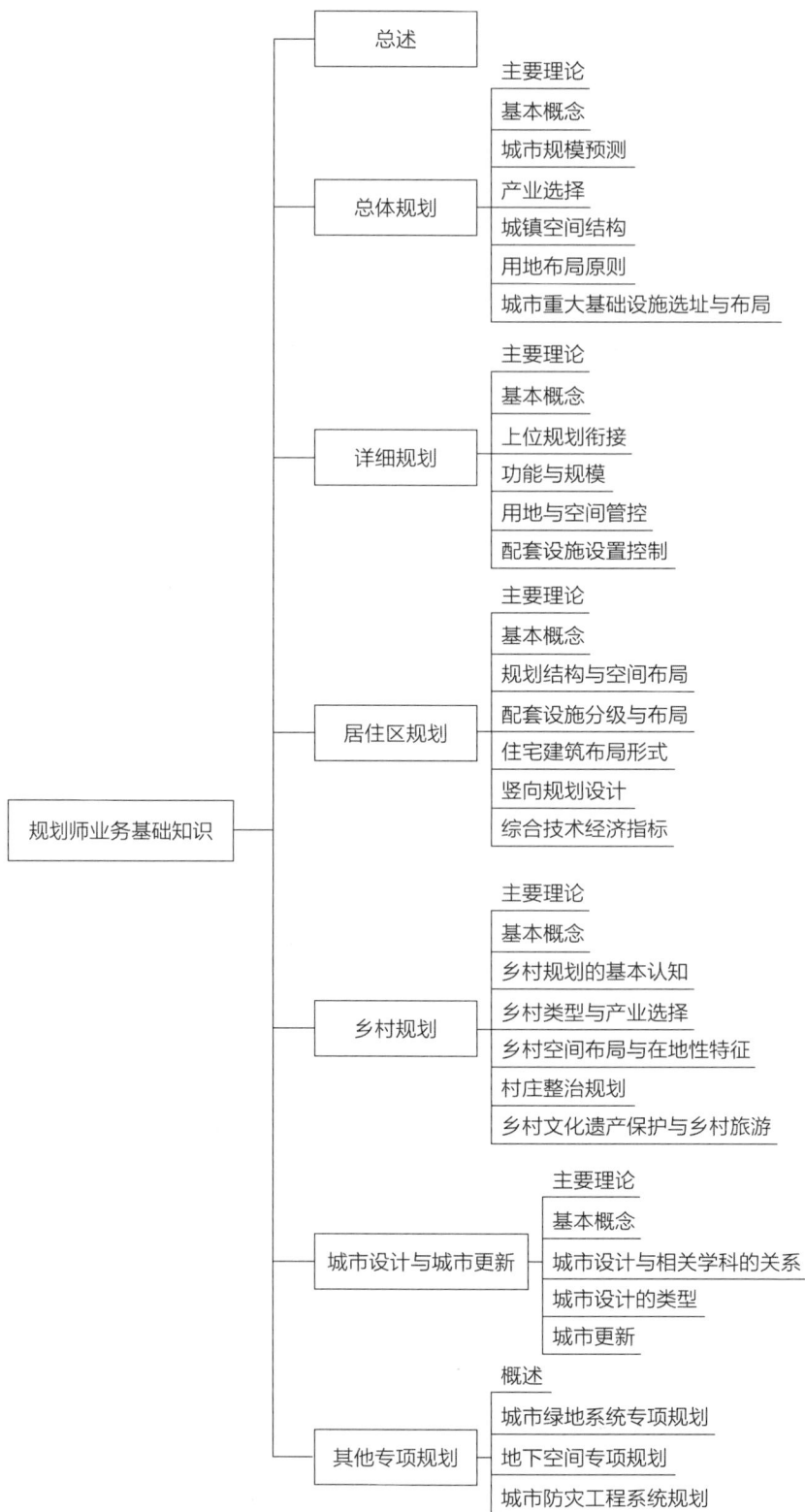

图 2-1　规划师业务基础知识思维导图

资料来源：作者自绘.

2.1 总述

本章介绍了规划师应了解的城乡规划的几种类型与内容，从总体规划、详细规划、居住区规划、乡村规划、城市设计与城市更新及其他专项规划六个方面分别予以介绍。

第1部分总体规划，包括七个方面的内容：首先阐述了总体规划相关理论与基本概念，其次从城镇人口规模与建设用地规模两大方面介绍了城市规模的预测方法，最后介绍了总体规划中产业选择、城镇空间结构、用地布局及城市重大基础设施四个方面的具体内容。

第2部分详细规划，包括六个方面的内容：首先介绍了详细规划的理论及概念阐述，其次从与总体规划及城市设计的角度介绍了详细规划与相关规划的衔接，最后从功能与规模、用地与空间管控、配套设施设置控制三个方面具体介绍了详细规划的编制内容。功能与规模主要包括居住用地、公共服务设施用地与工业用地的规模；用地与空间管控主要从用地分类、土地使用控制、环境容量控制、建筑建造控制、行为活动控制和引导性控制要素六个方面进行管控；配套设施包括公共配套设施与市政配套设施两方面内容。

第3部分居住区规划，由七个部分组成：首先介绍了居住区规划的相关理论、发展历程及概念阐述，其次从规划结构与空间布局、配套设施分级与布局、住宅建筑布局形式、竖向规划设计、综合技术经济指标五个方面具体介绍了居住区规划的详细内容。规划结构与空间布局主要包括住区结构、道路交通布局与绿地规划布局；配套设施分级与布局主要从公共服务设施与市政基础设施两方面阐述；住宅建筑布局形式主要包括住宅的类型和选择原则、住宅群体组合形式和设计原则；竖向规划设计主要包括设计地面形式、组织地面排水、设计标高及挡土设施；综合技术经济指标包括居住区用地面积的计算及综合技术经济指标表两部分。

第4部分乡村规划，由七个部分组成；首先阐述了乡村规划的重要理论和基本概念；其次介绍了乡村规划的基本认知，了解乡村规划的基本原则、规划本质、编制与实施等；最后从乡村类型与产业选择、乡村空间布局与在地性特征、村庄整治规划、乡村文化遗产保护与乡村旅游等方面介绍了乡村规划的具体内容。

第5部分城市设计与城市更新，其中城市设计部分主要阐述了城市设计的概念及基本理论，以及与相关学科的联系，并且对城市设计主要类型进行了具体介绍；城市更新部分具体介绍了城市更新的概念、类型、更新主要方式及更新制度。

第6部分其他专项规划，首先介绍了专项规划的主要类型和主要任务；其次从城市绿地系统、地下空间及城市防灾工程系统三类专项规划分别进行阐述。城市绿地系统专项规划主要包括城市绿地系统的规划原则、城市绿地指标与规划要求、系统规划及城市绿地的分类等；地下空间专项规划主要介绍了地下空间资源评估与分区管控、地下空间需求分析、地下空间布局及地下交通设施与市政公用设施等；城市防灾工程系统专项规划主要包括防洪、消防、防空、抗震等防灾工程系统的构成与功能、任务和主要内容。

2.2　总体规划

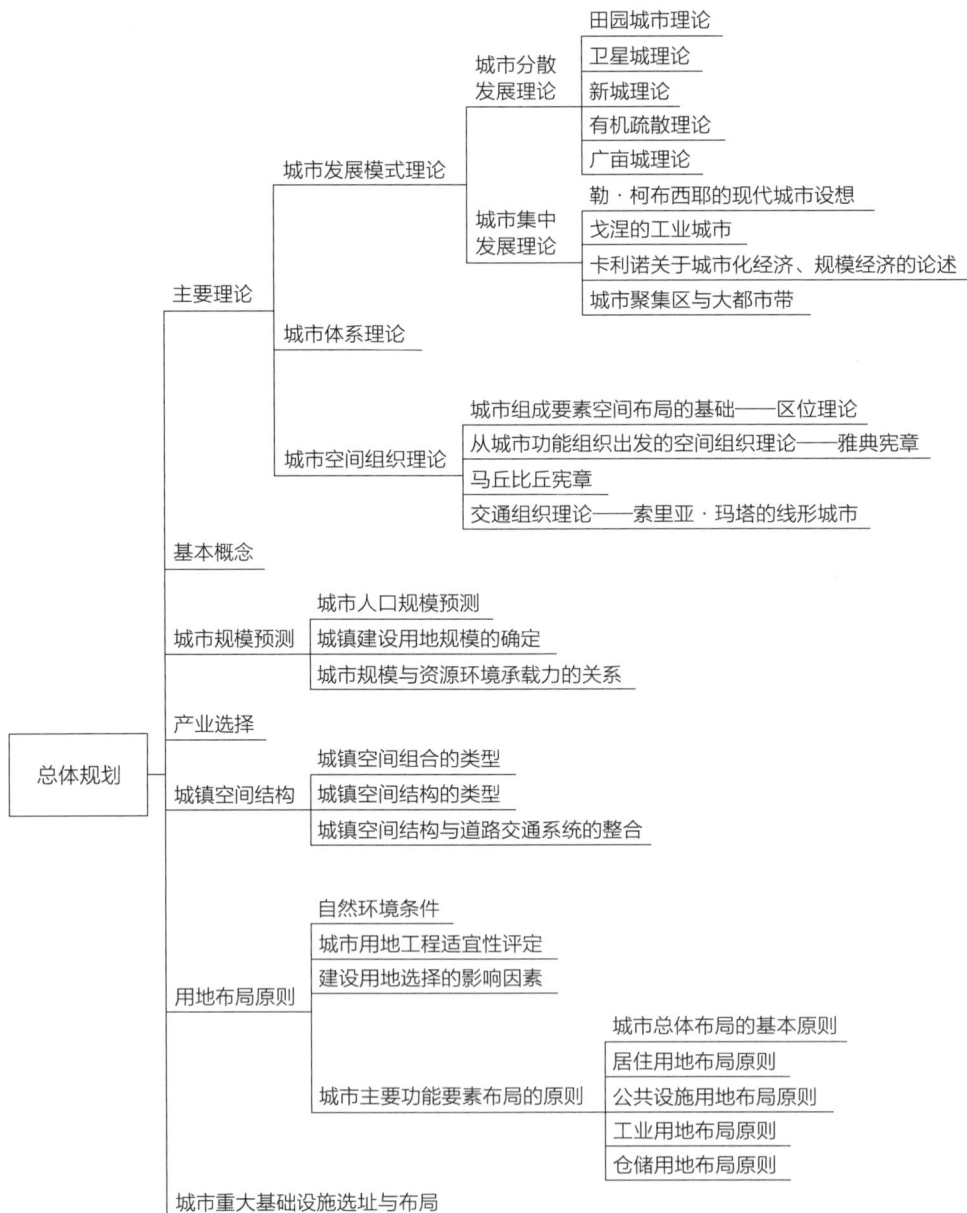

图 2-2　总体规划知识图谱

资料来源：作者自绘.

2.2.1 主要理论

1. 城市发展模式理论

城市的发展模式存在两种主要的理论，即城市分散发展理论和城市集中发展理论。

（1）城市分散发展理论

城市分散发展理论的核心观点是通过建设小城市来分散大城市的过度聚集问题，代表性观点有田园城市理论、卫星城理论、新城理论、有机疏散理论和广亩城理论等。

1）田园城市理论

1898年，英国人霍华德（Ebenezer Howard）在著作《明日——真正改革的平和之路》中提出了田园城市理论（图2-3）。田园城市理论的核心观点有：

①城市应与乡村结合，田园城市包括城市和乡村两个部分；

②田园城市是为健康、生活以及产业而设计的城市；

③城市的规模必须加以限制，每个田园城市人口规模限制为3万人；

④城市四周要有永久性农业地带围绕；

⑤城市的土地归公众所有，使用土地必须交付租金，由一个委员会受委托管理。

实践：1902年建设了莱契沃斯（Letchworth）；1920年建设了韦林（Welwyn）。

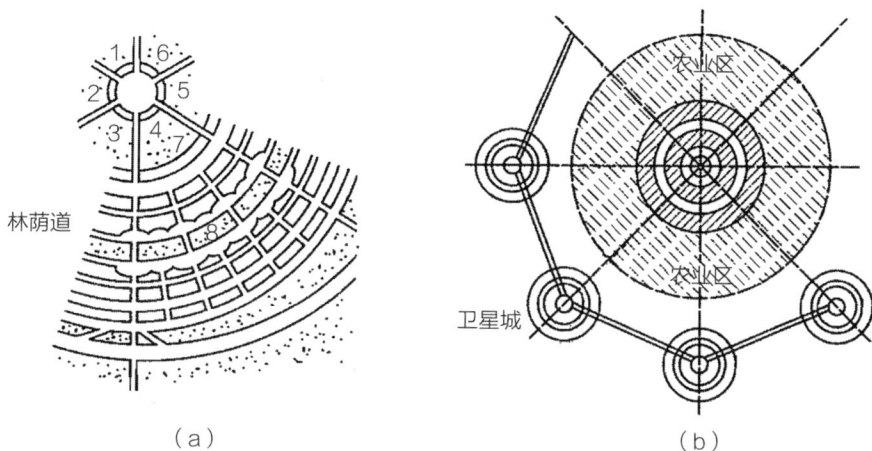

（a）　　　　　　　　　　（b）

图2-3　霍华德的田园城市

1—图书馆；2—医院；3—博物馆；4—市政厅；5—音乐厅；6—剧院；7—水晶宫；8—学校运动场
（a）田园城市平面的布局；（b）各田园城市之间与农牧区相隔
资料来源：吴志强，李德华. 城市规划原理[M]. 4版. 北京：中国建筑工业出版社，2010.

2）卫星城理论

卫星城理论由恩温（R. Unwin）于1920年代提出（图2-4）。卫星城市是一个经济上、社会上、文化上具有现代城市性质的独立城市单位，但同时又是从属于某个大城市的派生产物。它强化了与中心城市（又称"母城"）的依赖关系，在其功能上

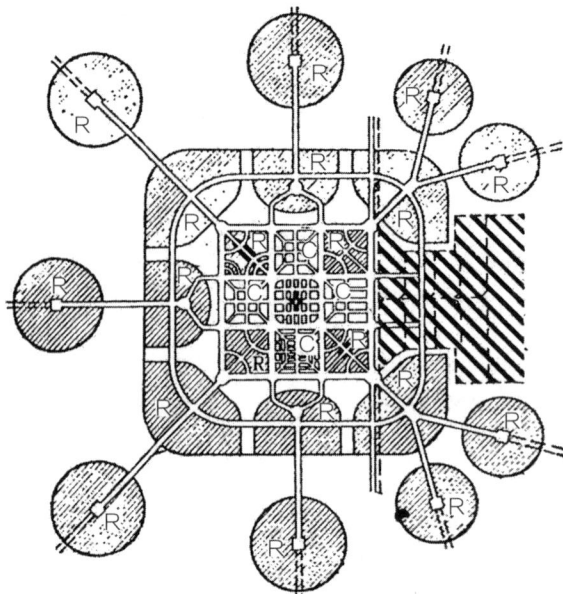

图 2-4 卫星城概念示意

C—中心区；R—中心城与卫星城住宅区

资料来源：谭纵波. 城市规划 [M]. 北京：清华大学出版社，2005.

强调中心城的疏解，因此往往被作为中心城市某一功能疏解的接受地，由此出现了工业卫星城、科技卫星城甚至卧城等类型。作为中心城市的一部分，卫星城也带来了一些问题，对中心城市的过度依赖，造成了子母城之间的交通压力，难以真正疏解大城市，因此开始强调卫星城市的独立性。

3）新城理论

从 1940 年代中叶开始，人们把按规划设计建设的新建城市统称为"新城"。它相比卫星城更强调了城市的相对独立性，基本上是一定区域范围内的中心城市，为其本身周围的地区服务，并且与中心城市发生相互作用，成为城镇体系中的一个组成部分，对涌入大城市的人口起到一定的截流作用。

4）有机疏散理论

有机疏散理论是沙里宁为缓解由于城市过分集中所产生的弊病而提出的关于城市发展及其布局结构的理论。有机疏散理论不是一个具体的或者技术性的指导方案，而是对城市的发展带有哲理性的思考。他认为城市与自然界的所有生物一样都是有机的集合体，有机疏散就是把大城市目前的那一整块拥挤的区域，分解成为若干个集中单元，并把这些单元组织称为"在活动上相互关联的有功能的集中点"。它最显著的特点是原先密集的城区，将分裂成一个一个的集镇，它们彼此之间将用保护性的绿化地带隔离开来。他认为"对日常活动进行功能性的集中"和"对这些集中点进行有机的分散"是使原先密集城市得以疏散必须采用的两种最主要的方法。

5）广亩城理论

广亩城市是美国建筑师 F. L. 赖特在 20 世纪 30 年代提出的城市规划思想。赖特出版的《宽阔的田地》一书中正式提出了广亩城市的设想。这是一个把集中的城市重新分布在一个地区性农业的方格网格上的方案。他认为，广亩城市是一种完全分散的、低密度的生活居住与就业结合的新形式；每一户周围都有一英亩的土地来生产供自己消费的食物和蔬菜，居住区之间以高速公路相连接，提供方便的汽车交通，沿着这些公路建设公共设施、加油站等，并将其自然地分布在为整个地区服务的商业中心之内。美国城市在 20 世纪 60 年代以后普遍的郊区化现象，是赖特广亩城市思想的体现。

（2）城市集中发展理论

城市集中发展理论的基础在于经济活动的聚集，这是城市经济的最根本特征之一。代表性观点有勒·柯布西耶的现代城市设想，戈涅的工业城市，卡利诺关于城市化经济、规模经济的论述，以及城市聚集区与大都市带等。

1）勒·柯布西耶的现代城市设想

勒·柯布西耶的《明日的城市》和"光辉城市"体现了现代城市规划的思想。1922 年发表的《明日的城市》，其规划的中心思想是提高市中心的密度，改善交通，全面改造城市地区，形成新的城市概念，并提供充足的绿地、空间和阳光。1931 年的"光辉城市"是他思想的集中体现：城市必须集中，只有集中的城市才有生命力；城市拥挤问题可以通过技术手段解决，即大量高层建筑 + 地铁和人车分离的高效率交通系统。柯布西耶的城市规划思想通过对大城市结构的重组，在人口进一步集中的基础上，在城市内部解决城市问题，从建筑师的角度出发，关心建筑和工程，以物质空间的改造来改造整个社会。

2）戈涅的工业城市

工业城市的设想是法国建筑师戈涅于 20 世纪初提出的（图 2-5），它对于解决当时城市中工业、居住混杂而带来的种种弊病具有重要的积极意义。该设想是一个假想城市的规划方案，位于山岭起伏地带的河岸的斜坡上，人口规模为 35000 人。城市的选址是考虑"靠近原料产地或附近有提供能源的某种自然力量，或便于交通运输"。在城市内部的布局中，强调按功能划分为工业、居住、城市中心等，各项功能之间是相互分离的，以便于日后各自的扩展需要。同时，工业区靠近交通运输方便的地区，居住区布置在环境良好的位置，中心区应联系工业区和居住区，在工业区、居住区和市中心区之间有方便快捷的交通服务。戈涅的工业城市的规划方案提出的功能分区思想，直接孕育了《雅典宪章》所提出的功能分区原则。

3）卡利诺关于城市化经济、规模经济的论述

卡利诺于 1979 年和 1982 年通过区分"城市化经济""地方性经济"和"内部

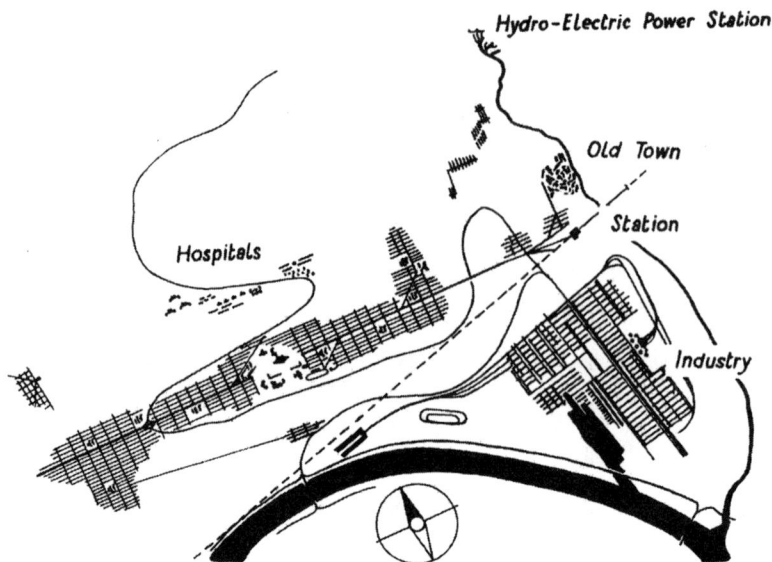

图 2-5　工业城市规划方案

资料来源：谭纵波．城市规划 [M]．北京：清华大学出版社，2005．

规模经济"对产业聚集的影响来研究导致城市不断发展的关键性因素。首先城市化经济源自整个城市经济的规模，它为整个城市的生产厂家获得利润而不只是特定行业的生产厂家。地方化经济就是当整个工业的全部产出增加时，这一工业中的某一生产过程的生产成本下降；要实现地方化经济就要求这个生产厂与同类厂布置在一起，由于生产厂的集中而降低生产成本。内部规模经济是指生产企业本身规模的增加而导致本企业生产成本的下降。经研究发现，作为引导城市集中的要素而论：地方性经济不及城市化经济来得重要，对于工业的整体而言，城市的规模只有达到一定的程度才具有经济性，城市人口少于 330 万时，聚集经济超过不经济，当人口超过 330 万时，则聚集不经济超过经济性。

4）城市聚集区与大都市带

城市聚集区（Urban Agglomeration）指的是被一群密集的、连续的聚居地所形成的轮廓线包围的人口居住区，它和城市的行政界线不尽相同。

大都市带（Megalopolis）由法国戈德曼于 1957 年提出，指的是多核心的城市连绵区，人口的下限是 2500 万人，人口密度为每平方千米至少 250 人，如我国的长三角地区、珠三角地区、京津冀地区等。

2. 城市体系理论

贝利等人结合城市功能的相互依赖性、城市区域的观点、对城市经济行为的分析和中心地理论，逐步形成了城市体系理论。齐普于 1941 年提出的"等级—规模"分布理论认为，一个城市的规模受制于与之发生相互作用的整个城市体系，它在这个体系中所处的等级，就决定于它的合理规模的大小。因此，这个城市在规模系列中处于第几级，那么它的规模就是同一系列中最大城市规模的几分之一。

3. 城市空间组织理论

（1）城市组成要素空间布局的基础——区位理论

区位理论研究的目的就是为各项城市活动寻找到最佳区位，即能够获得最大利益的区位。杜能的农业区位理论是区位理论的基础，他认为农作物的种植区域划分是由其运输成本以及与市场的距离所决定的。韦伯认为影响区位的因素有区域因素和聚集因素，区域因素指运输成本和劳动力两项，聚集因素指生产区位的集中。廖什在区位理论中第一个引入了需求作为主要的空间变量。伊萨德从制造业出发组合了其他的区位理论，并结合现代经济学的思考，希望形成统一的、一般化的区位理论。

（2）从城市功能组织出发的空间组织理论——《雅典宪章》

1933年通过的《雅典宪章》确立了现代城市规划的功能分区原则。它依据城市活动对城市功能进行划分，突破了过去追求图面效果和空间气氛的局限，提出将城市划分成不同的功能区，然后运用便捷的交通网络将这些功能区联系起来，并提出"居住、工作、游憩、交通"四大活动是研究及分析现代城市规划最基本的功能分类。此外，《雅典宪章》提出了现代城市规划工作者的三项主要工作：①将各种预计作为居住、工作、游憩的不同地区在位置和面积方面，做一个平衡的布置，同时建立一个联系三者的交通网；②订立各种规划，使各区按照它们的需要和有纪律地发展；③建立居住、工作和游憩各地区间的关系，务使这些地区间的日常活动可以在最经济的时间完成。

（3）《马丘比丘宪章》

1977年，一批规划学者在秘鲁的利马召开了国际性学术会议，在马丘比丘山上签署了《马丘比丘宪章》。它对《雅典宪章》中所提出的概念和关注的领域重新进行了分析，并提出了修正观点。它认为城市是一个动态系统，同时包括规划的制定与实施，城市不应因机械的分区而牺牲了城市的有机组织，忽略了城市中人与人之间多方面的联系，应努力创造综合的多功能的生活环境；人的相互作用与交往是城市存在的基本依据；应优先考虑公共交通，改变以私人汽车交通为前提的城市交通系统规划；注意节制对自然资源的滥开发、减少环境污染、保护包括文化传统在内的历史遗产；认同公众参与在城市规划过程的重要作用，并推动其发展。

（4）交通组织理论——索里亚·玛塔的线形城市

线形城市的设想是由西班牙工程师索里亚·玛塔于1882年首先提出的（图2-6），即：城市沿一条高速、高运量的轴线无限延伸，用地布置在带有有轨电车的主路两侧，宽500m，与主路垂直方向每隔300m设置一条宽20m的道路，形成梯子状的

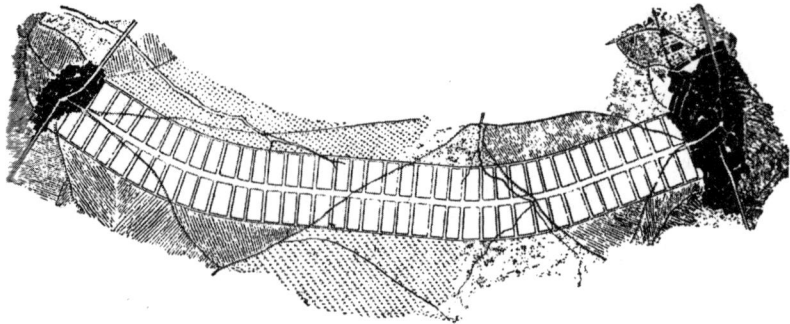

图 2-6　线性城市

资料来源：谭纵波. 城市规划 [M]. 北京：清华大学出版社，2005.

道路系统，其中除安装独立式住宅外，还设有公园、消防站、卫生站等公共设施。城市用地与农田之间设有林地。

2.2.2　基本概念

1. 区域

区域是选取并研究地球上存在的复杂现象的地区分类的一种方法，地球表面的任何部分，如果它在某种指标的地区分类中是均质的话，即为一个区域。

2. 城市（城镇）

城市（城镇）是以非农产业和非农业人口聚集为主要特征的居民点，包括按国家行政建制设立的市和镇。

3. 大都市区

大都市区概念最早被美国采用，是一个大的城市人口核心，以及与其有着密切社会经济联系的、具有一体化倾向的邻接地域的组合，它是国际上进行城市统计和研究的基本地域单元，是城镇化发展到较高阶段时产生的城市空间组织形式。

4. 城市群

城市群是一定区域内城市分布较为密集的地区。

5. 城乡统筹

城乡统筹指改变"城市工业、农村农业"的二元思维方式，将城市和农村的发展紧密结合起来，统一协调，全面考虑，树立工农一体化的经济社会发展思路，以全面实现小康社会为总目标，以发展的眼光、统筹的思路解决城市和农村存在的问题。

6. 城镇化

城镇化指人类生产和生活方式由乡村型向城市型转化的历史过程，表现为乡村人口向城市人口转化以及城市不断发展和完善的过程，又称城市化、都市化。

7. 城镇化率

将城镇常住人口占区域总人口的比例作为反映城镇化过程的最主要指标，称为"城镇化水平"或"城镇化率"。

8. 城镇人口

城镇人口指从事非农生产的、与城市活动有密切关系的人口。

9. 城市建成区

城市建成区指城市行政区内实际已成片开发建设、市政公用设施和公共设施基本具备的地区，包括城区集中连片的部分以及分散在城市近郊，与核心有着密切联系、具有基本市政设施的城市建设用地（如机场、铁路编组站、污水处理厂等）。

10. 区域规划

区域规划是在一定地域范围的国土上进行国民经济建设的总体部署。

11. 总体规划

总体规划是对一定时期内城市性质、发展目标、发展规模、土地利用、空间布局以及各项建设的综合部署和实施措施。

12. 双评价

双评价指资源环境承载力评价和国土空间开发适应性评价。

13. 双评估

双评估指国土空间开发保护现状评估、现行空间类规划实施情况评估。

14. 城市发展目标

城市发展目标是在城市发展战略和城市规划中所拟定的一定时期内经济、社会、环境的发展所应达到的目的和指标。

15. 城市职能

城市职能是指城市在一定地域内的经济、社会发展中所发挥的作用和承担的分工。

16. 城市性质

城市性质是指城市在一定地区、国家以至更大范围内的政治、经济与社会发展中所处的地位和承担的主要职能。

17. 城市规模

城市规模是以城市人口和城市用地总量所表示的城市的大小，城市规模对城市的用地及布局形态有重要影响。

18. 城市结构

城市结构是构成城市经济、社会、环境发展的主要要素，是在一定时间形成的相互关联、相互影响与相互制约的关系。

2.2.3 城市规模预测

1. 城市人口规模预测

城市人口规模就是城市人口总数。编制城市总体规划时，通常将城市建成区范围内的实际居住人口视作城市人口，即在建设用地范围中居住的户籍非农业人口、户籍农业人口以及暂住期在一年以上的暂住人口的总和。

（1）城市人口的构成

在城市总体规划中，城市人口构成需要研究的主要有年龄、性别、家庭、劳动、职业等构成情况（表2-1）。

城市人口构成 表2-1

人口构成类型	内 容
年龄构成	指城市人口年龄组的人数占总人数的比例。一般将年龄分为六组：托儿组（0~3岁）、幼儿组（4~6岁）、小学组（7~11岁或7~12岁）、中学组（12~16岁或13~18岁）、成年组（男：17或19~60岁；女：17或19~55岁）和老年组（男：61岁以上；女：56岁以上）
性别构成	反映男女之间数量和比例的关系，它直接影响城市人口的结婚率、育龄妇女生育率和就业结构
家庭构成	反映城市的家庭人口数量、性别和代际关系等情况，我国城市家庭存在由传统的复合大家庭向简单的小家庭发展的趋向，它与城市住宅类型的选择、城市生活和文化设施的配置、城市居住区的配套服务等有密切关系
劳动构成	按居民参加工作与否计算劳动人口与非劳动人口（被抚养人口）占总人口的比例；劳动人口又按工作性质和服务对象，分成基本人口和服务人口。研究劳动人口在城市总人口中的比例，调查和分析现状劳动构成是估算城市人口发展规模的重要依据之一
职业构成	指城市人口中社会劳动者按其从事劳动的行业划分各占总人数的比例

资料来源：作者自绘.

（2）城市人口的变化

城市人口的变化主要受到自然增长与机械增长的影响，两者之和便是城市人口的增长值。自然增长是指出生人数与死亡人数的净差值，通常以一年内城市人口的自然增加数与该年平均人数之比的千分率来表示其增长速度，称为自然增长率。机械增长是指由于人口迁移所形成的变化量，即一定时期内，迁入人口与迁出人口净差值。

（3）城市人口规模的预测方法

城市人口规模预测是按照一定的规律对城市未来一段时间内人口发展动态所作出的判断。城市总体规划采用的城市人口规模预测方法主要有以下几种（表2-2）：

城市人口规模的预测方法　　　　　　　　　　　表 2-2

预测方法	方法介绍	适用范围
综合平衡法	根据城市的人口自然增长和机械增长来推算城市人口的发展规模	适用于基本人口（或生产性劳动人口）的规模难以确定的城市，需要有历年来城市人口自然增长和机械增长方面的调查资料
时间序列法	从人口增长与时间变化的关系中找出两者之间的规律，建立数学公式来进行预测	要求城市人口要有较长的时间序列统计数据，而且人口数据没有大的起伏，适用于相对封闭、历史长、影响发展因素稳定的城市
相关分析法	找出与人口关系密切、有较长时序的统计数据，且易于把握的影响因素（如就业、产值等）进行预测	适用于影响因素的个数及作用大小较为确定的城市，如工矿城市、海港城市
区位法	根据城市在区域中的地位、作用来对城市人口规模进行分析预测，如确定城市规模分布模式的"等级—大小"模式、"断裂点"分布模式	适用于城镇体系发育比较完善、等级系列比较完整、接近克里斯泰勒中心地理论模式地区的城市
职工带眷系数法	根据职工人数与部分职工带眷情况来计算城市人口发展规模	适用于新建的工矿小城镇

资料来源：作者自绘.

　　某些人口规模预测方法不宜单独作为预测城市人口规模的方法，但可以作为校核方法使用，见表 2-3。

城市人口规模的校核方法　　　　　　　　　　　表 2-3

校核方法	方法介绍
环境容量法（门槛约束法）	根据环境条件来确定城市允许发展的最大规模
比例分配法	当特定地区城市化按照一定的速度发展，该地区城市人口总规模基本确定的前提下，按照某一城市城市人口占该地区城市人口总规模的比例确定城市人口规模的方法
类比法	通过与发展条件、阶段、现状规模和城市性质相似的城市进行对比分析，根据类比对象城市的人口发展速度、特征和规模来推测城市人口规模

资料来源：作者自绘.

2. 城镇建设用地规模的确定

　　城市用地规模通常依据已预测的城市人口以及与城市性质、规模等级、所处地区的自然环境条件，通过人均城市建设用地指标来计算（表 2-4）。

规划人均城市建设用地面积指标　　　　　　表 2-4

气候区	现状人均城市建设用地面积指标（m²/人）	允许采用的规划人均城市建设用地面积指标（m²/人）	允许调整幅度		
			规划人口规模 ≤ 20.0 万人	规划人口规模 20.1 万 ~ 50.0 万人	规划人口规模 > 50.0 万人
I、II、VI、VII	≤ 65.0	65.0 ~85.0	> 0.0	> 0.0	> 0.0
	65.1 ~75.0	65.0 ~95.0	+0.1 ~ +20.0	+0.1 ~ +20.0	+0.1 ~ +20.0
	75.1 ~85.0	75.0 ~105.0	+0.1 ~ +20.0	+0.1 ~ +20.0	+0.1 ~ +15.0
	85.1 ~95.0	80.0 ~110.0	+0.1 ~ +20.0	−5.0 ~ +20.0	−5.0 ~ +15.0
	95.1 ~105.0	90.0 ~110.0	−5.0 ~ +15.0	−10.0 ~ +15.0	−10.0 ~ +10.0
	105.1 ~115.0	95.0 ~115.0	−10.0 ~ −0.1	−15.0 ~ −0.1	−20.0 ~ −0.1
	> 115.0	≤ 115.0	< 0.0	< 0.0	< 0.0
III、IV、V	≤ 65.0	65.0 ~85.0	> 0.0	> 0.0	> 0.0
	65.1 ~75.0	65.0 ~95.0	+0.1 ~ +20.0	+0.1 ~20.0	+0.1 ~ +20.0
	75.1 ~85.0	75.0 ~100.0	−5.0 ~ +20.0	−5.0 ~ +20.0	−5.0 ~ +15.0
	85.1 ~95.0	80.0 ~105.0	−10.0 ~ +15.0	−10.0 ~ +15.0	−10.0 ~ +10.0
	95.1 ~105.0	85.0 ~105.0	−15.0 ~ +10.0	−15.0 ~ +10.0	−15.0 ~ +5.0
	105.1 ~115.0	90.0 ~110.0	−20.0 ~ −0.1	−20.0 ~ −0.1	−25.0 ~ −5.0
	> 115.0	≤ 110.0	< 0.0	< 0.0	< 0.0

资料来源：中华人民共和国住房和城乡建设部，中华人民共和国国家质量监督检验检疫总局. 城市用地分类与规划建设用地标准 GB 50137—2011 [S]. 北京：中国建筑工业出版社，2011.

3. 城市规模与资源环境承载力的关系

城市是人口分布、资源消耗和环境污染的集中区域，随着城市化水平的提高，城市规模的扩张及城市人口的增长，资源环境消耗程度随之攀升，城市资源环境承载力对城市发展的约束日益明显，主要集中在自然资源领域，包括土地资源、水资源、森林资源以及矿产资源等。资源环境承载力的研究重点在于测算城市资源环境承载力的大小和限度，其落脚点在于资源环境能够支撑多大规模的人口数量及其社会经济活动，强调的是资源环境对于人类活动容量的控制，通过对城市资源环境承载力进行研究可以发现影响城市资源环境的短板，为指导城市发展、确定城市规模提供依据。

2.2.4　产业选择

城市的产业选择要考虑以下几个因素：①城市产业选择要与城市功能定位相匹配，城市功能的巨大转变必然导致城市产业结构的战略性调整。②城市产业选择要符合产业发展的一般规律，把握产业发展趋势，明确新区产业发展的方向、内容、重点领域以及空间布局。③产业选择要与城市发展背景相吻合，要考虑城市资源环境的承载力。④城市产业选择要在区域乃至更大范围内合理配置。

城市产业选择主要集中在城市主导产业的选择上。城市主导产业是指对城市经济和其他产业的发展具有直接和间接的带动和引导作用的成熟产业。主导产业决定了城市经济发展阶段的性质和任务。城市主导产业的选择原则为：一是产业发展方向原则，明确城市发展的目的和要求；二是产业的增长率原则，选择在今后有着持续增长潜力的、收入弹性高的产品和行业；三是产业关联性原则，关注产业的前向、后向和旁侧关联效应；四是专业化分工原则，考虑城市的自然禀赋、地理分工以及与周围区域的产业协调发展。

城市特色优势产业选择的原则。一是产业的特色原则。具备其他区域所没有的独有资源、独有技术和独有产品，不可替代，难以迁移。二是产业的规模原则。资源含量规模大、生产集中度高、有广阔的市场空间。三是产业专业化原则。建立在产业专业化分工基础之上，通过产业的专业化来参加区域、全国乃至国际的生产地域分工。四是产业效益原则，将资源优势转变为经济优势，创造较高的社会经济效益。

2.2.5　城镇空间结构

1. 城镇空间组合的类型

城镇空间由中心城区及周边其他城镇组成，主要组合类型如图 2-7 所示，具体内容扫描二维码 2-1 阅读。

二维码2-1

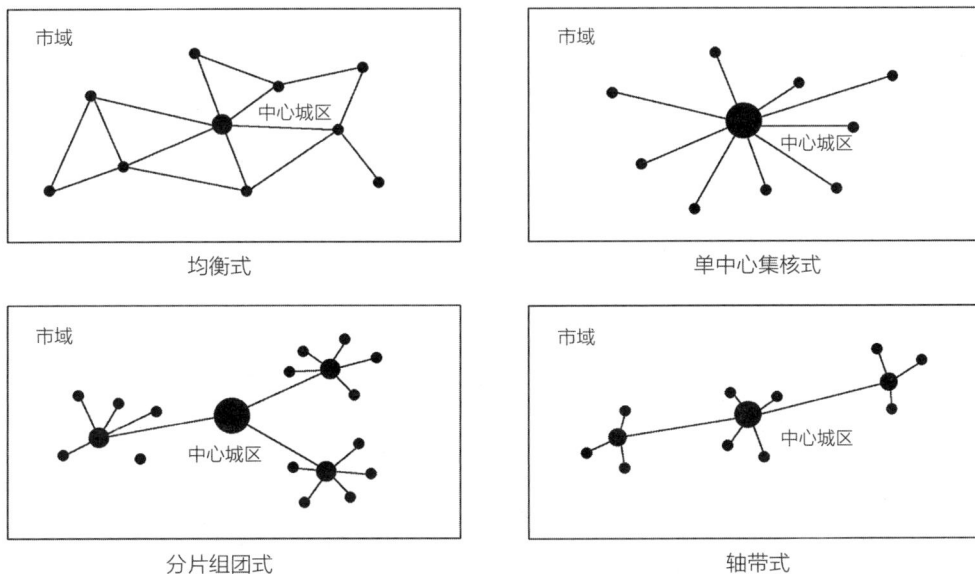

图 2-7　市域城镇空间组合类型

资料来源：作者自绘．

2. 城镇空间结构的类型

城镇空间结构类型分为两种趋向：集中式和分散式（表2-5）。

城镇空间结构类型比较 表2-5

类型	优点	缺点
集中式	布局紧凑，节约用地，节省建设投资	城市用地功能分区不十分明显，工业区与生活区紧邻，如果处理不当，易造成环境污染
	容易低成本地配套建设各项生活服务设施和基础设施	城市用地大面积集中连片布置，不利于城市道路交通的组织
	居民工作、生活出行距离较短，城市氛围浓郁，交往需求易于满足	城市进一步发展，会出现"摊大饼"现象，即城市居住区与工业区层层包围，城市用地连绵不断向四周扩展，城市总体布局可能陷入混乱
分散式	布局灵活，具有弹性，容易处理好近期与远期的关系	城市用地分散，土地利用不集约
	接近自然、环境优美	各城区不易统一配套建设基础设施，分开建设成本较高
	布局关系井然有序，疏密有致	如果每个城区规模达不到一个最低要求，则城市氛围不浓郁
	—	跨区工作和生活出行成本高，居民联系不便

资料来源：作者自绘.

城市的结构形态归纳为：集中型、带型、放射型、星座型、组团型和散点型。其中，除集中型外，其他几种类型存在不同程度的分散。集中型的特点是城市各项建设用地集中连片发展，就其道路网形式而言，可分为网络状、环状、环形放射状等模式。分散式城市结构形态示意见表2-6。

分散式城市形态示意 表2-6

类型	图示	特点
带型		建成区主体平面形状的长短轴之比大于4：1，并明显呈单向或双向发展，其子型有"U"形、"S"形等。这些城市往往受自然条件所限，或完全适应和依赖区域主要交通干线而呈带状发展
放射型		建成区总平面的主体团块有三个以上明确的发展方向，这些形态的城市多是位于地形较平坦，而对外交通便利的平原地区。它们在迅速发展阶段很容易由原城市旧区同时沿交通干线自发或按规划地多向多轴地向外延展，形成放射性走廊，所以形成全城道路在中心地区为格网状而外围呈放射状的综合性体系
星座型		城市总平面是由一个相当大规模的主体团块和三个以上较次一级的基本团块组成的复合式形态。最通常的是一些国家首都或特大型地区中心城，在其周围一定距离内建设发展若干相对独立的新区或卫星城镇

续表

类型	图示	特点
组团型		城市建成区由两个以上相对独立的主体团块和若干个基本团块组成。城市用地被分隔成几个有一定规模的分区团块，有各自的中心和道路系统，团块之间有一定的空间距离，但有较便捷的联系性通道使之组成一个城市实体
散点型		城市没有明确的主体团块，各个基本团块在较大区域内呈散点状分布。这种形态往往是资源较分散的矿业城市。地形复杂的山地丘陵或广阔平原都可能有此类城市

资料来源：作者自绘.

3. 城镇空间结构与道路交通系统的整合

任何城市的发展都要经历一个过程，城市发展历经小城镇、中等城市、大城市、特大城市，由用地的集中式布局发展到组合型布局，城市道路系统的形式和结构也要随之发生根本性的变化（表 2-7）。

城镇空间结构与道路系统整合表　　　　　　　　　　　表 2-7

城镇规模	城市空间布局	道路交通系统
小城镇	单中心集中式布局	城市道路大多为规整的方格网
中等城市	多中心的、较为紧凑的组团式布局	城市道路网在中心组团仍维持旧城的基本格局，在外围组团形成三级道路网，多保持方格网型
大城市	相对分散的、多中心组团式布局，中心组团相对紧凑、相对独立，若干外围组团相对分散	在中心组团和城市外围组团间形成城市快速路，城市道路系统开始向混合式道路转化
特大城市	"组合型城市"的布局；中心城区在原大城市的基础上发展调整、进一步组合而成；城市外围在原外围城镇的基础上发展为由若干相对紧凑的组团组成的外围城区	混合型路网，城区间交通联系形成城市交通性主干路网，并与快速路网组合为城市的疏通性交通干线道路网，城区之间也可以利用公路或高速公路相联系

资料来源：作者自绘.

2.2.6　用地布局原则

城市用地布局是城市社会、经济、自然条件以及工程技术与建筑艺术的综合反映，在城市性质和规模基本确定之后，在城市用地适宜性评定的基础上，根据城市自身的特点与要求，对城市各组成用地进行统一安排，合理布局，使其各得其所，并为今后的发展留有余地。

1. 自然环境条件

城市用地的自然条件主要包括工程地质、水文、气候等几个方面。工程地质条件主要包括土质与地基承载力、地形条件、冲沟、岩溶、地震等；水文条件主要包括水文条件与水文地质条件；气候条件主要包括太阳辐射、风向、气温、降水与湿度等。

2. 城市用地工程适宜性评定

城市用地工程适宜性评定是综合各项用地的自然条件对用地质量进行评价的结果。城市用地的工程适宜性评定一般可分为三类（表2-8）。

城市用地工程适宜性评定用地类型示意表 表2-8

用地类型	特点	具体要求
一类用地	适宜修建的用地，一般具有地形平坦、规整、坡度适宜，地质条件良好，没有被洪水淹没的危险，自然环境条件较为优越等特点，是能适应城市各项设施建设要求的用地。一般不需或只需稍加简单的工程准备措施，就可以进行修建	地形坡度在10%以下，符合各项建设用地的要求；土质能满足建筑物地基承载力的要求；地下水位低于建筑物、构筑物的基础埋藏深度；没有被百年一遇洪水淹没的危险；没有沼泽现象或采取简单的工程措施即可排除地面积水的地段；没有冲沟、滑坡、崩塌、岩溶等不良地质现象的地段
二类用地	基本上适宜修建的用地，需要采取一定的工程措施改善其条件后才适于修建。这类用地对城市设施或工程项目的布置有一定的限制	土质较差，地基需要采取人工加固措施；需降低地下水位或采取排水措施；属洪水轻度淹没区，淹没深度不超过1.5m，需采取防洪措施；地形坡度较大，需动用较大土石方工程；地表面有较严重的积水现象，需要采取专门的工程准备措施加以改善；有轻微的活动性冲沟、滑坡等不良地质现象，需要采取一定工程准备措施等
三类用地	不适宜修建的用地，用地条件很差	地基承载力极低和厚度在2m以上的泥炭或流沙层的土壤，需要采取很复杂的人工地基和加固措施才能修建；地形坡度20%以上，布置建筑物很困难；经常被洪水淹没，且淹没深度超过1.5m；有严重的活动性冲沟、滑坡等不良地质现象，需花费很大工程量和工程费用；农业生产价值很高的丰产农田，有开采价值的矿藏，属给水水源卫生防护地段，存在其他永久性设施和军事设施等

资料来源：作者自绘.

3. 建设用地选择的影响因素

城市建设用地选择的影响因素，概括起来有以下几点：

- 符合国家土地利用的方针政策与规划。

- 尽量少占农田。

- 保护古迹与矿藏。

- 满足主要建设项目的要求。

- 要为城市合理布局创造良好条件。

4. 城市主要功能要素布局的原则

（1）城市总体布局的基本原则（具体内容扫描二维码2-2阅读。）

二维码2-2

– 城乡结合，统筹安排。

– 功能协调，结构清晰。

– 依托旧区，紧凑发展。

– 分期建设，留有余地。

（2）居住用地布局原则

居住用地规划布局就是要为居住功能选择适宜、恰当的用地，并处理好与其他类别用地的关系，同时确定居住功能的组织结构，配置相应的公共服务设施系统，创造良好的居住环境。

（3）公共设施用地布局原则

– 公共设施项目要合理地配置。

– 公共设施要按照与居民生活的密切程度确定合理的服务半径。

– 公共设施的布局要结合城市道路与交通规划考虑。

– 根据公共设施本身的特点及其对环境的要求进行布置。

– 公共设施布置要考虑城市景观组织的要求。

– 公共设施的布局要考虑合理的建设顺序，并留有余地。

– 公共设施的布置要充分利用城市原有基础。

（4）工业用地布局原则

– 有足够的用地面积，用地条件符合工业的具体特点和要求，有方便的交通运输条件，能解决给水排水问题。

– 职工的居住用地应分布在卫生条件较好的地段上，尽量靠近工业区，并有方便的交通联系。

– 在各个发展阶段中，工业区和城市各部分应保持紧凑集中，互不妨碍，并充分注重相关企业之间应取得较好的联系，开展必要的协作，考虑资源的综合利用，减少市内运输。

（5）仓储用地布局原则

仓储用地的布置应该根据仓库的使用需求、城市的发展战略和规模、城市用地的总体空间布局等综合考虑。小城市宜较集中地布置在城市的边缘，靠近铁路车站、公路或河流，便于城乡集散运输。在河道较多的小城镇，城乡物资交流大多利用河流水运，仓库也多沿河设置。大、中城市仓储区的分布应采用集中与分散相结合的方式。可按照仓储类别的不同组织成各类仓库区，并配置相应的专用线、工程设施和公用设备，并按它们各自的特点与要求，在城市中适当分散地布置在恰当的位置。

2.2.7 城市重大基础设施选址与布局

城市基础设施是城市建设的物质载体，是城市维持经济与社会活动的前提条件，是城市存在和发展的基础保证，也是城市现代化的重要体现。城市重大基础设施主要包括水厂、污水处理厂、发电厂、变电所、热电厂、生活垃圾卫生填埋场、生活垃圾焚烧厂、生活垃圾转运站等。具体内容扫描二维码 2-3 阅读。

二维码 2-3

2.3 详细规划

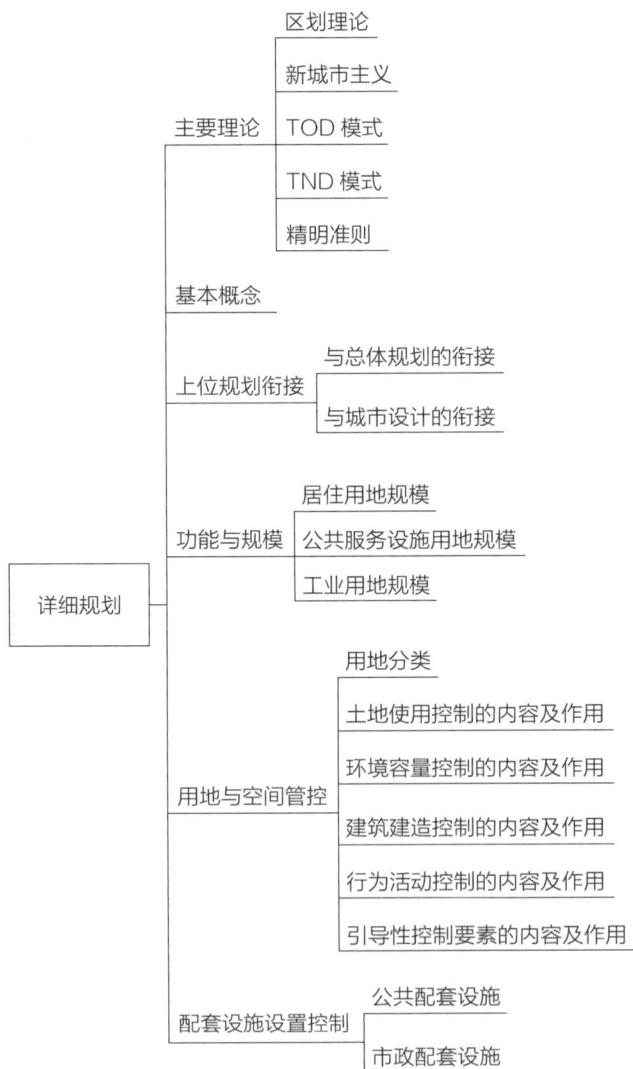

图 2-8 详细规划知识图谱

资料来源：作者自绘.

2.3.1 主要理论

我国的详细规划相关理论主要包括：区划理论、新城市主义及精明准则等。

1. 区划理论

区划理论来源于美国的《区划法》（*Zoning Act*），其为美国地方政府用法律手段来管理土地利用和建设的一种规划法。美国《区划法》的基本内容包括对土地利用性质的分类和在不同类别土地上进行建设的具体要求（表 2-9）。

区划理论的基本内容示意表　　　　　表 2-9

土地利用性质的分类	混合利用区	通常为商业和住宅混合建造区
	特殊用途区	为保护具有突出传统特征或为城市发展而限定的特殊保护地段
	有限开发区	仅在满足《区划法》规定的某些条件下才允许开发的地区
	集合建设区	多为住宅区争取好的环境而集中建设的地区
	鼓励建设区	允许给予一定的优惠条件换取某些公众利益需要的地区
土地利用强度		在各类土地利用性质及次分区的基础上，分类确定各项用地的建设指标。其中包括用地大小、建筑覆盖率、院落大小、建筑后退、居住密度、建筑物的高度与体量等
环境指标		包括对绿化、美化的要求和各种防污染条款，如在居住用地的城市设计条款中有关于植物密度、草坪、艺术街景等的具体规定；在商业用地中对照明、广告牌等各种标记都有明确的要求；在工业用地对噪声、烟尘、气味等破坏环境质量的因素规定得更加严格

资料来源：作者自绘.

2. 新城市主义

新城市主义是 20 世纪 90 年代初针对郊区无序蔓延带来的城市问题而形成的一个新的城市规划及设计理论。新城市主义提倡创造和重建丰富多样的、适于步行的、紧凑的、混合使用的社区，对建筑环境进行重新整合，形成完善的都市、城镇、乡村和邻里单元。其两大组成理论为：传统邻里社区发展理论（TND）与公共交通主导型开发理论（TOD），在新城市主义的规划实践中，两者是嵌套在一起运作的，核心内容在《新城市主义宪章》（1996 年，新都市主义协会第四次会议）中进行了明确的界定。

3. TOD 模式

TOD 模式（Transport Oriented Development），意为"以公共交通为导向"的开发模式，这个概念由新城市主义代表人物彼得·卡尔索尔普提出，偏重于整个大都市区域层面，强调邻里与轨道交通融合发展，注重公交系统建设。不同邻里间利用公交系统，每个邻里间可以方便步行，到公交站点步行 5min。

4. TND 模式

TND 模式（Traditional Neighborhood Development），意为"传统邻里开发"模式，偏重于社区邻里层面的规划设计，同时强调历史感。其主要思想包括：社区的基本单元是邻里，邻里间以绿化分隔，邻里之间利用公交组织；5min 的步行邻里规模；有限考虑公共空间；多功能复合，在一个邻里社区的 5min 步行范围内，各种功能达到均衡的混合；精密交通网络，邻里内部交通要注重步行交通，街道断面的设计人性化；足够的建筑密度，以提高土地与基础设施的利用率，从而相对降低市政开发成本，增强社区活力；尊重传统的建筑风格。美国佛罗里达州沃顿郡海滨镇是 TND 模式的典型案例。

5. 精明准则

精明准则（Smart Code）是基于精明增长以及新都市主义规划原则的指导城市发展与用地控制的新型理论成果。它关注的不仅仅是地块内部，更包括了周边的街区、地块以及公共空间，它是保证城市可持续发展的基本原则。精明准则覆盖了从城镇到城市片区再到街区不同尺度范围中道路、开放空间、建筑等重要城市元素的详细控制指标，层次清晰，且具有广泛的应用领域。

2.3.2 基本概念

1. 规定性指标与引导性指标

规定性指标一般为在实施规划控制和管理时必须遵守执行的，体现为一定的刚性的指标；引导性指标在实施规划控制和管理时需要参照执行的指标，多为引导性和建议性，体现为一定的弹性和灵活性。

2. 五线控制（具体内容扫描二维码 2-4 阅读。）

五线指的是红线、绿线、蓝线、紫线、黄线。

3. 用地面积

二维码 2-4

用地面积是指由城市规划行政部门确定的建设用地边界所围合的用地水平投影面积，包括原有建设用地面积及新征建设用地面积，不含代征用地的面积，单位为 hm^2。

4. 用地边界

用地边界指用地红线，是对地块界限的控制，具有单一用地性质，应充分考虑产权界限的关系。用地边界是土地开发建设与有偿使用的权属界限，应根据用地规划、用地细分，结合道路红线与用地属性划定各类用地具体地块的边界线。

5. 用地性质

用地性质是对城市规划区内的各类用地所规定的使用用途。包含两方面的意思：一是土地的实际使用用途；二是附属于土地上的建筑物的使用用途。

6. 土地使用兼容性

土地使用兼容性包括两方面含义：其一是指不同土地使用性质在同一土地中共处的可能性，即表现为同一块城市土地上多种性质综合使用的允许与否，反映不同

土地使用性质之间兼容与矛盾的程度。其二是指同一土地，使用性质的多种选择与置换的可能性，表现为土地使用性质的弹性、灵活性与适建性，主要反映该用地周边环境对于该地块使用性质的约束关系。

7. 容积率

容积率是控制地块开发强度的一项重要指标，也称楼板面积率或建筑面积密度，是指地块内建筑总面积与地块用地面积的比值。

8. 建筑密度

建筑密度是控制地块建设容量与环境质量的重要指标，是地块内所有建筑基底面积与地块用地面积的百分比。

9. 建筑高度

建筑高度指建筑物室外地面到其檐口或屋面面层的高度，也称建筑限高，单位为 m。

10. 建筑后退

建筑后退指在城市建设中，建筑物相对于规划地块边界和各种规划控制线的后退距离，通常以后退距离的下限进行控制。

11. 建筑间距

建筑间距是指两栋建筑物或构筑物外墙之间的水平距离。建筑间距的控制使建筑物之间保持必要的距离，以满足防火、防震、日照、通风、采光等方面的基本要求。

12. 绿地率

绿地率是衡量地块环境质量的重要指标，是指地块内各类绿地面积总和与地块用地面积的百分比。

13. 人口密度

人口密度是单位居住用地上容纳的人口数，是指总居住人口数与地块面积的比率，也常采用人口总量的控制方法。

14. 建筑形式

建筑形式指对建筑风格和外在形象的控制。

15. 建筑体量

建筑体量指建筑在空间上的体积，包括建筑的横向尺度、竖向尺度和建筑形体控制等方面，一般采取建筑面宽、平面与立面对角线尺寸、建筑体形比例等提出相应的控制要求和控制指标。

16. 建筑色彩

建筑色彩指对建（构）筑物色彩提出的相关控制要求，一般是从色调、明度与彩度、基调与主色、墙面与屋顶颜色等方面进行控制与引导。

2.3.3 上位规划衔接

1. 与总体规划的衔接

从总体规划到控制性详细规划再到修建性详细规划，这是一个从概括到具体，从宏观到微观，从计划到实施方案的递进过程。

控制性详细规划是在中观层面落实总体规划对于城市发展的安排，具体将总规中制定的内容和方针转化为各个地块的控制条件与引导方向，以控制和引导的形式把上位规划的内容予以落实。它以量化指标和控制要求将城市总体规划的二维平面、定性和宏观的控制分别转化为对城市建设的三维空间、定量和微观控制。

修建性详细规划是依据已批准的控制性详细规划及城乡规划主管部门提出的规划条件对所在地块的建设提出具体的安排和设计。修建性详细规划按照城市总体规划以及控制性详细规划的指导、控制和要求，以城市中准备实施开发建设的待建地区为对象，对其中的各项物质要素进行统一的空间布局。

2. 与城市设计的衔接

城市设计的观念、思维和方法已渗透于城市规划的编制过程之中，贯穿了城市规划的全过程。在编制控制性详细规划时，很多控制依据都来源于城市设计的研究，它的编制内容同城市设计相比，有相当部分是彼此重叠、相辅相成的，二者的衔接处理包括以下两种情况：

在一般情况下，控制性详细规划不但要针对城市进行社会经济方面的分析，还要针对城市的空间环境展开分析。尤其是后者，往往涉及地块划分、容积、建筑高度、密度、体量、工程管线等编制内容，这实际上已经覆盖了城市设计中的大部分内容。因此，控制性详细规划可以与城市设计结合编制。

在特定情况下，如果涉及城市的重要地段或是拥有重大意义的城市设计项目时，则需在编制详细规划前，通过重点研究，编制专门的城市设计成果，然后将其作为控制性详细规划中空间环境分析的研究成果纳入城市规划中，使之具备法律效力。

2.3.4 功能与规模

详细规划中地块的功能定位采用直接套用上位规划——总体规划或控制性详细规划对地块的功能定位的方式，往往导致地块功能定位不明确、简单化或不严密、造成定位的片面性等问题。因此，在详细规划中，地块的功能除考虑地块的上位规划外，还应该考虑城市结构对地块的影响、各利益主体对地块的发展意愿及地块自身的资源禀赋。确定地块功能最主要的是依据地块自身的资源禀赋，从城市结构的不同层面去分析地块所要承担的功能，再结合各利益主体的发展意愿及市民的意愿，综合确定地块的功能定位。

详细规划中，不同类型城市用地规模的影响因素是不同的，因此不同用途的城市用地规模确定的方法也不同，以下将分类型进行具体阐述。

1. 居住用地规模

在国家大的土地政策、经济水平以及居住模式一定的前提下，采用通过统计得出的数据，如居住区的人口密度或人均居住用地面积等，结合人口规模来预测居住用地的规模，即人均居住用地面积 × 人口。

2. 公共服务设施用地规模

规划中通常采用将各类公共服务设施用地分别计算的方法。各项公共服务设施用地规模主要根据《城市公共设施规划规范》GB 50442—2008，结合公共服务设施的服务半径、公共服务设施人均指标等，综合确定公共服务设施的用地规模。城市公共设施规划用地综合总指标及分项指标应符合表 2-10 的规定。

城市公共设施规划用地综合总指标及分项指标表　　表 2-10

分项指标	城市规模	小城市	中等城市	大城市 I	II	III
行政办公	占中心城区规划建设用地比例（%）	0.8~1.2	0.8~1.3	0.9~1.3	1.0~1.4	1.0~1.5
	人均规划用地（m²/人）	0.8~1.3	0.8~1.3	0.8~1.2	0.8~1.1	0.8~1.1
商业金融	占中心城区规划建设用地比例（%）	3.1~4.2	3.3~4.4	3.5~4.8	3.8~5.3	4.2~5.9
	人均规划用地（m²/人）	3.3~4.4	3.3~4.3	3.2~4.2	3.2~4.0	3.2~4.0
文化娱乐	占中心城区规划建设用地比例（%）	0.8~1.0	0.8~1.1	0.9~1.2	1.1~1.3	1.1~1.5
	人均规划用地（m²/人）	0.8~1.1	0.8~1.1	0.8~1.0	0.8~1.0	0.8~1.0
体育	占中心城区规划建设用地比例（%）	0.6~0.9	0.5~0.7	0.6~0.8	0.5~0.8	0.6~0.9
	人均规划用地（m²/人）	0.6~1.0	0.5~0.7	0.5~0.7	0.5~0.8	0.5~0.8
医疗卫生	占中心城区规划建设用地比例（%）	0.7~0.8	0.6~0.8	0.7~1.0	0.9~1.1	1.0~1.2
	人均规划用地（m²/人）	0.6~0.7	0.6~0.8	0.6~0.9	0.8~1.0	0.9~1.1
教育科研设计	占中心城区规划建设用地比例（%）	2.4~3.0	2.9~3.6	3.4~4.2	4.0~5.0	4.8~6.0
	人均规划用地（m²/人）	2.5~3.2	2.9~3.8	3.0~4.0	3.2~4.5	3.6~4.8
社会福利	占中心城区规划建设用地比例（%）	0.2~0.3	0.3~0.4	0.3~0.5	0.3~0.5	0.3~0.5
	人均规划用地（m²/人）	0.2~0.3	0.2~0.4	0.2~0.4	0.2~0.4	0.2~0.4
综合总指标	占中心城区规划建设用地比例（%）	8.6~11.4	9.2~12.3	10.3~13.8	11.6~15.4	13.0~17.5
	人均规划用地（m²/人）	8.8~12.0	9.1~12.4	9.1~12.4	9.5~12.8	10.0~13.2

资料来源：《城市公共设施规划规范》GB 50442—2008.

3. 工业用地规模

工业用地规模一般从两个角度出发进行预测：一个是按照各主要工业门类的产值预测和该门类工业的单位产值所需用地规模来推算；另一个是按照各主要工业门类的职工数与该门类工业人均用地面积来计算。其中，城市主导产业的变化、劳动生产率的提高、工业工艺的改变等因素均会对工业用地的规模产生较大的影响，即工业产业预测 × 单位工业产值用地、工业门类职工数 × 单位职工人均用地面积。

2.3.5 用地与空间管控

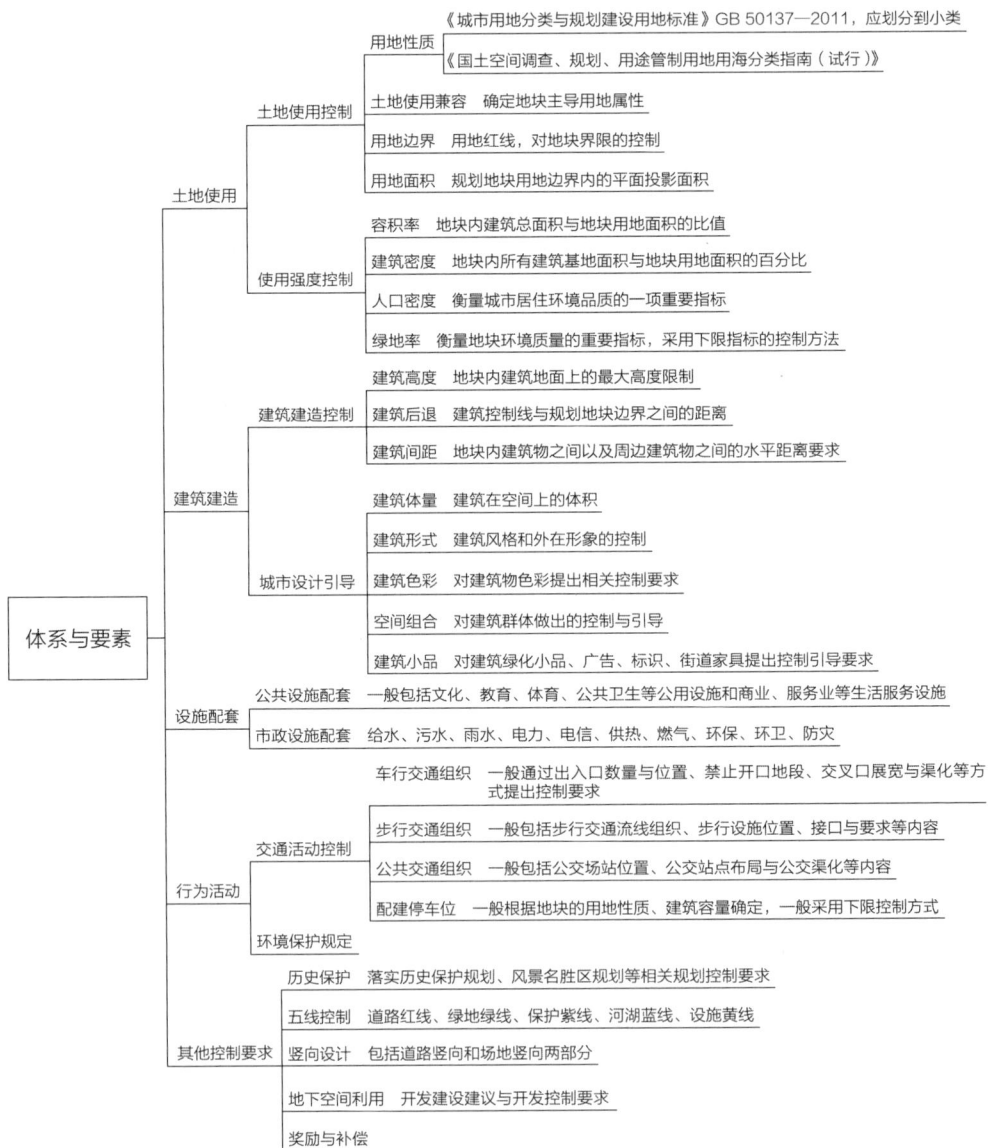

图 2-9 体系与要素知识图谱

资料来源：作者自绘.

1. 用地分类

《城市用地分类与规划建设用地标准》GB 50137—2011

用地分类包括城乡用地分类、城市建设用地分类两部分，应按土地使用的主要性质进行划分。用地分类采用大类、中类和小类三级分类体系。城乡用地共分为 2 大类、9 中类、14 小类；城市建设用地共分为 8 大类、35 中类、42 小类。

《国土空间调查、规划、用途管制用地用海分类指南（试行）》

该指南采用三级分类体系，共设置 24 种一级类、106 种二级类及 39 种三级类；国家国土调查以一级类和二级类为基础分类，三级类为专项调查和补充调查的分类。国土空间详细规划和市县层级涉及空间利用的相关专项规划，原则上使用二级类和三级类。

二维码 2-5

2. 土地使用控制的内容及作用（具体内容扫描二维码 2-5 阅读。）

土地使用控制是对建设用地的建设内容、位置、面积和边界范围等方面做出的规定。

3. 环境容量控制的内容及作用（具体内容扫描二维码 2-5 阅读。）

环境容量控制是为了保证良好的城市环境质量，对建设用地能够容纳的建设量和人口聚集量做出合理规定。

4. 建筑建造控制的内容及作用（具体内容扫描二维码 2-5 阅读。）

建筑建造控制是为了满足生产、生活的良好环境条件，对建设用地上的建筑物布置和建筑物之间的群体关系做出必要的技术规定。

5. 行为活动控制的内容及作用（具体内容扫描二维码 2-5 阅读。）

行为活动控制是从外部环境要求出发，对建设项目就交通活动和环境保护两方面提出控制规定。

6. 引导性控制要素的内容及作用（具体内容扫描二维码 2-5 阅读。）

引导性控制要素的内容一般包括城市设计的引导与控制，对建筑高度、体量、形式与色彩控制和建筑空间组合、建筑小品等其他引导性控制要素等。

2.3.6 配套设施设置控制

配套设施控制一般包括公共配套设施和市政配套设施两部分内容。

1. 公共配套设施

城市公共配套设施一般分为两类，一是城市总体层面落实的公共服务设施，包括市级或区域级的行政办公、商贸、经济、教育、卫生、体育、市政以及科研设计等机构和设施，依据城市总体规划与控制性详细规划对每个项目进行定性、定量、定位的具体控制；二是为满足城市居民基本的物质与文化生活需要，与居住人口规模相对应配套建设的公建项目，一般在详细规划阶段按《城市居住区规划设计标准》GB 50180—2018 进行具体控制。

（1）城市公共服务设施配置要求（具体内容扫描二维码 2-6 阅读。）

高中及其他教育设施：高中规模不宜低于 36 班，居住人口不足时可以为 24 班或 30 班，36 班高中用地一般为 3.0hm²。

图书馆：不同城市根据不同的人口数量和规模有不同的配置标准。

二维码 2-6

影剧院：影剧院的设置标准，不同地区有较大差别。

老年福利院：依据《城镇老年人设施规划规范》GB 50437—2007 的规定配置。

综合医院：综合医院的床均用地指标可参照表 2-11。

综合医院建设用地指标（m²/床）　　表 2-11

建设规模	200 床以下	200~499 床	500~799 床	800~1199 床	1200~1500 床
用地指标	117	115	113	111	109

资料来源：《综合医院建设标准》（建标〔2021〕36 号）．

（2）居住区公共服务设施配置要求

居住区公共服务设施配置一般在详细规划阶段按《城市居住区规划设计标准》GB 50180—2018 进行具体控制，将各类公共服务设施落实到相应的建设地块上，再对其进行定性、定量、定位的具体控制。

（3）公共服务设施的控制指标

城市公共服务设施的控制指标有：千人指标、建筑规模和用地规模等。

千人指标。千人指标有助于直接量化和平衡各开发商所承担的建设责任，以保证一定区域内资源的合理配置。

用地控制。在公共服务设施指标体系中，对于用地要求为：独立占地类型尽量独立占地；不能独立占地类型可与其他用房联合布置并保证一定的底层面积或场地要求；对用地无专门要求类型，可结合其他建筑物合并设置。

2. 市政配套设施

在详细规划层面，市政配套设施一般根据城市总体规划、市政设施专项规划，综合考虑建筑容量、人口容量等因素确定。有市政专项规划的应按照该专项规划给予协调和进一步落实。规划控制一般应包括各级市政源点位置、路由和走廊控制等，提出相关的建设规模、标准和服务半径，并进行管网综合。无法落位的应标明需要落实的街区或地块的具体要求。

2.4 居住区规划

主要理论
- 我国城市居住组织形式的演变
- 我国现代居住区规划的发展历程
- 邻里单位
- 雷德朋模式

基本概念

规划结构与空间布局
- 影响住区规划结构的因素
- 住区规划结构的基本形式
- 住区道路与交通规划布局
- 住区绿地的规划布局

居住区规划

配套设施分级与布局
- 公共服务设施
  - 住区公共服务设施的分类和内容
  - 公共服务设施的规划布置要求
  - 公共服务设施的布局形式
  - 中小学的规划布置要求
  - 幼托的规划布置要求
- 市政基础设施
  - 居住区工程管线分类
  - 居住区市政工程规划内容

住宅建筑布局形式
- 住宅的类型
- 住宅类型的选择原则
- 住宅群体的组合形式
- 住宅群体组合的设计原则

竖向规划设计
- 设计地面形式
- 组织地面排水
- 设计标高
- 挡土设施

综合技术经济指标
- 居住区用地面积的计算
- 居住区综合技术经济指标

图 2-10 居住区规划知识图谱

资料来源：作者自绘．

2.4.1 主要理论

1. 我国城市居住组织形式的演变

我国居住区规划建设的发展历经闾里、里坊、街巷、邻里单位、居住小区、综合居住区等的过程，经历了从小到大、从简到繁、从低级到高级的变化过程（表 2-12）。

城市居住组织形式演变 表 2-12

时期	组织形式
奴隶制社会	井田制，最早的居住组织形式，"井"字的棋盘式地块，中央为公田，四周为私田和居住聚落
殷周时期	一井，即为一里，是秦汉闾里的原型
秦汉	闾里，面积约 1 平方里（约 17hm^2）
三国	里，面积约 30hm^2
唐代	坊，大的约 80hm^2，小的约 27hm^2
北宋	街巷制
明清	街—巷—院
20 世纪后	邻里单位、扩大街坊、居住小区、综合居住区等

资料来源：作者自绘．

2. 我国现代居住区规划的发展历程（具体内容扫描二维码 2-7 阅读。）

20 世纪 50 年代，居住区建设改造与稳步发展时期；

20 世纪 60—70 年代，居住区建设停滞及恢复时期；

20 世纪 80—90 年代，居住区建设振兴发展时期；

1998 年至今，市场化成熟期的居住区建设的多元化时期。

二维码 2-7

3. 邻里单位

邻里单位首先由美国社会学家克拉伦斯·佩里提出，是为适应现代城市因机动交通发展而带来的规划结构的变化，改变过去住宅区结构从属于道路划分为方格状而提出的一种新的居住区规划理论（图 2-11）。他提出了邻里单位的六条原则：邻里单位周边为城市道路所包围，城市交通不穿越邻里单位内部；邻里单位内部道路系统应限制外部车辆穿越，一般应采用尽端式道路，以保持内部的安全和安静；以小学的合理规模为基础控制邻里单位的人口规模，使小学生不必穿过城市道路，一般邻里单位的规模是 5000 人左右，规模小的邻里单位 3000~4000 人；邻里单位的中心是小学，与其他服务设施一起布置在中心广场或绿地中；邻里单位占地约 160 英亩（约合 65hm^2），每英亩 10 户，保证儿童上学距离不超过半英里（0.8km）；邻里单位内小学周边有商店、教堂、图书馆和公共活动中心。

4. 雷德朋模式

雷德朋模式是为避免大量的机动车交通对居住生活质量的影响，保证住宅内部生活环境的安静与安全而采取的一种规划方法，是克拉伦斯·斯坦因和亨利·莱特以邻里单位理念为指导而规划设计的；其主要的规划思想是形成了人车分流的道路系统，在每个街区都有一套景观化的开放空间和人行交通骨架，主要道路沿邻里外围绕行，住宅的前门都朝向人行绿化开放系统，后门朝向停车场地和街道，居民开

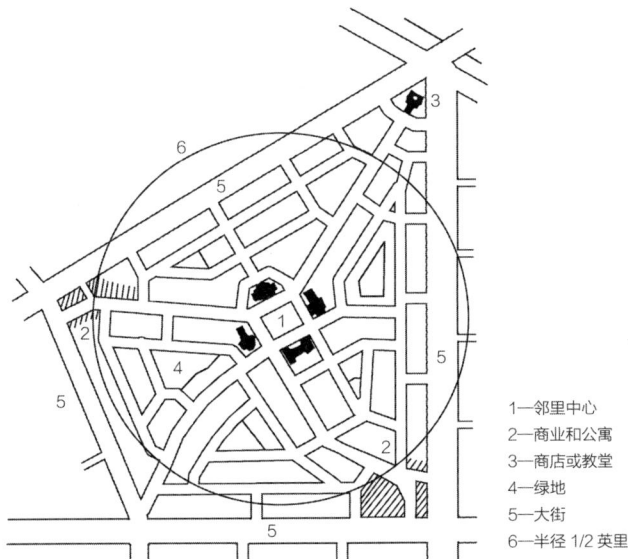

1—邻里中心
2—商业和公寓
3—商店或教堂
4—绿地
5—大街
6—半径 1/2 英里

图 2-11　佩里的邻里单位示意图
资料来源：作者自绘.

车到达一处尽端式道路或停车院落，尽端式道路还可以作为活动场地使用。道路系统被组织为一个由服务院落或者尽端路、邻里支路、邻里主路，以及主要用于车行并连接购物和就业区的公路等组成的分级体系。

2.4.2　基本概念

1. 住区

住区是城乡居民定居生活的物质空间形态，是关于各种类型、各种规模居住及其环境的总称。

2. 居住区

一般城市居住区，泛指不同居住人口规模的居住生活聚居地和特指被城市干道或自然分界线所围合，并与居住人口规模（3 万 ~5 万人）相对应，配建有一整套较完善的、能满足该区居民物质与文化生活所需的公共服务设施的居住生活聚居地。

3. 居住小区

居住小区一般称小区，是指被城市道路或自然分界线所围合，并与居住人口规模（1 万 ~1.5 万人）相对应，配建有一套能满足该区居民基本的物质与文化生活所需的公共服务设施的居住生活聚居地。

4. 居住组团

居住组团一般称组团，指一般被小区道路分隔，并与居住人口规模（1000~3000 人）相对应，配建有居民所需的基层公共服务设施的居住生活聚居地。

5. 社区生活圈

社区生活圈是指在适宜的日常步行范围内，满足城乡居民全生命周期工作与生活等各类需求的基本单元，融合"宜居、宜业、宜游、宜养、宜学"多元功能，引领面向未来、健康低碳的美好生活方式。包括：十五分钟生活圈、十分钟生活圈、五分钟生活圈和居住街坊。具体内容扫描二维码 2-8 阅读。

二维码 2-8

6. 日照间距

日照间距是指前后两排南向房屋之间，为保证后排房屋在冬至日（或大寒日）底层获得不低于 2h 的满窗日照（日照）而保持的最小间隔距离。

7. 竖向设计

竖向设计是为了有效利用地形，满足居住区道路交通、地面排水、建筑布置和城市景观等方面的要求，对自然地形进行改造和利用，确定坡度、控制高程和平衡土方等进行的规划设计。

2.4.3　规划结构与空间布局

1. 影响住区规划结构的因素

- 居民在住区内活动的规律和特点。
- 住区内公共服务设施的布置方式和城市道路（包括公共交通的组织）。
- 居民行政管理体制、城市规模、自然地形的特点、现状条件。

2. 住区规划结构的基本形式

住区结构可采用居住区—小区—组团、居住区—组团、小区—组团及独立式组团等多种类型。基本的形式见表 2-13。

住区规划结构的基本形式　　　　　　　　　表 2-13

基本形式	图示	具体内容
以居住小区为规划基本单元组织住区	图例 ● 居住区级公共服务设施 ■ 居住小区级公共服务设施	这种模式不仅能保证居民生活的方便、安全和区内的安静，而且还有利于城市道路的分工和交通的组织，并减少城市道路密度。居住小区的规模一般以一个小学的最小规模为其人口规模的下限，而小区公共服务设施的最大服务半径为其用地规模的上限
以居住组团为基本单元组织住区	图例 ● 居住区级公共服务设施 ▲ 居住组团级公共服务设施	住区直接由若干住宅组团组成，规划结构的方式为：居住区—住宅组团，相当于一个居民委员会的规模，一般应设有居委会办公室、卫生站、青少年和老年活动室、服务站、小商店、托儿所、儿童或成年人活动休息场地、小块公共绿地、停车场库等。其他的一些基层公共服务设施则根据不同的特点按服务半径在住区范围内统一考虑，均衡灵活布置

续表

基本形式	图示	具体内容
以住宅组团和居住小区为基本单位组织住区	图例 ■ 居住区级公共服务设施 ■ 居住小区级公共服务设施 ▲ 居住组团级公共服务设施	其规划结构方式为：居住区—居住小区—住宅组团。居住区由若干个居住小区组成，每个小区由2~3个住宅组团组成

资料来源：作者自绘.

3. 住区道路与交通规划布局

（1）道路分级

住区的道路分为四级：居住区级道路、居住小区级道路、居住组团级道路和宅前小路（表2-14）。

住区道路分级 表2-14

分级	名称	作用	宽度
第一级	居住区级道路	居住区的主要道路，用以解决居住区内外交通的联系	不宜小于20m
第二级	居住小区级道路	居住小区的次要道路，用以解决居住区内部交通的联系	路面宽6~9m；建筑控制线之间的宽度为需敷设供热管线的不宜小于14m，无供热管线的不宜小于10m
第三级	居住组团级道路	居住区内的支路，用以解决住宅组群的内外交通联系	路面宽3~5m；建筑控制线之间的宽度为需敷设供热管线的不宜小于10m，无供热管线的不宜小于8m
第四级	宅前小路	通向各户或各单元门前的小路	路面宽不宜小于2.5m

资料来源：作者自绘.

（2）道路设计原则

住区道路规划设计应遵循安全便捷、尺度适宜、公交优先、步行友好的基本原则，并应符合现行国家标准《城市综合交通体系规划标准》GB/T 51328—2018 的有关规定。

道路路网系统应与城市道路交通系统有机衔接，采取"小街区、密路网"的交通组织方式。步行系统应连续、安全、符合无障碍要求，并应便捷连接公共交通站点。在适宜自行车骑行的地区，应构建连续的非机动车道。

住区内各级城市道路应突出居住使用功能特征与要求。道路断面形式应满足适宜步行及自行车骑行的要求，人行道宽度不应小于2.5m。

居住街坊内附属道路应满足消防、救护、搬家等车辆的通达要求。主要附属道路至少应有两个车行出入口连接城市道路，其路面宽度不应小于 4.0m；其他附属道路的路面宽度不宜小于 2.5m。人行出口间距不宜超过 200m。最小纵坡不应小于 0.3%，最大纵坡应符合表 2-15 的规定，机动车与非机动车混行的道路，其纵坡宜按照或分段按照非机动车道要求进行设计。

附属道路最大纵坡控制指标（%）　　　　表 2-15

道路类别	一般地区	积雪或冰冻地区
机动车道	8.0	6.0
非机动车道	3.0	2.0
步行道	8.0	4.0

资料来源：《城市居住区规划设计标准》GB 50180—2018.

住区道路边缘至建筑物、构筑物的最小距离，应符合表 2-16 的规定。

住区道路边缘至建筑物、构筑物最小距离（m）　　　　表 2-16

与建筑物、构筑物关系		城市道路	附属道路
建筑物面向道路	无出入口	3.0	2.0
	有出入口	5.0	2.5
建筑物山墙面向道路		2.0	1.5
围墙面向道路		1.5	1.5

资料来源：《城市居住区规划设计标准》GB 50180—2018.

（3）静态交通组织

·自行车停车设施

自行车应有足够的建筑室内空间存放。集中自行车停车房、分散自行车停车房是住区自行车库常见的布置方式。

·家庭小汽车停车设施

住区的小汽车与公共建筑中心及场地、绿地结合起来，以停车楼或地下、半地下停车库的方式较为有效，有必要在邻里或组团内结合绿地考虑设置若干面积的泊车位。

4. 住区绿地的规划布局

（1）住区绿地的组成

住区的绿地可分为四类：公共绿地、宅旁绿地、配套公建所属绿地和道路绿地（表 2-17）。

住区绿地组成　　　　　表 2-17

绿地分类	具体内容
公共绿地	住区内居民公共使用的绿化用地
宅旁绿地	住宅四旁绿地
配套公建所属绿地	住区内的学校、幼托机构、医院、门诊所等用地内的绿化
道路绿地	住区内各种道路的行道树等绿地

资料来源：作者自绘.

（2）住区公共绿地的规划要求

公共绿地控制指标

新建各级生活圈居住区应配套规划建设公共绿地，公共绿地控制指标应符合表 2-18 的规定。

公共绿地控制指标　　　　　表 2-18

类别	人均公共绿地面积（m²/人）	居住区公园		备注
		最小规模（hm²）	最小宽度（m）	
15 分钟生活圈居住区	2.0	5.0	80	不含 10 分钟生活圈及以下级居住区的公共绿地指标
10 分钟生活圈居住区	1.0	1.0	50	不含 5 分钟生活圈及以下级居住区的公共绿地指标
5 分钟生活圈居住区	1.0	0.4	30	不含居住街坊的绿地指标

资料来源：作者自绘.

各级公共绿地的规划设计要求（表 2-19）。

各级公共绿地的规划设计要求　　　　　表 2-19

绿地分级	居住区级	居住小区级	住宅组团级	宅间绿地
对应的生活圈规模	15 分钟	10 分钟	5 分钟	居住街坊
设施内容	儿童游戏设施运动场地、老年和成年人活动场地、树木草地、花卉、休息亭、座椅凳、雕塑等	儿童游戏设施、活动场地、树木草地、花卉、休息亭、座椅凳、雕塑等	幼儿游戏设施、坐凳椅、树木、花卉、草地等	创造庭院绿化景观，设计方便居民行走及滞留的适量硬质铺地，配植耐践踏的草坪
用地面积	不小于 1hm²	不小于 4000m²	不小于 4000m²	—
步行距离	8~15min	5~8min	3~4min	—
布置要求	园内有明确的功能划分	园内有一定的功能划分	灵活布置	突出通达性、观赏性和实用性

资料来源：作者自绘.

住区绿地的规划布置形式

住区各类绿地的规划布置形式见表 2-20。

各类绿地的规划布置形式 表 2-20

绿地类型	规划布置形式
公共绿地	公共绿地可采用二级或三级的布置方式，还可结合文化商业中心和人流集中地段设置小花园或街头小游园
宅旁绿地	布置方式随居住建筑的类型、层数、间距及建筑组合形式等的不同而异，在住宅四旁由于向阳、背阳和住宅平面组成的情况不同有不同的布置形式
配建公建所属绿地	在满足自身功能的前提下结合周围环境布置
道路绿地	根据道路断面组成、走向和地上地下管线敷设的情况而布置

资料来源：作者自绘.

2.4.4 配套设施分级与布局

1. 公共服务设施

（1）住区公共服务设施的分类和内容

从公共服务设施的内容上看，公共服务设施涉及居民生活的各个方面，按性质分为：教育、医疗卫生、文化体育、商业服务、金融邮电、社区服务、市政公用和行政管理及其他八类设施。每一类又包含若干项目，例如商业服务类包括综合食品店（超市）、综合百货店、餐饮、中西药店、书店、市场、便民店和其他第三产业设施等。

从居住区分级来看，公共服务设施可以分为 15 分钟生活圈、10 分钟生活圈、5 分钟生活圈与居住街坊四级。其中 15 分钟生活圈与 10 分钟生活圈配套设施主要包括公共管理与公共服务类设施（A 类）、商业服务类设施（B 类）与交通场站类设施（S 类）三类城市公共服务类设施；5 分钟生活圈配套设施主要指的是社区服务设施（R12、R22、R32）；居住街坊配套设施主要指的是便民服务设施（R11、R21、R31）。

（2）公共服务设施的规划布置要求

依据《城市居住区规划设计标准》GB 50180—2018 及《社区生活圈规划技术指南》，配套设施应遵循配套建设、方便使用、统筹开放、兼顾发展的原则进行配置，其布局应遵循集中和分散兼顾、独立与混合使用并重的原则。具体内容扫描二维码 2-9 阅读。

二维码 2-9

（3）公共服务设施的布局形式

公共服务设施的布局形式主要包括以下三种：沿街带状布置、独立集中布置、住宅底层布置（表 2-21）。

公共服务设施的布局形式   表 2-21

设施分类	布置形式
住区中心	相对集中布置
文化类服务设施	沿街线状布置。不宜布置在交通繁忙的交通干线上，沿主要道路或居住区主要道路布置时，交通量不大时两侧布置，交通量较大时单侧布置；在道路交叉口时，不宜把有大量人流的公共服务设施布置在交通量大的交叉口。对改变城市面貌容易产生效果，节约用地
	独立地段成片集中布置。根据各类服务设施的功能要求和行业特点成组结合、分块布置，居民使用和管理方便
	沿街和成片集中相结合的布置
商业服务类设施	住宅底层布置。较常见的布置方式，较节约用地，应根据各类商业设施的不同特点解决平面布置、噪声、气味、烟尘等方面的问题
	独立设置。集中紧凑，布置灵活，能统一柱网、简化结构，有利于建筑定型、工业化
社区医疗服务中心	宜布置在较安静和交通便利的地段

资料来源：作者自绘.

（4）中小学的规划布置要求

中小学的布置应符合当地城市规划要求，一般在居住区内设置，中小学的布置应保证学生能就近上学，一般小学的服务半径为 500m 左右，中学为 1000m 左右。应有安静、卫生的环境、有充足的阳光和良好的通风条件；教室和操场均有良好的朝向；学生上学不应穿越铁路干线、厂矿生产区、城市交通干道、市中心等人多车杂的地段；中小学的布置一般设在居住区或小区的边缘，沿次要道路比较僻静的地段，同时应注意自身对居民的干扰，与住宅保持一定的距离；校园内不允许有架空高压线通过。

（5）幼托的规划布置要求

幼托宜布置在环境安静、接送方便的单独地段上，应远离污染源，满足有关卫生防护标准要求；4 个班以上的幼托应独立设置；应选址在日照充足，地面干燥，排水通畅，环境优美或接近城市绿化地带；能为建筑功能分区、出入口、室外游戏场地的布置提供必要条件；总平面布置要保证活动室和室外活动场地有良好的朝向，建筑层数以一、二层为宜。

2. 市政基础设施

居住区的市政工程由居住区给水、排水、供电、燃气、供热、通信、环卫、防灾等工程组成，它们有各自的功能，保障居住区的正常使用。居住区工程管线分类扫描二维码 2-10 阅读。

城市居住区市政工程规划首先要对规划范围内的现状工程设施、管线进行调查核实，再依据各专业总体工程规划和分区工程规划确

二维码 2-10

定的技术标准、工程设施和管线布局,计算居住区内的各项工程设施的负荷(需求量),布置工程设施和工程管线,提出有关设施、管线布局、敷设方式以及防护规定。在基本确定工程设施和工程管线的布置后,进行规划范围内工程管线综合规划,检验和协调各工程管线的布置,若发现矛盾应及时反馈各专业工程规划和居住区详细规划,提出调整和协调建议,以便完善居住区规划布局。

2.4.5 住宅建筑布局形式

1. 住宅的类型

住宅的类型见表 2-22 所示内容。

住宅的类型与特点　　　　　　　　　　表 2-22

编号	住宅类型	用地特点
1	独院式	每户一般都有独用院落,层数 1~3 层,占地较多
2	并联式	
3	联排式	
4	梯间式	一般用于多层和高层,特别是梯间式用得较多
5	内廊式	
6	外廊式	
7	内天井式	第 4、5 类型住宅的变化形式,由于增加了内天井,住宅进深加大,对节约用地有利,一般多见于层数较低的多层住宅
8	点式 (塔式)	第 4 类型住宅独立式单元的变化形式,适用于多层和高层住宅,体型短而活泼,进深大,具有布置灵活和能丰富群体空间组合的特点,有些套型的日照条件可能较差
9	跃廊式	第 5、6 类型的变化形式,一般用于高层住宅

资料来源:吴志强,李德华.城市规划原理 [M].4 版.北京:中国建筑工业出版社,2010.

2. 住宅类型的选择原则

住宅类型的选择一般考虑以下几个方面:

住宅标准,包括面积标准和质量标准;

套型和套型比;

确定住宅建筑的层数和比例;

适应当地自然气候条件的特点和居民的生活习惯。

3. 住宅群体的组合形式

住宅的规划布置应建立在建筑群体组合的基础上,与住区规划结构相结合。

(1)住宅群体平面组合形式

通过住宅建筑的不同布局,可产生不同特点的居住空间与环境,行列式、周边式、混合式和自由式是住宅群体组合的四种基本形式(表 2-23)。

住宅群体的平面组合形式　　　　　　　　表 2-23

布局形式	图示	特点
行列式		建筑按一定朝向和合理间距成排布置，这种形式能使绝大多数居室获得良好的日照和通风，但容易造成单调、呆板的感觉，容易产生穿越交通的干扰
周边式		建筑沿街坊或院落布置的形式，这种形式能形成较内向的院落空间，可阻挡风沙及减少院内积雪，有利于节约用地，提高居住建筑面积密度。同时，有部分建筑朝向较差，转角建筑单元施工较复杂，造价较高
混合式		行列式与周边式的结合形式
自由式		结合地形，在满足日照、通风等要求下成组自由灵活布置

资料来源：作者自绘.

　　通过以上形式的混合使用就形成混合型布局，空间丰富且多样性强，还可以通过不同高度的住宅加以组合，产生更丰富的建筑景观；此外还有自由式布局，通过自由的建筑形态，或因地就势的自由布局，可以产生流动变化的空间效果。

　　（2）住宅群体的组合方式

　　住宅群体的组合方式包括以下三种（表 2-24）：

住宅群体的组合方式　　　　　　　　表 2-24

组合方式	特点
成组成团的组合方式	由一定规模和数量的住宅组合成组或成团作为基本组合单元，这种方式功能分区明确，组团用地有明确的范围，有利于分期建设
成街成坊的组合方式	以住宅沿街成组或以街坊作为整体的布置方式。成街组合方式一般用于城市和住区主要道路的沿线和带形地段的规划；成坊组合方式一般用于规模不大的街坊或保留房屋较多的居住地段的改建
整体式组合方式	将住宅用连廊、高架平台等连成一体的布置方式

资料来源：作者自绘.

4.住宅群体组合的设计原则

在住宅群体组合布局中还需要考虑以下问题：

－日照和防晒；

－通风和防风；

– 噪声问题；

– 居住环境中的邻里关系。

具体内容扫描二维码 2-11 阅读。

2.4.6 竖向规划设计

竖向规划设计是为了有效利用地形、满足居住区道路交通、地面排水、建筑布置和城市景观等方面的要求对自然地形进行改造和利用，确定坡度控制高程和平衡土（石）方等进行的规划设计。

1. 设计地面形式

地面设计是将自然地形改造成为满足使用功能的人工地形，根据城市用地的性质、功能，设计地面形式可分为平坡式、台阶式和混合式三种。当用地自然坡度小于 5% 时，宜规划为平坡式；当用地自然坡度大于 8%，或者当建筑垂直等高线布置，高差大于 1.5m 时，宜规划为台阶式；混合式即平坡式和台阶式混合使用。

2. 组织地面排水

力求使地形和坡度适合污水、雨水的排水组织和坡度要求，地面排水坡度不宜小于 0.2%，坡度小于 0.2% 时宜采用多坡向或特殊措施排水，且场地高程应比周边道路的最低路段高出 0.2m 以上。

按照有关技术标准的规定，道路的最小坡度一般不低于 0.2%；最大坡度一般不大于 8%，并对不同坡度的坡长有限制，对居住区内部通行小汽车为主的入户道路最大坡度可适当放宽，当平原地区道路纵坡小于 0.2% 时，应采用锯齿形结构；非机动车道纵坡宜小于 4.5%，超过时应按规定限制坡长，机动车与非机动车混行道路应按非机动车道坡度要求控制；车道和人行道的横坡应为 1.0%~2.0%；道路交叉口范围内的纵坡应小于或等于 3.0%；广场坡度应为 0.3%~3.0%；停车场和运动场坡度应为 0.2%~0.5%，为保证雨水的排除，居住区场地内的排水坡度应大于 0.2%，且场地高程应比周边道路的最低路段高出 0.2m 以上。

3. 设计标高

影响设计标高确定的主要因素有：

– 用地不被水淹，雨水能顺利排除，设计标高至少要高出设计洪水位 0.5m。

– 考虑地下水位及地质条件的影响。

– 考虑场地内外道路连接的可能性。

– 尽量减少土（石）方工程量和基础工程量。

设计标高确定的一般要求：

– 室内、外高差

当建筑物有进车道时，室内外高差一般为 0.15m；当无进车道时，一般室内地坪比室外地面高出 0.45~0.60m，允许在 0.3~0.9m 的范围内变动。

– 建筑物与道路

当建筑物无进车道时，地面排水坡度最好在 1%~3% 之间，允许在 0.5%~6% 之间变动；当建筑物设进车道时，坡度为 0.4%~3%，机动车通行最大坡度 8%。道路中心标高一般比建筑室内地坪低 0.25~0.30m 以上；同时，道路原则上不设平坡部分，其最小纵度为 0.3%，以利于建筑物之间的雨水排至道路，然后沿着路缘石排水槽排入雨水口。

4. 挡土设施

挡土设施包括护坡或挡土墙。

护坡分为草皮土质护坡和砌筑型护坡两种，草皮土质护坡的坡比值应小于 1：0.5，砌筑型护坡的坡比值为 1：0.5~1：1.0。对用地条件受限制或人口密度大、土壤工程地质条件差、降雨量多的地区，不能采用草皮土质护坡，必须采用挡土墙。挡土墙适宜的经济高度为 1.5~3.0m，一般不超过 6m，超过 6m 时宜作退台处理，退台宽度不应小于 1m，条件许可时，挡土墙宜以 1.5m 左右的高度退台。高度大于 2m 的挡土墙上缘与建筑物的水平距离应不小于 3m，其下缘与建筑物的水平距离应不小于 2m。

2.4.7 综合技术经济指标

综合技术经济指标是从量的方面衡量和评价规划质量以及综合效益的重要依据。

1. 居住区用地面积的计算

居住区用地面积应包括住宅用地、配套设施用地、公共绿地和城市道路用地，其计算方法应符合下列规定：

– 居住区范围内与居住功能不相关的其他用地以及本居住区配套设施以外的其他公共服务设施用地，不应计入居住区用地。

– 当周界为自然分界线时，居住区用地范围应算至用地边界。

– 当周界为城市快速或高速路时，居住区用地边界应算至道路红线或其防护绿地边界。快速路或高速路及其防护绿地不应计入居住区用地。

– 当周界为城市干路或支路时，各级生活圈的居住区用地范围应算至道路中心线。

– 居住街坊用地范围应算至周界道路红线，且不含城市道路（因为是住宅用地）。

– 当与其他用地相邻时，居住区用地范围应算至用地边界。

– 当住宅用地与配套设施（不含便民服务设施）用地混合时，其用地面积应按住宅和配套设施的地上建筑面积占该幢建筑总建筑面积的比率分摊计算，并应分别计入住宅用地和配套设施用地。

2. 居住区综合技术经济指标

居住区综合技术经济指标应符合表 2-25 的要求。

居住区综合技术经济指标 　　　　　　　　　　　表 2-25

项目			计量单位	数值	所占比例（%）	人均面积指标（m²/人）
各级生活圈居住区指标	居住区用地	总用地面积	hm²	▲	100	▲
		其中 住宅用地	hm²	▲	▲	▲
		其中 配套设施用地	hm²	▲	▲	▲
		其中 公共绿地	hm²	▲	▲	▲
		其中 城市道路用地	hm²	▲	▲	—
	居住总人口		人	▲	—	—
	居住总套（户）数		套	▲	—	—
	住宅建筑总面积		万 m²	▲	—	—
居住街坊指标	用地面积		hm²	▲	—	▲
	容积率		—	▲	—	—
	地上建筑面积	总建筑面积	万 m²	▲	100	
		其中 住宅建筑	万 m²	▲	▲	
		其中 便民服务设施	万 m²	▲	▲	
	地下总建筑面积		万 m²	▲	▲	
	绿地率		%	▲	—	—
	集中绿地面积		m²	▲	—	▲
	住宅套（户）数		套	▲	—	—
	住宅套均面积		m²/套	▲	—	—
	居住人数		人	▲	—	—
	住宅建筑密度		%	▲	—	—
	住宅建筑平均层数		层	▲	—	—
	住宅建筑高度控制最大值		m	▲	—	—
	停车位	总停车位	辆	▲	—	—
		其中 地上停车位	辆	▲	—	—
		其中 地下停车位	辆	▲	—	—
	地面停车位		辆	▲	—	—

注：▲为必列指标。

资料来源：《城市居住区规划设计标准》GB 50180—2018.

2.5 乡村规划

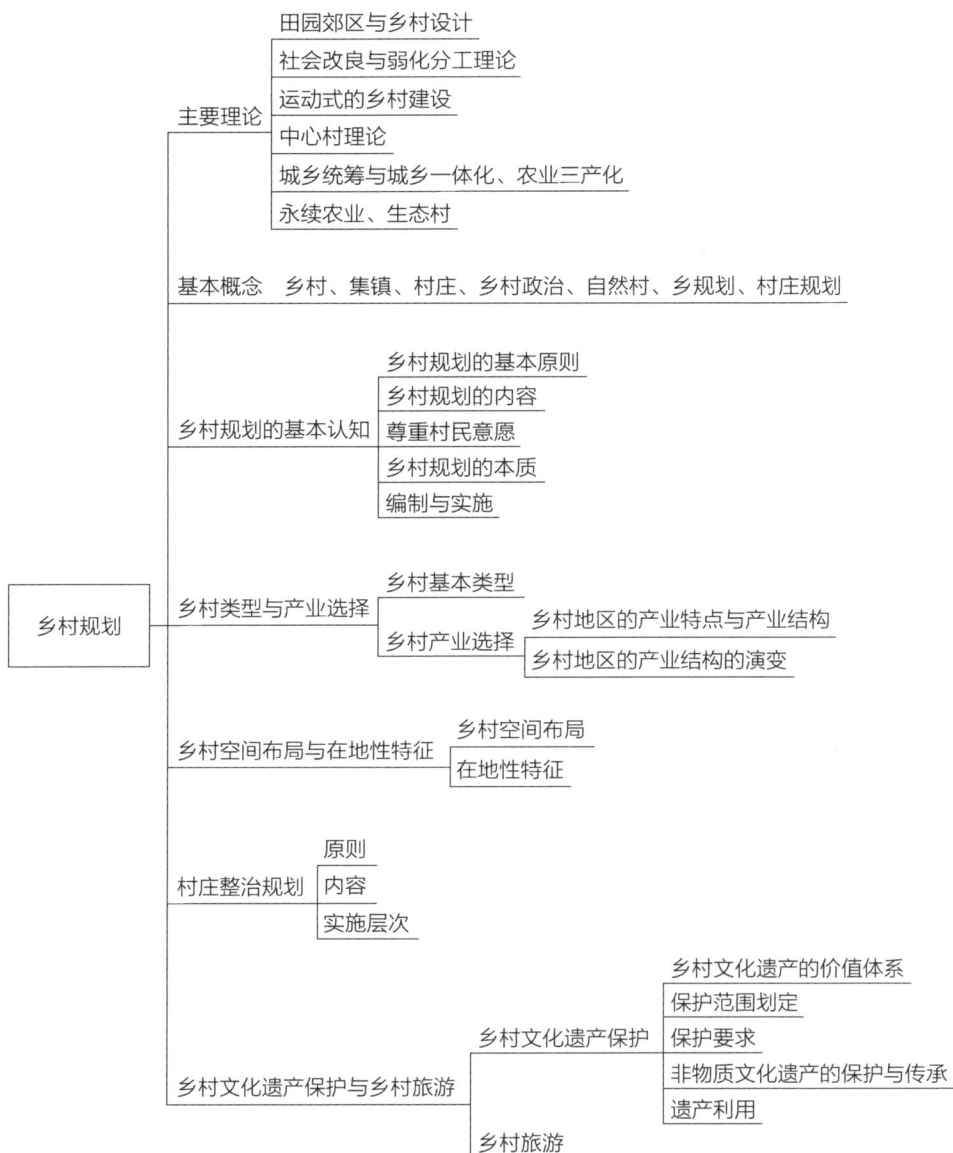

图 2-12　乡村规划知识图谱
资料来源：作者自绘.

2.5.1 主要理论

1. 田园郊区与乡村设计

田园郊区理论起源于 18 世纪的英国，强调通过良好的规划使各个建筑形成相互之间的关系，并开始考虑处理机动车交通的影响，强调带有花园的住房的良好环境，为居民相互之间的交往创造公共空间，形成良好的社区氛围（表 2-26）。

中美乡村设计特点　　　　　　　　　　表 2-26

美国乡村设计	中国乡村设计
强调建筑的区位和道路的安排，认为它们对于产生视觉优美的城镇设计具有极其重要的作用	以 1982 年国家建委、国家农业委员会颁布的《村镇规划原则》为引导，从 1980 年代开始一直持续到 1990 年代，小城镇规划与乡村规划设计进入了一个高潮期

资料来源：作者自绘.

2. 社会改良与弱化分工理论（表 2-27）

社会改良与弱化分工理论实践　　　　　　　表 2-27

协和村	新型村	新村主义	人民公社
1817 年罗伯特·欧文考虑农业问题，认为其理想人数应介于 300~2000 人之间，人均 1 英亩耕地	1918 年，日本通过协作达成人与环境的共生，构成一个心灵相通、相互理解的世界	1919 年，周作人考察了"新型村"并回国进行了大量的宣传与实践，被称为新村主义	人民公社制度从集体所有制出发，通过乡村工业化解农业剩余劳动力和发展民族基础工业，进而通过"工、农、商、学、兵一体化的公社"实现乡村的现代化和"乡村城市化"

资料来源：作者自绘.

3. 运动式的乡村建设

1920 年代的乡村建设运动是典型的精英主导的乡村运动，但没有取得预想的结果，此后由中国共产党领导的自上而下的乡村建设逐渐展开：①革命根据地时期的减租减息运动、大生产运动等，组织人民恢复和发展生产，支持抗战；②解放战争期间颁布"耕者有其田"政策用以解决农民迫切需要土地的问题；③ 1949 年后土地改革运动继续展开，并大力兴修水利以及开展爱国卫生运动等进行移风易俗教育。

4. 中心村理论（表 2-28）

中心村理论实践　　　　　　　　　表 2-28

镇村体系	迁村并点	三个集中
将一个乡社范围内所有的村庄和集镇作为一个有机整体，通盘考虑其地理分布、人口规模、发展方向和相互之间的联系问题，使村庄和集镇在总体上得到合理布局	中心村区别于自然村与行政村，自然村是自然形成的从事农业生产的人们集聚生活的最基层的居民点；行政村是隶属于乡（镇）领导的一级行政组织，是管辖郊区一定区域经济、社会和人口的行政概念；而中心村是经过规划建设形成的具有一定规模和相应的社会服务设施、基础设施的农村居住社区，是具有一定规模的农村集中建设区	即农村人口向小城镇集中，耕地向种田能手集中，工业向小区集中。在这样的理念下展开了全国范围内继中华人民共和国成立初期土地改革与人民公社时期后的第三次迁村并点的热潮

资料来源：作者自绘.

5. 城乡统筹与城乡一体化、农业三产化（表 2-29）

城乡统筹与城乡一体化、农业三产化理论实践   表 2-29

城乡统筹	城乡一体化	农业三产化
通过制度创新和一系列的政策，理顺城乡融通的渠道，填补发展中的薄弱环节，为城乡协调发展创造条件。对于农村地区而言，统筹城乡发展包含的两个相互关联的内容：一是城市与乡村无障碍的经济社会联系，二是农村地区本身的发展	从系统的观点来看，城市和乡村是一个整体，其间人流、物流、信息流自由合理地流动；城乡经济、社会、文化相互渗透、相互融合、高度依赖，城乡差别很小，各种时空资源得到高效利用。这个系统中，城乡的地位是相同的。但城市和乡村在系统中所承担的功能将有所不同	在发展传统农业的同时，郊区在扩大城乡交往、促使城市资本向乡村地区投入、拓展乡村的生态服务功能和保护乡村文化等方面产生重要的作用。除了生产功能之外，农业还有社会功能、历史传承功能、文化功能。以往实物形态的农产品交易尽可能形成价值形态的交易

资料来源：作者自绘.

6. 永续农业、生态村（表 2-30）

永续农业与生态村   表 2-30

永续农业	生态村
以人类活动为中心进行系统内的各种要素分区规划和整体设计，然后利用动、植物的固有性质并结合景观和建筑物的自然特性，建立以"食物林"为特色的生物多样性系统，以达到系统的总产量和稳定性最高，并尽量降低人的劳动付出、对自然的干扰和对环境的污染。永续农业更强调对系统的整体设计，强调系统内乔木、灌木以及农田作物的布局，并且在系统创建之初不排斥适当地使用基于化石燃料的小型农机、化肥、技术设备等非生物资源	由丹麦学者 Robert Gilman 于 1991 年提出。生态村建设的主要内容有：①区域化、本地化的有机食品生产；②生态化的建筑；③自然环境的保护与恢复；④集约、可更新能源系统；⑤减少运输，充分利用现代通信技术；⑥生态村参与式的社区决策；⑦人与人、人与自然交融式的社区先进文化

资料来源：作者自绘.

2.5.2 基本概念（表 2-31）

乡村的基本概念   表 2-31

乡村	集镇	村庄
乡村是指除城市以外的区域。生态学和地理学从人口分布景观、土地利用特征和隔离程度等生态背景下来定义乡村，认为乡村是指城市建成区以外的一切区域，是个空间地域系统，土地利用类型为粗放型利用的农业用地，有着开敞的郊外和人口较小规模的聚落	集镇是乡村一定区域内经济、文化和生活服务中心，是乡村地区商品经济发展到一定阶段的产物，通常由一定商业贸易活动的村庄发展而成，早期的集镇是城市的雏形	村庄是乡村村民居住和从事各种生产的聚居点，是农业生产生活的管理关系和社会经济的综合体，是乡村生产生活、人口组织和经济发展的基本单位。村庄的规模和当地的资源环境、产业、人口、文化传统有关。我国的村庄是一个自治体，土地属于集体所有，村民委员会是村民自我管理、自我教育、自我服务的基层群众性自治组织，办理本村的公共事务和公益事业

续表

乡政村治	自然村	乡规划	村庄规划
1998 年《中华人民共和国村民委员会组织法》确立了我国"乡政村治"的乡村地区治理格局，即在乡镇建立基层政权，对本乡镇事务行使国家行政管理职能，但不直接具体管理基层社会事务；乡以下的村建立村民自治组织——村民委员会，对本村事务行使自治权。这样，在基层农村管理体制中存在着两个处于不同层面且相对独立的权力：一是自上而下的乡镇政府（代表国家）的行政管理权，二是村委会（代表村民）的自治权	自然村是人类经过长时间在自然环境中自发形成的聚居点，是农村社会的基本细胞	乡规划包括乡域镇村体系规划、乡驻地（集镇）区总体规划、乡驻地（集镇）区建设规划	村庄规划包括村庄规划、村庄建设规划、村庄整治规划

资料来源：作者自绘.

2.5.3 乡村规划的基本认知（表 2-32）

乡村规划的基本认知　　　　　　　　　　表 2-32

乡村规划的基本原则	乡村规划的内容	尊重村民意愿	乡村规划的本质	编制与实施
1. 从农村实际出发；2. 尊重村民意愿；3. 体现地方和农村特色；4. 因地制宜、节约用地；5. 发挥农民自治组织的作用；6. 引导村民合理进行建设，改善农村生产、生活条件	1.《城乡规划法》对乡村规划的内容作出了原则性规定；2.《村庄和集镇规划建设管理条例》针对村庄、集镇规划，从总体规划及建设规划两个层面，对规划编制内容作出了初步规定；3.《县域村镇体系规划编制暂行办法》规定在县域村镇体系规划中应确定村庄布局基本原则和分类管理策略；4.《村镇规划编制办法（试行）》对村镇总体规划和村镇建设规划作出了规定；5.《镇（乡）域规划导则》对乡域规划的内容作出了细致的规定；6.《村庄整治规划编制办法》针对村庄整治规划的内容作出了相关规定	村民意愿包含村民对其所处村庄发展的设想，对生产方式和生活环境的意愿。村民全面参与规划设计过程，尤其参与前期的调研与方案构思的过程，也是村民之间利益沟通的途径、规划协调的重要过程。通过这种规划参与方式，村民和规划师一起编制规划，解决问题、共谋发展，使规划反映村民的真实诉求，体现规划的合法性	乡村规划的本质是问题导向型的乡村社区发展的规划，产业规划、经济发展、乡村振兴等都是手段，更重要的是借此实现乡村社区的进步和发展。"乡村地区的规划重心，绝不是建设问题，而是发展问题"	乡村规划编制的主体是村民，而村民又是乡村财产的实际权力人，同时，乡村规划的实施、管理等（包括资金的筹集），都需要以村民作为主体来进行。规划、建设、运营、管理一体化，是乡村规划区别于城市规划的最主要的特征

资料来源：作者自绘.

2.5.4 乡村类型与产业选择

1. 乡村基本类型

乡村基本类型划分主要以主导产业、自然特征、城乡区位关系、人口和村落的规模及密度、政策导引的政策类型等多元要素建构起综合性的村庄类型框架（表 2-33）。

乡村基本类型划分   表 2-33

主导产业	自然特征	城乡区位关系	人口和村落的规模及密度	规划引导的政策类型
农业、牧业、林业等单一主导型,或者工农业、工牧业、农贸业、休闲农业或者休闲渔业等兼业主导型等不同类型	包括平原、高原、丘陵、山区、戈壁、沙漠等地形地貌特征,以及湿润、半湿润、半干旱、干旱等气候特征	包括城市边缘、近郊、远郊,直至偏远地区等类型	分为高、中、低人口密度地区,大、中、小规模村落,以及集聚形态、带形形态和散点形态等不同类型	从建设导引的角度,较为常见的类型划分包括发展型、保留型、保护型和迁撤型等

资料来源:作者自绘.

2. 乡村产业选择

(1)乡村地区的产业特点与产业结构(表 2-34)

乡村地区的产业特点与产业结构   表 2-34

产业特点	产业结构
1. 与自然环境有着紧密联系,区域背景、历史和社会发展等因素也会形成深刻影响。2. 乡村地区经济呈现小而分散的特征,个体的家庭的小单位作为经营主体是其最为主要的特点。3. 呈现明显的多元化和高度复合性特点	较为常见的产业结构划分有以不同生产要素投入密集程度差异而划分的劳动力密集型、资本密集型、知识密集型等类型;以企业经济活动关联方式差异而划分的技术关联分类法如建筑业、冶炼业等,原料关联分类法如造纸业、纺织业等,用途关联分类法如汽车制造业、飞机制造业等类型。三次产业仍是最为常见的划分方式,乡村地区与第一产业有着天然的紧密关系

资料来源:作者自绘.

(2)乡村地区的产业结构的演变

国内乡村地区的产业结构,自新中国成立后经历了历史性的演变历程。从最具标识性的家庭联产承包责任制至今已经大致经历了 4 个主要历史阶段的演变历程(表 2-35)。

乡村地区产业历史阶段的演变历程   表 2-35

第一阶段	第二阶段	第三阶段	第四阶段
自改革开放至 1980 年代初中期,家庭联产承包责任制极大地释放了中国农村的生产力,在突破"以粮为纲"并转向"绝不放松粮食生产,积极发展多种经营"的战略下,畜牧业和渔业等部门迅速增长并在第一产业部门中的比重明显上升。第一产业中农业比重从超过 80% 逐步下降到了 70%,乡村地区经济进入了快速发展时期	1990 年代,随着获得更多生产经营自主权,乡村地区经济从计划经济时期迅速转向工商业快速发展的阶段。乡村地区的非农经济也成为重要的经济部门。第一产业内部结构继续调整,畜牧业和渔业继续快速发展,农业的比重逐步下降到了 60% 左右	2000 年代,中国城市进入了快速发展阶段,乡镇企业的发展空间明显受到挤压,总体上走向了调整方向。乡村非农产业逐步与城市经济和外向经济接轨而且乡村农业的升级发展和产业化进程也仍然在推进。农业在第一产业内的比重从 60% 左右下降至 50% 左右	2003 年以后,以每年连续颁布的涉农中央一号文件为标志,"三农"问题得到中央层面的高度重视,城乡关系进入"工业反哺农业、城市支持农村"的发展阶段。第一产业内部的结构进一步调整,农业比重已经下降并稳定在 50%~55%。非农业继续快速发展

资料来源:作者自绘.

2.5.5 乡村空间布局与在地性特征

1. 乡村空间布局

乡村空间是依托自然环境而生的，是对自然环境的利用和资源管理形成的空间，是人与自然在高度相关的时空中显现的动态空间。

传统村庄布局是基于传统农业自有的耕作和生产方式，利用周边资源自然逐步发展而形成的，具有与所在自然环境、地形地貌相融合的景观特色，其空间格局是由山、水、田、村、宅等基本物质空间要素构成的，是农业生产空间、建筑与各类空间复合构成的本土化空间，也是由密切的血缘和地缘关系构成的相对封闭和自给自足的社会文化体系，是乡村生产生活和自然环境共同构成的复合体。

在传统村庄空间内，由于农业的劳动效率存在明显的距离衰减，往往形成以宅基地为中心的同心圆式土地利用结构，以住宅为中心由内向外依次为家禽养殖、提供蔬菜的园地、高产耕地、中低产耕地，再向外为位于耕作半径之外的牧地、林地等非耕地。随着人口增加和家族内部分解，以及农业生产效率的提高，在适合耕作地区出现村落群，同一区域的村庄空间仍然表现出相似的同心圆结构，这种连绵不断重复出现的村落地带组成了乡村地域的景观特色。

2. 在地性特征

乡村空间由于与乡土社区的联系紧密，是城乡规划学科在地化研究的主要对象，主要的研究成果基本可以分为五个层次。第一是对自然环境格局的研究。第二是针对村落空间格局及肌理的研究。第三是村庄建筑在地性设计的研究。第四是村庄微空间设计。最后，乡村在地性研究不能脱离本地人群的需求而就空间论空间，此类研究强调文化及人文的场所特征，认为需要通过激活乡村空间实现文化与经济的价值提升，并形成文化保护的场所空间。

乡村在地性研究包括三个核心要素。一是物质空间要素，包括自然环境格局、村落空间格局及肌理、村庄建筑、微空间设计四个层面；二是在地文化，即地方人群的生产生活传统延续形成的包括民俗、风物等在内的非物质要素；第三是非物质要素通过物质要素所展现的场所意义。

2.5.6 村庄整治规划

村庄整治规划是以改善村庄人居环境为主要目的，以保障村民基本生活条件、治理村庄环境、提升村庄风貌为主要任务，对村庄进行整治改造的一类规划（表 2-36）。

村庄整治规划 表 2-36

原则	内容	实施层次
1. 充分立足现有基础进行整治，绝不能盲目地铺摊子、上工程、圈土地、搞建设，要坚决防止用城市建设的方法搞规划整治，防止大拆大建搞集中。2. 应严格限制自然村落扩大建设规模，坚决制止违法、违章建设行为，通过规划控制、土地整理、退宅还田等方式，及时调整部分村落消失后的土地利用	包括村庄安全防灾整治、农房改造、生活给水设施整治、道路交通安全设施整治、村庄公共环境和配套设施改善、村庄风貌提升等	1. 可以由中央财政和各级政府直接投资建设乡村地区的基础设施和公共服务设施，它是改善乡村人居环境的重要保障，也是实施村庄整治的依托；2. 可以由政府资助，农民自主选择采取整村整治的方式实施，是直接改善村庄面貌和整体提升人居环境的公益类建设项目；3. 可以通过政府资金引导、科技项目示范、市场化运作、农户自主参与、利益到户的有关项目实施

资料来源：作者自绘.

2.5.7 乡村文化遗产保护与乡村旅游

1. 乡村文化遗产保护

乡村文化遗产是指那些在某个文化区域内具有代表性的、能反映该区域本色和独特的文化内涵的乡村。乡村文化遗产的物质部分包含村落、附属于该村落的生产场所以及该村落所处的自然环境。其非物质部分包含了村落的生产方式、宗教信仰、传统技艺、生活习俗、语言、民间艺术等知识体系和技能及其有关的工具、实物、工艺品和文化场所。

（1）乡村文化遗产的价值体系

乡村文化遗产的价值体系可以包含文化价值、景观价值、持续性价值（表2-37）。

乡村文化遗产价值体系 表 2-37

文化价值	景观价值	持续性价值
1. 物质方面包含建筑物、构筑物、村落空间、村落环境、地形地貌、水系、农田等要素；2. 非物质文化方面则包括了反映地方文化和传统的传统技艺歌舞、语言、文字等	1. 村落的选址反映了不同地域的人地关系，主要体现在当地村民因地制宜地选择与自然环境和谐相处的生存方式。2. 适应自然条件的农业耕作方式而产生的农业景观。3. 村落的空间格局不仅限于村落本身，还包含了村落与远山近水的空间关系	包含建筑演化、格局的生长、习俗的传承、社会的演变等方面，也是乡村遗产活态属性的主要组成部分

资料来源：作者自绘.

（2）保护范围划定

乡村文化遗产保护需要考虑一个村落的全部。一个村落之所以具有保护的价值在于它的整体，这个整体既包含了村落本身的全部也包含了其周围环境的全部，同时也包含了支撑村落生存和乡村发展的各种经济和社会因素。

村落是乡村历史文化的主体。村落保护与发展规划的内容一般可由以下内容组成：规划范围确定，遗产价值评估，保护与发展问题分析，保护目标，保护原则，保护对象甄别，保护范围划定，物质遗产保护要求，非物质遗产传承方式，生活设施与环境改善，景观整治，建设项目空间布局及建设规定，产业与旅游发展，基础设施和环境卫生改善，遗产管理体系等方面。

传统村落保护规划的首要任务就是划定保护范围。保护范围包含核心保护范围、建设控制地带和环境协调区三个层次（表2-38）。

传统村落保护规划保护范围划定　　　　表2-38

核心保护范围	建设控制地带	环境协调区
核心保护范围是村落中物质遗产丰富集中、空间格局保存完整的部分，包括村落本体同时也包括村落本体直接依托的农田、河流、植被等人工和自然景观要素	建设控制地带是核心保护范围周边对核心保护区在视线、景观上有直接影响的建设区域，建设控制地带允许建设，但对各类建设行为应进行严格的控制	环境协调区是在核心保护区内向周边眺望的视线所及范围内的自然、人工景观

资料来源：作者自绘.

（3）保护要求

村落保护区范围内应严格保护历史形成的空间格局和传统风貌，包括村落格局、街巷肌理、建筑群体环境、传统建筑；对已经破损的传统建筑，应根据相关资料进行修缮，并不应改变原有的特征，以保护遗产的真实性；村落保护区内原则上不应新建民居建筑，对确需重建、改建、维修的非传统建筑必须在建筑形式、高度、体量、色彩以及尺度、比例上与现有传统建筑相协调，以维护遗产的整体性（表2-39）。

传统村落保护规划保护要求　　　　表2-39

农业景观保护区范围内	建设控制地带内	环境协调区内	村落的建筑
应整体保护构成传统村落风貌的农田水系和地形地貌等各种组成要素。原则上不应占用农田新建建筑物，以保护村落周边的田园风光	应对所有建设活动进行严格控制，对需新建、改建、扩建的建筑应该在建筑高度、体量、色彩以及尺度、比例上与传统建筑风貌相协调，以保障遗产的整体价值不被损害	原则上不得进行新的建设活动，应严格保护自然生态和地形地貌，不得占用农田，以保护遗产的完整性。同时应该严格控制包括各种环境污染在内的任何对环境具有负面影响的建设活动，从而延续村落与田园风光、自然植被等的融合与共存关系	村落的建筑，特别是传统的民居，保护与改善需要同步进行。村落的传统民居不同于一般的文物建筑，也不同于城镇中的传统住宅，它是村落日常生活居住的场所，更重要的是它不能简单地通过征收政策和措施把它固化地保护起来，或者置换为商业经营和旅游服务设施，因为博物馆式的保护不是乡村历史文化保护和利用的宗旨，以这种方式保护，乡村就不复存在了

资料来源：作者自绘.

（4）非物质文化遗产的保护与传承

非物质文化遗产是指各种以非物质形态存在的与群众生活密切相关、世代相承的传统文化表现形式。非物质文化遗产强调的是以人为核心的技艺、经验、精神，其特点是活态演变（表 2-40）。

非物质文化遗产的保护与传承方法　　　表 2-40

遗产类型	遗产文档	遗产保护的对象	遗产传承机制
1. 口头传说和表述；2. 表演艺术；3. 社会风俗、礼仪、节庆；4. 自然界和宇宙的知识和实践；5. 传统的手工艺技能	根据非物质文化遗产的不同类型，采用不同的记录方式、记录环境、记录技术	一类是人，包括非物质文化遗产传承人在内的社会群体和民间（村民）组织；另一类是物，即与非物质文化遗产活动相关联的文化场所	为非遗传承人和自发的村民非遗组织提供物质、资金和场所，支持培养新的传承人并开展非遗活动和培训，将非遗活动和传统手工艺品转化为旅游服务和旅游产品，以及设置陈列馆展示非物质文化遗产的价值等

资料来源：作者自绘.

（5）遗产利用

乡村文化遗产的利用应该以不损害乡村遗产的属性为前提，开展乡村旅游、乡村文化活动及展示、乡村传统及乡土产品的开发与推广均是当下乡村发展可选择的路径。

乡村文化遗产利用的目的之一是乡村的发展，同时乡村的遗产资源正是具有传统文化物质与非物质遗存的村落发展的重要且独特的资源。

乡村文化遗产利用的另一个重要目的是文化传承。为了达到文化传承的目标，对乡村开展历史研究和文化记录是一个重要、有效的方式。

2. 乡村旅游

与城市文化相比，乡村文化具有乡土性、封闭性、相对静态性及多样性等特征，是指在特定乡村的社会生产方式基础之上，以村民为主体，建立在乡村社区的文化，是村民文化素质、价值观、交往方式、生活方式等深层心理结构的反映。

利用乡村地区特有的文化特征，充分挖掘其资源，发展乡村旅游，从而带动乡村地区经济社会的全面发展，成为我国乡村规划的重要实践领域之一。

（1）乡村旅游原则

关注村民本身，不仅关注村民收入的提高，同时应该关注村民就业能力和适应风险能力的提高；关注村落的社会结构和社会机制外部的干预不应损害村落内部的运行机制及其演变规律；关注乡村遗产的传承和乡村的可持续发展。

二维码 2-12

中国历史文化名村（第一批）名单扫描二维码 2-12 阅读。

（2）近郊农业与创意农业（表2-41）

近郊农业与创意农业 表 2-41

近郊农业	创意农业
中国特色的农业现代化发展模式。将农业和自然相互融合来实现良性的发展循环，并带动和促进乡村旅游和农业的产业结构升级以及农业经济效益提高，为农村的劳动人民带来更多的就业岗位并传播科学、运用先进技术。不同的地域有不同的自然风貌，也有不同的农业特色，要发展近郊农业需明确该地区的生态特点，向特色化、具体化发展。要注重经济效益和生态效益的双丰收	创意农业有效地将科技和人文要素融入农业生产，进一步拓展农业功能、整合资源，把传统农业发展为融生产、生活、生态为一体的现代农业

资料来源：作者自绘.

2.6 城市设计与城市更新

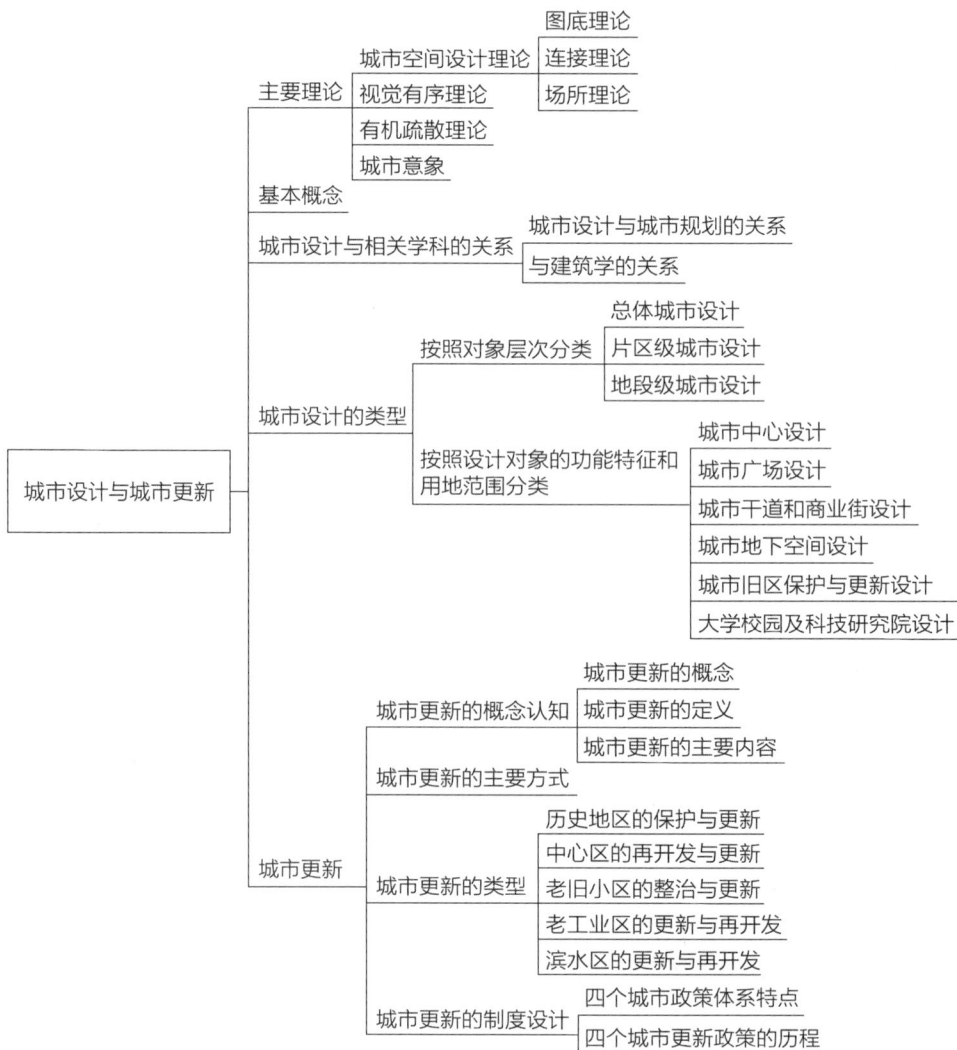

图 2-13 城市设计与城市更新知识图谱

资料来源：作者自绘.

城市设计是营造美好人居环境和宜人空间场所的重要理念与方法，通过对人居环境多层级空间特征的系统辨识，多尺度要素内容的统筹协调，以及对自然、文化保护与发展的整体认识，运用设计思维，借助形态组织和环境营造方法，依托规划传导和政策推动，实现国土空间整体布局的结构优化，生态系统的健康持续，历史文脉的传承发展，功能组织的活力有序，风貌特色的引导控制，公共空间的系统建设，达成美好人居环境和宜人空间场所的积极塑造。

2.6.1 主要理论

1. 城市空间设计理论

罗杰·特兰西克（Roger Trancik）在《寻找失落的空间——城市设计的理论》中根据现代城市空间的变迁以及历史实例的研究，归纳出三种研究城市空间形态的城市设计理论，分别为图底理论（Figure-Ground Theory）、连接理论（Linkage Theory）和场所理论（Place Theory）。同时对应地将这三种理论又归纳为三种关系，即形态关系、拓扑关系和类型关系。

（1）图底理论

图底理论从分析建筑实体（Solidmass；图：Figure）和开放虚体（Open Voids：底：Qround）之间的相对比例关系着手，试图通过对城市物质空间的组织加以分析明确城市形态的空间结构和空间等级，确定城市的积极空间和消极空间。通过比较不同时期城市图底关系的变化从而分析城市空间发展的规律及方向（图2-14）。

图2-14　罗马城市纳沃纳广场地区（1748年）

图片来源：王建国. 城市设计 [M]. 3版. 南京：东南大学出版社，2013.

（2）连接理论

连接理论是 1960 年代最受欢迎的设计思潮之一，丹下健三是连接理论的先驱。槙文彦著名的《集体形态之研究》一文中，将这种连接关系视为外部空间的最重要的特征及法则。他提出了城市空间分为三种不同形态：组合形态、超大形态及组群形态。

连接理论注重以"线"（Lines）连接各个城市空间要素。在连接理论中，最重要的是视动态交通线为创造城市形态的原动力。

（3）场所理论

场所理论比图底理论及连接理论更进一步地将人性需求、文化、历史及自然环境等因素列入考虑的范畴。"空间"之所以能成为"场所"的主要原因是由空间的文化属性所赋予及决定的。

诺伯格·舒尔茨（Norberg Schulz）在《场所精神——迈向建筑现象学》一书中指出："场所就是具有特殊风格的空间。"就建筑而言，场所意指如何将场所精神具象化、视觉化。建筑师的工作就是创造一个适宜人们聚居的有意义的空间。

2. 视觉有序理论

奥地利建筑师卡米洛·西特（Camillo Sitte）1889 年出版的《城市建设艺术》通过总结欧洲中世纪城市的街道和广场设计，归纳出一系列城市建设的艺术原则。西特的城市设计思想主要体现在批评当时盛行的形式主义的刻板模式，总结了中世纪城市空间艺术的有机和谐特点，倡导了城市空间与自然环境相协调的基本原则，揭示了城镇建设的内在艺术构成规律。

3. 有机疏散理论

伊利尔·沙里宁发表的著作《城市：它的发展、衰败与未来》一书中，认为导致城市衰败的主要原因之一，在于城市中日益严重的混乱和拥挤状态，在拥挤的城市中，各种互不相关的活动彼此干扰，阻碍城市正常地发挥作用。沙里宁提出治疗城市疾病的"有机疏散理论"缓解以城市为核心的"大城市病"，起到了重要的指导作用。

4. 城市意象

凯文·林奇的重要论著《城市意象》（*The Image of the City*）第一次把环境心理学引进城市设计。

城市意向通过五要素，包括路径、边缘、地标、节点和区域，为设计者与使用者的沟通提供了更为明确的依据。通过城市意象的调查，可以了解使用者对环境的认识、感受和评价，为设计的人性化提供了前提。

2.6.2 基本概念

城市设计是根据城市发展的总体目标，融合社会、经济、文化、心理等主要元素，对空间要素做出形态的安排，制定出指导空间形态设计的政策性安排。具体内容扫描二维码 2-13 阅读。

二维码 2-13

2.6.3 城市设计与相关学科的关系

城市设计是在相关学科领域内发展起来的，因而与其他相关学科和实践领域有着密切的相互关系。城市设计在各学科之间架起了一座知识性桥梁，并创造了平等对话的机会。

1. 城市设计与城市规划的关系

城市设计是在相关学科领域内发展起来的，贯穿于城市规划的各阶段及各层次，既有分析与策划内容，又有具体形体表达的内容。其目的在于恢复与保持城市中个体环境质量的连续性与一致性，改善城市的整体形象和环境美观，提高人们的生活质量，它是城市规划的延伸和具体化。

（1）跨区域层面的城市设计

在都市圈、城镇群层面运用城市设计思维，加强对大尺度自然山水、历史文化等方面的研究，协同构建自然与人文并重、生产生活生态空间相融合的国土空间开发保护格局（表 2-42）。

跨区域层面的城市设计　　　　　　　　　　　　表 2-42

设计方法的运用
1. 优化重大设施选址及确定重要管控边界； 2. 提出自然山水环境保护开发的整体要求； 3. 提出历史文化要素的保护与发展要求； 4. 形成共识性的设计规则和协同行动方案

资料来源：作者自绘.

（2）区域—城市系统阶段的城市设计（表 2-43）

区域—城市系统阶段的城市设计　　　　　　　　表 2-43

设计方法的运用
强化生态、农业和城镇空间的全域全要素整体统筹，优化区域—城市的整体空间秩序。 1. 统筹整体空间格局； 2. 提出大尺度开放空间的导控要求； 3. 明确全域全要素的空间特色

资料来源：作者自绘.

（3）城市总体规划阶段的城市设计

城市总体规划是制订城市发展规划的最高层次（表2-44）。

城市总体规划阶段的城市设计　　　　表2-44

设计方法的运用
此阶段的城市设计应着重于： 1. 城市整体社会文化氛围的研究与策划； 2. 实现城市性质与城市形象的衔接； 3. 进行城市尺度的物质框架景观规划； 4. 进行城市尺度三维空间形态概念规划。同时，制定有关社会经济政策，尤其是具体的市容景观实施管理条例，促进城市文化风貌与景观的形成，确定城市设计实施的保障机制。

资料来源：作者自绘.

（4）详细规划阶段的城市设计

城市一般片区：应落实总体规划中的各项设计要求，通过三维形态模拟等方式，进一步统筹优化片区的功能布局和空间结构，明确景观风貌、公共空间、建筑形态等方面的设计要求，营造健康、舒适、便利的人居环境（表2-45）。

详细规划中一般片区的城市设计　　　　表2-45

设计方法的运用
1. 打造人性化的公共空间。 2. 营造清晰有序的空间秩序。

资料来源：作者自绘.

重点控制区：是影响城市风貌的重点区域，应在满足城市一般片区设计要求的基础上，更加关注其特殊条件和核心问题，通过精细化设计手段，打造具有更高品质的城市地区。结合不同片区功能提出建筑体量、界面、风格、色彩、第五立面、天际线等要素的设计原则，塑造凸显地域特色的城市风貌；从人的体验和需求出发，深化研究各类公共空间的规模尺度与空间形态，营造以人为本、充满魅力的景观环境。兼具多种特殊条件的重点控制区，应统筹考虑各类设计导控要求，采用协同式方法，实现综合价值的最优化（表2-46）。

详细规划中重点控制区的城市设计　　　　表2-46

设计方法的运用	
对城市结构框架有重要影响作用的区域	城市门户、城市中心区、重要轴线、节点等。建立与城市整体框架相衔接的空间结构与形态；在设施布局、公共空间、路网密度、街道尺度、建筑高度、开发强度等方面进行详细设计，使空间秩序与区位特征相匹配
具有特殊重要属性的功能片区	交通枢纽区、商务中心区、产业园区核心区、教育园区等。强化与周边组团的区域联动，合理进行业态布局引导；强调土地的多元混合、高效使用、弹性预留；注重核心区域公共空间系统建设和场所营造，鼓励地上地下综合开发、一体化设计；加强对外交通与片区内部交通的接驳和流线的组织

续表

设计方法的运用	
城市重要开敞空间	山前地区、滨水地区、重要公园与广场、生态廊道等。优先识别和保护特色自然资源,延续特色景观风貌的本土原真性;保护延续空间整体格局,营造适宜的空间肌理、建构筑物尺度与形态;通过对特色要素与重要界面的塑造,提升开敞空间活力,营造富有特色、充满魅力的景观风貌
城市重要历史文化区域	历史风貌与文化遗产保护区、传统历史街区、老城复兴区、工业遗产等。细化梳理各类历史文化资源特征,延续城市文脉;加强对周边控制地带的建设高度、建筑风貌的设计导控,形成良好的文化衔接,防止大拆大建

资料来源:作者自绘.

2. 与建筑学的关系

城市设计不同于建筑学的简单扩大,它不仅仅是一个结果,而且存在一个时间跨度的问题,还涉及政策和社会要素等非物质的因素,二者之间既有一定的联系,也有一些差别(表2-47)。城市设计与建筑学的联系与比较扫描二维码 2-14 阅读。

二维码 2-14

城市设计与建筑学的联系与比较 表 2-47

城市设计与建筑学的联系	城市设计与建筑设计之间的比较
1. 定位、定量、定形、定调; 2. 城市设计与建筑设计的融合; 3. 建筑师的"城市设计观"	1. 城市设计从城市整体出发将设计对象作为城市综合环境中的一个组成部分,强调设计对象与周围环境的和谐统一,而建筑设计主要从自身功能考虑,强调建筑的个性特征; 2. 建筑设计注重三维建筑空间的设计,而城市设计融入了时间维度,注重城市历史传统的延续性; 3. 城市设计不是多个建筑的简单叠加,不是扩大化的建筑设计; 4. 城市设计强调功能与艺术并重,建筑设计更重视建筑自身功能的完善、结构的合理

资料来源:作者自绘.

2.6.4 城市设计的类型

1. 按照对象层次分类

城市设计的对象范围大致分为三个层次,即宏观尺度的总体城市设计、中观尺度的片区级城市设计和微观尺度的地段级城市设计。

2. 按照设计对象的功能特征和用地范围分类

根据设计对象的用地范围和功能特征,城市设计可以分为下列类型:①城市总体空间设计;②城市开发区设计;③城市中心设计;④城市广场设计;⑤城市干道和商业街设计;⑥城市居住区设计;⑦城市园林绿地设计;⑧城市地下空间设计;⑨城市旧区保护与更新设计;⑩大学校园及科技研究院设计;⑪博览中心设计;⑫建设项目的细部空间设计。

（1）城市中心设计

城市中心是城市居民社会生活集中的地方。城市居民社会生活多方面的需要和城市的多种功能，使城市产生了各种类型和不同规模、等级的城市中心。从功能来分，有行政、经济、生活及文化中心。按照城市规模分，小城镇一般有一个市中心即能满足各方面的要求；大、中城市除全市中心之外还有分区中心、居住区中心等。全市中心也可同时有几个不同功能的中心形成城市中心体系（表2-48、图2-15）。

城市中心设计内容　　　　　　　　　　　表2-48

	类型	构成	城市中心布局	城市中心的空间组织
城市中心	根据功能和性质，城市有行政管理、经济、商业、文化、娱乐游览等中心。有的是一个中心兼有多方面的功能，也有的是突出不同功能和性质的中心。从所服务的地区范围来分，包括市中心、片区中心、居住区中心。在不同层次的中心，设置相应层次的公共服务设施	城市中心应有各类建筑物、各类活动场地道路、绿地等设施。大城市的中心构成甚至可以扩展到若干街坊和一系列的街道、广场，形成中心区。城市中心的建筑群以及以建筑群为主体形成的空间环境，不仅要满足市场活动功能上的要求，还要能满足精神和心理上的需要。城市中心应具有独特的吸引力，是城市的标识性地区	城市中心的布局包括各级中心的分布、性质、内容、规模、用地组织与布置。各级中心的分布、性质和规模须根据城市发展总体规划的用地布局，考虑城市发展的现状、交通、自然条件以及市民不同层次与使用频率的要求	应满足功能与审美的要求；明确城市中心建筑空间组织的原则

资料来源：作者自绘.

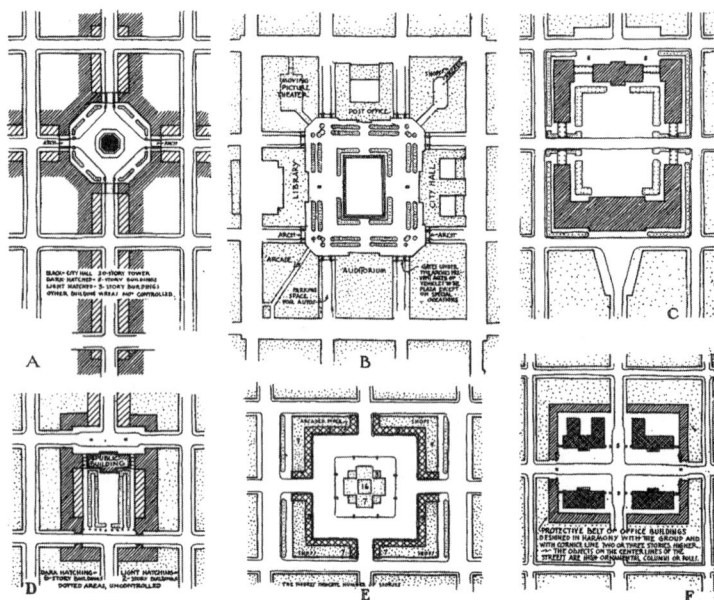

图2-15 《城市艺术》一书总结的城市中心区空间组织经典方式

图片来源：王建国. 城市设计 [M]. 3 版. 南京：东南大学出版社，2011.

（2）城市广场设计

广场是由于城市功能上的要求而设置的，是供人们活动的空间。城市广场通常是城市居民社会生活的中心，广场上可进行集会、交通集散、居民游览休憩、商业服务及文化宣传等。广场旁一般都布置着城市中的重要建筑物，广场上布置设施和绿地，能集中地表现城市空间环境面貌（表2-49、图2-16）。

城市广场设计内容   表2-49

	类型	不同性质的广场	广场的形状	广场的规划设计
城市广场	1. 按照广场的主要功能分类有市民广场、市场广场、纪念性广场、生活广场、交通广场等。 2. 按照形态分类有规整形广场、不规整形广场及广场群。 3. 按照广场构成要素可分为建筑广场、雕塑广场、水上广场、绿化广场等	不同性质的广场，在规划布置时，应根据广场的功能，分主次进行综合考虑	规整形广场：正方形广场、长方形广场、梯形广场、圆形和椭圆形广场。不规则形广场的平面形式较自由，处理手法因地制宜	1. 根据功能要求及客观条件确定广场的面积与尺度比例； 2. 广场的空间组织应满足人们活动的需要； 3. 建筑物和设施是广场的有机组成部分，应主从分明； 4. 需考虑广场的交通流线组织； 5. 考虑广场的地面铺装与绿化

资料来源：作者自绘.

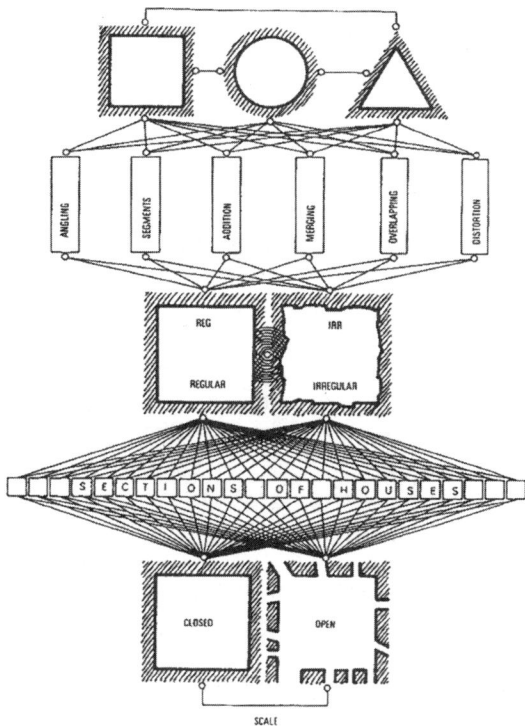

图2-16 城市广场类型学分析

图片来源：王建国. 城市设计 [M]. 3版. 南京：东南大学出版社，2011.

（3）城市干道和商业街设计

城市干道设计。城市干道是城市大交通系统的一部分，设计时应优先考虑驾乘人员的视觉要求，优先考虑道路的交通流量、效率、安全和视觉连续以及城市对外门户的景观要求，城市主干道还可作为迎宾礼仪的纪念性道路来设计。干道两侧对于住宅和写字楼开发很有吸引力，但却不利于零售商业的开发。

城市商业街。城市商业街应担负起提升城市特色形象与地域文化传承的职能。

商业街城市设计的空间环境要素包括建筑、建筑群、植物绿化、街道与广场、建筑小品、城镇色彩景观、城镇家具等，既是城市形象特色的组成要素，又是展示和建构城镇形象特色的重要空间场所。

商业街要充分发挥土地的综合利用价值，必须鼓励步行方式并在城市设计中贯彻步行优先的原则，建立一个具有整体连续性、人性化的步道连接系统。从城市设计的角度来看，步行要素应有助于基本城市要素的相互作用，强有力地联系现存的空间环境和行为格局，并有效地与城市未来的物质形态变化相联系。

（4）城市地下空间设计

地下空间的城市设计与地上空间的要素一脉相承也有其独特之处。地下空间的城市设计应该从整体规划层面就融入其中，统筹布局、重点设计、精心策划、精细管理，和地上空间一同构成立体化、多基面、全维度的城市设计体系（表2-50）。

城市地下空间设计内容　　　　　　　　表2-50

	设计原则	设计策略	设计方法
城市地下空间设计	通过设计创造地上和地下空间之间的融合、协调与关联，减轻和消除人们在地下活动的不适感，创造一个安全、舒适、宜人、有活力、有趣味的地下空间系统	1. 从总体层面分层次进行总体城市设计规划，划分地下空间设计重点区域和一般区域； 2. 形成网络化的地下空间体系，注重地下空间之间的联系； 3. 注意和历史保护的结合，融合地域历史文化元素； 4. 以轨道交通站为核心，注重地下空间的多层次开发，激活地下空间的活力	1. 舒适宜人的空间尺度； 2. 具有个性化和地域特色的空间主题； 3. 多层次系统化的空间界面设计； 4. 塑造标志性的令人印象深刻的空间节点； 5. 人性化的环境景观小品设计，系统化醒目的标识系统

资料来源：作者自绘.

（5）城市旧区保护与更新设计

城市旧区在力求保护旧城原有结构的前提下，嵌插一些小型的改造的建筑。强调深入研究城市历史，注重调查现状，同时，有层次地进行城—区—街坊—组群—单体的分析。但并不是简单地重建传统、恢复历史。城市环境建设和发展中不同时代的物质痕迹总是相互并存的——"城市本身就应该是一个教育人的、活的、有秩序的博物馆"。

最迫切也是最重要的工作首推城市现状调查，重新评价旧城的综合价值构成，越是文化深厚、历史悠久的城市，调查越要细致，有条件的应把重要街区乃至单体建筑编制现状图，并将其建造年代、房屋产权、使用条件、立面、保留价值、毗邻建筑环境现状及建议分别建立档案，编制评价记录。

（6）大学校园及科技研究院设计

由于大学校园及科技研究院承担了复杂的综合功能，所以一般具有较大的空间尺度规模。从技术层面上看，校园及科技研究院规划建设中既有部分城市总体规划的内涵，又有城市设计、建筑设计及绿地景规划设计涉及的工作（表2-51）。

大学校园及科技研究院设计内容　　　　　　　　　　表 2-51

	总体布局	交通组织	建筑环境及其场所感的创造
大学校园及科技研究院设计	首先要满足现代高校及科研院所功能使用要求，保证建筑空间环境与教育模式及其在今天的发展变化相适应。其次要精心塑造符合城市设计和空间美学要求的教育与研究环境	1. 应注重与外部交通的联系，特别是轨道交通的联系。 2. 对多余视觉要素做必要的屏蔽和景观处理；道路两旁有合适的建筑高度和建筑红线；应注意强化林荫道和植物配置，道路视觉景观效果。 3. 沿道路形成体系性的整体道路标志和视觉参考物。 4. 应反映因不同分区功能使用而形成的不同道路的等级的重要性	建筑物的体量、尺度、比例、空间、功能、造型、材料和用色等对空间环境具有重要影响。建筑设计及其相关空间环境的形成，不但成就自身的完整性，而且能赋予所在的校园环境以特定的场所意义

资料来源：作者自绘.

2.6.5　城市更新

1. 城市更新的概念认知

城市更新是指对城市中某一衰落的区域，进行拆迁、改造、投资和建设，使之重新发展和繁荣。城市更新的作用是从综合工程、科学规划的角度研究如何改造旧城区、工业区、老旧小区等以推陈出新之法维护城市生态平衡，综合解决城市发展问题，实现城市的可持续发展。具体内容扫描二维码2-15阅读。

二维码2-15

2. 城市更新的主要方式

城市更新的方式可分为再开发、整治改善及保护三种。

再开发或重建是将城市土地上的建筑予以拆除并对土地进行与城市发展相适应的新的合理使用。

整治改善是对建筑物的全部或一部分予以改造或更新设计，使其能够继续使用。

保护是对仍适合于继续使用的建筑，通过修缮、修整等活动，使其继续保持或改善现有的使用状况。

3. 城市更新的类型

城市更新在注重城市内涵发展、提升城市品质、促进产业转型、加强土地集约利用的趋势下日益受到关注。城市更新主要包括历史地区的保护与更新、中心区的再开发与更新、老旧小区的整治与更新、老工业区的更新与再开发和滨水区的更新与再开发等类型。

（1）历史地区的保护与更新

历史地区保护需要建立在整体的保护与发展系统规划的基础上，城市总体布局拓展和功能结构调整为历史地区保护提供了前提保证，城市设计能保护和强化历史地区的传统风貌与特色，以减少旧城更新改造和城市现代化建设可能对历史文化保护造成的不良影响（表2-52）。

历史地区的保护与更新策略 表 2-52

传统风貌与格局保护	进行渐进的保护、整治与适应性再利用	注重历史地区的文化传承、创新与提升
应注意保护城址环境的自然山水和人文要素，对城垣轮廓空间布局、历史轴线、街巷肌理、重要空间节点等提出保护措施，明确历史城区的建筑高度控制要求，强化历史城区的风貌管理，延续历史文脉，协调景观风貌	通过小规模、渐进式的针灸激活和有机更新，以微小空间为切入点，对历史地区进行精心的维护、修缮、修补和整治；在保护历史整体环境真实性和完整性的前提下找寻到可持续性保护和再生的途径	基于历史地区真实性、层叠性和多样性，重视历史建筑的修缮与更新，也需要不断修补与完善历史地区的内部功能，有效平衡历史地区中的传统风貌延续、地方特色保护、居民民生保障、人居环境改善及城市更新之间的关系，保持和激发历史街区的活力

资料来源：作者自绘.

（2）中心区的再开发与更新

城市中心区是城市独特的地域组成，是城市的核心和中枢，具备较好的交通条件和区位优势，集聚着城市功能活动的重要部分，自然成为城市再开发和功能结构调整的主要载体。

基于以人为本和城市可持续发展理念，城市中心职能加强和功能重构的再开发行动采取的是"城市中心体系的调整优化"与"城市中心结构调整完善"相结合且并行的发展战略，涉及中心体系重构、城市规模调整、基础设施更新改造、交通组织完善、功能结构调整以及人性化空间营造等实质内容（表2-53）。

中心区的再开发与更新策略　　　　　　　　　表 2-53

城市中心体系的调整优化	城市中心结构调整完善	中心区人性化空间的营造与提升
丰富的城市职能要求城市中心功能更加综合和多样，更突出人的体验和活动。同时在整个区域范围内进行协调，各级中心分工合作，疏解单中心压力	中心区的布局，需要高度集中，需要在用地结构、布局形态和交通组织等方面进行全面调整和综合治理	强调人的尺度和使用感受，积极构建舒适宜人的步行系统和活跃丰富的景观空间体系

资料来源：作者自绘.

（3）老旧小区的整治与更新

老旧小区整治、更新与改造即在更新发展的前提下，对老旧小区结构形态进行基于原有社会物质框架基础上的整合，保持和完善其中不断形成的合理成分，同时引进新的机制和功能，把旧质改造为新质。通过这样的整治、更新与改造，使得老旧小区在整体上能够适应并支持现代的生活需求（表 2-54）。

老旧小区的更新改造类型模式　　　　　　　　表 2-54

类型		有机构成型	自然衍生型	自然衍生型	混合生长型	混合生长型	混合生长型
现状特征	物质结构形态	良好	较差		良好		较差
	社会结构形态	和谐整体、内聚力强	矛盾整体，有内聚力		复杂、松散		复杂、松散
更新改造措施		保留原有设施，保持社会网络的延续性	改造建筑及设施，使社会网络在改善了的物质环境下得以保存		保留原有建筑及设施，改变建筑使用性质，使之为新的社会活动服务		拆除原有建筑，新建各种设施，使之为新的社会活动服务

资料来源：阳建强.城市更新理论与方法 [M]. 北京：中国建筑工业出版社，2021.

（4）老工业区的更新与再开发（表 2-55）

老工业区的更新与再开发途径　　　　　　　　表 2-55

将工业遗产保护与产业、社区、城市生活融为一体	建立基于核心价值导向的工业遗产保护与再利用	通过大事件驱动实现老工业区的全面复兴
结合经济结构、社会发展、物质环境、文化传承、生态修复等方面，制定出整体综合的更新目标和策略，实现老工业区产业结构调整优化、土地合理布局，物质空间改善等多方面综合发展	以文化为媒介将新的要素融入老工业区的更新运动是促进工业城市活力恢复的重要途径。文化导向更重视文化因素，通过改造利用工业遗产，建设与公共空间、慢行系统结合的文化商业设施，构建与历史资源协调、功能混合的文化区	城市事件对老工业区的优化升级不仅包括空间的发展、环境的优化、工业遗产的保护与再利用，还包括对旅游产业的带动、产业结构的转变

资料来源：作者自绘.

（5）滨水区的更新与再开发

城市滨水区更新类型包括修复生态环境的滨水区更新、塑造城市景观形象的滨水区更新、整合城市空间的滨水区更新、复兴城市历史文化的滨水区更新（表 2-56）。

滨水区更新类型   表 2-56

修复生态环境的滨水区更新	塑造城市景观形象的滨水区更新	整合城市空间的滨水区更新	复兴城市历史文化的滨水区更新
以水环境生态修复为主，增加水环境水源，集污水治理、堤岸建设、防洪、景观建设于一体，将河涌整治与城市滨水景观塑造、旧城更新、城中村改造、市政综合配套、城市景观形象提升相结合	在综合再开发目标下，以景观环境建设为出发点的设计思路，表现滨水区自身的景观特征，整合带动城市整体景观形象	以平衡城市发展为目标，从整合城市空间入手进行开发建设	对滨水区中一些有重要影响力的工业仓储和构筑物进行适应性更新改造与再利用

资料来源：作者自绘．

4. 城市更新的制度设计

国家层面的城市更新引导，往往是地方开展城市更新的依据。我国在国家层面还未出台全面整合的城市更新法律法规，但在老旧小区、老旧厂房改造等方面出台了一系列方向性和引导性的专项政策。在城市层面，广州、深圳、上海、北京等城市均设立了专门机构来管理城市更新，出台了相应的管理办法和配套政策，建立了针对城市更新项目的规划编制、审批和实施路径。

（1）广州、深圳、上海、北京四个城市政策体系特点见表 2-57。

四个城市政策体系特点   表 2-57

政策体系特点	广州	深圳	上海	北京
	"1+3+N"政策体系	"1+1+N"政策体系	"1+N"政策体系	工作体系 + 方法体系 + 动力体系 + 实施体系 + 组织体系

资料来源：作者自绘．

（2）广州、深圳、上海、北京四个城市更新政策的历程扫描二维码 2-16 阅读。

二维码 2-16

2.7　其他专项规划

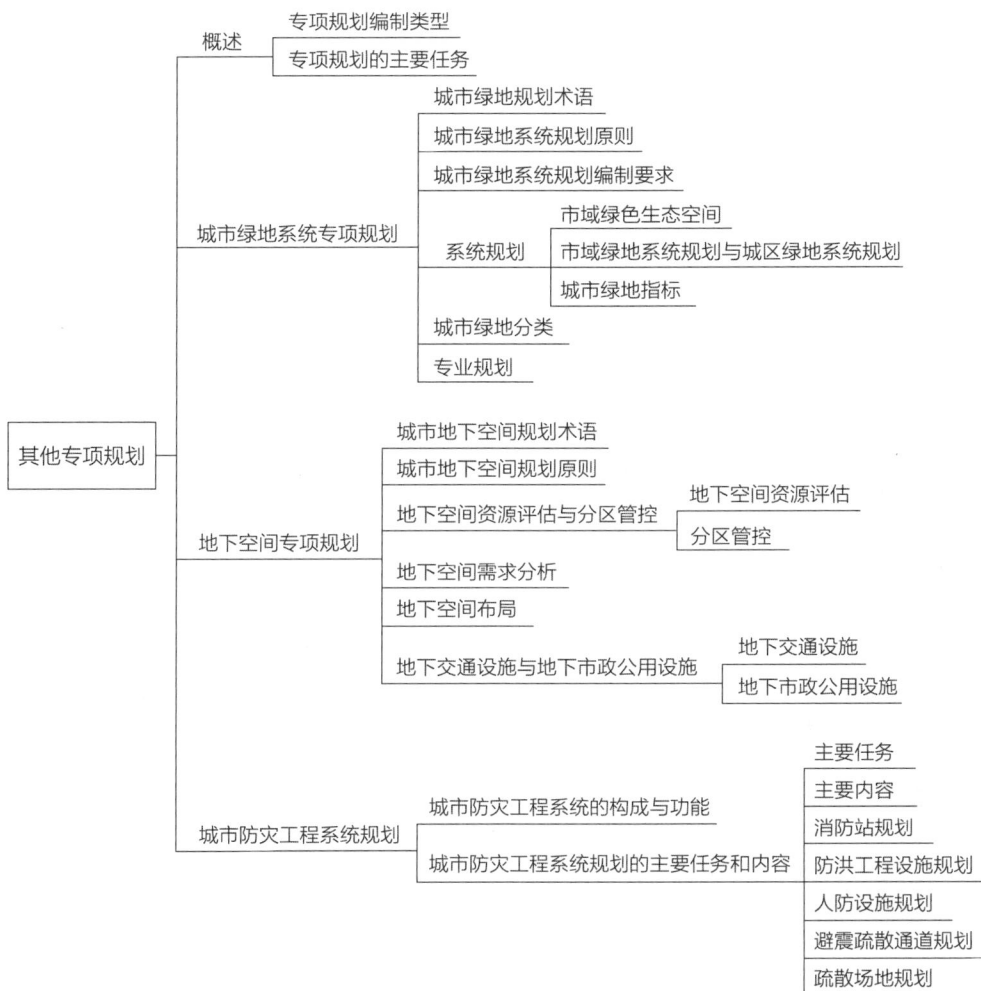

图 2-17　其他专项规划知识图谱

资料来源：作者自绘．

2.7.1　概述

　　城市专项规划是在城市总体规划的指导下，为更有效地实施规划意图，对城市交通与道路规划、城市生态与环境规划、城市工程设施规划、城乡住区规划、城市设计、城市更新与遗产保护规划等城市要素中系统性强、关联度大的内容或对城市整体、长期发展影响巨大的建设项目，从公众利益出发对其空间利用所进行的系统研究。简单地讲，就是对某一专项进行空间布局规划，其内容除包括规划原则、发展目标、规划布局等外，一般还包括近期建设规划和实施建议措施。

1. 专项规划编制类型（表 2-58）

专项规划编制类型　　　　　　　　　　　　表 2-58

城乡住区规划	住区规划	城市交通与道路系统规划	城市道路系统规划
	城市旧住区更新规划		停车设施规划
			城市对外交通设施规划
			城市交通综合规划
城市生态与环境规划	城市生态规划	城市设计	城市公共空间设计
	城市环境规划		城市广场设计
	城市绿地规划		城市街道设计
			城市旧住区的更新规划
城市工程系统规划	城市给水排水系统规划	城市遗产保护与城市复兴	城市遗产保护规划
	城市能源工程系统规划		
	城市通信工程系统规划		城市更新
	城市环境卫生工程系统规划		
	城市防灾工程系统规划		
	城市管线综合规划		
	城市用地竖向规划		

资料来源：作者自绘.

2. 专项规划的主要任务

编制专项规划的总体要求。专项规划的编制要从管理权限和总体要求出发，规划内容要体现本领域的特点，发展目标尽可能量化，做到任务明确、重点突出、布局合理、保障措施可行，规划期可以根据本领域的特点和任务确定，不必局限于 5 年。

专项规划的基本框架主要分为三大部分：分析部分、规划部分和结论与措施部分（表 2-59）。

专项规划基本框架　　　　　　　　　　　　表 2-59

分析部分	现状分析	1. 分析整体的生产与需求结构平衡状况，包括市场容量与供给规模、市场结构； 2. 研究确定影响领域发展的关键因素或起作用的因素； 3. 对近年来采取的措施及取得的成绩进行回顾和评价，找出存在的主要问题并分析产生问题的根源
	发展预测分析	根据未来发展状况，对需求与供给进行预测
规划部分	发展目标	目标既有定量描述，也有定性描述
	规划重点	规划重点的确定主要根据专项规划的目标以及目前存在的薄弱环节而定
	方案设计	明确规划的主线，是进行规划的依据而且贯通于规划设计的始终。在制订规划时还需明确规划的时限，对规划目标进行分解，制订符合经济社会发展变化的阶段性目标

续表

		措施具体内容
结论与 措施部分	—	政策措施要量力而行，符合实际
		具体政策措施的实施目标要明确

资料来源：作者自绘.

2.7.2 城市绿地系统专项规划

城市绿地规划建设应以生态文明战略、绿色发展理念为指导，充分发挥城市绿地在生态、游憩、景观、防护等方面的多元功能，促进城市美丽、宜居和可持续发展。

1. 城市绿地规划术语（表 2-60）

城市绿地规划术语 表 2-60

城市绿地	区域绿地	市域绿地系统	绿色生态空间	风景游憩体系	城区绿地系统
城市中以植被为主要形态，并对生态、游憩、景观、防护具有积极作用的各类绿地的总称	城市建设用地之外，具有生态系统及自然文化资源保护、休闲游憩、安全防护隔离、园林苗木生产等功能的各类绿地	市域内各类绿地通过绿带、绿廊、绿网整合串联构成的具有生态保育、风景游憩和安全防护等功能的有机网络体系	市域内对于保护重要生态要素、维护生态空间结构完整、确保城乡生态安全、发挥风景游憩和安全防护功能有重要意义，需要对其中的城乡建设行为进行管控的各类绿色空间	由各类自然人文景观资源构成，通过绿道、绿廊及交通线路串联，提供不同层次和类型游憩服务的空间系统	由城区各类绿地构成，并与区域绿地相联系，具有优化城市空间格局，发挥绿地生态、游憩、景观、防护等多重功能的绿地网络系统
公园体系	**树种规划**	**基调树种**	**骨干树种**	**乡土植物**	**防灾避险功能绿地**
由城市各级各类公园合理配置的，满足市民多层级、多类型休闲游览需求的游憩系统	在绿地系统规划中确定绿化树种的种类和比例、明确种植特色等内容的专业规划	各类园林绿地普遍使用、数量最大、能形成城市绿化统一基调的树种	各类园林绿地重点使用、数量较大、能形成城市园林绿化特色的树种	原产于当地或通过长期引种驯化，对当地自然环境条件具有高度适应性的植物的总称	在城市灾害发生时和灾后救援重建中，为居民提供疏散和安置场所的城市绿地

资料来源：作者自绘.

2. 城市绿地系统规划原则（表 2-61）

3. 城市绿地系统规划编制要求

城市绿地系统专项规划期限应与城市总体规划保持一致并应对城市绿地系统的发展远景提出规划构想。

城市绿地系统专项规划应以城市总体规划为依据，明确绿地系统发展的目标、指标、市域和城区的绿地系统布局结构，分类规划城区公园绿地、防护绿地和广场

城市绿地系统规划原则　　　　　　表 2-61

应遵循尊重自然、生态优先的原则,尊重自然地理特征和山水格局,优先保护城乡生态系统,维护城乡生态安全	应遵循统筹兼顾、科学布局的原则,统筹市域生态保护和城乡建设格局,构建绿地生态网络,促进城乡绿协调发展,优化城市空间格局和绿地空间布局	应遵循以人为本、功能多元的原则,满足人民群众日益增长的美好生活需要,提高绿地游憩服务供给水平,充分发挥绿地综合功能	应遵循因地制宜、突出特色的原则,依托各类自然景观和历史文化资源,塑造绿地景观风貌,凸显城市地域特色

资料来源:作者自绘.

用地,提出附属绿地规划控制要求,编制专业规划和近期建设规划。

城市绿地系统专项规划应从市域绿色生态空间管控、城区绿地布局结构和指标、各类绿地建设管养、绿线管控、专业规划实施等方面综合评价城市园林绿化现状发展水平。

详细规划应对规划范围内的综合公园、社区公园、专类公园、游园、广场用地和各类防护绿地划定绿线,并应规定绿地率控制指标和绿化用地界线的具体坐标。修建性详细规划还应划定纳入绿地率指标统计范围的附属绿地的绿线。

4. 系统规划

系统规划包括市域绿色生态空间、市域绿地系统规划、城区绿地系统规划及城区绿地指标。

（1）市域绿色生态空间

市域绿色生态空间以保护市域重要生态资源、维护城市生态安全、统筹生态保护和城乡建设格局为目标,识别绿色生态空间要素,明确生态控制线划定方案和管控要求,保护各类绿色生态空间。应与主体功能区规划、土地利用规划、环境保护规划、生态保护红线、永久基本农田保护红线、城镇开发边界等相协调。

（2）市域绿地系统规划与城区绿地系统规划（表 2-62）

市域绿地系统规划与城区绿地系统规划　　　　　表 2-62

市域绿地系统规划	城区绿地系统规划
1. 构建市域生态保育体系应尊重自然地理特征和生态本底,构建"基质—斑块—廊道"的绿地生态网络; 2. 构建市域风景游憩体系应科学保护、合理利用自然与人文景观资源,构建绿地游憩网络; 3. 构建市域安全防护体系应统筹城镇外围和城镇间绿化隔离地区、区域通风廊道和区域设施防护绿地,建立城乡一体的绿地防护网络	1. 新城区应均衡布局公园绿地,旧城区应结合城市更新,优化布局公园绿地,提升服务半径覆盖率; 2. 应按服务半径分级配置大、中、小不同规模和类型的公园绿地; 3. 应合理配置儿童公园、植物园、体育健身公园、游乐公园、动物园等多种类型的专类公园; 4. 应丰富公园绿地的景观文化特色和主题; 5. 宜结合绿环、绿带、绿廊和绿道系统等构建公园网络体系

资料来源:作者自绘.

（3）城市绿地指标（表 2-63~ 表 2-65）

城市绿地指标 表 2-63

1. 规划人均绿地与广场用地面积、规划绿地与广场用地面积占城市建设用地的比例应符合现行国家标准《城市用地分类与规划建设用地标准》GB 50137 的规定。
2. 规划人均公园绿地面积应符合现行国家标准《城市用地分类与规划建设用地标准》GB 50137 的规定。设区城市的各区规划人均公园绿地面积不宜小于 70m²/ 人。
3. 规划城区绿地率指标不应小于 35%，设区城市各区的规划绿地率均不应小于 28%。
4. 每万人规划拥有综合公园指数不应小于 0.06。
5. 小城市、中等城市人均专类公园面积不应小于 1.0m²/ 人；大城市及以上规模的城市人均专类公园面积不宜小于 1.5m²/ 人。
6. 直辖市、省会城市应设置综合植物园；地级及以上城市应设置植物园；其他城市可设置植物园或专类植物园。并应根据气候、地理和植物资源条件确定各类植物园的主题和特色。
7. 直辖市、省会城市应设置大、中型动物园；其他城市宜单独设置专类动物园或在综合公园中设置动物观赏区；有条件的城市可设置野生动物园。
8. 大城市及以上规模的城市应设置儿童公园；Ⅰ型大城市及规模以上的城市宜分区设置儿童公园；中小城市宜设置儿童公园

资料来源：作者自绘.

公园绿地分级规划控制指标（m²/ 人） 表 2-64

规划人均城市建设用地		<90.0	≥ 90.0
规划人均综合公园		≥ 3.0	≥ 4.0
规划居住区公园	社区公园	≥ 3.0	≥ 3.0
	游园	≥ 1.0	≥ 1.0

资料来源：《城市绿地规划标准》GB/T 51346—2019.

公园绿地分级设置要求 表 2-65

类型		服务人口规模（万人）	服务半径（m）	适宜规模（hm²）	人均指标（m²/ 人）	备注
综合公园		>50.0	>3000	≥ 50.0	≥ 1.0	不含 50hm² 以下公园绿地指标
		20.0~50.0	2000~3000	20.0~50.0	1.0~3.0	不含 20hm² 以下公园绿地指标
		10.0~20.0	1200~2000	10.0~20.0	1.0~3.0	不含 10hm² 以下公园绿地指标
居住区公园	社区公园	5.0~10.0	800~1000	5.0~10.0	≥ 2.0	不含 5hm² 以下公园绿地指标
		1.5~2.5	500	1.0~5.0	≥ 1.0	不含 1hm² 以下公园绿地指标
	游园	0.5~1.2	300	0.4~1.0	≥ 1.0	不含 0.4hm² 以下公园绿地指标
		—	300	0.2~0.4	—	—

资料来源：《城市绿地规划标准》GB/T 51346—2019.

5. 城市绿地分类

按照《城市绿地规划标准》GB/T 51346—2019，城市绿地划分为四大类，即公园绿地、防护绿地、广场用地及附属绿地（表2-66）。

城市绿地分类 表2-66

公园绿地	防护绿地	广场用地	附属绿地
向公众开放，以游玩为主要功能，兼具生态、美化、防灾等作用的绿地，包括城市中的综合公园、社区公园、专类公园、带状公园以及街旁绿地。公园绿地与城市的居住、生活密切相关，是城市绿地的重要部分	城市中具有卫生、隔离和安全防护功能的绿地，包括城市卫生隔离带、道路防护绿地、城市高压走廊绿带、防风林、城市组团隔离带等	广场用地与文化、博览、纪念、商业等公共管理与公共服务用地、商业服务业设施用地临近布局，有助于展现城市的景观风貌；广场用地与轨道交通站、公交车站等公共交通站点紧邻或结合布局，可满足大量人流的到达和集散需求；广场用地与公园绿地相邻布置，功能互补，提升城市活力	城市建设用地中除公园绿地、防护绿地之外的各类用地中的附属绿化用地。包括：居住用地、公共设施用地、工业用地、仓储用地、对外交通用地、道路广场用地、市政设施用地和特殊用地中的绿地

资料来源：作者自绘.

6. 专业规划

城市绿地系统专业规划应包括道路绿化规划、树种规划、古树名木保护规划、防灾避险功能绿地规划。根据城市建设需要，可以增加绿地景观风貌规划、绿道规划、生态修复规划、生物多样性保护规划、立体绿化规划等专业规划。

2.7.3 地下空间专项规划

1. 城市地下空间规划术语（表2-67）

城市地下空间规划术语 表2-67

城市地下空间	城市地下空间规划	地下空间资源评估	地下空间需求分析	地下空间总体规划
城市行政区域内地表以下，自然形成或人工开发的空间，是地面空间的延伸和补充。本书中的地下空间均指城市地下空间	对一定时期城市地下空间开发利用的综合部署、具体安排和实施管理	根据城市地层环境和构造特征判明一定深度内岩体和土体的自然、环境、人文及城市建设等要素对城市地下空间开发利用的影响，明确地下空间资源的适建规模与分布，是城市地下空间规划的重要依据	根据规划区的发展目标、建设规模、社会经济发展水平和地下空间资源条件，对城市地下空间利用的必要性、可行性和一定时期内地下空间利用的规模及功能配比进行分析与判断，是城市地下空间布局的重要指导和依据	对一定时期内规划区内城市地下空间资源利用的基本原则、目标、策略、范围、总体规模、结构特征、功能布局、地下设施布局等的综合安排和总体部署

续表

地下空间详细规划	地下交通设施	地下道路设施	地下轨道交通设施	地下交通场站
对城市地下空间利用重点片区或节点内地下空间开发利用的范围、规模、空间结构、开发利用层数、公共空间布局、各类设施布局、各类设施分项开发规模、交通廊道及交通流线组织等提出的规划控制和引导要求	利用城市地下空间实现交通功能的设施，包括地下道路设施、地下轨道交通设施、地下公共人行通道、地下交通场站、地下停车设施等	地表以下或主要位于地表以下，供机动车或兼有非机动车、行人通行的通道及配套设施的总称	地表以下或主要位于地表以下的铁路、城市轨道交通线路、车站及配套设施的总称	地下或半地下交通场站的总称，包括城市轨道车辆基地、公路客货运站、公交场站和出租车场站等

地下市政公用设施	综合管廊	地下管线	地下人民防空设施	地下空间综合防灾
利用城市地下空间实现城市给水、供电、供气、供热、通信、排水、环卫等市政公用功能的设施，包括地下市政场站、地下市政管线、地下市政管廊和其他地下市政公用设施	建于城市地下用于容纳两类及以上城市工程管线的构筑物及附属设施	敷设于地表下的给水、排水、燃气、热力、电力、通信、工业等管道线路及附属设施的统称	为保障人民防空指挥通信、掩蔽等需要而建造的地下防护建筑，包括地下通信指挥工程、医疗救护工程、防空专业队工程和人员掩蔽工程等设施	根据城市地下空间资源条件和城市灾害特点，对设置在地下的指挥通信、人员掩蔽疏散、应急避难、消防抢险、医疗救护、运输疏散、治安、生活保障、物资储备等不同系统进行的统一组织和部署，提出利用城市地下空间提高城市防灾能力和城市地下空间自身灾害防御的策略和空间布局

资料来源：作者自绘.

2. 城市地下空间规划原则（表 2-68）

城市地下空间规划原则 表 2-68

应注重生态环境、文化遗产的整体保护	应按照功能综合化、空间人性化和交通立体化的原则，尊重地形环境和建设条件，统筹土地利用、交通、市政、防灾和人民防空等相关内容	地下空间建设在地下油气储存设施、天然气管道、输油管道、污染超标或放射性元素含量偏高等地区周边时，应按国家现行有关标准的规定预留安全防护距离	应与地下轨道交通设施、综合管廊等系统设施有机衔接。地铁、地下人行通道综合管廊等设施应统一规划、统筹建设	城市地下空间可分为浅层（-15~0m）、次浅层（-30~-15m）、次深层（-50~-30m）和深层（-50m以下）四层。城市地下空间利用应遵循分层利用由浅入深的原则

资料来源：作者自绘.

3. 地下空间资源评估与分区管控

（1）地下空间资源评估

城市地下空间资源评估应以资源开发利用的战略性、前瞻性与长效性为基础，按照对资源的影响和利用导向确定评估要素，应包括但不限于下列要素（表2-69）：

城地下空间评估要素 表2-69

自然要素	环境要素	人文要素	建设要素
地形地貌、工程地质与水文地质条件、地质灾害区、地质敏感区、矿藏资源埋藏区和地质遗迹等	园林公园、风景名胜区、生态敏感区、重要水体和水资源保护区等	古建筑、古墓葬遗址遗迹等不可移动文物和地下文物埋藏区等	新增建设用地、更新改造用地、现状建筑地下结构基础、地下建（构）筑物及设施、地下交通设施、地下市政公用设施和地下防灾设施分布等

资料来源：作者自绘.

（2）分区管控

城市地下空间规划应以地下空间资源评估为基础，对城市规划区内地下空间资源划定管制范围，划定城市地下空间禁建区、限建区和适建区，提出管制措施要求（表2-70）。

城市地下空间分区管控 表2-70

禁建区	限建区	适建区
应为基于自然条件或城市发展要求，在一定时期内不得开发的城市地下空间区域	应为满足特定条件，或限制特定功能，或限制规模开发利用的城市地下空间区域	应为规划区内适应各类地下空间开发利用的城市地下空间区域。城市行政区域内地表以下，自然形成或人工开发的空间，为了满足人类社会生产、生活、交通、环保、能源、安全、防灾减灾等需求而进行开发、建设与利用的空间

资料来源：作者自绘.

4. 地下空间需求分析

城市地下空间需求分析可分为总体规划与详细规划两个层次（表2-71）。

地下空间需求分析 表2-71

总体规划	详细规划
应结合规划期内城市地下空间利用的目标，对城市地下空间利用的范围、总体规模、分区结构、主导功能等进行分析和预测，明确城市地下空间利用的主导方针。城市地下空间总体规划需求分析应依据规划区的地下空间资源评估结果，综合规划人口、用地条件、社会经济发展水平等要素确定	应对规划期内所在片区城市地下空间利用的规模、功能配比、利用深度及层数等进行分析和预测。城市地下空间详细规划需求分析应综合考虑所在片区的规划定位、土地利用、地下交通设施、市政公用设施、生态环境与文化遗产保护要求等要素

资料来源：作者自绘.

5. 地下空间布局

城市地下空间总体规划应根据城市总体规划的功能和空间布局要求将城市地下空间适建区划分为重点建设区和一般建设区。

城市地下空间重点建设区包括城市重要功能区、交通枢纽和重要车站周边区域，其开发应满足功能综合、复合利用的要求。城市地下空间一般建设区应以配建功能为主。

6. 地下交通设施与地下市政公用设施

（1）地下交通设施

地下交通设施应考虑与其他交通接驳设施的综合利用，处理好与地面建筑、地下市政管线和地下建（构）筑物之间的空间关系，并应满足安全防灾和环境保护等要求。

地下空间交通组织应遵守人车分离、管道化流线组织的原则。

（2）地下市政公用设施

地下市政公用设施宜布局在浅层地下空间，有特殊要求的地下市政公用设施可布局在次浅层、次深层或深层地下空间。

地下市政管线和综合管廊宜布局在城市道路下，地下燃气、输油等危险品管线应单独规划和建设专用通道（表2-72）。

地下交通设施与地下市政公用设施   表 2-72

地下交通设施	地下市政公用设施
1. 地下轨道交通设施； 2. 地下交通场站设施； 3. 地下道路设施； 4. 地下停车设施； 5. 地下公共人行通道	1. 地下市政场站； 2. 地下市政管线及管廊

资料来源：作者自绘.

2.7.4 城市防灾工程系统规划

1. 城市防灾工程系统的构成与功能

城市防灾系统主要由城市消防、防洪（潮、汛）、抗震、防空袭等系统及救灾生命线系统等组成（表2-73）。

2. 城市防灾工程系统规划的主要任务和内容

（1）城市防灾工程系统规划的主要任务

根据城市自然环境、灾害区划和城市地位，确定城市各项防灾标准，合理确定各项防灾设施的等级、规模；科学布局各项防灾设施；充分考虑防灾设施与城市常用设施的有机结合，制订防灾设施统筹建设、综合利用、防护管理等的对策与措施。

城市防灾工程系统的构成与功能 表 2-73

城市消防系统	城市防洪系统	城市抗震系统	城市人民防空袭系统	城市救灾生命线系统
城市消防系统有消防站（队）消防给水管网、消火栓等设施。消防系统的功能是日常防范火灾，及时发现与迅速扑灭各种火灾，避免或减少火灾损失	城市防洪系统有防洪堤、截洪沟、泄洪沟、分洪闸、防洪闸、排涝泵站等设施。城市防洪系统的功能是采用避、拦、堵、截、导等各种方法，抗御洪水和潮汛的侵袭，排除城区涝渍，保护城市安全	城市抗震系统主要在于加强建筑物、构筑物等抗震强度，合理设置避灾疏散场地和道路	城市人防系统包括防空袭指挥中心、专业防空设施、防空掩体工事、地下建筑、地下通道以及战时所需的地下仓库、水厂、变电站、医院等设施。有关人防设施在确保其安全要求的前提下，尽可能为城市日常活动使用。城市人防系统的功能是提供战时市民防御空袭、核战争的安全空间和物资供应	城市救灾生命线系统由城市急救中心、疏运通道以及给水、供电、燃气、通信等设施组成，城市救灾生命线系统的功能是在发生各种城市灾害时，提供医疗救护、运输以及供水、供电、通信、调度等物质条件

资料来源：作者自绘.

（2）城市防灾工程系统规划的主要内容（具体内容扫描二维码 2-17 阅读。）

二维码 2-17

思考题（具体内容扫描二维码 2-18 阅读）

本章参考文献

二维码 2-18

[1] 吴志强，李德华. 城市规划原理 [M]. 4 版. 北京：中国建筑工业出版社，2010.

[2] 全国城市规划执业制度管理委员会. 城市规划原理 [M]. 北京：中国计划出版社，2011.

[3] 全国城市规划执业制度管理委员会. 城市规划法规文件汇编 [M]. 北京：中国计划出版社，2011.

[4] 全国城市规划执业制度管理委员会. 城乡规划法规文件汇编 [M]. 北京：中国计划出版社，2011.

[5] 全国城市规划执业制度管理委员会. 城市规划相关知识 [M]. 北京：中国计划出版社，2011.

[6] 朱家瑾. 居住区规划设计 [M]. 北京：中国建筑工业出版社，2007：第一章第一节.

[7] 中华人民共和国住房和城乡建设部. 城市用地分类与规划建设用地标准 GB 50137—2011[S]. 北京：中国建筑工业出版社，2011.

[8] 中华人民共和国自然资源部. 社区生活圈规划技术指南 TDT 1062—2021[S]. 北京：中华人民共和国自然资源部，2021.

[9] 中华人民共和国住房和城乡建设部. 城市居住区规划设计标准 GB 50180—2018[S]. 北京：中华人民共和国住房和城乡建设部，2018.

[10] 中华人民共和国住房和城乡建设部 . 城市公共服务设施规划规范 GB 50442—2008[S]. 北京：中华人民共和国住房和城乡建设部，2008.

[11] 王建国 . 城市设计 [M]. 3 版 . 南京：东南大学出版社，2013.

[12] 汤宇卿，等 . 城市地下空间规划 [M]. 北京：中国建筑工业出版社，2019.

[13] 李京生 . 乡村规划原理 [M]. 北京：中国建筑工业出版社，2015.

[14] 于今 . 城市更新：城市发展的新里程 [M]. 北京：国家行政学院出版社，2011.

[15] 秦虹，苏鑫 . 城市更新 [M]. 北京：中信出版集团，2017.

[16] 唐燕，杨东，祝贺 . 城市更新制度建设——广州、深圳、上海的比较 [M]. 北京：清华大学出版社，2019.

[17] 中华人民共和国自然资源部 . 国土空间规划城市设计指南 [S]. 北京：中华人民共和国自然资源部，2021.

[18] 中华人民共和国住房和城乡建设部 . 城市地下空间规划标准 GB/T 51358—2019[S]. 北京：中华人民共和国住房和城乡建设部，2019.

[19] 中华人民共和国住房和城乡建设部 . 城市绿地规划标准 GB/T 51346—2019[S]. 北京：中华人民共和国住房和城乡建设部，2019.

[20] 阳建强 . 城市更新理论与方法 [M]. 北京：中国建筑工业出版社，2021.

第 3 章

规划师的相关专业知识

規劃師的相
関专业知识
├─ 交通工程
│ ├─ 城市道路规划设计
│ │ ├─ 道路规划设计基本内容
│ │ ├─ 城市道路设计的基础知识
│ │ ├─ 城市道路横断面规划设计
│ │ ├─ 城市道路纵断面规划设计
│ │ ├─ 道路平面规划设计
│ │ ├─ 道路交叉口规划设计
│ │ └─ 道路交通管理设施的规划设计
│ ├─ 城市停车设施规划设计
│ │ ├─ 停车场的基本知识及设计原则
│ │ ├─ 路边停车带场的规划设计要求
│ │ └─ 停车场库的规划设计方法
│ ├─ 城市交通枢纽规划设计
│ │ ├─ 城市交通枢纽设施的分类
│ │ ├─ 城市客运交通枢纽规划设计
│ │ ├─ 货物流通中心规划设计
│ │ └─ 城市站前广场规划设计
│ ├─ 城市轨道交通
│ │ ├─ 城市轨道交通的分类和技术特征
│ │ └─ 城市轨道交通线网的规划设计要求和基本方法
│ └─ 城市公共交通
│   ├─ 城市公共交通类型及特征
│   └─ 城市公共交通的规划要求
├─ 自然资源与生态环境
│ ├─ 自然资源调查与评价
│ │ ├─ 自然资源概念及分层分类模型
│ │ └─ 调查监测工作内容
│ ├─ 生态环境调查与评价
│ │ ├─ 生态环境调查
│ │ └─ 生态环境影响评价
│ └─ 生态保护与规划
│   ├─ 生态保护
│   ├─ 生态规划
│   └─ 生态修复
└─ 社会经济
   ├─ 城市地理学
   │ ├─ 城市地理学概况
   │ ├─ 城镇化
   │ └─ 城市空间分布体系
   ├─ 城市经济学
   │ ├─ 城市经济学基本知识
   │ ├─ 城市规模与经济增长
   │ └─ 城市部门经济问题
   ├─ 城市社会学
   │ ├─ 城市社会学概况
   │ ├─ 城市社会学调查研究方法
   │ ├─ 城市人口结构和人口问题
   │ ├─ 城市社会阶层与社会空间结构
   │ └─ 城市社区
   └─ 历史文化
      ├─ 城市历史
      └─ 城市文化

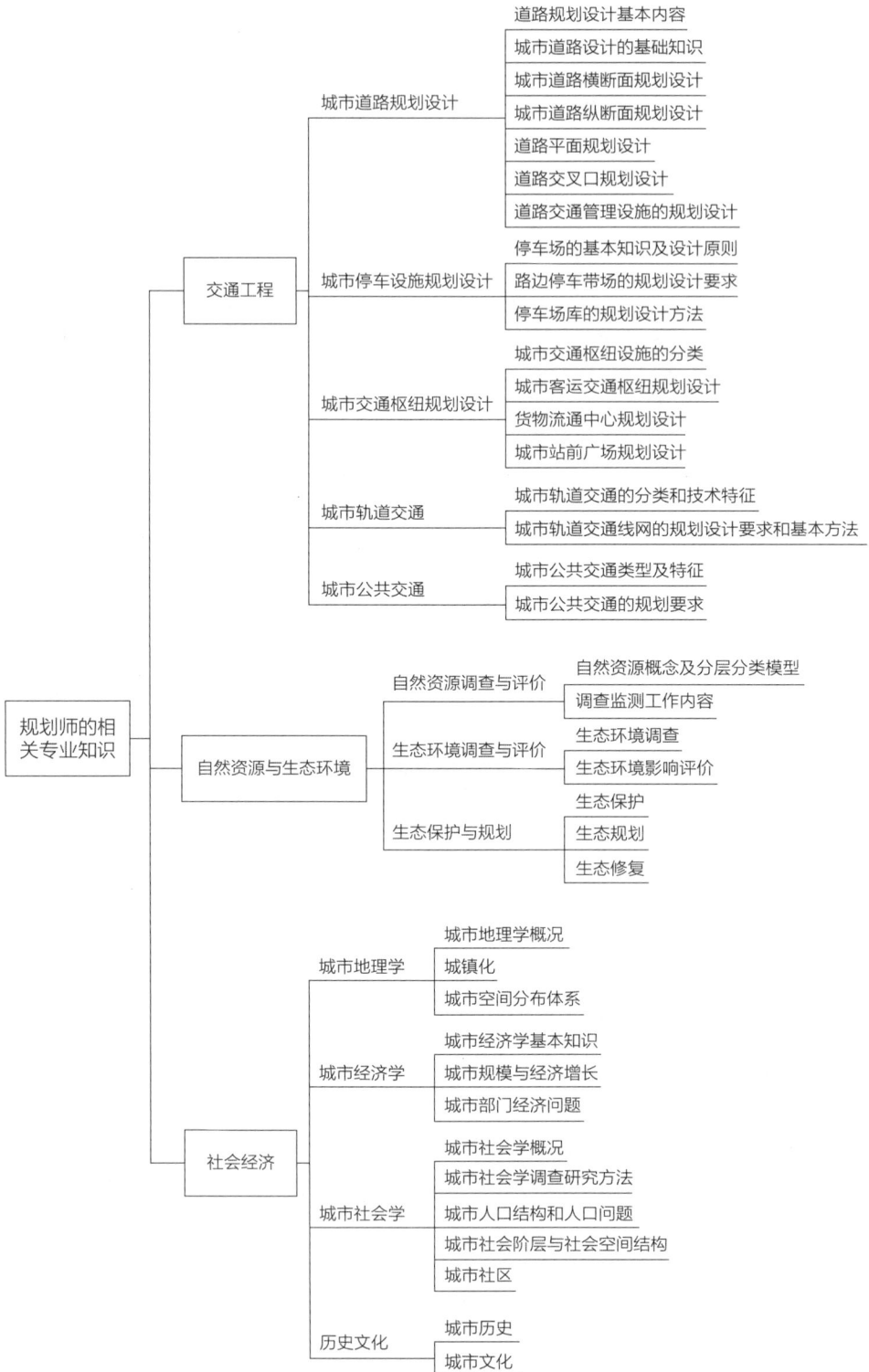

图 3-1　规划师的相关专业知识思维导图
资料来源：作者自绘.

```
规划师的相关专业知识
├── 市政工程
│   ├── 城市市政公用设施规划设计
│   │   ├── 城市市政公用设施系统构成
│   │   ├── 城市供水工程规划
│   │   ├── 城市排水工程规划
│   │   ├── 城市供电工程规划
│   │   ├── 城市燃气工程规划
│   │   ├── 城市供热工程规划
│   │   ├── 城市通信工程规划
│   │   └── 城市环境卫生工程规划
│   ├── 城市工程管线综合规划
│   │   ├── 城市工程管线的分类与特征
│   │   └── 城市工程管线综合的技术要求
│   └── 城市用地竖向工程规划
│       ├── 城市用地竖向工程规划的原则
│       ├── 城市用地竖向工程规划的内容
│       ├── 城市用地竖向工程规划的方法
│       └── 城市竖向工程规划的技术要求
└── 防灾减灾
    ├── 城市灾害的种类
    │   ├── 自然灾害与人为灾害
    │   └── 主灾与次生灾害
    ├── 防灾减灾系统的构成
    │   ├── 城市防灾措施
    │   └── 城市的综合防灾
    ├── 城市消防规划与消防工程设施的设置要求
    │   ├── 城市消防规划主要内容
    │   ├── 消防安全布局
    │   ├── 城市消防站设置要求与选址要求
    │   ├── 城市消防辖区设置要求
    │   ├── 消火栓设置要求
    │   └── 消防通道设置要求
    ├── 城市防洪排涝规划与防洪排涝工程设施的设置要求
    │   ├── 城市防洪、排涝标准
    │   └── 防洪排涝措施
    ├── 城市抗震防灾规划与抗震工程设施的设置要求
    │   ├── 概念
    │   └── 抗震防灾基础设施设置要求
    ├── 人防工程规划与设施的设置要求
    │   ├── 建设标准
    │   └── 防空工程设施布局要求
    └── 地质灾害防治
        ├── 地质灾害分类
        └── 地质灾害评价
```

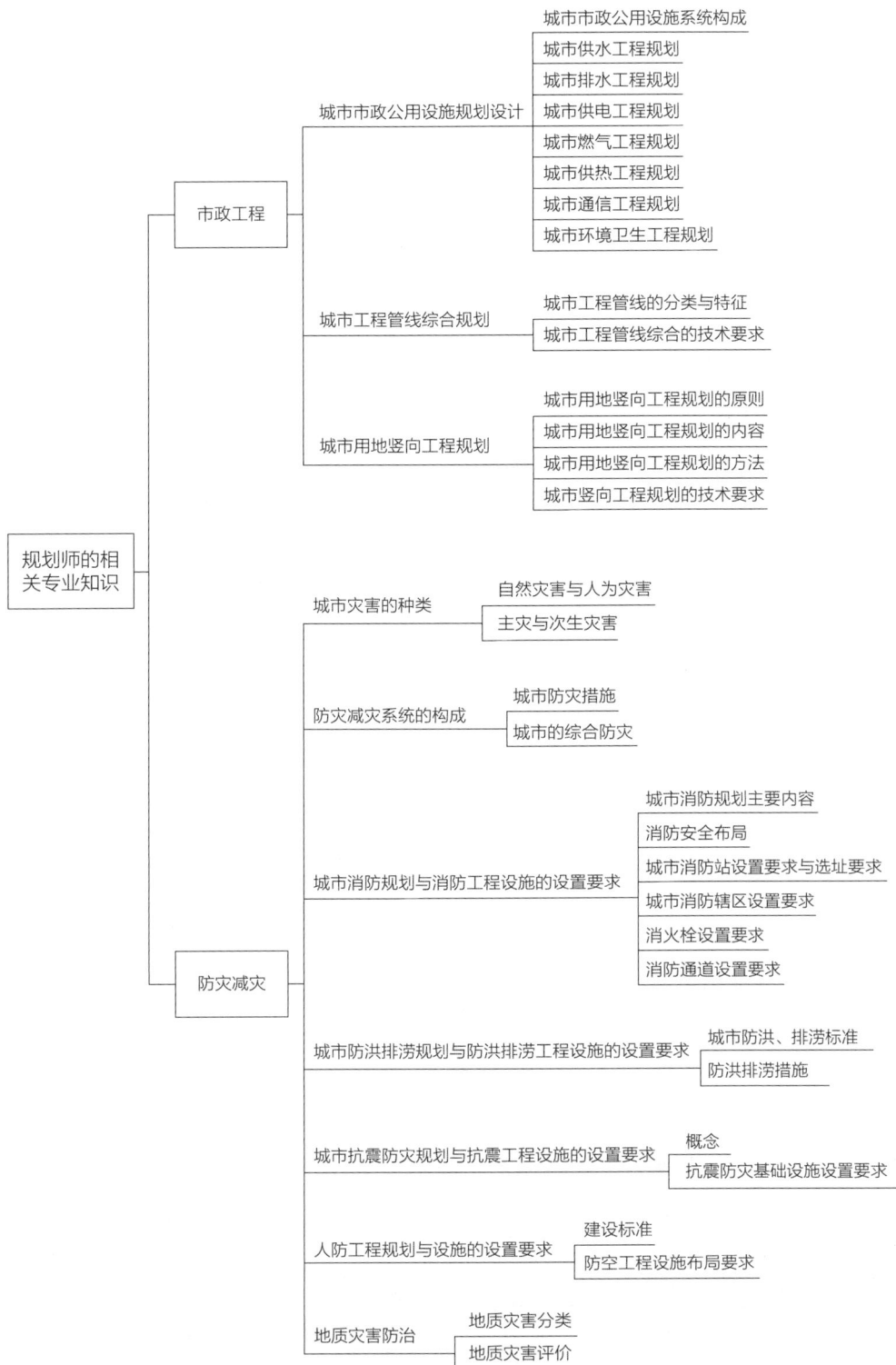

图 3-1 规划师的相关专业知识思维导图（续）

资料来源：作者自绘.

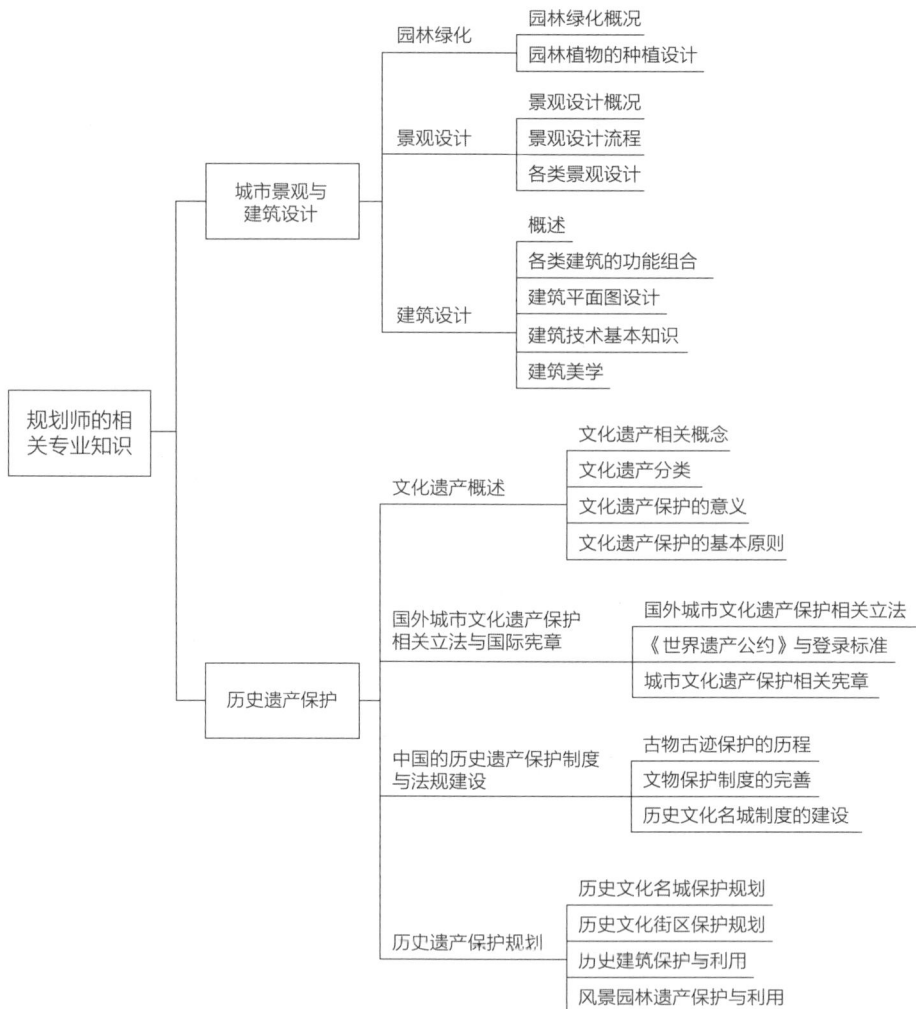

图 3-1 规划师的相关专业知识思维导图（续）
资料来源：作者自绘.

3.1 总述

本章介绍了规划师应了解的相关行业知识，从交通工程、自然资源与生态环境、社会经济、市政工程、防灾减灾、城市景观与建筑设计、历史遗产保护七个方面分别予以介绍。

第 1 部分，从城市道路规划设计、城市停车设施规划设计、城市交通枢纽规划设计、城市轨道交通和城市公共交通五方面进行阐述。首先介绍了道路规划设计的基本内容与基础知识、城市道路的横断面、纵断面、平面、交叉口与交通管理设施的规划设计；其次分别从停车场的基本知识及设计原则、路边停车场的规划设计要求、停车场库的规划设计方法三方面介绍了城市停车设施规划设计；再次介绍了城市客运交通枢纽、货物流通中心及城市站前广场的规划设计；第四介绍了城市轨道交通的分类和技术特征、城市轨道交通线网的规划设计要求和基本方法；最后介绍了城市公共交通的类型、特征及规划要求。

第2部分，从自然资源调查与评价、生态环境调查与评价、自然与生态保护三方面进行阐述。首先介绍了自然资源的概念、模型和调查检测工作内容；其次介绍了生态环境调查的内容和方法，生态环境影响评价的相关知识点；最后，从生态保护、生态规划和生态修复三方面阐述了自然与生态保护的相关内容。

第3部分，分别从城市地理学、城市经济学、城市社会学和历史文化四方面进行阐述。城市地理学包括基本知识、城镇化的基本原理、城市空间分布体系；城市经济学包括基本知识、城市规模与经济增长、城市部门经济；城市社会学包括基本知识、城市社会学调查研究方法、城市人口结构和人口问题、城市社会阶层与社会空间结构、城市社区；历史文化包括城市历史与城市文化。

第4部分，从城市市政公用设施规划设计、城市工程管线综合规划、城市用地竖向工程规划三方面进行阐述。首先介绍了城市市政公用设施的系统构成，并分别对城市供水、排水、供电、燃气、供热、通信、环境卫生工程规划进行梳理；其次从城市工程管线的分类与特征、城市工程管线综合的技术要求两方面介绍了城市工程管线综合规划；再次介绍了城市用地竖向工程规划的原则、内容、方法与技术要求。

第5部分，分别介绍了城市灾害的种类、防灾减灾系统的构成、城市消防规划与消防工程的设施要求、城市防洪排涝规划与防洪排涝工程设施的设置要求、城市抗震防灾规划与抗震工程设施的设置要求、人防规划与人防工程设施的设置要求、地质灾害防治。

第6部分，由园林绿化、景观设计和建筑设计三部分组成。首先介绍了园林绿地的概论和园林植物的种植设计的相关内容；其次介绍了景观设计的概论、基础、方法和步骤、景观项目策划和各类景观设计；最后介绍了建筑设计概论、各类建筑的功能组合、建筑场地条件分析及设计要求、建筑技术和美学的基础知识的知识点。

第7部分，包括城市文化遗产概况、保护历程与国际宪章、中国的历史保护制度与法规建设以及城市遗产保护规划的基本方法。首先介绍了城市文化遗产保护的相关概念及三大原则，阐明了城市文化遗产保护的意义。其次，从国外城市文化遗产保护概况、国际遗产保护运动的兴起和文化遗产保护中的相关宪章3个方面介绍了城市文化遗产的保护历程及国际宪章，同时介绍了中国的历史保护制度与法规建设。接着，介绍历史文化名城、历史文化街区、历史建筑和风景园林遗产的保护规划。

3.2 交通工程

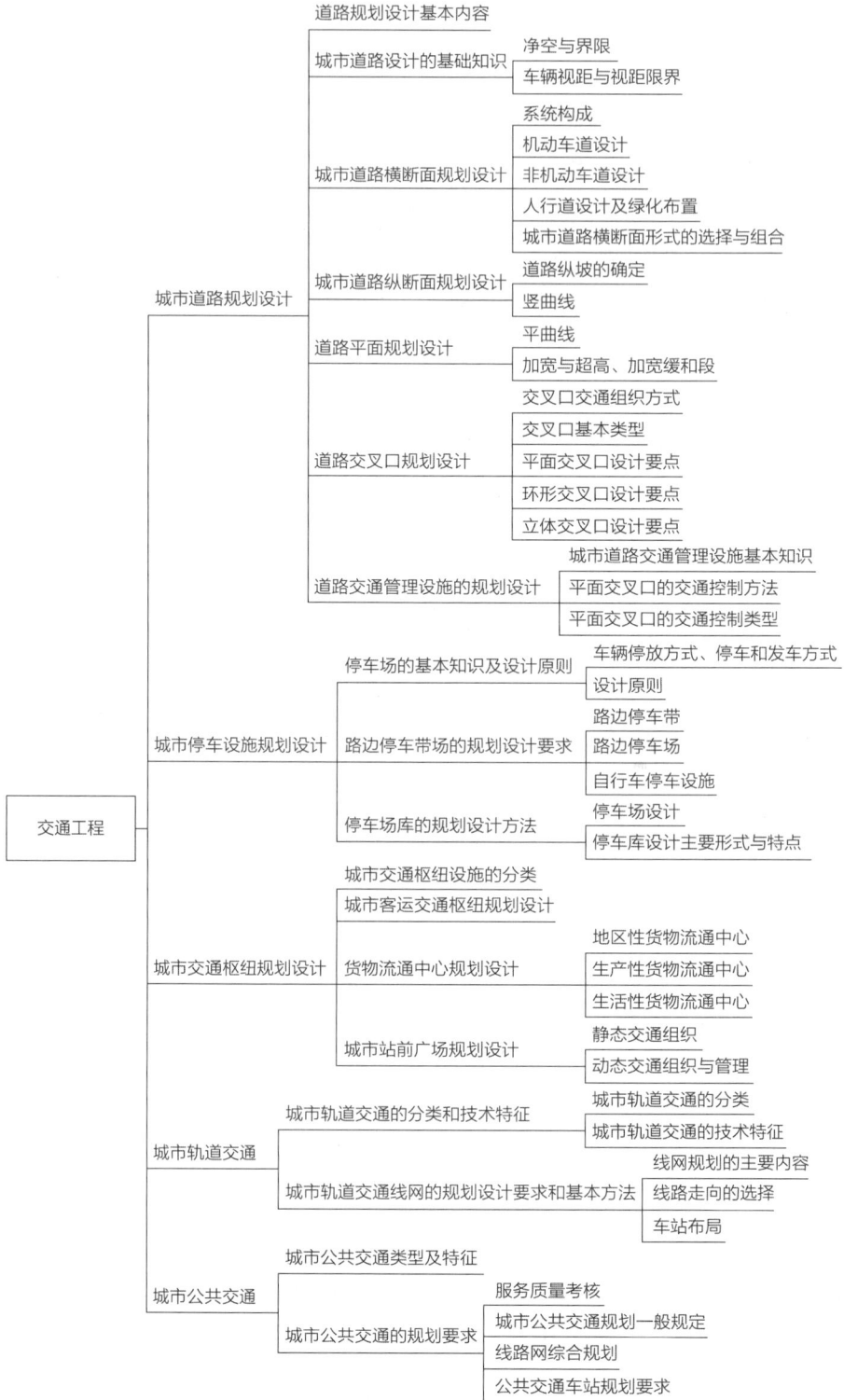

图 3-2 交通工程知识图谱

资料来源：作者自绘.

3.2.1 城市道路规划设计

1.道路规划设计基本内容

包括路线设计、交叉口设计、道路附属设施设计、路面设计和交通管理设施设计。其中总体规划和详细规划阶段的重要内容为道路的选线、横断面组合、交叉口选型等。

2.城市道路设计的基础知识

（1）净空与限界

1）净空：人和车辆在城市道路上通行要占有一定的通行断面。

2）限界：为了保证交通的畅通与安全，要求街道和道路构筑物为行人和车辆的通行提供一定的限制性空间。

净空与限界要求见表3-1。

净空与限界要求 表3-1

净空要求（m）			限界要求（m）				
类型	净高	净宽	类型			高度限界	宽度限界
行人	2.2	0.75~1.0	道路桥洞通行限界	行人和自行车		2.5	—
自行车	2.2	1		汽车		4.5	—
小汽车	1.6m	2	铁路通行限界	内燃机车		5.5	—
公共汽车	3	2.6		电力机车	时速小于160km	6.55	4.88
					时速160~200km，客货混行	7.50	
大货车	4	3		高速列车	不通行双层集装箱	7.25	
					通行双层集装箱	7.96	

资料来源：作者资料整理.

（2）车辆视距与视距限界

行车视距：一般包括停车视距、会车视距、错车视距和超车视距。

视距限界：平面弯道视距限界、纵向视距限界、交叉口视距限界，又称视距三角形，指在平面交叉口处，由一条道路进入路口行驶方向的最外侧的车道中线与相交道路最内侧的车道中线的交点为顶点，两条车道中线各按其规定车速停车视距的长度为两边，所组成的三角形，要求在视距三角形限界范围内清除高于1.2m的障碍物。

3.城市道路横断面规划设计

（1）系统构成

由车行道、人行道、分隔带和绿地等部分组成。

（2）机动车道设计

1）车道宽度：一般城市主干路小型车车道宽度选用 3.5m，大型车车道或混合行驶车道选用 3.75m，支路车道最窄不宜小于 3.0m。

2）一条车道的通行能力：理论通行能力为每车道 1800 辆/h。靠近中线的车道通行能力最大，最右侧通行能力最小，假定最靠中线的一条车道为 1，则同侧右方向第二条车道通行能力的折减系数为 0.80~0.89，第三条车道为 0.65~0.78，第四条为 0.50~0.65。

3）机动车车行道宽度的确定：通常以规划确定的单向高峰小时交通量除以一条车道的通行能力，来确定单向所需机动车车道数，乘以 2 为双向所需机动车道数，再分别套用各种车型的车道宽度相加，即为机动车车行道的宽度。

4）确定机动车车行道宽度应注意的问题：双车道多用 7~8m；四车道多用 14~15m。城市道路两个方向的机动车车道数一般不宜超过 4~6 条。

（3）非机动车道设计

1）自行车车道宽度的确定：1 条自行车带的宽度为 1.5m，2 条自行车带的宽度为 2.5m，3 条自行车带的宽度为 3.5m，依此类推。

2）自行车道的通行能力：1 条自行车带的路段通行能力为 800~1000 辆/h。

（4）人行道设计及绿化布置

1）人行道宽度的确定：1 条步行带宽度一般需要 0.75m，在车站码头、人行天桥和地道需要 0.9m。最小有效通行宽度不应小于 1.8m；高强度行人聚集区 500m 内，最小有效通行宽度不应小于 3.5m。

2）道路绿化：宽度大于 40m 的滨河路或主干路上，可布置成林荫道。行道树的最小布置宽度一般为 1.5m。

（5）城市道路横断面形式的选择与组合

城市道路横断面形式及适用范围见表 3-2。

城市道路横断面形式与适用范围　　　　　　　　　　　　表 3-2

类型	形式	适用范围
一块板	车行道完全不设分隔带，用交通标线分隔对向车流，或者不画标线，机动车在中间行驶，非机动车靠右边行驶的道路	多用于"钟摆式"交通路段及生活性道路，适用于机动车交通量不大，非机动车较少的次干路、支路以及用地不足，拆迁困难的旧城市道路
两块板	中间一条分隔带将车行道分为单向行驶的车行道，机动车与非机动车为混合行驶	适用于机动车辆多，非机动车较少，有平行道路可供非机动车通行的快速路和郊区道路以及横向高差大或地形特殊的路段
三块板	用两条分隔带分离上、下行机动车与非机动车车流，将车行道一分为三的道路，中间部分为机动车双向行驶车道，两侧为非机动车车道	适用于道路较宽、交通量大的主要交通干道，机动车量大，车速要求高，非机动车多，道路红线宽度大于或等于 40m 的交通干道

续表

类型	形式	适用范围
四块板	用三条分隔带分隔对向车流、机动车与非机动车车流，将车行道一分为四的道路，中间两部分分别为对向行驶的机动车车道，两侧为非机动车车道，实现了机动车与非机动车的完全分离	主要用于高速道路和交通量大的郊区干道，适用于机动车速度高，单向两条机动车车道以上，非机动车多的快速路与主干路

资料来源：作者资料整理.

4. 城市道路纵断面规划设计

（1）道路纵坡的确定

城市道路机动车道的最大纵坡决定于道路的设计车速。对于平原城市，机动车道路的最大纵坡宜控制在 5% 以下。城市道路非机动车道的最大纵坡控制在 2.5% 以下。城市道路最小纵坡一般控制在 0.3% 以上，纵坡小于 0.2% 时，应设置锯齿形街沟解决排水问题。

（2）竖曲线

在道路纵坡转折点设置竖曲线将相邻的直线坡段平滑地连接起来。城市道路竖曲线设置时，应尽量选择大半径的竖曲线。一般当城市干路相邻坡段的坡度差小于 0.5% 或外距小于 5cm 时，可以不设置竖曲线。

一般将平曲线与竖曲线分开设置。如确实需要重合设置，常要求将竖曲线在平曲线内设置，而不应有交叉现象。为了保持平面和纵断面的线形平顺，一般取凸形竖曲线的半径为平曲线半径的 10~20 倍。应避免将小半径的竖曲线设在长的直线段上。

5. 道路平面规划设计

（1）平曲线

1）平曲线最小半径：指保证机动车辆以设计车速安全行驶时圆曲线的最小半径，主要取决于道路的设计时速，与之成正比。

2）超高：当受地形、地物等条件限制而不允许设置平曲线最小半径时，可以将道路外侧抬高，使道路横坡呈单向内侧倾斜，称为超高。

（2）加宽与超高、加宽缓和段

1）平曲线路面加宽：道路平曲线半径小于或等于 250m 时，应在平曲线内侧加宽。

2）超高、加宽缓和段：超高缓和段是由直线段上的双向坡横断面过渡到具有完全超高的单向坡横断面的路段，超高缓和段长度最好不小于 15~20m；加宽缓和段是在平曲线的两端，从直线上的正常宽度逐渐增加到曲线上的全加宽的路段，如曲线不设超高而只有加宽，则可采用不小于 10m 的加宽缓和段长度。

6. 道路交叉口规划设计

（1）交叉口交通组织方式

交叉口交通组织方式有四种：无交通管制、采用渠化交通、实施交通指挥（信号灯控制或交通警察指挥）、设置立体交叉。

（2）交叉口基本类型

1）平面交叉口："十"字形、"X"形、"丁"字形（"T"形）、"Y"形、多路交叉口。

2）立体交叉口：分离式立交、互通式立交。

（3）平面交叉口设计要点

1）转角半径：依据道路等级、性质、横断面形式、车速等确定，转角半径值见表3-3。

<table>
<tr><td colspan="5" align="center">交叉口转角半径</td><td align="right">表3-3</td></tr>
<tr><td>道路类型</td><td>主干路</td><td>次干路</td><td>支路</td><td>单位出入口</td></tr>
<tr><td>交叉口设计车速（km/h）</td><td>25~30</td><td>20~25</td><td>15~20</td><td>5~15</td></tr>
<tr><td>转角半径（m）</td><td>15~25</td><td>8~10</td><td>5~8</td><td>3~5</td></tr>
</table>

资料来源：全国城市规划执业制度管理委员会.城市规划相关知识[M].北京：中国计划出版社，2011.

2）人行横道：通常选用经验宽度4~10m；机动车车道数大于等于6条或人行横道大于30m时，应在道路中央设置安全岛（最小宽度为1m）。

3）停止线：设在人行横道线外侧面1~2m处。

4）交叉口拓宽：建议高峰小时一个信号周期进入交叉口的左转车辆大于3~4辆时，应增辟左转专用车道。进入交叉口右转车辆大于4辆时，应增设右转专用车道。

5）平面交叉口改善方法：错口交叉改善为"十"字交叉；斜角交叉改善为正交交叉；多路交叉改善为十字交叉；合并次要道路，再与主要道路相交。

（4）环形交叉口设计要点

中心岛半径是该圆曲线半径减去环道宽度的一半；环道的交织角在20°~30°之间为宜；环道上一般布置3条机动车道，1条车道绕行，1条车道交织，1条作为右转车道，同时还应设置一条专用的非机动车道，一般环道宽度为18m，即3条机动车道和1条非机动车道，再加上弯道加宽值。

（5）立体交叉口设计要点

互通式立交的间距在城市中主要决定于城市干路网的间距，最小净距离见表3-4。

1）相交道路的上下位置：一般等级高、速度快的道路宜布置在下面，等级低、速度慢的道路宜布置在上面。

互通式立交最小净距离				表3-4
干路设计车速（km/h）	80	60	50	40
互通式立交最小净距值（m）	1000	900	800	700

资料来源：城市规划相关知识 [M]. 北京：中国计划出版社，2011.

2）匝道：机非混行时，常取单向 7m，双向 12~14m 宽；机非分行时，机动车道单向 7m，双向 10.5m，自行车道 8m。

7. 道路交通管理设施的规划设计

（1）城市道路交通管理设施基本知识

1）分类：包括交通信号机、道路标志、道路交通标线等。

2）道路交通标志：警告、禁令、指示、指路、旅游区、道路施工安全和辅助标志 7 类。

3）交通标线：指示、禁止和警告标线，包括导向箭头、路面文字标记、专用车道线等。

（2）平面交叉口的交通控制方法

交通信号灯法、多路停车法、二路停车法、让路标志法、不设管制。

（3）平面交叉口的交通控制类型

主干路与主干路为交通信号灯；主干路与次干路为交通信号灯、多路停车或二路停车；主干路与支路为二路停车；次干路与次干路为交通信号灯、多路停车、二路停车或让路；次干路与支路为二路停车或让路；支路与支路为二路停车、让路或不设管制。

3.2.2 城市停车设施规划设计

1. 停车场的基本知识及设计原则

（1）车辆停放方式、停车和发车方式

车辆停放方式为平行式、垂直式和斜放式。车辆停车和发车方式为前进停车、后退发车；后退停车、前进发车；前进停车、前进发车。

（2）设计原则

出入口不得设在交叉口、人行横道、公共交通停靠站及桥隧引道处，宜设置在次干路，如需要在主干路上设置出入口，则应远离主干路交叉口并用专用通道与主干路相连。

2. 路边停车带场的规划设计要求

（1）路边停车带

城市主干路旁不应设置路边停车带，次干路旁设置路边停车带时，应布置为港湾式，或设分隔带与车行道分离，支路宜布置为港湾式。路边停车带占地为 16~20m²/ 停车位。

（2）路边停车场

包括露天地面停车场和坡道式、机械提升式的多层、地下停车库。露天地面停车场为 25~30m²/ 停车位，室内停车库为 30~35m²/ 停车位。

（3）自行车停车设施

单位停车位面积宜取 1.5~2.2m²/ 车。公共停车场宜分成 15~20m 长的段，每段设一个出入口，宽度不得小于 3.0m，500 个车位以上的停车场出入口不得小于 2 个。

3. 停车场库的规划设计方法

（1）停车场设计

停车场出入口距离过街人行天桥、地道和桥梁、隧道引道须大于 50m；距离交叉路口须大于 80m。机动车停车场车位指标大于 50 个时，出入口不得少于 2 个；大于 500 个时，出入口不得少于 3 个。出入口之间的净距须大于 10m，出入口宽度不得小于 7m。

（2）停车库设计主要形式与特点见表 3-5。

停车库主要形式及其特点 表 3-5

类型	形式	特点
直坡式	每层楼面间用直坡道相连，坡道设在库内库外均可，可单行或双行布置	布局简单整齐，交通线路明确，但用地不够经济，单位停车位占用面积较多
螺旋坡道式	停车楼面采用水平布置，基本停车部分布置方式与直坡道式相同，每层楼面之间用圆形螺旋式坡道相连，坡道可为单向行驶或双向行驶	布局简单整齐，交通线路明确，上下行坡道干扰少，速度较快，但造价较高，用地稍比直坡道节省，单位停车面积较多，是常用的一种停车库类型
错层式（半坡道式）	停车楼面分为错开半层的两段或三段楼面，楼面之间用短坡道相连	用地较节省，单位停车面积较少，但交通路线对部分停车位的进出有干扰，建筑外立面是错层形式
斜楼板式	停车楼板呈缓坡板倾斜状布置，利用通道的倾斜作为楼层转换的坡道	用地最为节省，单位停车面积最少。由于坡道和通道合一，交通线路较长，对停车位的进出普遍存在干扰

资料来源：作者资料整理.

3.2.3 城市交通枢纽规划设计

1. 城市交通枢纽设施的分类

城市交通枢纽分为城市客运交通枢纽与货运交通枢纽（货物流通中心）。

2. 城市客运交通枢纽规划设计

城市客运交通枢纽包括市级客运枢纽、组团级客运枢纽、其他地段或特定公交设施的换乘枢纽。其规划设计主要内容为进一步确定枢纽的具体选址与功能定位；枢纽的客流预测及各种交通方式之间的换乘客流量预测；枢纽内部和外部的平面布置与空间设计；内部流线设计与外部交通组织。

3. 货物流通中心规划设计

（1）地区性货物流通中心

主要服务于城市间或经济协作区内的货物集散运输，是城市对外流通的重要环节。

（2）生产性货物流通中心

主要服务于城市的工业生产，是原材料与中间产品的储存、流通中心。

（3）生活性货物流通中心

主要为城市居民生活服务，是居民生活物资的配送中心。

4. 城市站前广场规划设计

（1）静态交通组织

静态交通组织为各类停车场地的规划布局，包括公交站点布置、社会车辆停车场布置、出租车停车场布置、自行车停车场布置、长途汽车站布置。

（2）动态交通组织与管理

动态交通组织与管理主要为行人组织与车辆组织。

3.2.4 城市轨道交通

1. 城市轨道交通的分类和技术特征

（1）城市轨道交通的分类见表 3-6。

城市轨道交通分类　　　　　　　　　　　　表 3-6

按运营范围	市区、市域轨道交通
按运输能力	单向运输能力，高运量系统（4.5 万 ~7 万人次 / 小时），大运量系统（2.5 万 ~5 万人次 / 小时），中运量系统（1 万 ~3 万人次 / 小时），低运量系统（小于 1 万人次 / 小时）
按路权	全封闭、不封闭、部分封闭系统
按敷设方式	地下线、地面线、高架线
按支撑和导向方式	钢轮钢轨、胶轮导轨与磁浮系统
按牵引方式	旋转电机牵引、直线电机牵引系统

资料来源：作者资料整理.

（2）城市轨道交通的技术特征见表 3-7。

城市轨道交通技术特征　　　　　　　　　　表 3-7

地铁	全封闭线路、专用轨道、专用信号、独立运营、大运量，单向高峰小时客运能力在 2.5 万人次以上，主要服务于市区

续表

轻轨	全封闭或部分封闭线路、专用的轨道、独立运营为主、中运量，单向高峰小时最大客运能力在 1 万~3 万人次，主要服务于市区
单轨	单向运输能力在 1 万~3 万人次 / 小时，全封闭线路，适用于城市道路高差较大，道路半径小，线路地形条件较差的地区；旧城改造已基本完成，城市道路比较窄；大量客流集散点的接驳线路；市郊居民区与市区之间的联络线；旅游区域内景点之间的联络线，旅游观光线路等
有轨电车	低运量，主要铺设在城市道路路面上，车辆与其他地面交通混合运行
磁浮系统	高速磁悬浮系统通常用于城市之间远程客运；中低速磁悬浮系统常用于城市区域内站间距大于 1km 的中、短程客运交通线路
自动导向轨道	车辆小型化，重量轻，噪声低，可实现无人驾驶，但载客量小，适合在大坡度线路上运行
市域快速轨道	适用于城市区域内重大经济区之间中长距离的客运交通

资料来源：作者资料整理.

2. 城市轨道交通线网的规划设计要求和基本方法

（1）线网规划的主要内容：具体内容扫描二维码 3-1 阅读。

（2）线路走向的选择：具体内容扫描二维码 3-2 阅读。

（3）车站布局：具体内容扫描二维码 3-3 阅读。

3.2.5　城市公共交通

1. 城市公共交通类型及特征

城市公共交通分为公共汽车、电车、轮渡、出租汽车、地铁、缆车、索道等，具有运量大、集约化经营、节省道路空间、污染少的特征。

2. 城市公共交通的规划要求

（1）服务质量考核

迅速、准点、方便、舒适。

二维码 3-1

（2）城市公共交通规划一般规定

城市公共汽车和电车的规划拥有量，大城市应每 800~1000 人一辆标准车，中、小城市应每 1200~1500 人一辆标准车；规划城市人口超过 200 万人的城市，应控制预留设置快速轨道交通的用地。

二维码 3-2

（3）线路网综合规划

市中心区规划的公共交通线路网的密度，应达到 3~4km/km²，城市边缘地区应达到 2~2.5km/km²；大城市乘客平均换乘系数不应大于 1.5，中、小城市不应大于 1.3；公共交通线路非直线系数不应大

二维码 3-3

于 1.4；市区公共汽车与电车主要线路的长度宜为 8~12km，快速轨道交通的线路长度不宜大于 40min 的行程。

（4）公共交通车站规划要求

公共交通车站服务面积以 300m、500m 半径计算，不得小于城市用地面积的 50% 与 90%；车站的设置应符合同向换乘距离不应大于 50m，异向换乘距离不应大于 100m，对置设站，应在车辆前进方向迎面错开 30m；在道路平面交叉口和立体交叉口上设置的车站，换乘距离不宜大于 150m，并不大于 200m；长途客运汽车站、火车站、客运码头主要出入口 50m 范围内应设公共交通车站；公共交通车站应与快速轨道交通车站换乘。

3.3 自然资源与生态环境

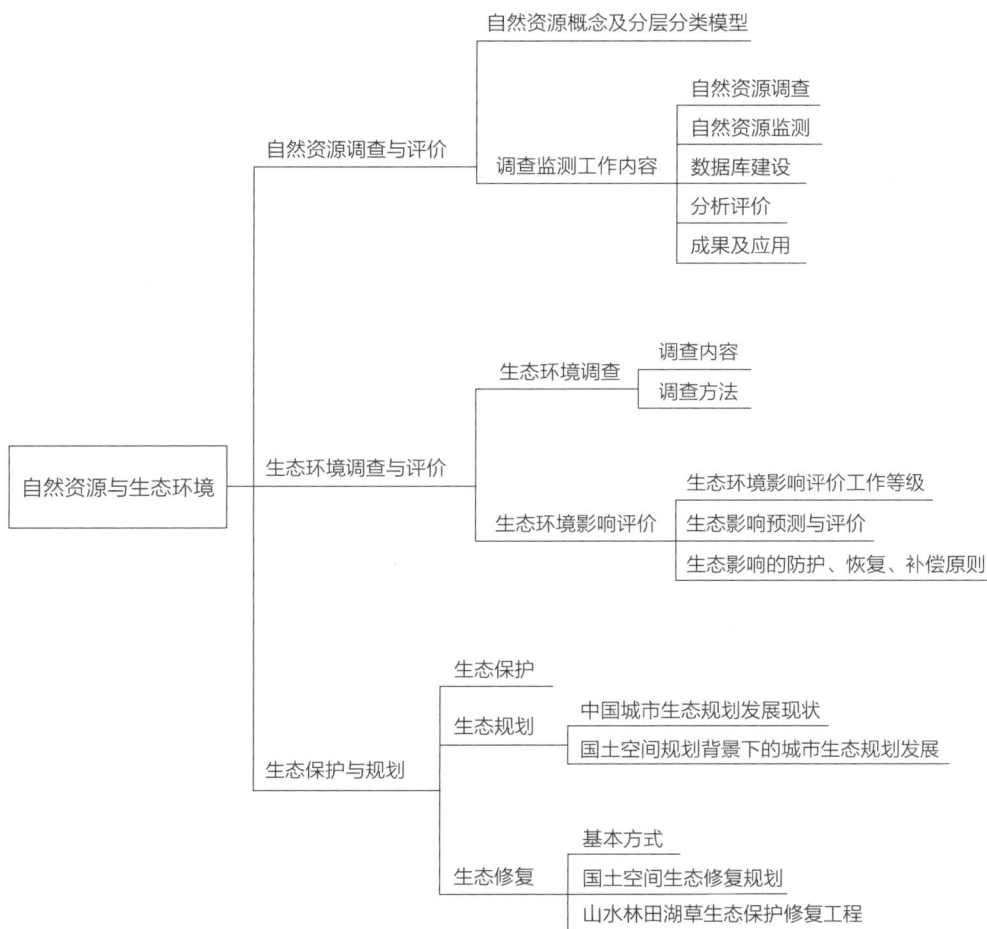

图 3-3 自然资源与生态环境知识图谱
资料来源：作者自绘．

3.3.1 自然资源调查与评价

1. 自然资源概念及分层分类模型

自然资源是指天然存在、有使用价值、可提高人类当前和未来福利的自然环境因素的总和。自然资源分类是自然资源管理的基础，是开展调查监测工作的前提，根据自然资源产生、发育、演化和利用的全过程，以立体空间位置作为组织和联系所有自然资源体（即由单一自然资源分布所围成的立体空间）的基本纽带。

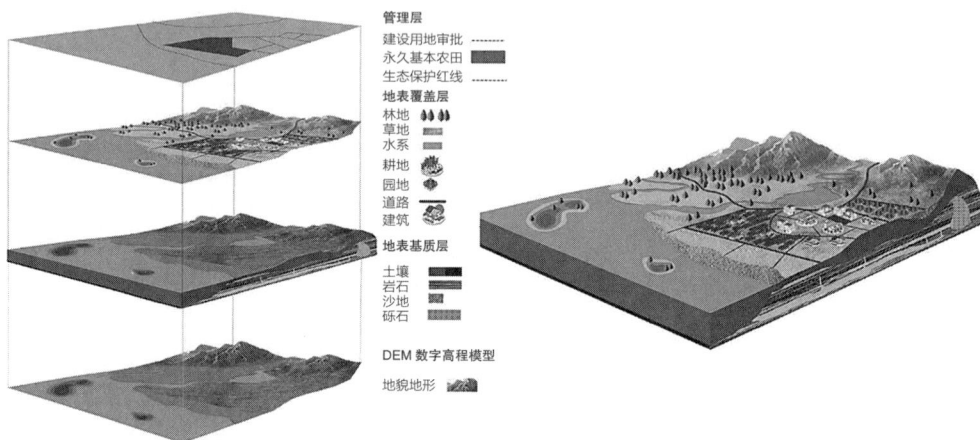

图 3-4　自然资源数据空间组织结构图

资料来源：《自然资源调查监测体系构建总体方案》（自然资发〔2020〕15 号）

按照三维空间位置，对各类自然资源信息进行分层分类，科学组织各个自然资源体有序分布在地球表面（如土壤等）、地表以上（如森林、草原等）及地表以下（如矿产等），形成一个完整的支撑生产、生活、生态的自然资源立体时空模型（图 3-4），并通过统一坐标系统与地下资源层建立联系。各数据层如下：

第一层为地表基质层。地表基质是地球表层孕育和支撑森林、草原、水、湿地等各类自然资源的基础物质。海岸线向陆一侧（包括各类海岛）分为岩石、砾石、沙和土壤等，海岸线向海一侧按照海底基质进行细分。

第二层是地表覆盖层。在地表基质层上，按照自然资源在地表的实际覆盖情况，将地球表面（含海水覆盖区）划分为作物、林木、草、水等若干覆盖类型，每个大类可再细分到多级类。

第三层是管理层。在地表覆盖层上，叠加各类日常管理、实际利用等界线数据（包括行政界线、自然资源权属界线、永久基本农田、生态保护红线、城镇开发边界、自然保护地界线、开发区界线等），从自然资源利用管理的角度进行细分。

2. 调查监测工作内容

（1）自然资源调查

自然资源调查分为基础调查和专项调查。其中，基础调查是对自然资源共性特征开展的调查，专项调查指为自然资源的特性或特定需要开展的专业性调查。基础调查和专项调查相结合，共同描述自然资源总体情况。

1）基础调查。基础调查主要任务是查清各类自然资源体投射在地表的分布、范围、面积、权属性质等核心内容，以及开发利用与保护等基本情况，掌握最基本的全国自然资源本底状况和共性特征。按照自然资源分类标准和管理基本需求，组织开展我国陆海全域的自然资源基础性调查工作，形成自然资源管理的调查监测"一张底图"。

2）专项调查。专项调查是针对土地、矿产、森林、草原、水、湿地、海域海岛等自然资源的特性、专业管理和宏观决策需求，组织开展自然资源的专业性调查，查清各类自然资源的数量、质量、结构、生态功能以及相关人文地理等多维度信息。调查包括耕地资源调查、森林资源调查、草原资源调查、湿地资源调查、水资源调查、海洋资源调查、地下资源调查、地表基质调查等。除以上专项调查外，还可结合国土空间规划和自然资源管理需要，有针对性地组织开展城乡建设用地和城镇设施用地、野生动物、生物多样性、水土流失、海岸带侵蚀，以及荒漠化和沙化石漠化等方面的专项调查。

基础调查与专项调查应统筹谋划、同步部署、协同开展。通过统一调查分类标准，衔接调查指标与技术规程，统筹安排工作任务。原则上采取基础调查内容在先、专项调查内容递进的方式，按照不同的调查目的和需求，整合数据成果并入库，做到图件资料相统一、基础控制能衔接、调查成果可集成。

（2）自然资源监测

自然资源监测是在基础调查和专项调查形成的自然资源本底数据基础上，掌握自然资源自身变化及人类活动引起的变化情况的一项工作。

1）常规监测。常规监测是围绕自然资源管理目标，对我国范围内的自然资源定期开展的全覆盖动态遥感监测，及时掌握自然资源年度变化等信息，支撑基础调查成果年度更新，也服务年度自然资源督察执法以及各类考核工作等。常规监测以每年12月31日为时点，重点监测包括土地利用在内的各类自然资源的年度变化情况。

2）专题监测。专题监测是对地表覆盖和某一区域、某一类型自然资源的特征指标进行动态跟踪，掌握地表覆盖及自然资源数量、质量等变化情况。专题监测及其监测内容主要包括地理国情监测、重点区域监测、地下水监测、海洋资源监测、生态状况监测。

3）应急监测。根据上级部署，对社会关注的焦点和难点问题，组织开展应急监测工作，第一时间为决策和管理提供第一手的资料和数据支撑。

（3）数据库建设

自然资源调查监测数据库是自然资源管理"一张底版、一套数据、一个平台"的重要内容，是国土空间基础信息平台的数据支撑。利用三维可视化技术，将基础调查获得的共性信息层与专项调查的特性信息层进行空间叠加，形成地表覆盖层。叠加各类审批规划等管理界线，以及相关的经济社会、人文地理等信息，形成管理层。按照数据整合标准和规范要求，建成自然资源三维立体时空数据库，形成统一空间基础和数据格式的各类自然资源调查监测历史数据库，可直观反映自然资源的空间分布及变化特征，实现对各类自然资源的综合管理。同时，每年需定期对各类调查成果进行更新。

（4）分析评价

统计汇总自然资源调查监测数据，建立科学的自然资源评价指标，开展综合分析和系统评价，为科学决策和严格管理提供依据。按照自然资源调查监测统计指标，开展自然资源基础统计，分类、分项统计自然资源调查监测数据，形成基本的自然资源现状和变化成果。基于统计结果等，以全国、区域或专题为目标，从数量、质量、结构、生态功能等角度，开展自然资源现状、开发利用程度及潜力分析，研判自然资源变化情况及发展趋势，综合分析自然资源、生态环境与区域高质量发展整体情况。

建立自然资源调查监测评价指标体系，评价各类自然资源基本状况与保护开发利用程度，评价自然资源要素之间、人类生存发展与自然资源之间、区域之间、经济社会与区域发展之间的协调关系，为自然资源保护与合理开发利用提供决策参考。如全国耕地资源质量分析评价、全国水资源分析以及区域水平衡状况评价、全国湿地状况及保护情况分析评价等。

（5）成果及应用

1）成果内容

①数据及数据库：包括各类遥感影像数据，各种调查、监测及分析评价数据，以及数据库、共享服务系统等。

②统计数据集：包括分类、分级、分地区、分要素统计形成的各项调查、监测系列数据集、专题统计数据集，以及各类分析评价数据集等。

③报告：包括工作报告、统计报告、分析评价报告，以及专题报告、公报等。

④图件：包括图集、图册、专题图、挂图、统计图等。

2）成果管理

建立调查监测成果管理制度，制定成果汇交管理办法。各类调查监测成果经质量检验合格后，按要求统一汇交，并集成到自然资源调查监测数据库中，实现对自然资源调查监测信息统一管理。

建立自然资源调查监测数据更新机制，定期维护和更新调查监测成果。

建立自然资源调查监测成果发布机制。在调查监测工作完成后，涉及社会公众关注的成果数据或数据目录，履行相关的审核程序后，统一对外发布。未经审核通过的调查监测成果，一律不得向社会公布。

建立调查监测成果共享和利用监督制度，制定成果数据共享应用办法，充分发挥调查成果数据对国土空间规划和自然资源管理工作的基础支撑作用。依托国土空间基础信息平台，建设调查监测成果数据共享服务系统，推动成果数据共享应用，提升服务效能。

3）成果应用

①部门应用：通过国土空间基础信息平台，共享自然资源调查监测数据信息，实现自然资源调查监测成果与国土空间规划、确权登记等业务系统实时互联、及时调用，支撑各项管理顺畅运行。

②社会服务：按照政府信息公开的有关要求，依法按程序及时公开自然资源调查监测成果。推进自然资源调查监测成果数据在线服务，将经过脱密处理的成果向全社会开放，推动调查监测成果的广泛共享和社会化服务。

3.3.2　生态环境调查与评价

1. 生态环境调查

（1）调查内容

1）生态背景调查。根据生态影响的空间和时间尺度特点，调查影响区域内涉及的生态系统类型、结构、功能和过程，以及相关的非生物因子特征（如气候、土壤、地形地貌、水文及水文地质等），重点调查受保护的珍稀濒危物种、关键种、土著种、建群种和特有种、天然的重要经济物种等。

2）主要生态问题调查。调查影响区域内已经存在的制约本区域可持续发展的主要生态问题，例如，水土流失、沙漠化、石漠化、盐渍化、自然灾害、生物入侵和污染危害等，指出其类型、成因、空间分布、发生特点等。

（2）调查方法

1）资料收集法。即收集现有的能反映生态现状或生态背景的资料。从表现形式上分为文字资料和图形资料；从时间上可分为历史资料和现状资料；从收集行业类别上可分为农、林、牧、渔和环境保护部门；从资料性质上可分为环境影响报告书、有关污染源调查、生态保护规划与规定、生态功能区划、生态敏感目标的基本情况及其他生态调查材料等。

2）现场勘查法。在综合考虑主导生态因子结构与功能完整性的同时，突出重点区域和关键时段的调查，通过对影响区域的实际踏勘，核实收集资料的准确性，以获取实际资料和数据。

3）专家和公众咨询法。通过咨询有关专家，收集评价工作范围内的公众、社会团体和相关管理部门对项目影响的意见，发现现场踏勘中遗漏的生态问题。专家和公众咨询应与资料收集和现场勘查同步开展，是对现场勘查的有益补充。

4）生态监测法。当资料收集、现场勘查、专家和公众咨询提供的数据无法满足评价的定量需要，或项目可能产生潜在的或长期累积效应时，可考虑选用生态监测法。生态监测应根据监测因子的生态学特点和干扰活动的特点确定监测位置和频次，有代表性地布点。

5）遥感调查法。当涉及区域范围较大或主导生态因子的空间等级尺度较大，通过人力踏勘较为困难或难以完成评价时，可采用遥感调查法。遥感调查过程中必须辅以必要的现场勘查工作。

2. 生态环境影响评价

生态环境影响评价是指通过定量揭示和预测人类活动对生态环境的影响及其对人类健康和经济发展作用，分析确定一个地区的生态负荷或环境容量。

（1）生态环境影响评价工作等级

依据影响区域的生态敏感性和评价项目的工程占地（含水域）范围（包括永久占地和临时占地），生态影响评价工作等级划分为一级、二级和三级（表3-8）。位于原厂界（或永久用地）范围内的工业类改扩建项目，可做生态影响分析。

生态影响评价工作等级划分表　　　　　　　　　表3-8

影响区域生态敏感性	工程占地（水域）范围		
	面积 ≥ 20km² 或长度 ≥ 100km	面积 2~20km² 或长度 50~100km	面积 ≤ 2km² 或长度 ≤ 50km
特殊生态敏感区	一级	一级	一级
重要生态敏感区	二级	二级	二级
一般区域	三级	三级	三级

资料来源：牛显春，涂宁宇，杜诚. 环境影响评价 [M]. 北京：中国石化出版社，2021：173-174.

当工程占地（含水域）范围的面积或长度分别属于两个不同评价工作等级时，原则上应按其中较高的评价工作等级进行评价。改扩建工程的工程占地范围以新增占地（含水域）的面积或长度计算。在矿山开采可能导致矿区土地利用类型明显改变，或拦河闸坝建设可能明显改变水文情势等情况下，评价工作等级应上调一级。

根据环境敏感程度分为特殊生态敏感区、重要生态敏感区和一般区域三类。

（2）生态影响预测与评价

1）生态影响预测与评价内容。生态影响预测与评价内容应与现状评价内容相对应，依据区域生态保护的需要和受影响生态系统的主导生态功能选择评价预测指标。

- 评价工作范围内涉及的生态系统及其主要生态因子的影响评价。通过分析影响作用的方式、范围、强度和持续时间来判别生态系统受影响的范围、强度和持续时间；预测生态系统组成和服务功能的变化趋势，重点关注其中的不利影响、不可逆影响和累积生态影响。

- 敏感生态保护目标的影响评价应在明确保护目标的性质、特点、法律地位和保护要求的情况下，分析评价项目的影响途径、影响方式和影响程度，预测潜在的后果。

- 预测评价项目对区域现存主要生态问题的影响趋势。

2）生态影响预测与评价方法。生态影响预测与评价方法应根据评价对象的生态学特性，在调查、判定该区主要的、辅助的生态功能以及完成功能必需的生态过程的基础上，采用定量分析与定性分析相结合的方法进行预测与评价。常用的方法包括列表清单法、图形叠置法、生态机理分析法、景观生态学法、指数法与综合指数法、类比分析法、系统分析法和生物多样性评价等。

3）生态影响评价的图件。生态影响评价图件指以图形、图像的形式对生态影响评价有关空间内容的描述、表达或定量分析。生态影响评价图件是生态影响评价报告的必要组成内容，是评价的主要依据和成果的重要表示形式，是指导生态保护措施设计的重要依据。根据评价项目的自身特点、评价工作等级及区域生态敏感性的不同，生态影响评价图件由基本图件和推荐图件构成。

（3）生态影响的防护、恢复、补偿原则

- 应按照避让、减缓、补偿和重建的次序提出生态影响防护与恢复的措施；所采取措施的效果应有利于修复和增强区域生态功能。

- 凡涉及不可替代、极具价值、极敏感、被破坏后很难恢复的敏感生态保护目标（如特殊生态敏感区、珍稀濒危物种）时，必须提出可靠的避让措施或生境替代方案。替代方案主要指项目中的选线、选址替代方案，项目的组成和内容替代方案，工艺和生产技术的替代方案，施工和运营方案的替代方案，生态保护措施的替代方案。应对替代方案进行生态可行性论证，优先选择生态影响最小的替代方案，最终选定的方案至少应该是生态保护可行的方案。

- 涉及采取措施后可恢复或修复的生态目标时，也应尽可能提出避让措施；否则，应制定恢复、修复和补偿措施。各项生态保护措施应按项目实施阶段分别提出，并提出实施期限和估算经费。

生态保护措施应包括保护对象和目标，内容、规模及工艺，实施空间和时序，保障措施和预期效果分析，绘制生态保护措施平面布置示意图和典型措施施工工艺图，估算或概算环境保护投资。

对可能具有重大、敏感生态影响的建设项目，区域、流域开发项目，应提出长期的生态监测计划、科技支撑方案，明确监测因子、方法、频次等。

明确施工期和运营期管理原则与技术要求。可提出环境保护工程分标与招标投标原则，施工期工程环境监理、环境保护阶段验收和总体验收、环境影响后评价等环保管理技术方案。

常见的生态保护措施见表3-9。

常见的生态保护措施　　　　　　　　表3-9

项目	阶段	
	建设期	运行期
动物	设置保护通道和屏障，禁止施工人员进入野生动物活动场所，禁止惊吓和捕杀动物	设置专人管理，建立管理及报告制，加强宣传教育，预防和杜绝森林火灾；禁止游客进入核心区和重点保护功能区，禁止大声喧哗、惊吓和捕杀动物，重点保护动物定期检测
植物	隔离保护或避开重点保护对象，调整和改进施工方案，尽量减少植物破坏	临时占地在工程完成后进行植被恢复，植被尽量采用当地植物并尽量以生态恢复为主，专人巡视管理，重点保护植物应定期检测
景观	控制设计用地，隔离保护重点景观，新景风格、造势与自然融合，人工修复破坏的地质地形	加强宣传教育，重点景点由专人巡视管理，高峰期限制游客人数，随时修补景观损害
水土保持	开挖山坡：自上而下分层开挖，最终边坡进行危岩清理、植被保护。机动车道：设置排水沟，将水引至路基坡脚或天然排水沟堑。游览道路：沿线绿化临沟采用料石支护，靠山进行植被防护，尽量种植当地植物。其他景点及服务区绿化：及时清理堆弃渣土，修复受损地表形	加强宣传教育，定期巡视观测景区各路段地形，做好景区的绿化、保养、植被养护等
水（环境）	施工地修建简易处理水池，出水回用	旅游服务设施建造生活污水处理系统，并尽量采用生态处理，定期对重点水体进行水质检测
大气	施工散料（如混凝土）库存或密盖，密闭运输，道路定期洒水	景区绿化，道路洒水，限制餐饮排放油烟，使用清洁能源
噪声	施工地与周围环境设置隔离屏障，改进施工工艺和技术，调整施工场地布置和工时	道路绿化，加强游客和车辆管理
固废	修建工地临时厕所，垃圾专门收集后转运至填埋场	主要是生活垃圾，应收集并且分类、存放、转运、回收和填埋，加强景区环境卫生监督

资料来源：牛显春，涂宁宇，杜诚.环境影响评价[M].北京：中国石化出版社，2021：179-180.

3.3.3　生态保护与规划

1. 生态保护

生态保护是以生态科学为指导，遵循生态规律，为使特定区域生态环境免遭人类活动不利影响，避免区域内生物有机体之间及其与外界环境之间的有机联系遭受破坏而采取的有意识的保护对策和措施。

生态保护的运作机理是一个复杂的动态的过程，大致可概括为两个阶段：

第一阶段，城市的经济发展需要从生态环境中获取资源，改变了资源的数量和分布情况，影响了生态环境；城市的生产和生活过程中还会向生态环境中排放污染物，增加了生态环境容量的压力，影响了生态环境，降低了生态系统的活力，对人类的生产生活产生影响。

第二阶段，人类采取生态保护措施降低对生态环境造成的压力，减少资源的获取量和污染物的排放，修复生态系统，改善生态系统的功能，这些措施的实施降低了生态保护的压力，生态系统的功能得以恢复，恢复的生态系统资源状态得以改善，环境承载能力得以增强，扩充了容量，经济发展所需要的资源数量、质量、分布状况得以改善，减少生态环境对经济发展的制约。

2. 生态规划

生态规划是根据生态规律及社会经济发展计划，对一定地域生态平衡的维系、保护所作的安排、打算。按不同层次划分，有全国性、区域性和局部地区的生态规划；按不同类型划分，有城市生态规划、农村生态规划、牧区生态规划、海洋生态规划等。科学安排生态规划，能合理有效地利用各种自然资源，以最有效地发挥自然界的功能，促进人类身心健康。

（1）中国城市生态规划发展现状

（2）国土空间规划背景下的城市生态规划发展

1）主动适应空间规划体系改革。空间规划体系是我国践行生态文明和可持续发展战略的重要举措，其改革与实施对以往的城市生态规划研究及规划编制的政策、标准、管理程序、路径等均会产生多种近期与远期影响。未来的中国城市生态规划研究与实践，要主动适应体制改革所带来的各类变化，应与国家现有各类高层级规划主动对接并多方面积极协调，构建与现有各种规划类型以及空间规划体系下的新兴规划的恰当关系；同时，应坚持城市生态规划的学术和专业性内核，主动发挥自身的功能和专长，确保为城乡人居环境的可持续发展作出贡献。

2）提高城市生态规划的应需性水平。城市生态规划的应需性指其提供的功能和服务满足需求的程度。较高的应需性水平体现了城市生态规划的"有用性"，能够解决实际问题并被社会广泛接受，对生态进步、城市—自然和谐发展产生了不可替代的作用。我们需要判断社会对城市生态规划的需求与城市生态规划实际提供的满足需求的能力之间的差距大小。

3）多向度拓展城市生态规划的生态位。基于应对气候变化、提升城市韧性的城市生态规划，基于健康导向、多样性、包容性与共享性的城市生态规划，基于人文艺术全面提升人居环境品质的城市生态规划，融贯生态资源安全与效率，规划与建设实施、管理于一体的城市生态规划将是未来城市生态规划拓展其生态位的重要内容和目标。此外，城乡一体化生态环境建设，"山水林田湖草生命共同体"统筹规划，精细化和高品质、共谋共建共治也将成为城市生态规划拓展其功能领域和生态位的不可忽视的方面。

4）探索城市生态规划体系创新。中国悠久的历史文化传统、广袤的国土空间及社会经济体制等因素决定了我国城市生态规划需要紧密结合国家的大政方针和不断变化的生态环境状态，探索创新之路。未来可能的创新领域包括：城市生态规划与建设、管理的有机融合；城市与乡村生态规划的融贯与一体化；面向未来、符合未来发展趋势的城市生态规划理念、技术与方法；将城市生态规划与国家生态环境规划体系相衔接，强调"城市生态环境规划"与"城市生态规划"的有机整合；从自上而下的城市生态规划向自上而下与自下而上的融合转型；充分发挥城市各个市民、各个主体的作用；提升城市生态规划的生态文化属性和水平；提升城市生态规划的人文与艺术内涵及其层次；创新城市生态规划的制度与机制等。

3. 生态修复

生态修复在狭义上指对已退化、损害或彻底破坏的生态系统进行恢复的过程。而在广义上，生态修复具备更积极和广泛的内涵，包括对生态系统的保护和生态系统服务能力的提升。即依据生态系统的本底状态，调整人为措施的干预强度，因地制宜地恢复已退化或者修复已损毁生态系统的结构及功能，并积极保护与提升生态系统服务供给能力。

（1）基本方式

其基本方式分为保育保护、自然恢复、辅助修复与生态重建（图3-5）。4种生态修复方式按生态系统退化程度递进，对应了不同地域特征下的生态保护和人工修复途径。

保育保护的对象是尚未退化的重要生态系统，人类遵循生态规律，因地制宜地对具有重要意义的生态系统进行有意识的保护；自然恢复的对象是正在退化的生态系统，重点是利用自然生态系统的生态恢复力，通过自然演替过程，提升退化生态系统的完整性、生物多样性；自然恢复与辅助修复都关注退化的生态系统，其区别在于"自然恢复"强调人类不直接参与自然空间恢复的过程，而"辅助修复"强调在人类干预下指导和实施相关工程；生态重建的对象是损毁的生态系统，其目的是完全"复制"出被损毁之前的土地存在状态，包括地形、地貌、地物的重建。

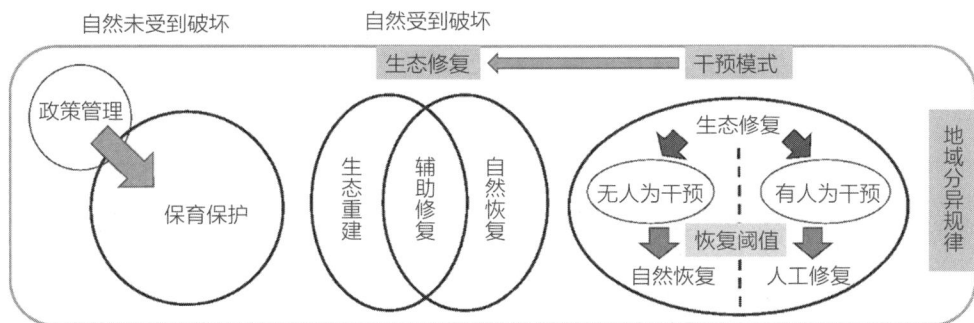

图 3-5　生态环境影响评价技术工作程序

资料来源：王晨旭，刘焱序，于超月，等 . 国土空间生态修复布局研究进展 [J].
地理科学进展，2021，40（11）：1925-1941.

地域分异规律是生态修复的重要关注点，也是生态修复布局的理论基础。具体表现在：生态保护研究需要回答应该在哪里开展本地的保护规划并加强政策管理，人工修复研究需要回答为什么要将某处修复为草地而非林地。同时，地域分异规律的应用不仅针对"地"，也需要考虑"人"，不仅需要因时因地掌握自然要素的演化机制，也需要理解区域发展和居民生活的需求，从而为科学开展生态环境保护和修复提供基本的区域认知，为因地制宜地开展国土空间生态修复工作提供整体支撑。

（2）国土空间生态修复规划

国土空间生态修复指遵循生态系统演替规律和内在机理，基于自然地理格局，适应气候变化趋势，依据国土空间规划，对生态功能退化、生态系统受损、空间格局失衡、自然资源开发利用不合理的生态、农业、城镇国土空间，统筹和科学开展山水林田湖草一体化保护修复的活动，是维护国家与区域生态安全、强化农田生态功能、提升城市生态品质的重要举措，是提升生态系统质量和稳定性、增强生态系统固碳能力、助力国土空间格局优化、提供优良生态产品的重要途径，是生态文明建设、加快建设人与自然和谐共生的现代化的重要支撑。

综合国内外生态修复的相关实践，国土空间生态修复规划应关注四大要点：

－在全域生态安全格局下建立全要素的生态修复规划总体工作框架。针对生态修复的系统性特点，加强生态修复的空间统筹与技术统筹，坚持生态系统整体性，形成全域全要素的生态修复规划总体工作框架。

生态修复规划更多以问题为导向，针对生态空间的破碎化，识别重要生态功能区和生态廊道受损空间，找出生态修复区域的分布特征。基于陆海生态系统的整体性、连续性特点（图 3-6），在生态修复前期需建立全域陆海统筹的生态安全格局，后围绕生态安全格局与生态问题重点区，进一步构建全域全要素的生态基础设施系统，通过"点—线—面"修复工程体系对全要素进行系统性恢复。

－面向实施，建立以重点区域与重大工程为核心的生态修复规划编制内容体系。

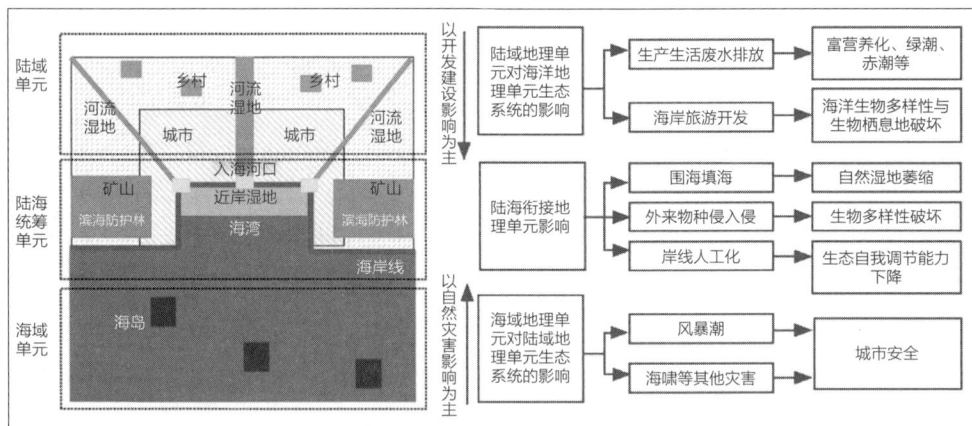

图 3-6 陆海地理单元相互影响的生态过程分析

资料来源：崔婧琦，陆柳莹，王聪 . 国土空间生态修复规划策略与青岛实践 [J].
规划师，2021，37（S2）：11-17.

针对生态修复的实施性特点，形成由"评估生态问题—明确修复目标—划定重点区域与重大工程—分类引导分区传导"四大主要内容构成的生态修复规划编制内容体系，作为系统开展生态修复工程的总体统筹与监管依据。

生态保护规划主要通过"双评价"等明确区域"三生"空间的承载力，划定禁建区、限建区，提前进行城乡建设管控，避免城市建设对区域生态安全的破坏。区别于生态保护规划，生态修复规划则重点对已经产生的生态问题进行摸查、评估及诊断，其中市级生态修复规划需明确受损空间分布重点区域与重大工程方案，提出综合生态修复技术工程（图 3-7）；区县级生态修复规划需制定精准的修复实施计划，作为生态修复实施的依据。

- 建立多部门、多主体协同共治机制，加强规划上下协同传导。对生态修复的跨区域、跨部门特点，加强横向、纵向管理统筹，建立多部门协同、"规划—实施—监测"一体化的生态系统修复实施管理机制。

国土空间生态修复涉及的要素较多，专业技术性较强。在新的机构体系下，应成立生态修复工作领导小组，通过与自然资源、环境保护、海洋、林业、水务等相关部门的协同，进行生态修复规划的编制、实施、监管与项目管理。同时，应组建规划、海洋、林业、水环境、土壤、地质等领域的咨询专家库及规划咨询团队，搭建生态修复公众参与平台，保障国土空间生态修复规划的科学性和可实施性。此外，应建立从生态修复系统规划到重大生态修复项目立项、实施、验收、监测的全过程管理与管控路径，提高生态治理水平。

- 加强全域生态修复与土地综合整治的结合，完善多元化的生态补偿机制。针对生态修复的公益性特点，加强生态修复与全域土地整治的衔接，探索生态修复补偿利益共享机制及多元化资金筹措机制。

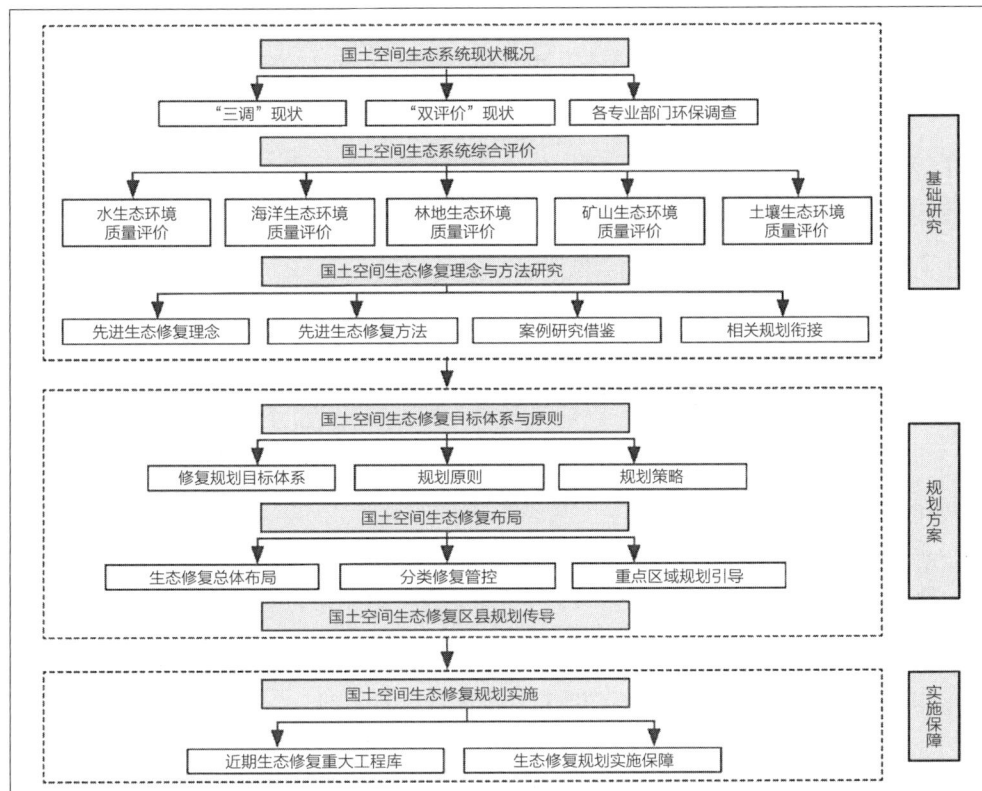

图 3-7　面向实施的市级生态修复规划技术框架

资料来源：崔婧琦，陆柳莹，王聪. 国土空间生态修复规划策略与青岛实践 [J].
规划师，2021，37（S2）：11-17.

在实施层面，建立自然资源生态产品的有偿使用制度及价格体系；结合重大生态修复工程的建设，积极推动绿色产业的发展，创新生态补偿机制；加快深化相关生态补偿制度，明确地方补偿资金筹集方式、补偿范围、补偿对象和补偿标准等；探索经济补偿、资源补偿、生境补偿和异地补偿等多种途径的生态保护修复补偿机制，为生态修复提供市场化、多元化的资金支撑。

（3）山水林田湖草生态保护修复工程

山水林田湖草生态保护修复工程是指按照山水林田湖草是生命共同体理念，依据国土空间总体规划以及国土空间生态保护修复等相关专项规划，在一定区域范围内，为提升生态系统自我恢复能力，增强生态系统稳定性，促进自然生态系统质量的整体改善和生态产品供应能力的全面增强，遵循自然生态系统演替规律和内在机理，对受损、退化、服务功能下降的生态系统进行整体保护、系统修复、综合治理的过程和活动。

1）工程建设内容

在确定的实施范围内，根据不同保护修复对象和主要目标，山水工程建设内容主要包括重要生态系统保护修复工程，以及统筹考虑自然地理单元的完整性、生态系统的关联性、自然生态要素的综合性，在一定区域内对与之相关联的山水林田湖草等各类自然生态要素进行的整体保护、系统修复、综合治理等各相关工程。为加强生态保护修复过程监测、效果评估和适应性管理，提升生态保护修复能力，山水工程建设内容还可包括野外保护站点、监测监控点和监管平台建设等。

2）自然生态空间保护修复要求

按照维护自然生态系统完整性、原真性的要求，保护生物多样性与地质地貌多样性，维护自然生态系统健康稳定。涉及乡村生态系统的保护修复，结合村庄整治、工矿废弃地治理，维护农田原有生境，保护生物多样性，将耕地、林地、草地整治与建设用地布局优化相结合，打造规模相对集中连片的耕地、草地、湿地、林地等生态系统复合格局。涉及城镇空间的保护修复，结合"城市双修""海绵城市"建设，依托现有山水脉络，保护现有生态廊道，完善基础设施，修复自然生态系统，治理内涝；采取必要的生态修复措施，系统综合考虑城市自然系统分布与渗水的关系，注意城市基础设施建设与排涝系统的关系；打通城市内部的水系、绿地和城市外围河湖、森林、耕地，形成完整的生态网络。

自然保护地核心保护区。按照禁止开发区域管控要求，加大封育力度，因病虫害、外来物种入侵、维持主要保护对象生存环境、森林防火等特殊情况，经批准可以开展重要生态修复工程，以及物种重引入、增殖放流、病害动植物清理等生态保护修复活动。

生态保护红线内其他区域。按照禁止开发区域管控要求，尽量减少人为扰动，除必要的地质灾害防治、防洪防护等安全工程和生态廊道建设、重要栖息地恢复和废弃修复工程外，原则上不安排人工工程。

一般生态空间。按照限制开发区域管控要求，调整优化土地利用结构布局，开展生态保护修复活动，鼓励探索陆域、海域复合利用，发挥生态空间的生态农业、生态牧业、生态旅游、生态文化等多种功能。

3）技术流程

山水工程的技术流程一般划分为工程规划、工程设计、工程实施、管理维护四个阶段。工程规划阶段服务于区域（或流域）尺度的宏观问题识别诊断、总体保护修复目标制定，以及确定保护修复单元和工程子项目布局；工程设计阶段主要服务于生态系统尺度下的各保护修复单元生态问题进行诊断，制定相应的具体指标体系和标准，确定保护修复模式措施；工程实施阶段服务于场地尺度的子项目施工设计与实施。管理维护、监测评估与适应性管理、监督检查贯穿于生态保护修复全过程。技术流程如图3-8所示。

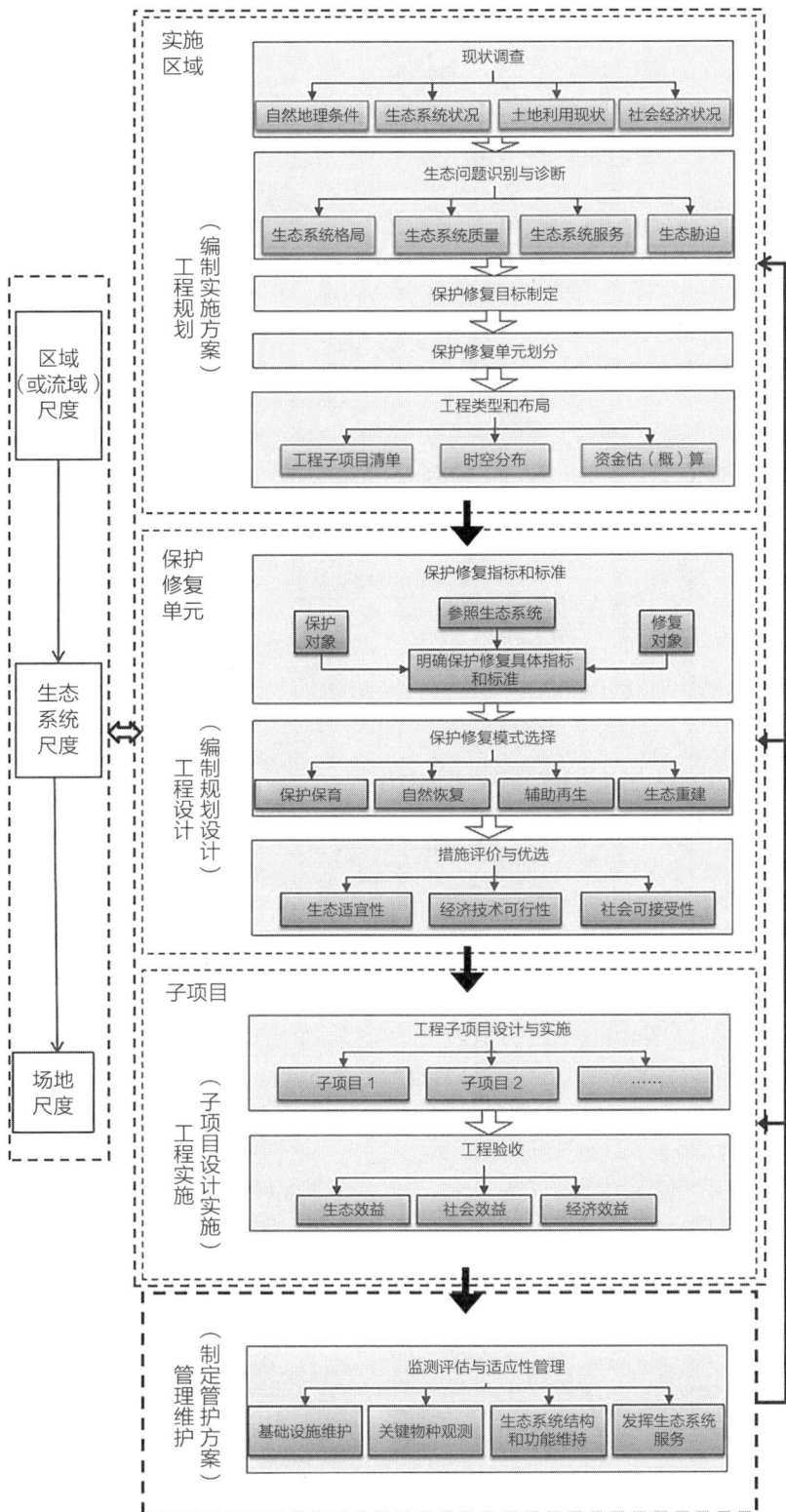

图3-8　山水林田湖草生态保护修复工程技术流程图
资料来源：《山水林田湖草生态保护修复工程指南》（试行）.

3.4　社会经济

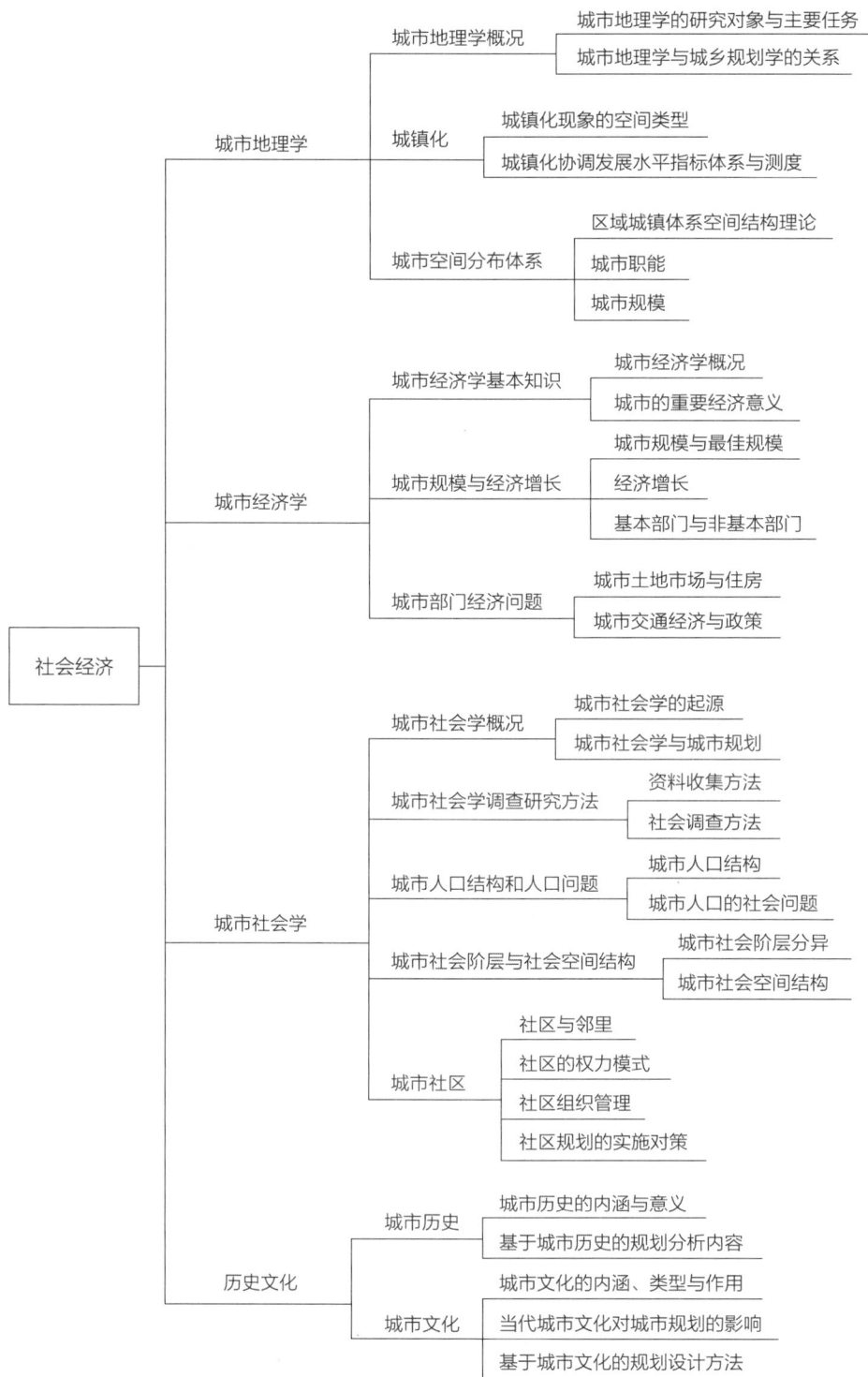

图 3-9　社会经济知识图谱

资料来源：作者自绘.

3.4.1 城市地理学

1. 城市地理学概况

（1）城市地理学的研究对象与主要任务

1）研究对象

城市地理学的研究对象就是城市这一复杂的动态大系统，不仅包括生产、消费、流通等空间现象，也包括造成空间现象的非空间过程。城市地理学主要研究在不同地理环境下城市形成、发展、组合分布和空间结构变化的规律。它既是人文地理学的重要分支，又是城市科学群的重要组成部分。

2）主要任务

城市地理学最重要的任务是揭示和预测世界各国、各地区城市现象发展变化的规律性。揭示和掌握世界各国、各地区城市现象的规律，属于认识世界的任务；科学预测世界各国、各地区城市现象的变化规律，属于改造世界的任务。

城市地理学研究所涉及的内容十分广泛，但其核心是从区域和城市两种地域系统中考察城市空间组织，即区域的城市空间组织和城市内部的空间组织。城市地理学研究的主要内容可以概括为：城市形成发展条件研究；区域的城市空间组织研究；城市内部空间组织研究；城市可持续发展研究；新方法、新技术应用和新领域的研究。

（2）城市地理学与城乡规划学的关系

城市地理学与城乡规划学是具有渗透关系的相互独立的学科。两门学科在学科性质和研究方向上存在着根本的区别。城市地理学是研究城市地域状态和分布规律的一门地理科学；城乡规划学是为城市建设和城市管理提供设计蓝图的一门技术科学。两者都以城市为研究对象，但是侧重点和研究方向根本不同。城市地理学不仅研究单个城市的形成发展，还要研究一定区域范围内的城市体系产生、发展、演变的规律，理论性较强。城乡规划学则从事单个城市内部的空间组织和设计，注重为具体城市寻找合理实用的功能分区和景观布局等，工程性较强。

2. 城镇化

（1）城镇化现象的空间类型

1）向心型城镇化与离心型城镇化

城市中的商业服务设施以及政府部门、企事业公司的总部、银行、报社等脑力劳动机关，都有不断向城市中心集聚的特性，这就是向心型城镇化，也称集中型城镇化。与上述部门相反，有些城市设施和部门自城市中心向外缘移动扩散，这被称为离心型城镇化，也称扩散型城镇化。

2）外延型城镇化与飞地型城镇化

如果城市的向外扩展，一直保持与建成区接壤，连续渐次地向外推进，这种扩展方式称为外延型城镇化。如果在推进过程中，出现了空间上与建成区断开，职能上与中心城市保持联系的城市扩展方式，则称为飞地型城镇化。

（2）城镇化协调发展水平指标体系与测度

在构建城镇化质量评价的指标体系时关键是要综合考虑城镇化质量的内涵和指标、数据的代表性以及数据的可得性。新型城镇化的核心是人的城镇化，需从经济发展和新型城镇化形势下所提倡以人为本的角度考虑来构建城镇化指标体系。

协调水平是度量系统内部要素在发展过程中彼此和谐一致的程度，反映了子系统间相互作用的良性耦合程度以及协调状况。用来描述城镇化进程中城镇化规模和城镇化质量的协调发展水平，从城镇化质量和规模两个层面选取 7 个一级指标即经济发展质量、社会发展质量、生态环境质量、创新发展质量、人口发展规模、经济发展规模、土地发展规模，以及 38 个二级指标构建评价体系。城镇化质量从经济发展质量、社会发展质量、生态环境质量和创新发展质量 4 个维度选取指标。城镇化规模从土地发展规模、人口发展规模和经济发展规模 3 个维度选取指标。

3. 城市空间分布体系

（1）区域城镇体系空间结构理论

1）中心地理论

中心地理论（Central Place Theory）是由德国城市地理学家克里斯塔勒和德国经济学家廖什分别于 1933 年和 1940 年提出的，20 世纪 50 年代起开始流行于英语国家，之后传播到其他国家，被认为是 20 世纪人文地理学最重要的贡献之一。

①克里斯塔勒学说

克里斯塔勒创建中心地理论深受杜能和韦伯区位论的影响，他的理论建立在"理想地表"之上，其基本特征是每一点均有接受一个中心地的同等机会，一点与其他任一点的相对通达性只与距离成正比，而不管方向如何，均有一个统一的交通面。后来，克氏又引入"生产者和消费者都属于经济行为合理的人"的假设条件。

从以上条件出发，克里斯塔勒推导了在理想地表上的聚落分布模式。即 K 级中心地市场区的边界由它所提供的最高级货物的最大销售距离 e 所决定。与 K 级中心地产生的过程类似，在某项更低级的货物的最大销售距离上可产生相应级别的 A 级和 M 级中心地。作为一个反过程，则可能出现高于 B 级中心地的 G 级中心地，较低一级的中心地的位置总是在高一级的三个中心地所形成的等边三角形的中央，由此形成克里斯塔勒命名为 $K=3$ 的中心地网络。

克里斯塔勒认为，有三个原则支配中心地体系的形成，它们是市场原则、交通原则、行政原则。在不同的原则支配下，中心地网络呈现不同的结构，而且中心地和市场区大小的等级顺序有着严格的规定，即按照所谓 K 值排列成有规则的、严密的系列。

图 3-10~ 图 3-12 显示了克里斯塔勒中心地理论的三种体系。

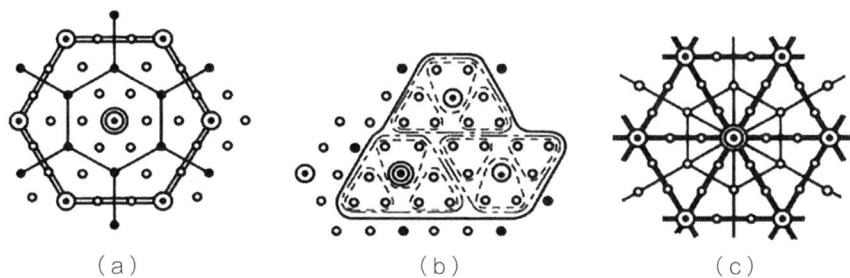

（a） （b） （c）

图 3-10　根据市场原则形成的中心地体系

（a）供应；（b）行政；（c）交通

资料来源：许学强，周一星，宁越敏.城市地理学 [M].北京：高等教育出版社，2022：209.

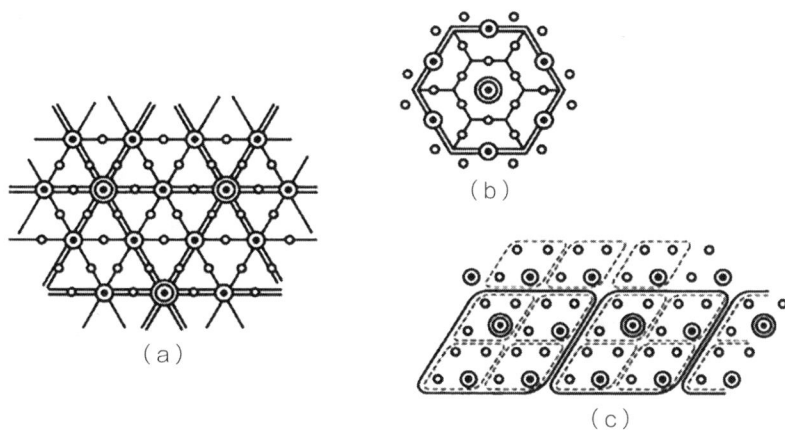

（b）

（a）

（c）

图 3-11　根据交通原则形成的中心地体系

（a）交通；（b）供应；（c）行政

资料来源：许学强，周一星，宁越敏.城市地理学 [M].北京：高等教育出版社，2022：210.

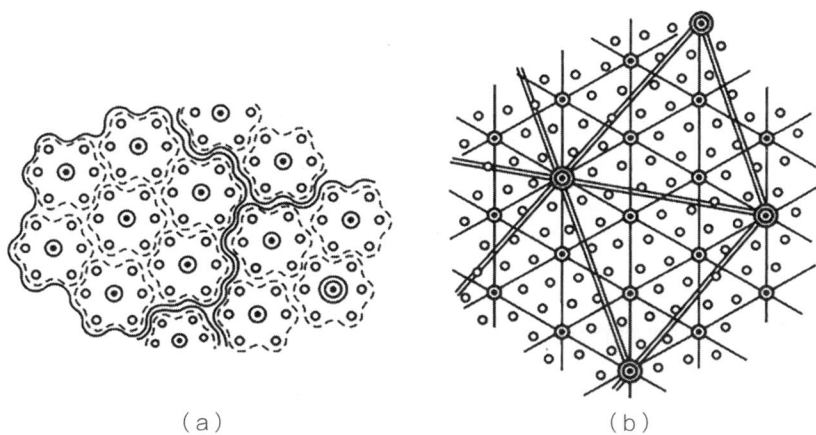

（a） （b）

图 3-12　根据行政原则形成的中心地体系

（a）行政和供应；（b）交通

资料来源：许学强，周一星，宁越敏.城市地理学 [M].北京：高等教育出版社，2022：211.

②廖什景观

1940年，德国经济学家奥古斯特·廖什利用数学推导和经济学理论，得出了一个与克里斯塔勒学说完全相同的区位模型，从企业区位的理论出发，通过逻辑推理方法，提出了自己的生产区位经济景观，即通常称为的廖什景观（L'schian Landscape）。

值得注意的是，中心地理论在假设前提条件之下得出了作为区域中心的中心地的空间分布模型。这种理论推导和理论模型反映了中心地的现实布局特征。理论模型对于解释城镇体系的空间组织形式是有效果的，许多地方的城镇的空间分布格局在一定程度上有理论模型的影子，但由于各地实际发展中影响因素的复杂性，不能照搬理论模型来指导实践。

2）从生长极到核心边缘理论

①生长极理论

1950年，法国经济学家普劳克斯首先提出生长极理论，之后赫希曼、鲍得维尔、汉森等学者进一步发展了该理论。这一理论不仅被认为是区域发展分析的理论基础，而且被认为是促进区域经济发展的政策工具。该理论认为，经济发展并非均衡地发生在地理空间上，而是以不同的强度在空间上呈点状分布，并按各种传播途径，对整个区域经济发展产生不同的影响，这些点就是具有成长以及空间聚集意义的生长极。

②核心边缘理论

以核心和边缘作为基本的结构要素，核心区是社会地域组织的一个次系统，能产生和吸引大量的革新；边缘区是另一个次系统，与核心区相互依存，其发展方向主要取决于核心区。核心区与边缘区共同组成一个完整的空间系统。核心和边缘间的控制依赖关系是模式的基础，是内部（空间的）发展变化的根源。由于在边缘区可出现城市型聚落，在核心区也会有农村型聚落，因此，边缘区也可能变成城镇化地区，不过并没有改变其对核心区的依赖地位。一个空间系统发展的动力是核心区产生大量革新，这些革新从核心向外扩散，影响边缘区的经济活动、社会文化结构、权力组织和聚落类型。

（2）城市职能

城市职能代表城市在一定地域内的经济、社会发展中所承担的分工和发挥的作用，体现了城市内部职能结构，又表征城市在区域发展系统中的分工与地位。良好的城市职能分工是区域经济一体化发展的基础，是区域获得竞争力的关键。城市职能的研究方法主要为传统的区位商指数和纳尔逊法，以及多元统计分析方法中的因子分析和聚类分析等。

（3）城市规模

1）城市规模分布理论

①城市首位度

这是马克·杰斐逊在 1939 年对国家城市规模分布规律的一种概括。杰斐逊分析了 51 个国家（其中 6 个国家为两个不同时段）的情况，列出了每个国家前三位城市的规模和比例关系，发现其中有 28 个国家的最大城市是第二位城市人口的两倍以上，有 18 个国家的最大城市大于第二位城市三倍以上。这个最大城市还体现了整个国家和民族的智能和情感，在国家中发挥着异常突出的影响。杰斐逊认为这种普遍现象已经构成了一种规律性的关系，并把这种在规模上与第二位城市保持巨大差距，吸引了全国城市人口的很大部分，在国家政治经济、社会、文化生活中占据明显优势的城市定义为首位城市（Primate City）。

首位城市的概念已经被普遍使用，一国最大城市与第二位城市人口的比值，即首位度，已成为衡量城市规模分布状况的一种常用指标，首位度大的城市规模分布，就叫首位分布。首位度在一定程度上代表了城市体系中的城市人口在最大城市的集中程度，但不免以偏概全。为了改进首位度 2 城市指数的简单化，又有人提出 4 城市指数和 11 城市指数。

②城市金字塔

把一个国家或区域中许多大小不等的城市，按规模大小分成等级，就有一种普遍存在的规律性现象，即城市数量随着规模等级而变动，规模等级越高，城市数量越少，规模等级越低，城市数量越多。把这种关系用图表示出来，形成城市等级规模金字塔。金字塔的基础是大量的小城市，塔的顶端是一个或少数几个大城市。不同规模等级城市数量之间的关系可以用每一规模等级城市数与其上一规模等级城市数相除的商（K 值）来表示。

城市金字塔是一种分析城市规模分布的简便方法，如果采用同样的等级划分标准，对不同国家、不同省（区）或不同时段的城市规模等级体系进行对比分析，还是很有效的，能够从中发现它们的特点、变化趋势和存在问题。

③位序—规模法则

位序—规模法则从城市的规模和城市规模位序的关系来考察一个城市体系的规模分布。1913 年奥尔巴克（F. Auerbach）发现五个欧洲国家和美国的城市人口数据符合下式的关系：$P_i R_i = K$ （3–1）

式中：P_i 是一国城市按人口规模从大到小排序后第 i 位城市的人口数；R_i 是第 i 位城市的位序；K 是常数。

3.4.2　城市经济学

1. 城市经济学基本知识

（1）城市经济学概况

城市经济学的历史可以追溯到 1920 年代经济学家对城市土地问题的研究，但其发展成为一门独立的分支学科则是在 1960 年代之后。一般认为，美国学者威伯尔·汤普逊（Wilbur R. Thompson）1965 年出版的《城市经济学导论》一书是学科独立的标志。而 1960 年代阿隆索（Alonso）、穆斯（Muth）和谬尔斯（Mille）三位学者提出的城市土地和住房理论为城市经济学奠定了坚实的理论基础。

城市经济学的研究涉及三种经济关系，即市场经济关系、公共经济关系和外部效应关系。其具体研究内容大体上可以分为基础理论和城市问题分析两部分。基础理论包括宏观的城市化和城市经济增长理论、微观的城市内部空间结构理论和城市公共经济理论。其中城市内部空间结构理论是城市经济学的核心理论，以土地市场中的资源配置机制推导出了城市经济活动的空间分布规律，对大家熟知的城市空间现象给出了理论的解释。城市问题分析主要针对"城市病"，如城市失业、城市交通拥堵、城市贫困及城市犯罪等问题，通过经济分析找出问题的成因，并探讨解决问题的政策途径。

（2）城市的重要经济意义

1）城市是人口与经济的高度聚集地域

城市是人类经济社会活动高度聚集的地域。城市正在成为全球人口的主要聚居地，世界的城市时代特征更加明显；在进入城市时代的同时，世界人口正在呈现出明显的向大都市区（或大都市连绵区）聚集的趋势；在世界人口日趋聚集的同时，人类经济活动也正在以更快的速度向城市聚集并且向少量占据统治地位的城市区域聚集的趋势也更加明显。

2）城市是高度专业分工化的中心地域

分工是一种重要社会现象，即人们按照不同技能或要求，分别做不同但又互为补充且不可或缺的工作。专业化则是与分工紧密联系的专门从事某一特定工作的现象。人类社会的专业分工化发展与城市有着紧密联系，那些诞生了明显有助于经济增长的新兴专业分工化方式的较发达城市，还往往同时承担起了新兴专业分工化方式的传播职能，而这往往对于人类社会的发展有着更深远的影响。

3）城市是财富积累与创新的集中地域

城市是经济全过程的重要承载地，人类精神、知识和文化等非物质财富的主要积累和传承地，更是重要创新活动的主要承载地。人口与经济的高度集中很容易让我们联想到人类财富的聚集，而作为高度专业分工化诞生与扩散发展的中心地域，城市也很容易与人类社会的创新建立起紧密联系。

4）城市是要素集散与决策的枢纽地域

城市总是一定地域范围内人员、物资、资本、信息等要素流通，以及经济活动决策的枢纽地域。尽管不同要素集散流通所依托的载体往往会有差异，新兴理念和技术发展还经常为要素的分散化提供了更大便利，城市参与区域分工的程度及其地位千差万别，城市在要素集散和经济决策等方面的枢纽作用在总体上仍然不断得以强化。

2. 城市规模与经济增长

（1）城市规模与最佳规模

1）城市规模

城市经济学中最常见的城市规模衡量指标有就业规模（代表其经济规模）、人口规模和用地规模。就业规模和人口规模之间的差距，由一个"带眷系数"所决定，即每个就业人口抚养的非就业人口数。经济分析中一般把"带眷系数"简单地看作一个不变的常量，这样就业规模就可以等同于人口规模。而用地规模在一定程度上是由人口规模决定的。

2）均衡规模

经济学中用生产要素组合原理、规模经济原理和集聚经济原理三个基本原理解释城市的形成。生产要素组合原理用不同的经济活动中使用的生产要素组合不同来说明其空间特征；规模经济原理是说某些生产活动，主要是指工业生产活动，具有规模越大成本越低的特点；集聚经济原理是指经济活动在空间上相互靠近可以提高效益。由于有以上这些原因，所以经济活动在空间上集聚而形成了城市。这些原因我们就称为城市形成的"集聚力"。如果只有集聚力，城市会越来越大，最后所有的经济活动都会集中到一个城市中。但实际情况并不是这样，因为还有所谓的"分散力"在起作用，即促使经济活动分散的力量。这样的力量主要包括城市规模大了之后造成的拥挤和污染使得经济活动成本上升，集聚带来的城市地价上升也推动成本上升，还有大城市内部交通成本的增加以及产品外部运输成本的增加，这些因素都会推动经济活动向外疏散。当集聚力和分散力达到平衡时，城市规模就稳定下来，这个规模经济学称为均衡规模。均衡意味着在这个规模上企业或个人迁入或迁出城市的数量达到平衡。由于城市中的企业和个人在进行经济活动时都是付出平均成本并获得平均收益的，所以均衡规模是平均成本等于平均收益的规模。

3）最佳规模

这里所说的"最佳"是指经济效率最高。从经济学的理论上来说，"最佳"是在边际成本等于边际收益的规模上实现的。对于企业来说，当其最后增加一单位产出所消耗的成本（边际成本）等于其带来的收益（边际收益）时，就实现了利润最大化，这时的产出规模就是最佳规模。如果我们把城市当作一个大企业来看待，其边际成本就是最后增加的一个人（或企业）所带来的城市运行成本的增量，而其边际收益就是最后增加的这个人（或企业）给城市带来的收益的增量。当二者相等时，城市的规模就是最佳规模。

（2）经济增长

经济增长是每个城市以至于每个国家和地区都致力于追求的目标，而且都希望自己的经济能够持续、稳定地增长。经济增长指某个经济体总产出的增加，由增长率来衡量：

$$经济增长率 = （当年总产出 - 前一年总产出）/ 前一年总产出 \qquad (3-2)$$

总产出的规模一般用 GDP 来衡量，称为国内生产总值，即在所辖土地上、在一年时间内生产出的产品和服务的总价值量。

经济的增长，即产出规模的扩大，可以通过两种途径来实现：一是增加各种生产要素的投入量，从而扩大生产规模，带来相应的产出规模的扩大；二是通过提高生产要素的利用效率，在不增加要素投入量的情况下来增加产出。前一种途径称为"外延式"增长，后一种途径则称为"内涵式"增长。

（3）基本部门与非基本部门

对于城市经济来说，基本的市场需求分为内部的需求与外部的需求两部分。内部的需求指城市内部的人口消费需求和生产过程中对中间产品和服务的需求，这种需求的规模与城市的人口规模和产业规模是正相关的，即城市规模越大，内部市场需求规模越大。但若与外部市场规模比较起来，内部市场终归是有限的。为此，可把城市的产业划分为两个大的部门，一是基本部门，其产品是输出到外部市场上去的；二是非基本部门，其产品是销售在城市内部市场中的。非基本部门既为城市居民的生活提供所需的商品与服务，也为基本部门提供所需的中间产品与服务。由于这两个部门所依靠的市场规模有很大的区别，对城市经济增长的重要性也就有了区别。基本部门有巨大的外部市场可以开发，其扩大生产规模潜力大，是城市经济增长的主导部门；城市经济增长的快与慢，就看基本部门增长的快与慢。而非基本部门面对的城市内部市场是有限的，它的增长一方面取决于城市人口的增长，另一方面则取决于基本部门的增长。

3. 城市部门经济问题

（1）城市土地市场与住房

1）市场机制下的城市土地供给与需求

土地的供给按其性质可分自然供给和经济供给两种。土地的自然供给指土地以其自然固有的属性供给人类利用，以满足人类社会生产和生活的需要，其特点是无弹性的供给。土地的经济供给指土地在自然供给及自然条件允许的范围内，在一定的时间和地区因用途利益与价格变化而形成的土地供给数量，其特点是有弹性的供给。总体上，影响土地经济供给的主要因素有各种土地的自然供给量、人们利用土地的知识和技术水平、交通运输条件、需求的改变等。

土地的需求是指人们必须有赖于和利用土地作为各种生产和生活用途，以求得人类社会的生存和发展。影响土地需求的因素包括：首先其根本原因和因素是由于人口增多，形成了日益增多的粮食、住宅、交通、产业、娱乐用地的需求。其次，人口因素又引发了诸多相应的原因和因素，如人地关系基本制约因素；此外，还有因发生土地投机而引起的对土地的虚假需求。

土地产权指存在于土地之上的排他性完全权利，包括土地所有权、土地使用权、土地租赁权、土地抵押权、土地继承权、地役权等多项权利。土地产权也像其他财产权一样，必须有法律的认可并得到法律的保护才能成立。市场经济条件下土地产权具有以下基本要求：产权必须明晰，避免产生不确定性；产权必须是排他的或专一的；产权必须是安全的；产权必须是可转让的；权能、责任、利益必须是对称的；产权必须是可实行的；产权的行使必须受到最必要的限定。

2）住房市场需求和价格

住房价格是指一个人（或机构）从另一个人（或机构）手中获得住房所需要付出的代价，通常用货币表示。微观经济学在讲均衡价格时，把住房需求函数和供给函数化为一次函数，建立以下静态供求均衡模型：

$$D=a+bP \tag{3-3}$$

$$S=a_1+b_1P \tag{3-4}$$

$$D=S \tag{3-5}$$

式（3-3）、式（3-4）表示住房的需求函数和供给函数，D、S 为住房的需求量和供给量，P 为住房价格。a 是价格 $P=0$ 时的住房需求量；a_1 是价格 $P=0$ 时的住房供给量。$b<0$ 时，表示住房价格上升，住房需求下降；$b_1>0$ 时，表示住房价格上升，住房供给增加。式（3-5）表示住房需求量与供给量在市场均衡。

（2）城市交通经济与政策

1）城市交通供求时间不均衡及其调控

在一天 24 小时的时间范围内，城市交通的供给（通道系统和运输工具）总量基本上是不变的，而需求具有很大的变化。这样不变的供给和波动的需求之间就出现了时间上的不均衡。在上下班的需求高峰时段，需求大于供给，出现供不应求；在需求的低谷时段，需求小于供给，出现供过于求。在供不应求时，发生交通拥堵，会影响城市经济活动的效率，造成经济的损失；而在供过于求时，通道系统和运输工具都会出现闲置，也是一种资源的浪费。

要减少由于交通供求的时间不均衡带来的问题，基本思路是要想办法减少需求的时间波动性。而需求的时间波动性是由于人们的出行在时间上过于集中带来的，所以要想办法减少出行的时间集中度。

2）城市交通供求空间不均衡及其调控

即使是在高峰时段，城市中也不是所有的道路都拥堵。有些道路拥堵得比较厉害，处于供不应求的状况；有些道路还达不到设计流量，处于供过于求的状况。所以城市交通在空间上也具有供求的不均衡性。这种空间的供求不均衡往往是集中的需求和分散的供给之间的矛盾造成的。道路在城市中是网状分布的，密度是相对比较均匀的；但高峰时段的人流和车流在空间上的分布是不均匀的，会集中于某些路段和某些方向上，因而造成了交通在空间上供不应求和供过于求的同时存在。需求在空间上的集中与城市土地利用格局有密切的关系。交通拥堵的高发地段，往往是围绕着城市的就业中心，大量的人流在上班时间流入，而在下班时间流出。所以，居住和就业的空间结构对交通的空间供求格局有很大的影响。

城市交通空间的不均衡可以通过一定的办法来加以缓解。从增加供给的方面来说，可以在主要的就业中心和主要的居住中心之间建设大运量的公共交通，如地铁或快速公交系统（BRT）；或者对就业中心周边的道路实行方向的调控，上班时间多数车道分配给流入车流，下班时间多数车道分配给流出车流。从调控需求的方面来说，可以采用价格的杠杆，对进入拥堵区的车辆收费，这样可以分流一部分需求。但由于经济活动空间分布的不均匀，城市交通供求的空间不均衡也是会长期存在的，这是大城市为了取得集聚效益必须要承担的成本之一。

3）城市交通个人成本与社会成本的错位及其调控

城市交通拥堵的另一个原因是个人成本和社会成本的错位，这里讨论的是私家车的使用问题。对于开私家车上下班的人来说，除了要付出货币的成本（汽油和车辆磨损等），还要付出时间的成本。当遇到交通拥堵时，时间成本是上升的。但因为城市的道路是大家共同使用的，所以个人所承担的只是平均成本；而边际成本，即道路上每增加一辆车带来的总的时间成本的增加却是由道路上所有的车辆共同承担的。

由于时间成本难以通过政策来调整，就只能用货币成本来调控。常用的方法包括对拥堵路段收费，如对进入城市中心区的车辆收费，从而把驾车者的成本由平均成本提高到边际成本；或是通过征收汽油税的办法，提高所有驾车者的出行成本。前一种办法对缓解拥堵地段的交通状况效果较好，但实施成本较高，因为要设置多个收费站点，配备人员，还可能由于缴费带来驾车者额外的时间成本。后一种办法实施成本较低，但因为是普遍征税，只能从总量上减少出行，对于特定拥堵地段的调控效果不明显。所以在实际中还没有找到最有效的办法来解决个人成本和社会成本错位带来的拥堵问题。

共同消费降低了实现最优化的可能性，只能通过尽可能地提供多种交通方式、多种道路系统来加以改善，如大公共、小公共、出租车和私家车并用，收费的高速路与不收费的辅路并行，这样尽量使每一个人更接近于他的最优选择，以提高城市交通的效率。

4）城市公共交通导向政策

为更为有效地发挥城市交通投资的效应，满足更大交通流量的需要，最好的选择就是尽可能推动城市公共交通，减少以私人交通为主的交通模式。在有限的建设用地和生态约束下，公交优先与TOD成为城市空间开发的重要战略。为保证以公交导向的城市交通模式的顺利推进，政府有必要在政策上给予支持，要加大公共交通的投资力度，同时重点强调综合化的公共交通方式和体系的建设，并尽可能地合理引导私人交通方式的有序发展。

综合化的公共交通方式和体系的建设，要根据城市发展的需要，合理搭配不同的公共交通方式，并尽可能与私人交通方式形成优良衔接，尽可能地发挥公共交通的优势。在公共交通方式的合理搭配方面，要根据不同公共交通方式的载客情况和建设特征，结合城市的实际发展需要来进行合理的优化组合。其中决定性的因素是对交通综合成本的考虑。简单地讲，交通综合成本包括交通资源成本与外部社会成本，是衡量交通经济效益与社会效益的重要指标，至少包括了空间占用成本、初始投资成本、运营成本和其他外部社会成本等。

3.4.3　城市社会学

1. 城市社会学概况

（1）城市社会学的起源

城市社会学起源于19世纪的欧洲，代表人物主要有腾尼斯、涂尔干、西美尔和韦伯等欧洲社会学家，他们把城市纳入社会学研究范畴，运用社会学的理论和方法对城市进行考察，提出了一些城市社会学思想，强调从社会结构和社会心理等不同角度探讨城市的本质。

城市社会学的系统研究起源于美国，芝加哥大学是城市社会学的发源地，以帕克为首的芝加哥学派把人类对城市的理论研究提高到了学科化的水平，经过芝加哥学派对城市理论的发展，城市社会学完成了创立阶段。后来，城市社会学又出现了人类生态学派、社区学派、结构功能学派、政治经济学派、马克思主义学派、新韦伯主义学派等，城市社会学不断获得发展，在20世纪初传入中国，并在20世纪80年代以后得到快速发展。

城市社会学主要是对城市社会的起源和发展、城市区位的生态分布、城市社区的结构与功能、城市居民的生活方式和心理状态、城市化以及城市社会的组织、管理和规划等城市社会的不同层面进行理论研究和经验研究。城市生态学、城市社区、城市社会问题、城市政策、城市规划和城市化等都是城市社会学的传统研究领域。

（2）城市社会学与城市规划

19世纪中后期，英国工业革命在欧洲大陆迅速发展，城市环境日趋恶化，同时出现了住房短缺、贫困等一系列严重的社会问题，律师、建筑师和社会学家等专业者和社会人士开始以合作团体的形式探讨解决方案。随着20世纪初各学科的不断完善，专业分化日益显著。社会科学更多地关注公共法制改革和社会的抽象建构，逐步远离了城市日常生活的"处方"研究；城市规划作为政府作用于城市的直接力量的代表，成为土地利用和空间规划方面的技术专业；社会福利则强调对特殊群体或个体的资金和心理支持。受当时盛行的实证主义思潮的影响，西方城市规划形成了以物质环境决定论为基础的理性综合的规划模式。规划师致力于通过对良好环境的塑造，试图以"砖石拯救"（Salvation by Bricks）的方法解决城市中的政治、社会和经济问题，并以客观中立的价值取向追求某种既定却又模糊的"公共利益"。"田园城市""广亩城市"和"光明城市"成为当时探索理想城市模型的代表。

第二次世界大战以后，英美等国大规模的旧城更新和贫民窟清理运动由于其社会不敏感性而广受批判。历史人文主义思潮和地方保护运动的蓬勃发展，激发了人们对社会公平、正义和个人权利的广泛诉求，推动了规划的评判标准从技术向价值的转移，以及对地方性特征的关注。林奇（Lynch，1960）、雅各布斯（Jacobs，1961）和亚历山大（Alexander，1965）等人的研究进一步揭示了人的心理、行为与城市空间环境之间的复杂关系，将规划的关注焦点引向作为社会生活主体的人的需求和发展上。系统理论和研究方法被引入城市规划领域，将作为目标对象的城市视为一个复杂系统，暗示了规划过程中需要综合理解城市的社会和经济功能，避免对物质形态和外观的单纯考察。公共利益不再是一个抽象的语汇，而是蕴含了社会公正、关注弱势群体利益、公众参与规划决策，以及规划师的社会责任等进步意义的社会思想。城市规划更多地体现为不同政治权力与社会利益相互博弈的过程，并涌现出倡导式规划（Advocacy Planning）和渐进式规划（Incremental Planning）等新的规划模式。

20世纪末，城市贫富分化、社会隔离等问题日益突出。在社会科学领域，实证主义与人文、批判主义协调共存，新马克思主义城市理论、后现代主义规划理论等新的思潮相继涌现，"联络性规划"（Communication Planning）、"协作性规划"（Collaborative Planning）等规划模式不断被付诸行动，强调通过促进政府、市场和社会三方合作的制度化参与机制，实现多元利益的均衡协调和社会整合的目标。

伴随着人文主义思潮的兴起，一些核心的社会因素开始纳入规划的主导思想，主要有：①人文因素。包括社会和文化环境，以及物质环境对社会关系、生理和心理健康、社会行为等的影响。②社会需求的供给。包括基本的社会服务，以及某些不容易界定的需求满足，如传统文化的保护、人类尊严等。③社会公正。指对个人和群体间不平等影响的关注。④社会整体的发展。社会发展目标从"财富中心论"向"人本主义"的转化。自此，城市社会学与城市规划在城市发展的诸多领域呈现出相互渗透的现象。

2. 城市社会学调查研究方法

（1）资料收集方法

1）访谈法

访谈法指调查者和被调查者通过有目的的谈话收集研究资料的方法。访谈按双方接触的方式可分为直接访谈和间接访谈两种，直接访谈即面谈，间接访谈则以电话等为媒介。面谈是访谈法的主要方式。按照访谈时调查者是否遵循一个既定的较详细的提纲或调查表，访谈有结构性和非结构性之分。结构性访谈事先制订了较详细的提纲或调查表，并循此发问，故发问比较规范，回答也限于一定的范围，因此获得的资料便于整理和分析。而非结构性访谈相反，调查者只是就调查的主题提一些笼统的问题，求得被调查者的回答。在非结构性访谈中被调查者所受的约束较少，能自然、充分地发表自己的意见，收到的资料比较广泛和深入，但这种资料不利于整理和分析。

2）问卷法

问卷法是通过填写问卷（或调查表）来收集资料的一种方法，也是现代社会调查使用最多的收集资料方法之一。以预先精心设计好的问卷或调查表为媒介收取资料，不仅可以使调查得来的资料标准化，易于进行定量分析，而且可以节省大量人力、物力和时间，适用于大规模的社会调查。设计问卷要从指标的设计、问卷类型、问卷的内容及其格式、态度量表、问卷的使用方法逐一考虑。

3）社会观察法

社会观察法是研究者深入事件现场并在自然状态下通过自身感官直接收集有关资料的方法。所谓事件现场，即社会现象发生发展的现实环境。研究者深入事件现场，就能对正在进行着的现象的不定期过程做直接的了解。因此，观察法特别适合于收集正在发生的社会现象。社会观察法包括"局外人"方法和"局内人"方法两种。

4）社会实验法

社会实验法是把研究对象置于人为设计的条件控制中进行观察和比较的研究方法。实验法与观察法有根本的不同。首先，实验的观察不再是自然状态下的观察，而是在人工环境中和人为控制中进行的观察。其次，自然观察的内容是难以重复的，而实验的内容却可以不断反复。

实验法的基本模式是设置一个人为控制的实验环境，使某种待研究现象得以发生，然后将实验对象分成若干实验组和控制组，并置于同样的实验环境中，再对实验组进行有控制的实验变量的刺激，观察其变化与结果，并与在控制组中观察的结果相对照，从中获得各种观察比较的资料。实验法在运用观察时，包括实验前的观察和实验后的观察，对实验组的观察和对控制组的观察。实验法的运用有两种基本形式，即实验室实验和现场实验。

（2）社会调查方法

1）全面调查

全面调查也叫普查，它是对被研究对象所包括的全部单位无一遗漏地加以调查，以掌握被研究对象的总体状况的过程。全面调查的范围有大有小，但一般是指在较大范围内进行的此类调查。全面调查所要了解的是某一社会现象在某一时点上的具体状况。

全面调查应该遵循以下原则：①必须统一规定调查资料所属的标准时间，以避免遗漏和重复；②调查应在尽可能短的时间内完成，以提高资料的准确程度和便于后续工作的进行；③调查项目是要搜集本范围内最重要、最基础的资料，项目不宜太多，定义浅显明确。为了使历次全面调查的资料具有可比性，以测知社会现象的发展趋势，全面调查多数按一定的周期进行。

2）抽样调查

抽样调查非全面调查的一种，是从研究总体中按照一定的方法选择部分对象进行调查，并试图用样本资料来说明或代表被研究对象的总体情况的方法。抽样调查的本质特点是以部分来说明或代表总体。抽样方法可分为随机抽样和非随机抽样两大类。随机抽样的理论基础是概率论和大数定律。它们保证了每一个被研究的总体单位都有同样的机会被抽取到，样本的特征就较好地代表了总体的特征。常用的随机抽样有简单随机抽样、系统抽样、类型抽样、整群抽样和多段抽样等几种抽样形式。

3）案例调查

案例调查是选择某一社会现象作为研究单位，收集与它有关的一切资料，详细地描述和分析它产生与发展的过程，以及它的内在与外在因素之间的相互关系，并把它与类似的案例相比较得出结论的过程。案例调查一般采用参与观察法，即研究者与被研究者生活在一起，收集有关的所有资料。案例调查的资料来源主要有被研究对象自己的记录、别人对他的记录、与被研究者谈话和对被研究者的观察等。

4）典型调查

典型调查是在对所要研究的对象进行了普查、抽查和案例调查并对其有了初步了解的基础上，有计划、有目的地选择若干有代表性的典型单位进行周密系统调查的研究方式。这种调查研究方式在一定程度上有推论意义，即可以通过对典型的了解而推知一般的情况，侧重对事物的质的方面的研究。在选择典型时既要注意该事物的代表性，又要注意各事物发展的不平衡。典型调查与抽样调查结合起来，会取得更加丰富的成果。

3. 城市人口结构和人口问题

（1）城市人口结构

人口结构又称人口构成，是指一个国家、区域或城市内部各类人口之间的数量关系。最典型的人口结构包括人口的性别结构、年龄结构、素质结构等。

1）人口性别结构

人口性别结构即城市内男性和女性人口的组成状况，一般用性别比表示。

2）人口年龄结构

人口年龄结构指在某一时间某一个地区或城市中各不同年龄段人口数量的比例关系，常用各个年龄组人口在其总人口中所占的比重加以表示。人口年龄分组最常见的为：0~14岁为幼年组，15~64岁为成年组，65岁以上为老年组（国际通用标准，国内亦有按60岁以上人口为老年组的标准）。

3）人口素质结构

人口素质结构指在一个区域或城市内，各种素质的人口在"质"和"量"上的组合关系。广义的人口素质或人口质量包括人口的身体素质、科学文化素质和思想素质（三分法）。狭义的人口素质指居民的科学文化素质（城市规划中人口素质的指向）。

（2）城市人口的社会问题

1）人口老龄化问题

人口老龄化给经济、社会发展带来一系列深刻影响。一是人口老龄化加大了老年抚养比，被抚养人口的增加必将加重劳动人口的负担。二是人口老龄化使用于老年社会保障的费用大量增加，给地方政府带来沉重的负担。三是伴随人口老龄化而产生的劳动力年龄结构的老龄化，将对地区经济增长和劳动生产率提高产生消极影响。四是人口老龄化使地区现有的产业结构面临调整。

2）流动人口问题

流动人口对迁入城市产生了巨大的影响。对流入城市的发展和建设的正面效应主要包括：为流入城市的建设提供大量剩余劳动力、对流入城市的建设和环境保持等功不可没；流动人口加快了信息和文化的交流，促进了流入城市旅游业的发展等；流动人口促进了城乡物资交流，活跃了市场，方便了城市居民的生活。除了正面效应以外，流动人口本身具有独特的人口学特征，大量流动人口对城市的社会结构产生影响。

3）人口失业问题

由于人口规模结构、经济基础、产业结构等方面的不同，各地失业问题的程度、特征和趋势具有一定的差异性。现阶段，造成我国城镇人口失业的原因主要有以下几种：一是结构性失业，即由于产业结构调整，部分产业出现下滑与衰退现象，造成原从业人员大量失业；二是摩擦性失业，即频繁地更换工作所造成的间歇性失业，是市场经济模式下人力资源配置过程中必然存在的现象；三是贫困性失业，即由于地区经济发展活力不足，创造的就业岗位有限，无法满足就业需求，导致一部分人因找不着工作而失业。

4. 城市社会阶层与社会空间结构

（1）城市社会阶层分异

社会阶层分异是指社会成员、社会群体因社会资源占有不同而产生的层化或差异现象，尤其指建立在法律、法规基础上的制度化的社会差异体系。实际上，社会阶层分异就是按照一定的标准将人们区分为不同的等级序列。无论在城市还是乡村，人们在资源分配和占有上的不平等现象是普遍存在的，收入、财富、权力和教育是形成社会阶层分异主要的资源，也是被广泛运用于社会阶层分异研究的最基本的指标。

城市社会阶层分异的动力

①收入差异与贫富差异：收入差距是导致贫富分化和社会阶层分异最直接的原因，由经济状况上的贫富差距而导致生活方式的变化和社会生活状况的差异。实际上，居民之间的贫富差距加大不仅是生产力发展和生产关系变革的结果，也是政治、文化变革的结果，它带来了社会生活方式的变化和社会结构的变化，导致了社会阶层结构的调整，导致新富裕阶层和贫困阶层的出现和发展，导致了城乡居民生活方式同构型特征的解体。

②职业的分化：这种动力可以追溯到所谓的"社会职业论"。职业的功能导致职业地位和职业声望的差异，进而导致社会阶层的差异。

③分割的劳动力市场：工作竞争、二元劳动力市场都是分割劳动力市场理论的重要组成部分。二元劳动力市场，指劳动力市场分为初级市场和次级市场。初级市场提供的工作所具有的特征包括高工资，良好的工作环境和提升机会，就业的稳定性等。次级市场则完全相反。工作的差异直接导致了社会的分层。

④权力的作用和精英的产生：在经济领域的再分配过程中，权力机制发挥了相当大的作用，产生了社会精英阶层，他们通过对资源的控制权和支配权，实现对资源的占有。

（2）城市社会空间结构

城市社会空间结构（Urban Social Spatial Structure）是在一定的经济、社会背景和基本发展动力下，综合了人口变化、经济职能的分布变化以及社会空间类型等要素而形成的复合性城市地域形式，简单地说就是城市社会结构在空间上的投影。不同学科对它的侧重点不同，相对而言，地理学和社会学关注的城市空间，主要强调土地利用结构，以及人的行为、经济和社会活动在空间上的表现，更接近"城市社会空间结构"的概念。

城市社会空间结构的基本要素包括人，以及人所从事的经济活动和社会活动在空间上的表现。

1925年，伯吉斯根据芝加哥的土地利用结构提炼了著名的同心圆模型。霍伊特（Hoyt）对美国142个城市的居住结构进行了分析，根据城市土地租金的分布，归纳出城市空间结构的扇形特征，提出扇形模式，它因增加了方向的概念而被认为是同心圆模型的延伸和发展。1945年，哈里斯（Harris）和乌尔曼（Ullman）观察到多数大城市的生长并非围绕单一的CBD，而是综合了多个中心的作用，因之提出城市土地利用结构的多核心模型。

5. 城市社区

（1）社区与邻里

社区，作为社会学的基本概念，其定义基本可以归纳为两大类：一类是基于功利主义的观点，认为社区是由具有共同目标和共同利害关系的人组成的社会团体；另一类是基于地域主义的观点，认为社区是在一定地域内共同生活的有组织的人群。考虑到前者容易与社会组织相混淆，从城市规划和管理的角度，通常更多突出社区的地域性特点，将区域、纽带（共同利益和共同意识）和群体（指一定数量的人口）作为社区的三个基本要素。

邻里是一种在地缘关系的基础上，结合了友好交往和亲缘关系而形成的共同生活的典型的初级社会群体。

西方学者把"邻里谱系"分为五种类型：

- 独裁邻里：有明确名称但没有准确边界的一般地域体。
- 物理邻里：有清晰边界的更加明确的环境。
- 均质邻里：在环境特征和自然特征上十分明确并具有内部均质性。
- 功能邻里：由于特殊的活动类型（比如学习或工作）而联合的地区。
- 社区邻里：那些包含参与主要社会互动的近亲团体邻里。

很显然，在上述邻里谱系中，前四种类型的共同特征是：包含了人口学特征、经济特征和社会特征方面广泛相似的人们的地域，但它们不是社会互动的基础。而第五种类型实际上就是"社区"，"邻里"和"社区"的一个最大的区别就在于有没有形成"社会互动"。

（2）社区的权力模式

西方研究城市社区权力的学者主要分为精英论和多元论两大阵营。

1）精英论

持精英论的学者认为，城市社区的政治权力掌握在少数社会名流手中，地方的重大政治方案通常由这些精英起决定作用，而地方的各级官员将配合这些精英实现少数人的意志。精英论主要包括以下观点：①上层少数人构成单一的"权力精英"；②该权力精英阶层统治地方社区的生活；③政治与民间领导人物是该阶层的执行者；④该阶层与下层人民存在社会冲突；⑤地方精英与国家精英之间存在着千丝万缕的联系。

精英论的研究方法主要包括亨特的"声望"分析和米尔斯的"职位"分析。

亨特是最早研究社区权力的学者。他认为研究地域社区中权力的中心任务是找出主要的"领袖"或者地方"权力掮客"，他设计了"声望"法来识别这些社区领袖。"声望"法的分析程序是先列出有声望的人，然后询问社区中了解该社区的居民或对地方政治熟悉的专家的看法，把列入表中的人物按顺序排列并进行适当的增加或删减，通过这种方法把表中的人物数量由175人减少到40人。接着，他对这40人进行访谈，请他们指出其中被认为此区中最有领袖地位的人；最后，他又从中得到了一个中选率最高的12人名单，他发现这12人是40人权力精英的核心。

米尔斯的"职位"分析方法与"声望"分析法的视角明显不同。米尔斯在其著作《权力精英》中提出，包括主要的经济、政治、社会和军事群体领袖的统治阶级，控制着对于他们作为一个阶级来讲所有重要事物的国家决策过程。他首先找出主要的政治、经济、军事、社会联盟或机构，然后分析这些群体的成员、凝聚力和影响。最重要的是分析那些社区领袖（不仅仅是财富方面的领袖）与其所属阶级其他成员共享的成员关系。这种研究方法试图提供一幅由富有的统治阶级和在国家、地方决策过程中握有大权、占据高位的个人组成的全家福。

2）多元论

多元论认为，社区政治权力分散在多个团体或个人的集合体中，各个群体都有自己的权力中心，地方官员有其独立地位，选民投票控制政治家，故选民也拥有权力。多元论的代表人物戴尔不同意声望法，他认为任何人拥有权力资源而若不用的话就不能算是权力，权力不仅仅是声望，还要有行动的实权。戴尔提出社会政治资源的概念，认为在现实中，社区只有平等的信仰，而没有政治资源的平等。戴尔提出用决策法考察在重大城市政策上参与实际决策的人。

（3）社区组织管理

社区的组织管理，就是依照一定的组织形式，采取特定方式，对社区的社会生活进行有效管理，为社区居民提供相关服务，以实现社区的正常运转。基于社区管理的主体及其在社区管理中的作用与地位进行划分，大体可分为六个类型：行政主导型、议行分离型、权力开放型、组织推动型、社工推动型和义工推动型。

根据我国居民住所所在地主导城市社区建设组织主体的不同，有研究把城市社区建设中的组织管理模式归纳为三种：①政府主导型——由居民住所所在街道办事处主导城市社区建设的组织管理模式；②企业主导型——由居民住所所在企业主导城市社区建设的组织管理模式；③社区主导型——由居民住所所在社区居委会主导城市社区建设的组织管理模式。目前我国大多数城市中政府主导型模式居多，且由居委会作为街道办事处的执行机构代表政府行使各种行政管理职能。

（4）社区规划的实施对策

1）强调公众参与

在我国目前的社区规划中，由于受到政治制度和体制框架的约束，公众参与仍处于初级阶段，居民的参与机会严重不足，参与力量也极为薄弱。社区规划涉及社区居民的切身利益，应将其作为公众参与的切入点，在编制和实施过程中都应引入相关利益单位、个人间的对话协商机制，采取适当的参与方式，包括对目标群体的深度访谈、问卷调查、规划展示、公众听证会（座谈会）和专题系列讲座等增加参与的有效性。

2）重视非政府组织的作用

社区是家庭、各种生产经营单位、各种社会团体和机构组成的有机体，调动各方面的资源参与社区建设是社区工作的重心之一。在各种力量中，社区内的非政府组织对在社区行政中沟通政府和居民之间的关系起着至关重要的作用。它有助于开拓社区服务功能、建设社区服务体系；使政府摆脱具体的社会事务，实现"小政府、大社会"的管理格局；还能带动社区各种服务业的全面发展，提供充分就业、缓解社会矛盾、保持社会稳定。

3）探索社区规划师制度

在中国，社区规划师起步于台湾地区，并作为一项制度被落实，逐渐成为社区管理和自治的重要手段和方式。其职业目标是在不侵犯其他社区发展机遇、不妨碍城市整体长期利益的基础上，为本社区谋求长远利益和可持续发展。其特点可概括为"一群具有社会意识和人文情怀的专业空间规划者，通过建立在地化社区规划师工作室，就近为社区环境提供评估，并协助社区民众提供有关建筑与公共环境议题的专业咨询，协同社区推动地区环境改造与发展策略，提升社区公共空间品质与环境景观"。

4）加强社区规划的法制保障

首先，需要确立维护社区发展的规划立法理念；其次，应通过立法手段保障社区规划在城市规划领域的法定地位，完善相关规划的编制、审批和实施管理程序，制定统一的社区规划和建设规范及技术指标体系；最后，应从法律上保障和促进公众参与社区规划和社区建设的环境氛围，明确公众参与的主体及其责权利分配，以及参与的时机与程序。

3.4.4　历史文化

1.城市历史

（1）城市历史的内涵与意义

城市历史以一个城市、区域城市、城市群、城市类型为对象，包含了它们的结构和功能，城市作用、地位和发展过程，各城市之间、城乡之间的关系及变化，以及城市发展的规律等。对于城市历史而言，城市是一个有机生命体，其研究范围并不局限在城市的地域之内。从广义的角度来说，城市历史在纵向上主要表现为城市形成、发展、脉络的阶段性，原始社会、农村社会、工业社会、后工业社会中的城市形态和发展状况及其历史特点；横向上与城市环境、城市生活、城市人口、城市阶级和阶层等内容相联系。

（2）基于城市历史的规划分析内容

城市历史对城市规划的影响是以规划师和决策者建立起对城市结构和功能发展演变的认识为基本内容的。在对城市历史环境条件的分析中，规划师和决策者需同时关注城市发展演变的自然条件和历史背景，以及在此基础上形成的城市空间格局和文化遗产。主要包括以下几个方面的内容：

－对城市历史沿革的认识和分析，包括城市历史的发展、演进以及城市发展的脉络。

－分析城市格局的演变，包括城市的整体形态、功能布局、空间要素（如道路街巷、城市轴线）等。

－分析城市历史发展中的自然与社会条件，包括政治、经济、文化、交通、气候、景观等内容。物质性的历史要素包括文物古迹、革命史迹、历史遗址、墓葬坟冢、传统街区、特色街巷、传统码头、传统堤岸、名胜古寺、古井、古木等；非物质性的历史要素包括历史人物、历史故事、名人诗词、历史事件，体现地方特色的岁时节庆、地方语言、传统风俗、传统饮食、文化艺术和古风俗等。

具体可采用的工作方法包括：历史与文献资料研究、历史资源调查、自然资源调查和面向市民的社会调查等。城市历史对城市规划的影响涉及方方面面，最直接的规划手段反映在城市历史文化遗产保护规划和城市复兴的过程中，其基本方法包括历史文化名城的保护规划、历史文化街区保护规划和历史建筑的保护利用等。

2.城市文化

（1）城市文化的内涵、类型与作用

城市学科体系里的文化，不是单指某一特定城市的文化教育设施、人的知识水平、受教育程度等具体的文化形象，而是包括了某特定城市所创造的一切物质文化、制度文化、行为文化和精神文化所形成的整体，具有整体大于各部分之和的哲学内涵。城市文化自城市诞生之日起，便在原有基础上经过长期地不断吸收、融合外来文化，直至形成今日的客观存在，因而具有排他性、唯一性、标志性等特征，使城市具有独特性。

广义的城市文化是指城市的主人在城市发展过程中所创造的物质财富和精神财富的总和，它包括城市的历史沿革、历史遗存、名人典故、山水风物、地方风俗传说甚至特色小吃等。狭义的城市文化是指城市主人在城市长期的发展中培育形成的独具特色的共同思想、价值观念、基本信念、城市精神、行为规范等精神财富的总和。通常所讲的城市文化，主要是指狭义的城市文化，它是与经济、政治并列的城市全部精神活动及其产物，它既包括世界观、人生观、价值观、发展观等具有意识形态性质的部分，也包括科技、教育、习俗、语言文字、生活方式等非意识形态的部分。

城市文化的形成和发展必然要和这个城市的人口、工业、商业、交通、旅游、生活等方面发生互动，从而形成城市文化的不同层面。城市文化按照外在形式可分为城市物质文化和城市非物质文化两大类。城市物质文化主要包括城市形态、城市文化设施、街区风貌、历史遗迹、城市景观文化和城市标志等方面。城市非物质文化主要包含市民文化、商业文化、旅游文化、居民闲暇文化等内容。

城市文化在现代城市建设中发挥着重要的作用，主要表现为：城市文化是形成城市个性的基本条件；城市文化是构建城市公共心理的基础；城市文化本身就是经济力量，可以为城市的发展提供经济支撑；城市文化直接影响着城市的综合竞争力。同时，城市文化也起着保存城市记忆、明确城市定位、决定城市品质、展示城市风貌、塑造城市精神的作用。

（2）当代城市文化对城市规划的影响

在当代城市规划实践中，城市文化通过塑造城市规划决策个体（包括决策者、规划师及公众）的意识形态等方面影响城市规划方案编制。同时，通过制约城市规划决策制度的法理基础，直接干预规划方案的选择，两方面共同作用最终确定城市规划方案，以不同强度直接干预城市总体格局、城市肌理、城市形象和建设效果等。由于城市文化通常依托某些具有强烈的可识别性的城市空间而存在，因此，当某个范围内的城市建设按照规划方案完成后，也就意味着原来的城市文化空间载体可识别性程度的变化。强化的可识别性增强了原来空间的文化集聚效应。反之，弱化的可识别性将削弱原来空间的文化集聚效应。这种强弱变化从正反两方面改变了地域特色，最后地域特色经过较长时间的洗礼、过滤、积淀成新的城市文化，从而又会对城市建设产生影响，引起新一轮循环。

城市文化对规划决策个体的意识形态的塑造具体表现在：通过影响规划决策者的社会观而确定城市总体格局；通过影响规划师的价值观进而干预城市肌理；通过影响公众个体的人生观间接塑造城市形象。

（3）基于城市文化的规划设计方法

城市文化不是孤立的、抽象的概念，它必须依托于城市的各项建设，通过空间的变化来实现。建筑、桥梁、道路都应是城市文化的载体，所以在规划时，只有用城市文化之"神"来塑造城市之"形"，才能使城市的"形"处处折射出城市文化精神与内涵。城市规划的不同阶段对城市空间的影响是不同的而且是分层次的，具体的规划设计方法可从以下几个角度出发：

– 在城市总体规划阶段通过城市定位诠释城市文化形象。城市定位与城市文化是紧密相关的，正确把握城市性质，有利于确定城市的发展方向和布局结构。而对城市文化而言，城市性质的确定实际上也给城市文化定下了基本形象。

– 根据城市文化特征安排城市的空间布局。无论是历史文化还是现代文明都是城市文化的有机构成部分，它们都必须借助一定的空间展示自己的特色，即城市空间隐含着一个城市的文化信息。比如城市街道，在组织城市景观轴线的同时，也在组织着城市居民的生活。因此，如何对城市各级街道空间进行设计；如何从城市整体对道路系统进行分级；如何做到客货分流和部分人车分流等，都应反映城市文化的要求。

– 根据城市文化选择城市产业发展。结合区域条件和现代产业发展趋势，科学选取城市主要产业，不仅是城市文化发展的要求，更是城市发展的内在规律。例如倡导生态文化的城市，其产业无论是在材料的选取、能源的使用，还是产品的生产等方面都需显示出生态化的特点，而最终构建包括生态农业、生态工业、生态旅游、生态商务等的生态型经济体系。

– 在城市设计阶段通过城市肌理诠释城市文化历史。每一座城市都有历史，这些历史在空间上呈现出各式各样的城市肌理，因而城市肌理本身就是城市文化在城市空间的反映，城市设计与城市空间连接紧密，规划方案将直接影响到城市肌理的发展。

– 根据城市文化指导城市景观设计。景观所蕴涵的文化理念、价值取向及象征意义等是城市文化的重要组成部分。无论是建筑的布局，还是建筑式样、色彩都浓墨重彩地传达着城市文化。用城市文化作指导进行城市景观的设计与创造，既能体现建筑的特色性、多样化与协调性，又能表达城市文化的内涵与精神。

– 通过城市环境要素诠释城市文化基调。城市环境要素由软硬质景观要素构成。软质景观要素主要指城市植被，各城市因地理条件不同而植被各异，市树、市花等更被赋予了特定的文化意义；硬质景观要素指道路铺装、围墙、标牌和电话亭等，该部分内容与人们日常生活关系最为密切，是视觉可精细辨认的领域，最能直接体现城市文化的基调。

3.5 市政工程

图 3-13 市政工程知识图谱
资料来源：作者自绘.

3.5.1 城市市政公用设施规划设计

1. 城市市政公用设施系统构成

市政公用设施系统又被称为城市基础设施系统。包括城市供水、排水、供电、燃气、供热、通信、环境卫生工程。

2. 城市供水工程规划

（1）城市用水量预测

具体内容扫描二维码 3-4 阅读。

二维码 3-4

（2）水资源供需平衡

三种缺水类型：资源型、水质型与工程性缺水。

针对资源型缺水，可以采取节水和非传统水资源利用等措施；针对水质型缺水，可以采取治理水污染和改进水厂净水工艺等措施。

（3）城市供水工程规划

1）城市公共供水系统构成

城市公共供水系统分为取水、净水和输配水工程。

2）水厂厂址选择

新建水厂应有可靠的水源保障、良好的工程地质、交通和供电等条件；必须远离化学危险品生产储存设施；应尽可能与现状水厂形成布局合理、便于配水的多水源供水系统。

3）输配水管网规划

①布置形式：枝状、环状管网。

②布置原则：一般城市中心区成环状网，郊区或次要地区成枝状，在规划中，应以环状网为主。给水干管应沿现有或规划道路布置，宜避开城市主干道，位置尽可能布置在两侧用水量较大的道路上，以减少配水管数量。平行的干管间距为500~800m，连通管间距 800~1000m。

③技术指标：给水干管管径一般在 200mm，配水管管径一般至少为 100mm，供消防用的配水管管径应大于 150mm，接户管不宜小于 20mm。

（4）城市水源保护

确定城市水源后必须划定水源保护区，其中地表水源保护区包括水域和水域周边一定的陆域，通常分为一级和二级保护区。

城市水源保护区保护要求见表 3-10。

（5）城市供水工程规划主要内容

具体内容扫描二维码 3-5 阅读。

二维码 3-5

城市水源保护区保护要求 　　表 3-10

地表水源保护		地下水源保护
一级保护区	二级保护区	
禁止向水体排放污水；禁止从事旅游、游泳和其他可能污染水体的活动；禁止新建、扩建与供水设施和保护水源无关的建设项目；保护区内现有排污口应限期拆除或限期治理	禁止新建、扩建向水体排放污染物的建设项目，改建项目必须削减污染物排放量；禁止超过国家或地方规定的污染物排放标准排放污染物；禁止设立装卸垃圾、油类及其他有毒有害物品的码头	禁止利用污水灌溉；禁止利用含有毒污染物的污泥作肥料；禁止使用剧毒或高残留农药；禁止利用储水层孔隙、裂隙、溶洞及废弃矿坑储存石油、放射性物质、有毒化学品、农药等

资料来源：作者整理.

3. 城市排水工程规划

（1）排水体制分类

排水体制分为合流制和分流制两大类。

1）合流制排水系统：将雨水和污水统一进行收集、输送、处理、再生和处置的排水系统。分为直排式合流制和截流式合流制。

2）分流制排水系统：是指雨水和污水单独收集、处理和排放的排水系统，又分为完全分流制和不完全分流制。

（2）污水量估算

具体内容扫描二维码 3-6 阅读。

（3）污水工程规划

1）污水处理系统规划

污水处理厂设置要求：应设在地势较低处，靠近水体，位于集中给水水源的下游，应设在城市、工厂厂区及居住区的下游和夏季主导风向的下方，并在夏季最小频率风向的上风向，并有足够的卫生防护距离，交通、供电方便。

2）污水收集系统规划

排水管渠应以重力流为主，当无法采用重力流或重力流不经济时，可采用压力流。

室外污水管道：基本沿道路布置，通常布置在污水量较多的道路一侧，即单侧布置，当道路宽度大于 40m 时，可考虑双侧布置，污水管道走向要根据污水处理厂位置、服务分区和地形确定。

（4）雨水工程规划

1）雨水排放方式：自排、强排。

2）排水分区划分原则：依据地形和水系，以最短的距离靠重力流将雨水排入附近水系；高水高排，低水低排。

二维码 3-6

3）雨水系统构成：雨水口、雨水管渠、检查井、排水出口等。

4）雨水管渠布置原则：一般沿道路布置，在道路宽度小于40m的路段，一般采用单侧布置；道路宽度大于40m的路段，可考虑双侧布置。

（5）城市排水工程规划主要内容

具体内容扫描二维码3-7阅读。

二维码3-7

4. 城市供电工程规划

（1）城市用电分类

水利业，工业，地质普查和勘探业，建筑业，交通运输、邮电通信业，商业、公共饮食、物资供销和金融业，其他事业，城乡居民生活用电。

（2）城市用电负荷预测

具体内容扫描二维码3-8阅读。

二维码3-8

（3）城市供电工程设施规划

1）城市电源规划

①电源类型：城市发电厂、变电所（站）。

②发电厂类型：火力、水力、风力、太阳能、地热和原子能发电厂等。目前，我国作为城市电源的发电厂主要为火电厂与水电厂。

③变电所等级：分为500kV、330kV、220kV、110kV、35kV、10kV等，220~500kV变电所为区域性变电所，110kV及以下变电所为城市变电所。

④发电厂布局要求：具体内容扫描二维码3-9阅读。

⑤变电所（站）规划选址要求：具体内容扫描二维码3-10阅读。

2）城市架空电力线路的规划

35kV及以上高压架空电力线路应规划专用通道；规划新建的66kV及以上高压架空电力线路，不应穿越市中心地区或重要风景旅游区；宜避开空气严重污秽区或有爆炸危险品的建筑物、堆场、仓库。

二维码3-9

（4）电力线路安全防护

35~500kV高压架空电力线路的规划走廊宽度：35kV（15~20m）、66与110kV（15~25m）、220kV（30~40m）、330kV（35~45m）、500kV（60~75m）。

（5）城市供电工程规划的主要内容

具体内容扫描二维码3-11阅读。

二维码3-10

5. 城市燃气工程规划

（1）城市燃气种类及系统

可分为天然气、液化石油气、人工煤气。

城市燃气系统包括气源、输配系统、用户系统。

二维码3-11

（2）城市燃气负荷预测

具体内容扫描二维码3-12阅读。

（3）城市燃气工程设施规划

1）城市燃气气源规划

气源设施是指天然气门站、煤气制气厂、液化石油气站等设施。

天然气门站站址的选择：具体内容扫描二维码3-13阅读。

液化石油气供应基地的选址：具体内容扫描二维码3-14阅读。

2）城市燃气输配设施布局原则

具体内容扫描二维码3-15阅读。

3）城市燃气管网布置原则

城市燃气管网分类：按布局方式分为环状管网和枝状管网系统；按不同的压力级制分为一、二、三级管网系统和混合管网系统。

城市燃气管网布置的原则：靠近用户；减少穿、跨越河流、水域、铁路等工程；为确保供气可靠，一般各级管网应沿路布置；避免与高压电缆平行敷设；满足与其他管线和建筑物、构筑物的安全防护距离。

（4）城市燃气工程规划的主要内容

具体内容扫描二维码3-16阅读。

6. 城市供热工程规划

（1）城市供热对象选择

根据"先小后大""先集中后分散"的原则选择，即先满足居民家庭、中小型公共建筑和小型企业用热，先选择布局较集中的用户供热。

（2）热负荷预测

具体内容扫描二维码3-17阅读。

（3）城市供热工程设施规划

1）城市热源类型

城市热源分为热电厂、供热锅炉房、热泵、工业余热、地热和垃圾焚化厂等。

2）城市主要热源选址原则

具体内容扫描二维码3-18阅读。

3）城市供热管网规划

供热管网的平面布置原则：主要干管应靠近大型用户和热负荷集中的地区；尽量避开主要交通干道和繁华的街道；通常敷设在道路的一边，或者是敷设在人行道下面；穿越河流或大型渠道时，可随桥架设或单独设置管桥。

二维码 3-12

二维码 3-13

二维码 3-14

二维码 3-15

二维码 3-16

二维码 3-17

二维码 3-18

城市供热管网敷设：有架空敷设和地下敷设，地下敷设又分为通行地沟、半通行地沟、不通行地沟、无沟敷设。

（4）城市供热工程规划的主要内容

具体内容扫描二维码 3-19 阅读。

二维码 3-19

7. 城市通信工程规划

（1）城市通信系统构成

城市通信系统包括邮政、电信、移动通信和广播电视系统。

（2）邮政规划

邮政局所设置标准及用地控制：根据人口的密集程度和地理条件所确定的不同的服务人口数、服务半径、业务收入来确定。

邮政局所选址原则：应设在闹市区、居民集聚区、文化游览区、公共活动场所、大型工矿企业、大专院校所在地，车站、机场、港口以及宾馆内应设邮电业务设施；应交通便利，运输邮件车辆易于出入；应有较平坦的地形，地质条件良好；符合城市规划要求。

邮件处理中心选址原则：也是邮政枢纽。优先考虑在客运火车站附近选址，局址应有方便接发火车邮件的邮运通道，有方便出入枢纽的汽车通道，如果主要靠公路和水路运输时，可在长途汽车站或港口码头附近选址。

（3）电信工程规划

城市电信局所的选址原则：具体内容扫描二维码 3-20 阅读。

城市电信管道的布局原则：具体内容扫描二维码 3-21 阅读。

广播电视规划：广播电视线路应结合城市电信网络路由规划考虑，线路敷设可与通信电缆敷设同管道，也可与架空通信电缆同杆架设敷设。

（4）城市通信设施保护

城市无线通信设施的收、发信场宜布置在交通方便、地形较平坦的台地，周围环境应无干扰影响。收、发信场一般选择在大、中城市两侧的远郊区，并使通信主向避开市区。

二维码 3-20

通信地下管道位置应在道路红线范围内，尽可能敷设在人行道或非机动车道上。

二维码 3-21

广播、电视中心台（站）距离重要军事设施、机场、大型桥梁等的距离不小于 5km，无线场地边缘距主干铁路不小于 1km，距电力设施应有一定防护距离。

（5）城市通信工程规划的主要内容

具体内容扫描二维码 3-22 阅读。

二维码 3-22

8. 城市环境卫生工程规划

（1）城市固体废物

1）城市固体废物的种类：可分为城市生活垃圾、城市建筑垃圾、一般工业固体废物、危险固体废物。

2）城市固体废物的预测：我国城市生活垃圾的规划人均指标以 0.9~1.4kg/ 天为宜，工业固体垃圾选用 0.04~0.1t/ 万元的指标。

3）生活垃圾的收集：收集设施一般包括生活垃圾收集点与收集站、废物箱、水域保洁及垃圾收集设施。

（2）城市环境卫生公共设施布置原则

1）公共厕所：设置间距为商业区周边道路小于 400m；生活区周边道路 400~600m；其他区周边道路 600~1200m。

2）废物箱：在人流密集的城市中心区、大型公共设施周边、主要交通枢纽、城市核心功能区、市民活动聚集区等地区的主干路，人流量较大的次干路，人流活动密集的支路，以及沿线土地使用强度较高的快速路辅路设置间距为 30~100m；在人流较为密集的中等规模公共设施周边、城市一般功能区等地区的次干路和支路设置间距为 100~200m；以交通性为主、沿线土地使用强度较低的快速路辅路、主干路，以及城市外围地区、工业区等人流活动较少的各类道路设置间距为 200~400m。

3）生活垃圾收集点：服务半径不宜超过 70m。

4）生活垃圾收集站：采用人力收集，服务半径宜为 0.4km，最大不宜超过 1km；采用小型机动车收集，服务半径不宜超过 2km；大于 5000 人的居住小区（或组团）及规模较大的商业综合体可单独设置收集站。

（3）城市环境卫生工程设施布置原则

1）生活垃圾转运站：靠近服务区域中心或垃圾产生量较多且交通运输方便的地方，不宜设在公共设施集中区域和靠近人流、车流集中地区。采用非机动车方式收运，服务半径宜为 0.4~1.0km；采用小型机动车收运，服务半径宜为 24km。

2）垃圾码头：垃圾码头综合用地按每米岸线配备不小于 15m² 的陆上作业场地，周边还应设置宽度不小于 5m 的绿化隔离带。

3）生活垃圾填埋场：距大、中城市规划建成区应大于 5km，距小城市规划建成区应大于 2km，距居民点应大于 0.5km。用地内沿边界应设置宽度不小于 10m 的绿化隔离带，外沿周边宜设置宽度不小于 100m 的防护绿带。

4）生活垃圾焚烧场：不宜邻近城市生活区布局，其用地边界距城乡居住用地及学校、医院等公共设施用地的距离一般不应小于 300m。

5）生活垃圾堆肥厂：宜位于城市规划建成区的边缘地带，用地边界距城乡居住用地不应小于0.5km。

（4）城市环境卫生设施规划的主要内容

具体内容扫描二维码3-23阅读。

二维码3-23

3.5.2 城市工程管线综合规划

1.城市工程管线的分类与特征

（1）按工程管线性能和用途分类：给水管道、排水沟管、电力线路、电信线路、热力管道、可燃或助燃气体管道、空气管道、灰渣管道、城市垃圾输送管道、液体燃料管道、工业生产专用管道、铁路、道路、地下人防线路。

（2）按工程管线输送方式分类：压力管线、重力自流管线。

（3）按工程管线敷设方式分类：架空线、地铺管线、地埋管线（分为深埋和浅埋，深埋指管道的覆土深度大于1.5m）。

（4）按工程管线弯曲程度分类：可弯曲管线、不易弯曲管线。

2.城市工程管线综合的技术要求

（1）综合管廊

地下城市管道综合走廊：在城市地下建造的市政公用隧道空间，将电力、通信、污水等市政公用管线，根据规划的要求敷设在一个构筑物内，实施统一规划、设计、施工和管理。

（2）工程管线综合布置原则

压力管线宜避让重力自流管线；易弯曲管线宜避让不易弯曲管线；分支管线宜避让主干管线；小管径管线宜避让大管径管线；临时管线宜避让永久管线。

工程管线从道路红线向道路中心线方向平行布置的次序：电力、通信、给水（配水）、燃气（配气）、热力、燃气（输气）、给水（输水）、再生水、污水、雨水。

工程管线在庭院内建筑线向外方向平行布置的次序：电力、通信、污水、雨水、给水、燃气、热力、再生水。

工程管线从地面向下布置的次序：通信、电力、燃气、热力、给水、再生水、雨水、污水。

道路红线宽度超过40m的城市干道宜两侧布置配水、配气、通信、电力和排水管线。

（3）管线共沟敷设原则

热力管不应与电力、通信电缆和压力管道共沟；排水管道应布置在沟底，当沟内有腐蚀性介质管道时，排水管道应位于其上面；腐蚀性介质管道的标高应低于沟内其他管线；火灾危险性属于甲、乙、丙类的液体，液化石油气，可燃气体，毒性气体和液体以及腐蚀性介质管道，不应共沟敷设，并严禁与消防水管共沟敷设；凡有可能产生互相影响的管线，不应共沟敷设。

3.5.3 城市用地竖向工程规划

1. 城市用地竖向工程规划的原则

应对城市用地的控制高程进行综合考虑、统筹安排，使各项用地在平面与空间上避免相互冲突；应遵循安全、适用、经济、美观的方针，注意相互协调；应充分发挥土地潜力，节约用地，保护耕地；应注意新技术、新方法的运用。

2. 城市用地竖向工程规划的内容

具体内容扫描二维码 3-24 阅读。

二维码3-24

3. 城市用地竖向工程规划的方法

（1）高程箭头法

确定出区内各种建筑物、构筑物的地面标高，道路交叉点、变坡点的标高，以及区内地形控制点的标高，将这些点的标高标注在区竖向工程规划图上，并以箭头表示各类用地的排水方向。

（2）纵横断面法

在规划区平面图上根据需要的精度绘出方格网，然后在方格网的每一交点上注明原地面标高和设计地面标高，沿方格网长轴方向者称为纵断面，沿短轴方向者称为横断面，该法多用于地形比较复杂地区的规划。

（3）设计等高线法

设计等高线法多用于地形变化不太复杂的丘陵地区的规划，能较完整地将任何一块规划用地或一条道路与原来的自然地貌作比较并反映填挖方情况，易于调整。

4. 城市竖向工程规划的技术要求

（1）概念

高程：以大地水准面作为基准面，并从零点起算地面各测量点的垂直高度。

坡比值：两控制点间垂直高差与其水平距离的比值。

（2）地面规划形式及技术要求

平坡式、台阶式、混合式三种形式。其中用地自然坡度小于 3.0%，宜规划为平坡式；坡度大于 8.0% 时，宜规划为台阶式。用地的长边应平行于等高线布置；台地的高度宜为 1.5~3.0m。

城市主要建设用地最小坡度宜为 0.2%。

最大坡度为：工业用地 10%，仓储用地 10%，铁路用地 2%，港口用地 5%，城市道路 8%，居住用地 25%，公共设施用地 20%。

3.6 防灾减灾

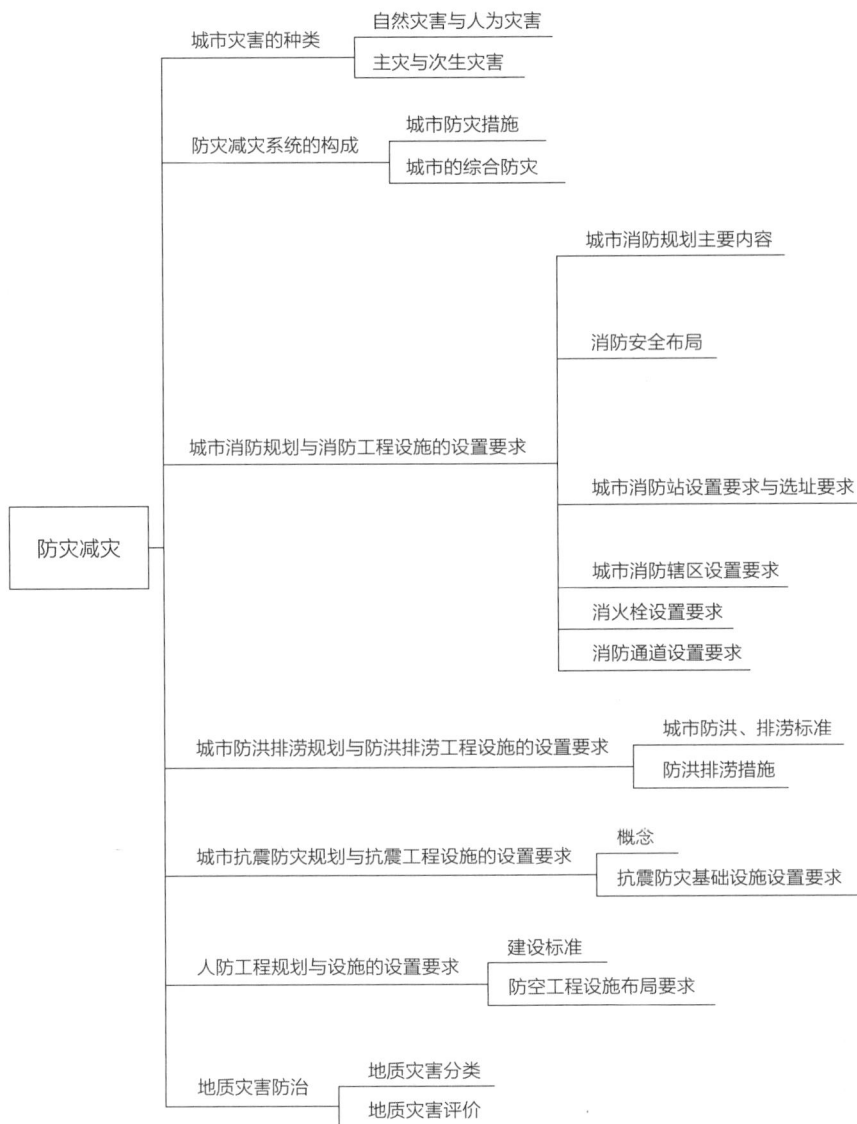

图 3-14 防灾减灾知识图谱

资料来源：作者自绘.

3.6.1 城市灾害的种类

1. 自然灾害与人为灾害

（1）自然灾害：主要有气象、海洋、洪水、地质与地震灾害，对城市影响较大。还包括生物与天文灾害等。

（2）人为灾害：分为战争、火灾、化学灾害、交通事故、传染病流行。

2. 主灾与次生灾害

（1）主灾：发生在前，损害较大，常为地震、洪水、战争等大灾。

（2）次生灾害：发生在后，由主灾引起的一系列灾害。

3.6.2 防灾减灾系统的构成

1. 城市防灾措施

为减低各种灾害的直接危害效应所采取的用地安全规划管控措施、防灾设施应急保障措施以及建设工程抗灾措施。

2. 城市的综合防灾

为应对地震、洪涝等各种灾害，增强事故灾难和重大危险源防范能力，并考虑人民防空、地下空间安全、公共安全、公共卫生安全等要求而开展的城市防灾安全布局统筹完善、防灾资源统筹整合协调、防灾体系优化健全和防灾设施建设整治等综合防御部署和行动。

3.6.3 城市消防规划与消防工程设施的设置要求

1. 城市消防规划主要内容

包括城市消防安全布局、城市消防站及消防装备、消防通信、消防供水、消防车道等。

2. 消防安全布局

（1）危险化学物品设施布局要求

具体内容扫描二维码3-25阅读。

二维码3-25

（2）危险化学物品运输

在城市规划建设用地范围内应设置固定的运输线路，限定运输时间。

（3）建筑物耐火等级

城市建设用地内，应建造一、二级耐火等级的建筑，控制三级耐火等级的建筑，严格限制四级耐火等级的建筑。

（4）避难场地

面积按疏散人口配置，人均面积 $2m^2$ 以上，服务半径在 500m 左右为宜。适宜作防灾避难疏散的场地为广场、运动场、公园、绿地等开敞空间。

3. 城市消防站设置要求与选址要求

（1）设置要求

具体内容扫描二维码3-26阅读。

（2）选址要求

1）陆上消防站：应设置在便于消防车辆迅速出动的主、次干

二维码3-26

路的临街地段；消防站执勤车辆的主出入口与医院、学校、幼儿园、托儿所、影剧院、商场、体育场馆、展览馆等人员密集场所的主要疏散出口的距离不应小于 50m；消防站辖区内有易燃易爆危险品场所或设施的，消防站应设置在危险品场所或设施的常年主导风向的上风或侧风处，其用地边界距危险品部位不应小于 200m。

2）水上消防站：应靠近港区、码头，避开港区、码头的作业区，避开水电站、大坝和水流不稳定水域。内河水上消防站宜设置在主要港区、码头的上游位置。当水上消防站辖区内有危险品码头或沿岸有危险品场所或设施时，水上消防站及其陆上基地边界距危险品部位不应小于 200m。水上消防站趸船与陆上基地之间的距离不应大于 500m，且不得跨越高速公路、城市快速路、铁路干线。

（3）用地标准

一级普通消防站 3900~5600m^2，二级普通消防站 2300~3800m^2，特勤消防站 5600~7200m^2。

4. 城市消防辖区设置要求

普通消防站辖区面积不宜大于 7km^2；设在城市建设用地边缘地区、新区且道路系统较为畅通的普通消防站，应以消防队接到出动指令后 5min 内可到达其辖区边缘，其面积不应大于 15km^2。

5. 消火栓设置要求

消火栓应沿道路设置，间距不大于 120m，服务半径不大于 150m。当道路宽度大于 60m 时，消火栓宜双侧布置。消火栓距路缘不大于 2m，距建（构）筑物外墙不小于 5m。

6. 消防通道设置要求

具体内容扫描二维码 3-27 阅读。

二维码 3-27

3.6.4 城市防洪排涝规划与防洪排涝工程设施的设置要求

1. 城市防洪排涝标准

城市防洪标准，要根据保护区重要程度和人口规模确定，应符合表 3-11 的规定。

2. 防洪排涝措施

在规划阶段包括防洪安全布局、防洪排涝工程措施、防洪排涝非工程措施三个方面。

防洪安全布局的基本原则：城市建设用地应避开洪涝、泥石流灾害高风险区；应根据洪涝风险差异，合理布局；在城市建设中，应根据防洪排涝需要，为行洪和雨水调蓄留出足够的用地。

城市防洪标准 表3-11

重要程度	城市人口（万人）	防洪标准（重现期 年）		
		河洪、海潮	山洪	泥石流
特别重要城市	≥150	≥200	50~100	>100
重要城市	50~150	100~200	20~50	50~100
中等城市	20~50	50~100	10~20	20~50
一般城市	≤20	20~50	5~10	20

资料来源：全国城市规划执业制度管理委员会.城市规划相关知识[M].北京：中国计划出版社，2011.

防洪排涝工程措施分为：挡洪、泄洪、蓄滞洪、排涝四类，主要工程设施有防洪堤、截洪沟、排涝泵站等。

3.6.5 城市抗震防灾规划与抗震工程设施的设置要求

1. 概念

（1）地震烈度：指地震时某一地区的地面和各类建筑物遭受到一次地震影响的强弱程度，地震烈度越高，破坏力越大。同一次地震，地震震级只有一个，而烈度在空间上呈明显差异。地震烈度分为12个等级，以6度作为城市设防的分界。

（2）震级：震源放出的能量大小，5度以上会造成破坏。

（3）城市抗震标准：我国工程建设抗震设防烈度有6、7、8、9、10度五个等级。

2. 抗震防灾基础设施设置要求

（1）避震疏散场地：临时性紧急避难，尽量靠近人员密集区，疏散半径在500m左右为宜，人均面积2m²，可利用广场、学校操场、小区绿地等空旷地。用于破坏性地震发生后人员安置，应当具有较大的容纳空间，配置或易于连接水、电、通信等基本生活设施，疏散半径可在1km以上，可利用不会发生次生灾害的市、区级公共绿地、体育场等开阔空间。

（2）疏散通道：避震疏散通道与疏散场地相连，应考虑两侧建筑物垮塌堆积后仍有足够的可通行宽度。

（3）生命线工程：指地震发生后，保障紧急救援所需的交通、通信、消防、医疗救护设施和维持居民基本生活所需的供水、供电、燃气、供热、食品供应等设施。

3.6.6　人防工程规划与设施的设置要求

1. 建设标准

我国城市人防工程规模是按照战时留城人口人均 1.5m² 计算。战时留城人口约占城市总人口的 30%~40%。

在居住区规划时，在成片居住区内应按建筑面积的 2% 设置防空工程，或按地面建筑总投资的 6% 左右安排。

2. 防空工程设施布局要求

（1）防空工程设施布局：避开易遭到袭击的军事目标，如军事基地、机场、码头等；避开易燃易爆品生产储存设施，控制距离应大于 50m；避开有害液体和有毒重气体储罐，距离应大于 100m；人员掩蔽所距人员工作生活地点不宜大于 200m。

（2）指挥通信设施布局：尽可能避开火车站、机场、码头、电厂、广播电台等重要目标；充分利用地形、地物、地质条件，提高工程防护能力；城市指挥通信设施宜靠近政府所在地建设，便于战时转入地下指挥，街道指挥所宜结合小区建设。

（3）医疗救护设施：医疗救护设施包括急救医院和救护站，应按人防分区配置。

3.6.7　地质灾害防治

1. 地质灾害分类

城市规划中常见的地质灾害主要有滑坡、崩塌、地面沉降、地面塌陷，有时也把泥石流归为地质灾害。

2. 地质灾害评价

地质灾害评价结果，将城市建设用地分为适宜建设用地、基本适宜建设用地和不适宜建设用地三大类。

滑坡、崩塌、地面塌陷、泥石流等地质灾害，突发性很强，规模和影响范围较大，这类地质灾害原则上应避让，将其划入不适宜建设用地。

3.7 城市景观与建筑设计

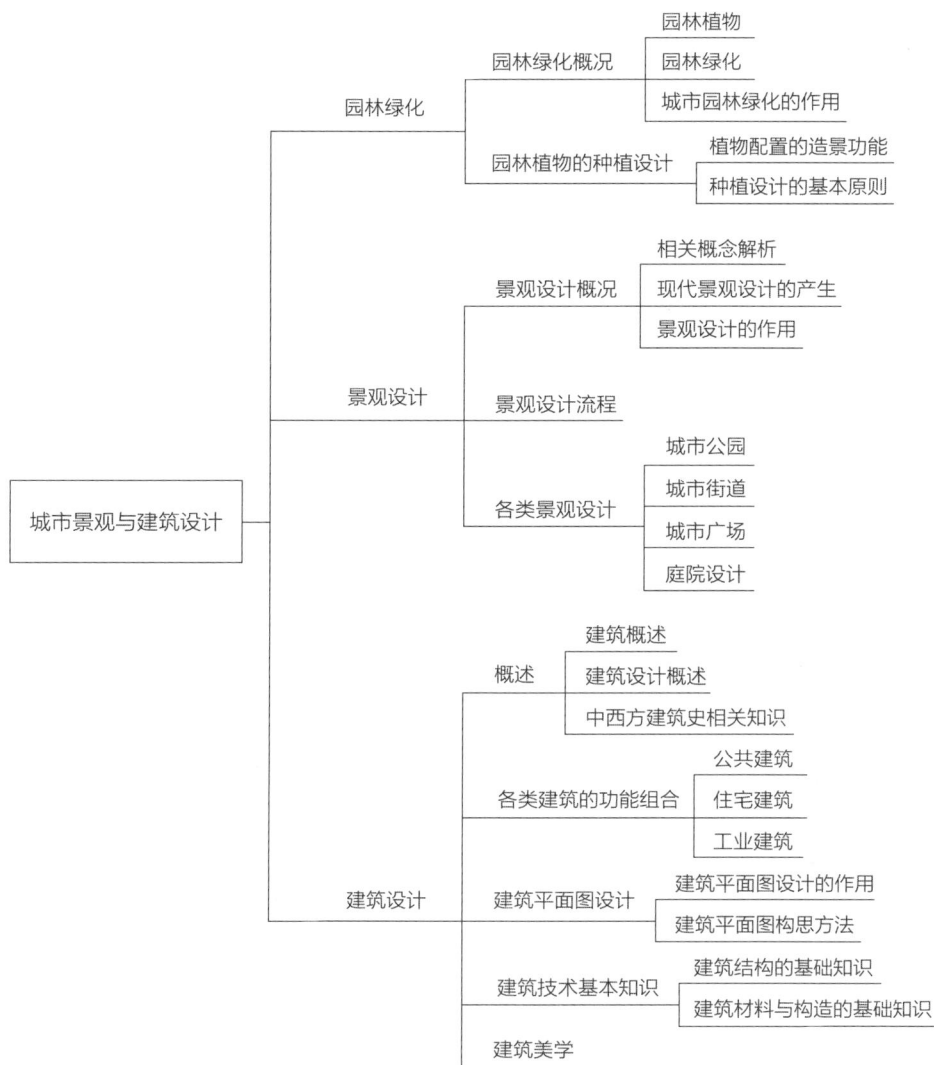

图 3-15 城市景观与建筑设计知识图谱
资料来源：作者自绘.

3.7.1 园林绿化

1.园林绿化概况

（1）园林植物

园林植物即是适用于城乡园林绿地及风景区栽植应用的植物，包括木本的园林植物、草本的花卉和草坪。

（2）园林绿化

园林绿化是以植物造景为主，通过对园林植物在一定范围内的不同地形地貌上的合理配置、栽培和养护以达到景致优美、环境宜人的目的。

（3）城市园林绿化的作用

1）促进人们生活质量的提升

城市生活过程中，绿化水平的改善对人们生活质量的提升有直接作用，良好的城市园林绿化能够为人们提供更加舒适的生活环境，从而有效改善快节奏生活的各种压力。

2）美化城市景观

植被本身具有装饰作用，合理利用植被进行城市园林建设能够对城市景观起到美化作用。随着季节的不断变化，植被的生长状态也会呈现不同形态，能够给予城市园林绿化更多的高级感与美感。

3）保护生态环境

植被本身所进行的光合作用能够消化部分城市中的二氧化碳，合理的园林绿化能够有效吸收周边噪声及粉尘，这对于城市大气的改善及城市温室效应的降低是十分有利的。在夏季，园林绿化会为人们的生产劳动或户外活动等提供阴凉处，潜移默化中促进空气湿度的提升，有助于城市温度的调节。

2. 园林植物的种植设计

园林植物种植设计就是根据园林布局的要求，按照植物的生态习性，合理地配置园林中的各种植物，以发挥它们的园林功能和观赏特性。完美的植物配置，不仅展现了植物的个体美和群体的组合美，而且本身还有一定的造景功能，对园林景观产生了重要的影响。园林植物的配置要按照一定的规则，合理搭配，使科学性与艺术性有机地结合起来，达到理想的景观效果。

（1）植物配置的造景功能

在园林建设中，植物是主要的造园要素之一。以生态学为指导，以植物为主体，建立一个完善的、多功能的、良性循环的生态系统是当今世界保护环境的必然趋势。

园林植物形态各异，有圆锥形、卵圆形等，其叶色也多种多样，如紫、红、淡绿等。在植物绿色的基调上，由不同颜色的花木组成绚丽多彩的画面。植物的造景功能见表3-12。

植物的造景功能 表3-12

功能	举例
表现时空变化	形成"春天繁花盛开，夏天绿树成荫，秋季红果累累，冬季枝干苍劲"的四季景象
创造观赏性景观	"万壑松风""梨花伴月"等景观点
划分各种空间	通过植物布局，疏密错落来划分绿地空间
强调地形	高大的乔灌木种植于地形较高处，能加强高耸的感觉，种于凹处使地形平缓

续表

功能	举例
意境创作	松柏以其苍劲挺拔、虬曲古朴的心态来比拟人的坚贞不屈，永葆青春的意志；腊梅不畏寒冷、傲雪怒放常常喻作刚毅的性格
创造特色的观赏效果	用植物造景产生诗情画意的艺术境界

资料来源：作者自制.

（2）种植设计的基本原则

园林植物是园林的灵魂，植物种植设计的水平高低直接影响到园林的景观效果。园林植物景观构建目的是在保证城市生态环境得到优化的基础上，满足人们对自然景观的生态需求。设计者既要以园林植物种植原则为基本要求，很好地体现出园林景观以人为本理念、自然生态意境及人与自然的融合，还需从园林景观的整体艺术布局出发，采用不同布局模式和种植形式相结合的方法，来表现园林植物自然形态同时，构建一个协调、和谐的艺术景观。

符合绿地的性质和功能要求。不同的园林绿地有不同的功能要求，植物的配置应考虑到绿地的功能，起到强化和衬托的作用。

考虑园林艺术的需求。园林绿地不仅有实用的功能，而且能形成不同的景观，给人以视觉、听觉、嗅觉上的美感，属于艺术美的范畴。在植物的配置上，要按照艺术美的规律，合理地进行搭配，最大程度地发挥园林植物"美"的魅力；要考虑四季景色的变化，创造四季有景可赏的景观园林。

选择合适的种植植物种类，满足种植生态要求。恪守植物种植美学标准，并能根据各类型植物的生长习性、自然形态、观赏特征等，将各植物分配至适宜种植的地域，构造层次分明、疏密错落有致、四季皆有景的美丽园景。

考虑植物的种植密度和搭配。植物种植的密度是否合适直接影响绿化功能的发挥。在平面上要有合理的种植密度，使植物有足够的营养空间和生长空间，从而形成较为稳定的群体结构。在竖向设计上也要考虑植物的生物特性，注意将喜光与耐阴、乔木与灌木、观叶树与观花树等不同植物合理搭配，在满足植物生态条件下创造稳定的植物景观。植物种植设计应该注意植物间的互相和谐，要逐渐过渡，避免生硬。

3.7.2 景观设计

1. 景观设计概况

（1）相关概念解析

1）景观

景观一词原指"风景""景致"，最早出现于公元前的《旧约圣经》中，用以描述所罗门皇城耶路撒冷壮丽的景色。17世纪，随着欧洲自然风景绘画的繁荣，景观成为专门的绘画术语，专指陆地风景画。

现代对景观的理解可概括为以下几点：

– 风景——视觉审美过程的对象；

– 栖居地——人类生活其中的空间和环境；

– 生态系统——一个具有结构和功能、内在和外在联系的有机系统；

– 符号——一种记载人类过去、表达希望和理解，赖以认同和寄托的语言和精神空间。

综上所述，我们可以把景观的概念界定为土地及土地上的空间和物体所构成的综合体，是复杂的自然过程和人类活动在大地上的烙印。

2）景观设计

景观是景观设计的对象和目的，景观设计是一种设计活动，是社会发展到一定程度的产物。简单理解就是通过整合、规划等科学合理的手段，将一种景物转化为另一种景物，使其更好、更和谐地发展。景观设计活动是人类不断寻求理想生活栖息地的过程，并形成了专门进行景观设计的学科。

（2）现代景观设计的产生

现代景观设计经历了一个不断演变的过程。它顺应了科学技术的发展并满足了社会的需求。景观设计是一个开放的领域，与大多数实践性学科相类同，变革发展成为景观学科自我完善的根本途径。促进现代景观设计变革的主要因素大致有以下四个方面：

第一，20世纪各国均力图在急剧变化的世界格局中确定各自的位置，国家间既相互合作又激烈斗争，景观设计领域的开放和相互渗透交流的国际化过程加剧。

第二，哲学与美学及艺术思潮直接或间接影响着景观设计理念，20世纪是一个"多主义"的时期，不同的艺术思潮先后或交互冲击着景观设计，景观设计师们追逐并创造潮流，亦受到不同思潮的影响，其间人们在不懈地探索有别于古典主义的设计途径，由此带来景观设计领域的空前繁荣。

第三，相关科学技术的发展改变着景观设计的基本架构，以生态学、"3S"技术、信息技术为代表，不仅改变景观学科的发展态势，也改变着传统的专业价值观念。

第四，伴随着学科发展速度倍增，景观设计专业知识呈现出既高度分化又高度整合的趋势，景观设计不断变化的目的在于适应学科的发展。可持续发展不仅适用于人类对自然的认识，而且也符合学科的发展规律，景观设计经历一个不断发展与完善的过程。

（3）景观设计的应用

景观设计是一项关于土地利用和管理的活动，是一种包括自然及建成环境的分析、规划、设计、管理和维护的行业。其活动内容包括公共空间、商业及居住用地的场地规划、景观改造、城镇设计和历史保护等。

一般来讲，景观设计在城市规划中体现在城市园林绿地系统的规划方面；在园林专业中体现在景园规划设计的方面；在建筑学中体现在景观建筑学方面。而在城市设计中主要服务于：城市景观设计（城市广场、办公环境等）、居住区景观设计、城市公园规划与设计、风景区规划设计等。

2. 景观设计流程

景观设计项目流程具体如图 3-16 所示。

项目资料收集阶段。包括甲方人员资料、甲方项目要求、项目背景资料、同类项目资料、根据收集的资料制定详细的工作计划。

概念方案设计阶段。通过对资料及项目的分析得出项目的定位与目标。导入设计理念，通过草图清晰地表达设计意图以形成概念方案。利用演示文稿、动画、模型等进行具体方案设计说明及文本制作，同时考虑方案的经济技术指标。

方案设计阶段。根据方案发展的情况又可分为方案构思、方案的选择与确定以及方案的完成三部分。综合考虑甲方的任务要求和基地环境条件，提出一些方案构思和设想，权衡利弊并确定一个较好的方案或几个方案所拼合成的综合方案，最后加以完善成为初步设计。该阶段工作主要包括：进行功能分区、确定各种使用区的平面位置。常用的图有功能关系图、功能分析图、方案构思图和各类规划及总平面图。

扩大初步（扩初）方案设计阶段。方案设计完成后，根据与甲方的商讨结果对方案进行修改和调整。方案确定后，就要全面地对方案进行各方面详细的设计，包括确定准确的形状、尺寸、色彩和材料。完成各局部详细的平立剖面图、详图、园景的透视图、表现整体设计的鸟瞰图等。

施工图设计阶段。作为将设计与施工连接起来的环节，施工图要求工艺经济合理，专业配合协调，制图规范标准。图面应能清楚、准确地表示出各项设计内容的尺寸、位置、形状、材料、种类、数量、色彩及构造和结构，并完成施工平面图、地形设计图、种植平面图、园林建筑施工图等。

此外，还有施工指导阶段。

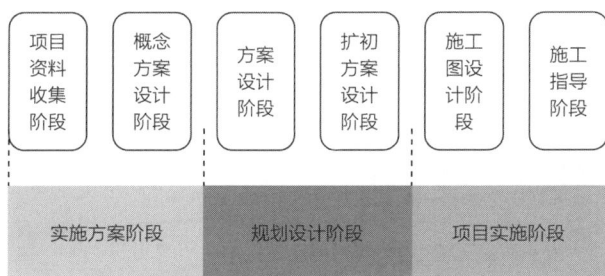

图 3-16 景观设计项目流程

资料来源：全域国土综合整治下景观设计内容与流程研究——基于嘉鱼茶园景观设计项目分析 [J]. 工程建设与设计，2021（18）：7-10.

3. 各类景观设计

（1）城市公园

城市公园是以绿地为主，具有较大规模和比较完善设施的可供城市居民休息、游览之用的城市公共活动空间，主要分类参考表3-13。公园一般以绿地为主，常有大片树林，因此又被称为"城市绿肺"。其主要功能：可以提供户外活动环境，促进健康；绿化环保，调节空气；美化环境，繁荣市民文化，为防灾避险提供安全空地。

城市公园分类 表 3-13

划分类型		设置要点
功能内容	综合性公园	指设备齐全、功能复杂的景园，一般有明确的功能分区
	主题性公园	是以某一项内容为主或服务于特定对象的专业性较强的景园，如动物园、植物园
布局形式	规则式	布局严谨，强调几何秩序
	自然式	布局随意，强调山水意境
	混合式	布局现代，强调景致丰富

资料来源：王红英，孙欣欣，丁晗. 园林景观设计 [M]. 北京：中国轻工业出版社，2017：78-80.

（2）城市街道

人们对街道的感知不仅来源于路面本身，还包括街道两侧的建筑、成行的行道树、立交桥等，这一系列景物的共同作用形成了街道的整体形象。

城市街道绿化是城市景观绿化的重要组成部分，街道绿化设计是城市街道设计的核心，良好的绿化构成简约、大方、鲜明、开放的景观。除了美化环境外，街道绿化还可调节街道附近地区的湿度、吸附尘埃、降低风速、减少噪声、在一定程度上可改善周围环境的小气候。

街道绿化设计形式见表3-14，具体要根据街道环境特色来选用。

街道绿化设计形式 表 3-14

类型	设置要点
规则式	通过树种搭配、前后层次的处理、单株和丛植的交替种植来产生，一般变化幅度较小，节奏感较强
自然式	适用于人行及绿带较宽的地带，较为活泼，变化丰富
混合式	规则式和自然式相结合。主要有两种，一种是靠近道路边列植行道树，行道树后或树下自然布置低矮灌木和花卉地被；另一种是靠近道路边布置自然式树丛、花丛等，而在远离道路处，采用规则的行列式植物

资料来源：王红英，孙欣欣，丁晗. 园林景观设计 [M]. 北京：中国轻工业出版社，2017：81-83.

街道绿化设计要点具体请参见《城市道路绿化设计标准》CJJ/T 75—2023《城市综合交通体系规划标准》GB/T 51328—2018。

（3）城市广场

城市广场是城市居民交流活动的场所，是城市环境的重要组成部分。城市广场在城市格局中是与道路相连接、较为空旷的部分，一般规模较大，由多种软、硬质景观构成，采用步行交通手段，满足多种社会生活的需求。城市广场在城市空间环境中最具公共性、开放性、永久性和艺术性，它体现了一个城市的风貌和文明程度，因此又被誉为"城市客厅"。城市广场的主要职能除了提供公众活动的开敞空间外，还有增强市民凝聚力和信心、展示城市形象面貌、体现政府业绩的作用。

城市广场按其性质、功能和在城市交通道路网中所处的位置及附属建筑物的特征，可以分为以下几类（表3-15）。

广场类型及特点   表3-15

类型		位置	特点
集会性广场	用于政治集会、庆典、游行、检阅、礼仪、传统节日活动的广场，如市政广场等	有强烈的城市标识作用，往往安排在城市中心地带	面积较大，多以规划整形为主，交通方便，场内绿地较少、仅沿周边种植绿地
交通广场	指有数条交通干道的较大型的交叉口广场，如环形交叉口等	城市交通复杂的地段，和城市主要街道相连	组织交通，有装饰街景的作用；多以灌木植物作点缀
娱乐休闲广场	为市民提供一个良好的户外活动空间，满足市民节假日的休闲、娱乐、交往的要求	城市商业区、居住区周围，多与公共绿地用地相结合	既要保证开敞性，也要有一定的私密性，富于趣味，还要能体现所在城市的文化特色
商业广场	指用于集市贸易、展销购物的广场	商业中心区或大型商业建筑附近	提供一个相对安静的休息场所，具备广场和绿地的双重特征，并有完善的休息设施
纪念广场	指用于纪念某些人物或事件的广场，可以布置各种纪念性建筑物等	结合城市历史，与城市中有重大象征意义的纪念物配套设置	便于纪念瞻仰

资料来源：王红英，孙欣欣，丁晗.园林景观设计[M].北京：中国轻工业出版社，2017：84-88.

广场的空间形式有以下几种（表3-16），要根据具体使用要求和条件，选择适宜的空间形式来组织城市广场空间，满足人们活动及观赏的要求。

广场类型及特点   表3-16

划分形式	位置
平面形状	规则广场、不规则广场
围合程度	封闭性广场、半封闭式广场、敞开式广场
建筑物位置	周边式广场、岛式广场
地面标高	地面广场、上升式广场、下沉式广场

资料来源：王红英，孙欣欣，丁晗.园林景观设计[M].北京：中国轻工业出版社，2017：84-88.

广场应以硬质景观为主,以便有足够的铺装硬地供人活动。广场的铺装设计要新颖独特,必须与周围的整体环境相协调。在设计时应注意以下两点:首先是铺装材料的选用要与其他景观要素统一考虑,同时要注意使用的安全性,避免雨天地面打滑,多选用价廉物美、使用方便、施工简单的材料,如混凝土砌块等;然后是铺装图案的设计应以简洁为主,只在重点部位稍加强调即可,同时应要善于运用不同的铺装图案来表示不同用途的地面,界定不同的空间特征,也可用以暗示游览前进的方向。

广场绿化是广场景观形象的重要组成部分,主要包括草坪、树木、花坛等内容,常通过不同的配置方法和裁剪整形手段,营造出不同的环境氛围。绿化设计有以下几个要点:首先要保证不少于广场面积20%比例的绿地,来为人们遮蔽日晒和丰富景观的色彩层次,但要注意绿地的面积也不能过大,要为人们提供具有一个铺装的供人们活动的开放空间;其次广场绿化要根据具体情况、广场功能、性质等进行综合设计,如娱乐休闲广场主要是提供在树荫下休息的环境和点缀城市色彩,因此可以多考虑水池、花钵等形式;再次就是选择的植物种类应符合和反映当地特点,便于养护、管理。

广场水景主要以水池(常结合喷泉设计)叠水、瀑布的形式出现。通过对水的动静、起落等处理手段活跃空间气氛,增加空间的连贯性和趣味性。设置水景时应考虑安全性,应有防止儿童、盲人跌撞的装置,周围地面应考虑排水、防滑等因素。

广场照明应保持交通和行人的安全,并有美化广场夜景的作用。照明灯具形式和数量的选择应与广场的性质、周围建筑物相适应,并注重节能要求。

广场景观小品包括雕塑、壁饰、座椅、栏杆等。景观小品既要强调时代感,也要具有个性美,其造型要与广场的总体风格相一致,协调而不单调,丰富而不零乱,着重表现地方气息、文化特色。

(4)庭院设计

庭院设计和古代造园的概念很接近,主要是建筑群或建筑群内部的室外空间设计。相对而言,庭院的使用者较少,功能也较为简单。

1)庭院设计风格

庭院设计的风格参见表3-17。

庭院设计的风格 表3-17

类型		布局	铺装	植物种植
中国传统式	多用自然式格局,常采取"简化"或"仿意"的手法创造出写意的画境	自然式格局	常用卵石与自然岩板组合嵌铺;水池是不规则形状,池岸边缘常用黄石叠置成驳岸	结合草坪适量栽种梅、竹、菊、美人蕉或芭蕉

续表

	类型	布局	铺装	植物种植
西方传统式	以文艺复兴时期意大利庭院样式为蓝本，受欧洲"为理美学思想"的影响，强调整齐、规则、秩序、均衡等	以轴线作引导来突出几何形图案美	通过古典式喷泉、壁泉、拱廊、雕塑等典型形象来表现	以常绿树为主，配以整形绿篱、模纹花纹等
日本式庭院	以日本庭院风格为摹本。日本的写意庭院，在很大程度上就是盆景式庭院，它的代表是"枯山水"	庭院以置石为主景，取横向纹理水平展开，呈现出伏式置法	用块石或碎砂，点块石于步道，犹如随意飞抛而成，庭院分隔墙多用篱笆扎成	以少量的灌木、苔藓或蕨类做点缀
现代式庭院	模糊了流派的界限，充分考虑现代人的生活方式，运用现代造景素材，形成鲜明的时代感，整体风格简约、明快	关注"人性化"设计，注重尺度的"宜人""亲人"	采用彩色花岗石或彩色混凝土预制砖做铺地材料，常用嵌草步石、汀步等；水池为自由式形状；喷泉的设计要丰富，强调人的参与性，并常与灯光艺术相结合	一般栽植棕榈科植物

资料来源：王红英，孙欣欣，丁晗. 园林景观设计 [M]. 北京：中国轻工业出版社，2017：89-96.

2）庭院绿地小品设计

庭院设计应以人们的需求为出发点，让身处其中的人感到安全、方便和舒适。这也是庭院设计的基础要求。

- 庭院绿化设计

庭院绿化在指庭院内人们公共使用的绿化用地，它是城市绿地系统的最基本组成部分，与人的关系最密切，对人的影响最大。其指标是衡量人们生活、工作质量的重要标准，它由平均每人公共绿地面积和绿地率（绿地占居住区总用地的比例）所组成。

从总体布局上来说，庭院绿地的类型见表3-18。

庭院绿地的类型　　　　表3-18

	类型	特点	适用
自然式	以中国古典园林绿地为蓝本，模仿自然，不讲求严整对称	富有诗情画意，宜创造出幽静别致的景观环境	居住区公共绿地
规则式	以西方古典园林绿地为蓝本，通常采用几何图形布置方法，有明显轴线，从整个平面布局到花草树木的种植都讲求对称、均衡	具有庄重、整齐的效果，但它往往使景观一览无余，缺乏活泼和自然感	面积不大的庭院内
混合式	自然式和规则式相结合的方式	既能与周围建筑相协调，又能保证绿地的艺术效果，是最具现代气息的绿地设计形式	根据地形特点和建筑分布，灵活布局

资料来源：王红英，孙欣欣，丁晗. 园林景观设计 [M]. 北京：中国轻工业出版社，2017：89-96.

– 庭院小品设计

庭院小品能改善人们的生活质量、提高人们的欣赏品味、方便人们的生活学习，一个设计精良、造型优美的小品对提高环境品质起到重要作用。小品的设计应结合庭院空间的特征和尺度、建筑的形式和风格以及人们的文化素养和企业形象综合考虑。小品的形式和内容应与环境协调统一，形成有机的整体。因此，在设计上要遵循整体性、实用性、艺术性、趣味性和地方性的原则。

3.7.3 建筑设计

1. 概述

（1）建筑概述

建筑的内涵比较广，详见表3-19。

建筑内涵 表3-19

内涵	解释
建筑是庇护所	是指可以让人们免受恶劣天气和敌兽侵袭的场所
建筑是有实体和虚无所组成的空间	建筑空间有建筑内环境和建筑外环境。建筑内环境中的实体是指门窗、柱子、墙体等结构构件；建筑内环境中的虚无是实体所围合的部分。而建筑外环境是由若干建筑所围合形成的空间环境，包括植物、水体等要素，构成了建筑外部环境，是"虚"空间；而若干建筑是实体空间
建筑是三维空间和时间组成的统一体	无论是建筑内部空间还是建筑外部形态，都有相应的长度、宽度和高度之分，这些构成了建筑的三维空间，从而使人们可以从多角度、立体地观察建筑形象。时间作为建筑的另一载体，赋予了建筑更加深刻的内涵
建筑是艺术和技术的综合体	建筑设计是门艺术设计，主要反映在建筑表现上。建筑表现应体现艺术审美的一般规律，符合人们的审美情趣，与设计主题紧密联系。同时，建筑创作也离不开技术支持，建筑技术为建筑艺术的实现提供支持。主要反映在建筑材料、建筑结构、建筑施工等方面的应用

资料来源：作者自制.

（2）建筑设计概述

1）建筑设计的概念

建筑设计是指建筑物在建造之前，设计者按照建设任务，把施工过程和使用过程中所存在的或可能发生的问题，事先做好通盘的设想，拟定好解决这些问题的办法、方案，并运用图纸和文件表达出来。作为备料、施工组织工作和各工种在制作、建造工作中互相配合协作的共同依据。便于整个工程得以在预定的投资限额范围内，按照周密考虑的预计方案，统一步调，顺利进行，并使建成的建筑物充分满足使用者和社会所期望的各种要求。

建筑设计是城市规划的延伸。城市规划解决人居环境建设的宏观问题，建筑设计与环境景观设计等解决人居环境建设的微观问题（表3-20）。

城市规划与建筑设计、环境景观设计比较　　　表 3-20

城市规划	建筑设计、环境景观设计
以控制城市发展为目的	以修建建筑及改善环境质量为目的
以二维时空环境为主，结合社会、经济等因素	以三维形体环境为对象，进行建筑空间及外部空间环境设计，工作具有设计性
提供政策、法规、规划方案，以文字说明为主，实行动态控制	提供修建设计文件，以图纸说明为主，并指导具体施工
实施时间跨度大，体现为建设及发展过程	实施时间跨度小，在确定的时间内完成
由政府机构委托，由规划师、政府官员、社会工作者、经济学家和市民代表共同参与	由政府机构、开发企业、建造者等委托，由建筑师、景观建筑师、使用者共同参与

资料来源：简晓思.建筑设计原理[M].武汉：华中科技大学出版社，2015：4.

2）建筑设计的特征

– 建筑设计是一种以技术为支撑的创意活动——创造性

– 建筑设计是一门综合性学科——综合性

– 建筑设计是追求协调与平衡的社会性活动——社会性

– 建筑设计是典型的团队协作活动——协作性

3）建筑设计的分类

不同的建筑，其设计要求和相应的执行标准也不尽相同。准确区分建筑的类别是进行建筑设计必须掌握的基本知识。一般来说，建筑分类见表 3-21。

建筑分类　　　表 3-21

划分依据	建筑分类	
功能和用途	生产性建筑：工业建筑、农业建筑 非生产性建筑：民用建筑（居住和公共建筑）	
结构用材	木结构建筑、砖（石）结构建筑、钢筋混凝土结构建筑、钢结构建筑	
结构形式	墙承重结构、框架承重结构、空间结构	
建筑高度	公共建筑： 24m 以下　一般建筑 24~32m　二类高层建筑 32~50m　一类高层建筑 100m 以上　超高层建筑	住宅建筑： 1~3 层　低层建筑 4~6 层　多层建筑 7~9 层　中高层建筑 10~29 层　高层建筑 30 层以上　超高层建筑
建筑量级	大量性建筑、大型性建筑	

资料来源：《民用建筑设计统一标准》GB 50352—2019.

（3）中西方建筑史相关知识

1）中国建筑的发展演变

我国古代建筑的发展演变，可以从近百年以前上溯到六七千年以前的上古时期，见表 3-22。

中国建筑的发展演变及代表建筑 表 3-22

时期	时间		发展演变	代表建筑
原始社会	六七千年前		干阑式建筑，采用榫卯技术构筑木结构房屋（长江下游一带） 树穴上覆盖草顶的穴居（黄河流域）	浙江余姚河姆渡村 山西石楼县岔沟村窑洞遗址
奴隶社会	夏	公元前 2070—前 1600 年	木架夯土建筑、封闭庭院	河南偃师二里头遗址
	商	公元前 1600—前 1046 年	早期夯土台基，庭院式建筑后期庭院布置，部分建筑轴线对称布置	河南偃师尸沟乡商城遗址 河南安阳小屯村殷墟宫殿遗址
	西周	公元前 1046—前 771 年	重要建筑物按等级制造，四合院式建筑、屋顶采用瓦，还有铺地方砖，以及夯土墙或土坯墙用三合土（白灰+砂+黄泥）抹面	岐山凤雏遗址、陕西扶风召陈遗址……
	春秋	公元前 770—前 476 年	瓦的普遍使用和作为诸侯宫室用的高台建筑（称台榭）的出现，且建筑装饰和色彩也更为发展，开始了用砖的历史	山西侯马晋故都、河南洛阳东周故城
封建社会前期	战国	公元前 475—前 221 年	手工业行业发展，高台宫室仍很盛行，有具备取暖、排水、冷藏等设施的建筑，木架建筑施工质量和结构大大提高，筒瓦和板瓦在宫殿建筑上广泛使用，砖也用在地下所筑墓室中，当时的木结构榫卯制作精确，形式多样	山东临淄齐古都遗址、陕西咸阳秦国宫殿遗址……
	秦	公元前 221—前 206 年	秦都咸阳摒弃传统的城郭制度，还对地面的排水重视	辽宁绥宁渤海湾西岸行宫遗址、阿房宫遗址……
	汉	公元前 206—公元 220 年	木架建筑渐趋成熟，砖石建筑和拱券结构有了很大发展，斗拱在汉代已普遍使用，石建筑在东汉得到了突飞猛进的发展	河北望都出土望楼名器、山东沂南汉代石墓……
	三国、晋、南北朝	220—589 年	石窟、佛寺、壁画有了巨大发展，其建筑风格更为成熟、圆淳	河南洛阳龙门石窟、洛阳永宁寺……
封建社会中期	隋	581—618 年	主要兴建都城、采用沿革的方格网道路系统，出现了最早的敞肩拱桥（空腹拱桥）	大兴城、东都洛阳城、河北赵县安济桥

续表

时期		时间	发展演变	代表建筑
封建社会中期	唐	618—907 年	建筑规模宏大、规整严谨；建筑群处理愈趋成熟；木建筑解决了大面积、大体量的技术问题；设计与施工水平提高；砖石建筑进一步发展；建筑艺术加工的真实和成熟	长安城、陕西西安小雁塔、山西平顺海会院明惠塔
	五代	907—960 年	主要继承唐代传统，很少新的创造，仅吴越、南唐石塔和砖木混合结构比唐代有所发展	南京西霞山舍利塔、光孝寺东西铁塔
	宋	960—1279 年	城市结构和布局起了根本变化；木架建筑采用古典的模数制；建筑组合方面加强了进深方向的空间层次来衬托主体建筑；建筑装修与色彩有很大发展、砖石建筑的水平达到新的高度；园林兴盛	宋汴京、正定隆兴寺、格子门窗、河北定县开元寺料敌塔
	辽	907—1125 年	辽代建筑多保留唐代建筑的手法，其墓室常用圆形平面，密檐塔的仿木建筑达到登峰造极的地步	北京天宁寺塔、山西应县佛宫寺释迦塔
	金	1115—1234 年	沿袭辽代传统，又受到宋朝建筑的影响，其建筑装饰与色彩比宋代更华丽	金中都宫殿
	西夏	1032—1227 年	西夏佛教盛行，建筑受宋影响，又受吐蕃影响，具有汉藏文化双重内涵	大兴府
封建社会后期	元	1279—1368 年	宗教建筑异常兴盛，内地出现喇嘛教寺院；木架建筑仍继承宋、金的传统，但在规模和质量上都逊于两宋；壁画艺术水平很高	北京西四的妙应寺白塔、山西红洞广胜下寺、山西永济永乐宫
	明	1368—1644 年	砖已普遍用于民居砌墙；琉璃面砖、琉璃瓦质量提高，应用面更加广泛；木结构形成新的定型木构架；建筑群布置更为成熟；官僚地主私园发达；官式建筑的装修、彩画、装饰日趋定型化	南京灵谷寺无梁殿、北京琉璃门、北京天坛
	清	1636—1911 年	园林达到极盛期；藏传佛教建筑兴盛；住宅建筑百花齐放、丰富多彩；简化单体设计，提高群体与装修设计水平；建筑技艺有所创新，如水湿压弯法	畅春园、承德避暑山庄、外八庙、北京钟楼

资料来源：作者自绘.

2）外国建筑基本知识

古代希腊、罗马时期，创造了一种以石制的梁柱作为基本构件的建筑形式，这种建筑形式经过文艺复兴及古典主义时期的进一步发展，一直延续到 20 世纪初，成为世界上一种具有历史传统的建筑体系，这就是通常所说的西方古典建筑。西方古典建筑对欧洲乃至世界许多地区的建筑发展曾产生过巨大的影响，它在世界建筑史中占有重要的地位。西方古典建筑涉及各个历史时期和许多国家、地区，内容十分丰富。

2. 各类建筑的功能组合

（1）公共建筑

公共建筑是指供人们进行各种公共活动的建筑，一般包括办公建筑、商业建筑、旅游建筑、科教文卫建筑、通信建筑、交通运输类建筑等。因此，人流集散的性质、容量、活动方式以及对建筑空间的要求，与其他建筑类型相比有很大差别。

公共建筑空间的使用性质与组成类型虽然繁多，但按其在建筑中的作用与地位，其空间可分为主要使用空间、辅助使用空间和交通联系空间三种。这三种空间相互独立，又相互联系，并具有一定的兼容性。交通联系空间将主要使用空间和辅助使用空间联系成为有机的建筑整体空间。

（2）住宅建筑

住宅建筑是建筑中最为古老的建筑类型，是为满足家庭长期定居生活的需要而建造的居住空间设施，同时又随着社会生产方式和生活方式的变化而不断变化和发展。住宅建筑形式的形成与发展总是与一定的生产活动、民族文化、生活习惯及方式等因素相关联，在不同历史时期、不同地理环境和不同民族文化环境中建造的住宅建筑都呈现出不同的特点。

住宅的功能分析要从家庭生活"行为单元"的分析入手。住宅的组成规律主要是由行为单元组成室，由室组成户。根据家庭生活行为单元的不同，可以将户分为居住、辅助、交通、其他四大部分。按空间使用功能来分，一套住宅可包括居室（起居室、卧室）、厨房、卫生间、门厅或过道、贮藏间、阳台等。其类型划分见表 3-23，不同类型有不同的特点和设计特点。

住宅建筑的类型	表 3-23

划分形式	类型
住宅层数	低层（1~3 层） 多层（4~6 层） 中高层（7~9 层） 高层（10~30 层）
平面组合形式	独院式、双联式、联排式、单元式、外廊式、内廊式、跃层式、点式……

资料来源：作者整理.

（3）工业建筑

工业建筑是指供人们从事各类生产活动和储存各类产品的建筑物和构筑物。

1）平面设计中的功能单元

功能单元是指可以将一座现代工厂分成若干个层次，就任一层次而言，构成该层次专门化的功能单位。现代工厂一般都包含众多的功能单元，应采用恰当的组织方法把它们按一定的秩序组织起来，形成功能健全、系统完整的有机体。

工厂的功能单元的划分及个体特征见表3-24。

工厂的功能单元的划分及个体特征 　　　　　　表3-24

功能单元	作用	个体特征
生产单元	直接从事产品的加工装配	
辅助生产单元	设备维修、工具制作、水处理、废料处理等	
仓储单元	物料暂时性的存放	物料输入输出特征；
动力单元	主要用作能量转换，如锅炉房、变电间、煤气发生站等	能源输入输出特征；人员出入特征；信息输入输出特征
管理单元	办公室、实验楼等	
生活单元	宿舍、食堂、浴室等	

资料来源：张嵩，史永高.建筑设计基础[M].南京：东南大学出版社，2015：191.

一个单元只能产生一个或部分的功能。一般情况下，凡是由两种以上功能单元构成的建筑物或构筑物，都存在一定的功能与结构关系。工厂总平面设计的根本目的就是要把各个功能单元组织起来，形成全厂的功能结构，使工厂能正常运转起来，并实现安全、高效。

2）工业建筑及总平面设计中的场地要求

– 适应物料加工流程，运距短捷，尽量一线多用；

– 与竖向设计、管线、绿化、环境布置协调，符合有关技术标准；

– 满足生产、安全、卫生、防火等特殊要求，特别是有危险品的工厂，不能使危险品通过安全生产区；

– 主要货运路线与主要人流线路应尽量避免交叉；

– 力求缩减道路敷设面积，节约投资与土地。

3. 建筑平面图设计

世界著名建筑师、现代主义建筑学派奠基人格罗皮乌斯曾经说过："建筑师作为一个协调者，其工作是统一各种建筑相关的形式、技术、社会和经济问题。"在建筑平面上的"协调"即为建筑平面设计。

（1）建筑平面图设计的作用

建筑平面图设计是在依据建筑属性和建筑设计相关国家与地方性法规的前提下，按照委托方的要求对建筑内部空间组合的过程，是解决建筑局部与建筑整体、建筑与外部环境、空间序列、功能联系与建筑形体组合之间矛盾的过程。

1）解决建筑内部空间组合的问题

建筑空间内、外有别。一般认为位于建筑内部，且全部由建筑物本身所形成的空间称为内部空间。对一栋建筑而言，建筑内的各个功能用房、走廊、电梯间、楼梯间、洗手间等都是内部空间。

对内部空间的分析，常常从两个方面入手：一是单一空间问题；二是多空间组合问题。单一空间是构成建筑最基本的元素，任何复杂的建筑空间都可以分解为一个个单一空间，而对复杂的建筑空间的分析就可以从单一空间元素分析着手。在现实生活中，只有极少数、极个别的建筑由单一空间组成，绝大多数建筑由几个、十几个、几十个，甚至几百个、上千个单一空间按照一定的位置关系组合而成。人们在建筑中的行为活动往往涉及多个建筑空间，因此，要处理好建筑空间还需处理好各个单一空间的相互关系。同时，将它们以最为合理的方式有机组合起来，形成一个有机整体，从而满足人们的使用要求。

2）解决建筑局部与整体、建筑与环境之间关系的问题

当建筑功能复杂时，建筑在大的功能中又可以分为若干小的功能系统，如酒店建筑主要是为旅客提供一个住宿与餐饮的地方，在建筑功能系统上分为住宿、餐饮、会议、康体、其他服务等，每个功能系统中又由若干建筑空间组成。若整个酒店设计后想高效率地投入运营，就必须解决好建筑局部与建筑整体之间的关系。

当我们进行建筑平面设计，尤其是建筑首层平面设计时，往往需要结合建筑用地地块周围的环境进行整体性设计。如果在构思时，没有考虑到建筑周围环境中的交通流线、绿化布局、景观特征、地域特点、地方文化等因素对建筑设计的影响，在一定情况下，建筑与建筑外部环境之间可能会存在一些矛盾。因此，在建筑设计中，我们要树立全局观念，考虑到多方面的设计限定条件，尽量处理好建筑与环境之间的关系。

3）解决空间序列、功能联系与建筑形体组合之间关系的问题

建筑平面图设计主要是对建筑的空间序列、空间功能、建筑平面形体组合的设计。建筑空间序列与建筑功能紧密相连，空间序列又离不开空间组织。建筑空间组织分为以下几种：

– 并列关系

建筑各个空间在功能上、面积上相同与相近，彼此之间没有直接的依存关系。例如，寝室、教室、办公室等多以走廊或走道为交通联系，从而沿走廊或走道单面布房或双面布房。

– 序列关系

建筑若干空间在使用过程中有明确的先后顺序的，多采用序列关系，以便符合使用功能的要求和人们的行为习惯，如博物馆、展览馆的建筑。

– 主从关系

建筑若干空间在功能上既相互依存又有明显的隶属关系的，多采用主次关系的空间布局。其中，主要的建筑空间面积比从属的建筑空间面积大，且各从属空间多位于主要空间的周围，如图书馆同一层楼中的书库空间与阅览空间之间是一种主从关系，书库空间较大且在主要的空间位置，阅览空间则相对面积较小，处于从属地位。

–综合关系

建筑形体组合形式与建筑内部空间设计也有着密切关系，需要绘图者在满足建筑节能要求的基础上，使建筑形体组合与建筑空间组合、建筑功能等因素有机结合起来。同时，这三者之间又是相互作用的。建筑形体组合离不开建筑物体形系数，建筑体形系数越小，建筑物节能效果才能越好。

（2）建筑平面图构思方法

1）建筑平面图的形态

基本几何形态是构成建筑平面最简洁的几何形，具有单纯、完整、直观、简单、易识别的特点，常用的平面几何形态有矩形、圆形、正方形等。

基本几何形态的变形与组合见表3-25。

基本几何形态的变形与组合 表3-25

	变形与组合	例子
渐变	指几何形态在长度、宽度、夹角、曲率等方面按照一定方向、一定比例有规律的变化	圆形变为椭圆、正方形变为平行四边形等
弯扭	指在力的作用下使几何形态在曲率、角度上的整体变化	矩形变成弧形，再扭曲成"S"形
伸展	指几何形态在一边或数边向形态外侧平行扩展	三角形和正五边形伸展为"Y"字形、正方形伸展为"十"字形
错叠	指将相同或不同的几何形态错位相叠	两个矩形错叠后，重合部分是个矩形、两个圆形错叠后形成双环形
压拉	指在基本形态边线的某点上加力，向基本形态内部或外部拉而产生的形变	—
群化	指将相同或不同的若干基本形态有序地组合在一起，形成新的形象	三角形和两个梯形的组合；三个矩形的组合等

资料来源：张嵩，史永高.建筑设计基础[M].南京：东南大学出版社，2015：64.

基本几何形态的分割与重组见表3-26。

基本几何形态的分割与重组 表 3-26

分割与重组		例子
切割	是指用直线、凸线、凹线对几何形态的局部切割	正方形切去一角变为五边形、完整的圆形切去 1/4 圆为形成 270° 的扇形
剪切组合	是指用基本形态在"剪刀"的作用下错位变形	正方形在剪切下组合成为错位连接的两个矩形、圆在剪切下组合成错位连接的两个半圆形

资料来源：张嵩，史永高.建筑设计基础 [M].南京：东南大学出版社，2015：64.

2）建筑平面的组合方式

建筑平面的组合方式主要有四种，见表 3-27。

建筑平面的组合方式 表 3-27

组合方式	概念	特征	常见建筑类型
走廊式	指走廊的一侧或双侧布置功能用房的建筑平面组合方式	各个功能用房相对独立，走廊式组合根据走廊与功能用房的位置关系划分为外廊式、内廊式、沿房间两侧布置走廊三种情况	教学楼、办公楼等
套间式	指空间之间按照一定的序列关系连通起来的建筑平面组合形式	可以减少交通面积，平面布局更为紧凑，空间联系更为方便，但各个空间之间存在相互干扰的可能	住宅、展览馆等
大厅式	指在建筑中设置用于人员集散的较大的空间，以大厅式的空间为中心，在其周围布置其他功能的用房	空间使用人数多、尺度大、层高较高	火车站、体育场馆等
混合式	在建筑平面设计中综合运用了以上两种或三种平面空间组合方式	——	大中型建筑

资料来源：作者自制.

4. 建筑技术基本知识

（1）建筑结构的基本知识

结构是建筑的骨架，它为建筑提供合理使用的空间并承受建筑物的全部荷载，抵抗由于风雪、地震、土壤沉陷、温度变化等可能对建筑引起的损坏。结构的坚固程度直接影响着建筑物的安全和寿命。所谓建筑结构广义地讲是指房屋建筑和土木工程的建筑物、构筑物及其相应组成部分的实体，具体是指各种工程实体的承重骨架。其主要功能是保证建筑的安全及正常使用，也即满足承载力极限状态要求和正常使用极限状态要求。

根据建筑结构采用材料及受力特点，可从组成的材料、结构体系等方面进行分类（表 3-28）。

建筑结构的分类　　　　　　　表 3-28

划分形式	类型		优点	缺点	应用或案例
材料	木结构	指以木材为主要受力骨架而建造的结构	保温隔热性较好，重量较轻，建造方便，抗震性能良好，资源再生产容易	材料受力性能各向异性明显、容易腐蚀、容易燃烧	住宅、办公楼等中低层建筑，也可用于大跨度建筑，如厂房等
	砌体结构	由砖砌体、石砌体或砌块砌体用砂浆砌筑，作为竖向承重构件而建造的结构	材料分布广、就地取材且价格便宜；耐火性良好，耐久性能较好，使用期限较长，其保温隔热性能好，节能效果明显；施工设备和方法较简单，能够较好地连续施工	自重大、强度较低、抗震性能差	其应用在层数和抗震区受到一定限制
	混凝土结构	素混凝土结构：由混凝土组成，未配置钢筋	—	承载力低、呈脆性、抗拉性能很差	主要用于基础垫层等以受压为主的结构
		钢筋混凝土结构：将钢筋和混凝土有机合理组合在一起的结构	就地取材、耐火性好、可模性好及整体性好	自重较大、抗裂性能较差、建造较费工	民用建筑、高层建筑
		型钢混凝土结构：用型钢或用钢板焊成钢骨架作为配筋的混凝土结构	承载能力大、抗震性能好	耗钢量较多	高层、大跨或抗震要求较高的工程中
		钢管混凝土结构：将混凝土浇捣于钢管内形成的混凝土结构	承载力高	构件连接复杂、维护费用多	高层建筑
		预应力混凝土结构：在构件受拉区先施加压应力而形成的结构	较钢筋混凝土结构抗裂性能较好	—	适用于跨度较大的梁板等结构
	钢结构	以钢材为主要承重骨架而制作的结构	抗拉及抗压、抗剪强度相对较高，自重轻，施工周期短，基础负载也相对减少；材料均匀，具有良好的延性，抗震性能好	容易生锈，耐火性较差，且价格较昂贵	更适用于高烈度地震区
	混合结构	混合结构是指在结构中核心部分为钢筋（型钢）混凝土结构，而外围部分为钢（型钢）结构的体系			
		型钢混凝土结构是指型钢埋入混凝土结构中共同受力的结构，按其组成方式可分为钢骨混凝土结构和钢管混凝土结构等。所谓钢骨混凝土结构是指将型钢（工字钢、角钢或槽钢）配置在钢筋混凝土的梁柱中而形成的结构			
结构体系	砌体结构	指楼、屋盖一般采用钢筋混凝土结构构件，墙体及基础采用砌体而形成的结构，其受力特点是以承受竖向荷载为主	—	其抗水平力及抗裂能力较弱，不适应高地震设防区和层数较多的房屋	主要用于量大面广的多层住宅建筑及办公楼建筑

续表

划分形式	类型	优点	缺点	应用或案例
结构体系	框架结构	采用梁、柱等杆件刚接组成空间体系作为建筑物承重骨架的结构	承受竖向荷载的能力较强，房间分隔灵活，便于使用；工艺布置灵活性大；抗震性能优越，具有较好的结构延性等	承受水平荷载能力较弱，侧向刚度较小，属柔性体系，其高度受到限制	多层工业厂房、仓库以及需要较大空间的旅馆、商店、办公楼以及建筑组合较复杂的多层住宅中
	剪力墙结构	利用墙体构成的承受水平作用和竖向作用的结构	比框架结构具有更强的侧向和竖向刚度，抵抗水平作用能力强	平面布置和空间布置受到一定局限	例如广州白云宾馆
	框架-剪力墙结构	在框架结构中适当布置一定数量的剪力墙或在剪力墙结构中用框架取代一部分整片剪力墙或取代一部分剪力墙的下部部分层数的剪力墙，从而构成以框架和剪力墙共同承受水平和竖向荷载作用的结构	空间布置较为灵活，易形成较大的空间，且具有较大的抗侧刚度	—	多高层建筑中应用较为广泛，例如广州的中信大厦
	筒体结构	利用竖向筒体组成的承受水平和竖向作用的高层建筑结构	其中的束筒结构具有竖向和水平刚度都很大的优点	—	典型的束筒结构如芝加哥西尔斯大厦
	排架结构	由屋面梁或屋架柱和基础组成	能形成较大跨度空间，且施工周期短	—	单层工业厂房等

资料来源：作者整理．

（2）建筑材料与构造的基本知识

1）建筑材料

建筑材料是指在建筑工程中所应用的各种材料的总称。它所包含的门类、品种极多，就其应用的广泛性及重要性来说，通常将水泥、钢材及木材称为一般建筑工程的三大材料。建筑材料费用通常占建筑总造价的 50% 左右。建筑物中的材料需要承受各种不同的作用，因而要求建筑材料具有相应的各种性质。

①建筑材料的分类

按材料的化学组成，可分成有机材料、无机材料以及这两类材料的复合材料（表 3-29）。

建筑材料的分类 表 3-29

分类			实例
化学成分	无机材料	非金属材料	天然石材：毛石、料石、石板、碎石、卵石、砂
			烧土制品：黏土砖、黏土瓦、陶器、炻器、瓷器
			玻璃及熔融制品：玻璃、玻璃棉、矿棉、铸石
			胶凝材料：石膏、石灰、菱苦土、水玻璃、各种水泥
			砂浆及混凝土：砌筑砂浆、抹面砂浆 普通混凝土、轻骨料混凝土
			硅酸盐制品：灰砂砖、硅酸盐砌块
		金属材料	黑色金属：铁、非合金钢、合金钢
			有色金属：铝、铜及其合金
	有机材料	植物材料	木材、竹材
		沥青材料	石油沥青、煤沥青
		合成高分子材料	塑料、合成橡胶、胶粘剂、有机涂料
	复合材料	金属-无机非金属	钢纤混凝土、钢筋混凝土
		有机-无机非金属	玻纤增强塑料、聚合物混凝土、沥青混凝土
		金属-有机材料	PVC涂层钢板、轻质金属夹芯板
功能	结构材料		钢材、混凝土、砖、砌块、墙板等
	功能材料		防水材料、装饰材料、保温隔热材料等

资料来源：余丽武. 建筑材料 [M]. 南京：东南大学出版社，2020：2-3.

②材料的性质

材料的基本物理性质，包括密度、容重、密实度、孔隙率等（表3-30）。

建筑材料的性质 表 3-30

性质	内容
力学性能	抗拉抗压及抗剪强度、弹性和塑性、脆性和韧性、硬度和耐磨性等，是选择结构材料的主要标准
与水有关	亲水性和憎水性、吸水性和吸湿性、耐水性、抗渗性、抗冻性等，是选择防水材料的重要标准
耐久性能	抗冻性、抗风化性、抗老化性、抗高温性、耐化学腐蚀性等
热工性能	导热性、比热容等，是选择保温材料的主要标准
声学性能	声速、吸声性、隔声性等，室内设计在选择材料时需要考虑这些指标
环境影响	材料生产运输和使用中的资源消耗、有害物质的排放，应尽可能选择资源消耗小、污染排放少的材料
视觉和触觉效果	材料的组成、结构和构造，包括化学成分和矿物组成、内部质点的状态特征、材料孔隙、岩石层理、木材纹理等

资料来源：余丽武. 建筑材料 [M]. 南京：东南大学出版社，2020：9-20.

2）建筑构造

①建筑构造研究的对象

房屋建筑是由若干个大小不等的室内空间组合而成的，而空间的形成往往又要借助于一片片实体的围合。这一片片实体，称为建筑构（配）件。建筑构造是研究建筑物的构造组成以及各构成部分的组合原理与构造方法的学科。各个相关建筑构件之间相互连接的方式和方法也属建筑构造研究的内容。

②建筑的构造组成

建筑的物质实体一般由承重结构、围护结构、饰面装修及附属部件组合构成。承重结构可分为基础、承重墙体（在框架结构建筑中承重墙体则由柱、梁代替）、楼板、屋面板等。围护结构可分为外围护墙、内墙（在框架结构建筑中为框架填充墙和轻质隔墙）等。饰面装修一般按其部位分为内外墙面、楼地面、屋面、顶棚等。附属部件一般包括楼梯、电梯、自动扶梯、门窗、阳台、雨篷等（图3-17）。

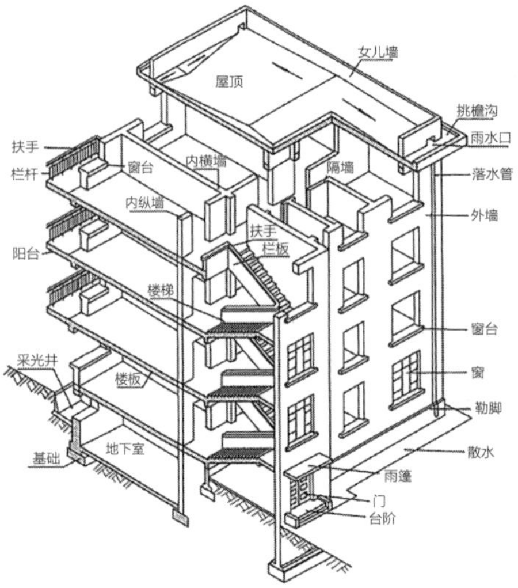

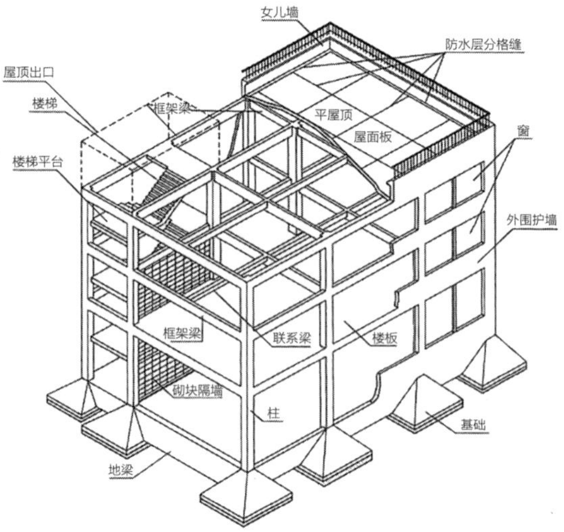

图3-17 建筑的构造组成

（a）墙体承重结构的建筑构造组成；（b）钢筋混凝土框架结构的建筑构造组成

资料来源：李必瑜，魏宏杨，覃琳.建筑构造（上册）[M].北京：中国建筑工业出版社，2019：2-3.

建筑的物质实体按其所处部位和功能的不同，又可分为基础、墙和柱、楼盖层和地坪层、饰面装修、楼梯和电梯、屋盖、门窗等。除这七部分以外，还有一些附属部分，如阳台、雨篷、台阶等。

5. 建筑美学

"建筑美学是研究建筑及其环境美的本质及其规律，分析建筑相关要素之间的审美关系，以研究建筑审美经验为中心内容，并且探索建筑艺术实践方法的一门学科。"建筑学是一门涵盖内容广泛的学科，建筑美学除了与基本美学存在着具体与普遍的关系之外，它与其他的具体美学分支，也有着千丝万缕的关系。

从空间构成来看，建筑涉及实体与虚空，也涉及空间的静止与流动等问题，从时间范畴来看，则涉及过去、现在与未来，涉及历史文化内涵与时代精神表现等问题。

建筑美有各种表现形态，例如，优美、崇高、典雅、高贵、素朴、浪漫等属于肯定性美学范畴的表现形态，丑陋、卑劣、粗俗、破败、滑稽、怪诞、平庸等属于否定性美学范畴的表现形态，后者在一定条件下仍具有审美价值。

3.8 历史遗产保护

图 3-18　历史遗产保护知识图谱

资料来源：作者自绘.

3.8.1 文化遗产概述

1. 文化遗产相关概念

（1）文物和文化遗产

文物是人类在历史发展过程中留下来的遗物、遗迹。

文化遗产不仅包含人类历史上遗留的物质遗存，还包含一切与人类发展过程相关的知识、技术、习俗等无形文化资产。2005年国务院《关于加强文化遗产保护的通知》指出："文化遗产包括物质文化遗产和非物质文化遗产。物质文化遗产是具有历史、艺术和科学价值的文物，包括古遗址、古墓葬、古建筑、石窟寺、石刻、壁画、近代现代重要史迹及代表性建筑等不可移动文物，历史上各时代的重要实物、艺术品、文献、手稿、图书资料等可移动文物，以及在建筑式样、分布均匀或与环境景色结合方面具有突出普遍价值的历史文化名城（街区、村镇）。非物质文化遗产是指各种以非物质形态存在的与群众生活密切相关，世代相承的传统文化表现形式。包括口头传统、传统表演艺术、民俗活动和礼仪与节庆、有关自然界和宇宙的民间传统知识和实践、传统手工艺技能等以及与上述传统文化表现形式相关的文化空间。"

（2）建成遗产和生活遗产

"建成遗产"（Built Heritage）是经由营造活动所形成的建筑、聚落、景观等文化遗产本体的总称，其中的"风土建成遗产"，即特定风俗和土地上所建造的文化遗产。

"活态遗产"（Living Heritage）在城市建成遗产等综合性保护学科中多指当地社区的遗产，或被视为居住在遗产点附近或周围有固定边界的社区。在日常生活中形成的与市民社会密切相关的建成环境就是城市的生活遗产，是与"社区"以及地方生活习俗的"延续性"联系在一起的建成环境空间。

2. 文化遗产分类

文化遗产分类的国际标准参考1978年在莫斯科召开的国际古迹遗址理事会第五届大会上通过的《国际古迹遗址理事会章程》（表3-31）。

城市文化遗产主要分类　　　　　　　　表3-31

城市文化遗产主要类别	定义
古迹/纪念物	包括在历史、艺术、建筑、科学或人类学方面具有价值的一切建筑物（及其环境、相关固定陈设和内容）。这一定义应包括古迹的雕刻与绘画、具有考古性质的物品或建筑物、题记、洞窟以及具有类似特征的所有综合物
建筑群	包括无论是城市还是乡村，独立的或是相连的一切建筑及其环境，这些建筑在景观中由于其建筑风格、协调性或所处位置而具有历史、艺术、科学、社会或人类学方面的价值

续表

城市文化遗产主要类别	定义
遗址/场所	包括一切地貌的风景和地区、人造物或人与自然的联合制品，包括在考古、历史、美学、人类学或人种学方面具有价值的历史公园与庭园

注：上述"纪念物遗址/场所"及"建筑群"等词汇不应包括：1.存放在古迹内的博物馆藏品；2.博物馆保存的，或考古、历史遗址博物馆展出的考古藏品；3.露天博物馆。

资料来源：作者整理.

近年来，在国际保护领域文化遗产的保护理念得到进一步的拓展，联合国教科文组织（UNESCO）等国际机构对物质形态相关主要文化遗产类型进行了扩展（表3-32）。

物质形态相关主要文化遗产分类　　　　表3-32

物质形态相关主要文化遗产	定义
建筑遗产	建筑遗产不仅包括品质超群的单体建筑及其周边环境，而且包括城镇或乡村的所有具有历史和文化意义的地区
乡土建筑遗产	乡土建筑是社区自己建造房屋的一种传统的和自然的方式。为了对社会的和环境的约束作出反应，乡土建筑包含必要的变化和不断适应的连续过程。乡土建筑遗产在人类的情感和自豪中占有重要的地位。它已经被公认为有特征的和有魅力的社会产物
产业遗产	产业遗产是指近代工业革命以来的文明遗存，它们具有历史的、科技的、社会的、建筑的或科学的价值。这些遗存包括建筑、机械，车间，工厂、选矿和冶炼的矿场、矿区，货栈仓库，能源生产、输送和利用的场所、运输及基础设施，以及与产业活动相关的社会活动场所，如住宅、宗教和教育设施等
文化景观	文化景观是人和自然共同的作品，是人和所在自然环境多样的互动，具有丰富的形式。文化景观根据其特征分为三类：①人类主动设计的景观；②有机进化的景观；③关联和联想的文化景观
文化线路	文化线路是一种陆上道路、水路或者混合类型的通道，其形态特征的定型和形成基于它自身的动态发展和功能演变
20世纪遗产	20世纪遗产主要指产生于20世纪、年代不甚久远（如不足50年历史）的建筑、建成环境和文化景观。它包括所有样式和功能的建筑（新建筑、乡土建筑、再利用建筑实例）、城市集合体（邻里小区、新城）、城市公园、庭院和景观、艺术作品、家具、室内设计或大型工业设计、土木工程（道路、桥梁、水利设施、港口、工业综合体）、纪念性场所以及建筑档案、文献资料等

资料来源：作者整理.

3. 文化遗产保护的意义

（1）城市历史见证和记忆。保护城市遗产就是保护城市的文化记忆。城市的发展演变过程犹如人的成长过程，有其诞生、发展、消亡的过程，而文化遗产反映了城市发展的历史过程，这些文化遗产既包括体现不同时期特有风貌的地上不可移动文物及建筑，也包括遗留于地下反映不同时代人们生活足迹的遗迹和遗物。这些无所不在的历史建筑和文物遗存以其独特性、不可复制和不可再生性，往往成为一个城市独一无二的发展见证，甚至成为一个城市的重要象征。

（2）城市建设发展的资源。在可持续发展理论的演进过程中，人们对"资源"的认识已不再局限于自然资源，而是包含文化资产、景观资源、人类资本等更为完整的内容。文物古迹、历史建筑、历史街区等文化遗产资源具有多方面的资源效应，在城市形象宣传、乡土情结的维系、文化身份的认同、和谐人居环境的构建等多方面具有综合性价值。

（3）塑造城市特色的基础。城市特色是指一座城市的内涵和外在表现明显区别于其他城市的个性特征。对历史环境的破坏会使一座城镇面目全非，失去场所精神和文化内涵，以致变得没有个性、毫无魅力。保护一种文化赖以生存的物质环境，用文化进化可以适应的速度和规模对其进行改造，是维护城市特色的基础。

（4）城市永续发展的需要。城市在历史发展过程中形成的众多历史建筑、传统风貌和街巷形态，是维持一定地域社区结构的物质基础，而这些历史环境和居住社区，又是联系世世代代生活于此的人们的精神纽带。

4. 文化遗产保护的基本原则

（1）原真性：定义、评估、监控世界文化遗产的基本原则。

（2）完整性：1964年的《威尼斯宪章》指出"古迹的保护意味着对一定范围环境的保护。凡现存的传统环境必须予以保持，绝不允许任何导致群体和颜色关系改变的新建、拆除或改动行为。""古迹遗址必须成为专门照管对象，以保护其完整性（Integrity），并确保用适当的方式进行清理和开放展示"。

（3）永续性：可持续性原则要求我们认识到遗产保护的长期性和连续性，随着对文化遗产及所包含的信息、价值的认识的提高。

3.8.2　国外城市文化遗产保护相关立法与国际宪章

1. 国外城市文化遗产保护相关立法

欧洲的文化遗产保护脱胎于纪念物保护，但其后的演变已远远超越了建筑的范畴。不仅保护的对象不断扩展，而且保护的对策也变得更为多样与成熟。历史保护已成为政府发展的政策规定，城市规划的重要价值取向。保护已从纯粹纪念意义上的关注走向规划意义上的关注，从物质形态的解决转而为在一个更大的系统内寻找对策（这个系统涉及经济、社会、环境、生态等诸多的领域）。19世纪末以来，世界各国陆续开始通过现代立法保护国家的文物古迹（表3-33）。

各国文化遗产保护相关立法 表 3-33

国家	年份	相关立法
希腊	1834 年	有了第一部保护古迹的法律
英国	1882 年	颁布了《古纪念物法》（Ancient Monument Act）
	1900 年	颁布第二部《古纪念物法》，扩大了古迹的保护对象
	1944 年	《城乡规划法》最早对历史建筑进行登录的考虑
	1947 年	《城乡规划法》正式确立登录制度的框架
	1953 年	颁布了《历史建筑与古纪念物法》（Historic Buildings and Ancient Monument Act）
法国	1887 年	颁布了《历史纪念物法》
	1913 年	颁布了新的《历史纪念物法》
	1930 年	颁布了《景观地法》
	1943 年	制定了《历史纪念物周边环境法》规定，一旦一座建筑根据《历史纪念物法》列级或登录保护，对其周边范围的保护即刻生效，在其半径 500m 范围内的建设都将受到一定的制约
	1962 年	制定针对保护区的《马尔罗法》（Malraux Act），由此确立了保护区的概念。在实际操作过程中，"保护区"是由一个被称作保护与价值重现规划（PSMV）的一系列法规和规划图所确定的，以促进对"保护区"的风貌保护和活力再现
	1983 年	1983 年颁布《建筑和城市遗产保护法》，划定设立"城市建筑遗产保护区"
	1993 年	1993 年改订为《建筑、城市和风景遗产保护法》，将保护范围扩大到城市遗产与自然景观相关的区域，即建筑、城市和风景遗产保护区（ZPPAUP）
日本	1897 年	制定了《古社寺保存法》
	1919 年	制定了《史迹名胜天然纪念物保存法》
	1929 年	制定了《国宝保存法》
	1950 年	整合上述三项法律制定了综合性保护大法《文化财保护法》
	1966 年	为保护地域的历史环境，成片保护京都、奈良、镰仓等历史古都的传统风貌，颁布了《关于位于古都的历史风土保存的特别措施法》。"历史风土"是指"在历史上有意义的建造物、遗迹等与周围的自然环境已成为一体，具体体现并构成了古都传统和文化的土地状况"。根据历史风土保存地区保护规划，在城市规划中可以划定"历史风土特别保存的地区"，对该地区的开发建设行为实施特别控制措施，以对古都寺庙、陵墓、遗址及周边自然环境，即历史风土进行整体性保护
美国	1906 年	制定了《古物保护法》
	1916 年	成立国家公园管理局，管理国家公园内的文物古迹和历史资源
	1931 年	地方政府颁布《查尔斯顿老城及历史地区区划条例》
	1935 年	颁布了《历史古迹和建筑法》，进入历史环境保护的起步期
	1966 年	颁布《国家历史保护法》奠定了美国历史环境保护的基石，是关于历史环境保护综合性政策措施的基本法律，是美国历史环境保护的基本依据。该法确立了以历史性场所国家登录制度为基础的美国历史环境保护制度体系。指出历史性场所国家登录是指国家级机构列出的、值得保护的历史性场所名录，是该法制定的巨大历史保护计划中的核心内容。在联邦、部落、州、地方各级政府以及民众的协助下，内政部国家公园管理局负责管理历史性场所的国家登录工作

续表

国家	年份	相关立法
德国	1959年	开始鼓励各地在建设规划中以试点的方式，优先考虑"整建翻新旧城区"的适当措施
	1971年	随着《城市建设促进法》付诸实施，地方性的城市更新和发展试点经验推广至全国

资料来源：作者整理．

2.《世界遗产公约》与登录标准

《世界遗产公约》以一种崭新的概念为基础，开辟了遗产保护领域的新天地，肯定了属于全人类的世界文化遗产和自然遗产的存在，并指出人类只是世界自然和文化史上一切伟大里程碑的托管者。公约的宗旨是"建立一个依据现代科学方法制定的永久有效的制度，共同保护具有突出普遍价值的文化和自然遗产"。强调"缔约国本国领土内的文化和自然遗产的确认、保护、保存、展出和移交给后代主要是该国的责任"。公约规定设立世界遗产委员会，并由该委员会公布《世界遗产名录》和《濒危世界遗产名录》。世界遗产的登录工作并不是一种单纯的学术活动，而是一项具有司法性、技术性和实用性的国际任务，其目的是动员世界各国人民团结一致，积极保护人类共同的文化遗产和自然遗产。

世界遗产委员会第6届特别会议通过了2005年版《实施〈保护世界文化和自然遗产公约〉的操作指南》（*Operational Guidelines for the Implementation of the World Heritage Convention*），列入《世界遗产名录》的各项遗产详见该操作指南第77条规定。

3. 城市文化遗产保护相关宪章（表3-34）

城市文化遗产保护相关宪章　　　　　　　　　　表3-34

宪章名称	年份	会议名称	要点
两部《雅典宪章》	1931年	第一届历史纪念物建筑师及技师国际会议（ICOM）在雅典召开	会议通过了《关于历史性纪念物修复的雅典宪章》，宪章除了提及纪念物的修复问题外，还将历史纪念物周边地区纳入了保护范围，是后来颁布的《威尼斯宪章》的原型和基础。环境整体保护的思想萌芽于此宪章，提出要注意保护历史遗址周围的环境："历史建筑的结构、特征及它所属的城市外部空间都应当得到尊重，尤其是古迹周围的环境应当特别重视。某些特殊的组群和特别美丽的远景处理也应当得到保护"。 这也是被国际政府接受的第一份保护文化遗产的官方文件，标志着文化遗产保护开始形成国际共识。但由于当时各国对纪念物具体的保护措施和方法的认识并不统一，所以采取了模糊处理的方式

续表

宪章名称	年份	会议名称	要点
两部《雅典宪章》	1933年	国际现代建筑学会（CIAM）在雅典召开会议	会议通过了《雅典宪章》，值得注意的是，该宪章不可与1931年的《雅典宪章》混为一谈，这是第一部获得国际认可的城市规划的纲领性文件，其中提出过"历史遗产"的建议，但在理论和实际工作中未能受到重视。宪章还专门提到了有价值的街区的保护问题
《威尼斯宪章》	1964年	第二届历史古迹建筑师及技师国际会议（ICOM）在威尼斯召开	通过《国际古迹保护与修复宪章》，即《威尼斯宪章》，宪章将古迹的范围由建筑扩大到城市和乡村，还将"纪念物"的概念进一步拓展，规定保护依附于纪念物实体的历史信息，也就是开始重视对具有历史、文化特征的环境的保护，为后来历史园林、历史地段和历史城镇的保护奠定基础。强调现代技术和材料的合理使用；保护历史遗产的周边环境；认识到历史遗产保护与城市的关系；认识到历史遗产保护与社区和居民之间的关系。它继承和发展了《雅典宪章》，又摆脱了《雅典宪章》的束缚。不再纠结于文物的民族国家属性，提高了"人类共同遗产"的意识，全面系统地表述对文物保护的认识、概念、指导思想和技术方法，为文物保护工作奠定了科学基础，该宪章的问世是国际性文化遗产保护划时代意义的里程碑
《佛罗伦萨宪章》	1981年	国际古迹理事会（ICOMOS）全体大会第八届会议	《佛罗伦萨宪章》界定了"历史园林"的概念及其维护、保护、修复和重建要领。将历史园林纳入"历史纪念物"的范畴，且必须根据《威尼斯宪章》的规定予以保存。1982年的国际古迹遗址理事会与国际历史园林委员会（ICHG）公布的《佛罗伦萨宪章》在《威尼斯宪章》的基础上对"历史园林"这一概念做出了解释，并对其维护、保护和修复工作做出具体规定，奠定了历史园林在当代意义上的保护原则
《华盛顿宪章》	1987年	国际古迹遗址理事会（ICOMOS）第八届全体大会	大会通过《保护历史城镇与城区宪章》，又称《华盛顿宪章》，扩大了历史古迹保护的概念和内容，提出了现在通常使用的历史地段和历史城区的概念。《宪章》中涉及的历史城区，包括"城市、城镇以及历史中心或居住区，也包括其自然的和人造的环境"，通过建立缓冲地带来保护环境，强调保护好和延续历史地段人们的生活
《奈良真实性文件》	1994年	与世界遗产公约相关的奈良真实性会议	该文件遵循《威尼斯宪章》的精神，对文化遗产"原真性"的概念和应用作了详尽的阐述，并对其"原真性"进行严格的验证
《关于文化旅游的国际宪章》	1999年	国际古迹遗址理事会国际科学委员会	《关于文化旅游的国际宪章》取代了1976年版的《文化旅游宪章》。在旅游开发日益兴旺的今天，这份关于文化旅游的原则和管理指南有着积极的现实意义
《关于乡土建筑遗产的宪章》	1999年	国际古迹遗址理事会第12届全体大会	该宪章将保护概念扩大到乡土建筑，其中指出，乡土建筑是"一个社会文化的基本表现，是社会与其所处地区关系的基本表现，同时也是世界文化多样性的表现"

续表

宪章名称	年份	会议名称	要点
《北京宪章》	1999 年	国际建协第 20 届世界建筑师大会	宪章总结了百年来建筑发展的历程，并在剖析和整合 20 世纪的历史与现实、理论与实践、成就与问题以及各种新思路和新观点的基础上，展望了 21 世纪建筑学的前进方向。面临新的时代，宪章提出了新的行动纲领：变化的时代，纷繁的世界，共同的议题，协调的行动
《关于工业遗产的下塔吉尔宪章》	2003 年	国际工业遗产保护联合会（TICCIH）	会议通过《关于工业遗产的下塔吉尔宪章》，宪章详细阐述了工业遗产的内容并对保护工业遗产的多数问题提出了前瞻性的认识，这是第一份工业遗产保护的国际性共识文件，该部宪章的颁布被视作国际工业遗产保护的里程碑事件，至此，工业遗产也被视作文化遗产的组成部分
《壁画保护、修复和保存原则》	2003 年	国际古迹遗址理事会第 14 届全体大会	强调对壁画的干预在"最小的范围内进行"，并"鼓励使用传统材料"，对壁画本体的保护与修复工作进行了规定
《保护历史性城市景观维也纳备忘录》	2005 年	世界遗产与当代建筑国际会议	提出了历史性城市景观的概念，强调历史性城市景观保护的重要性并给出了相关建议
《保护具有历史意义的城市景观宣言》	2005 年	联合国教科文组织	在《保护历史性城市景观维也纳备忘录》基础上，针对历史性城市景观中当代建筑的关键难题，指出："一方面要顺应发展潮流，促进社会经济改革和增长，另一方面又要尊重前人留下的城市景观及其大地景观布局""决不能危及由多种因素决定的历史城市的真实性和完整性"
《西安宣言》	2005 年	国际古迹遗址理事会第 15 届大会	《西安宣言》将历史建筑、古遗址和历史地区的环境界定为直接的环境和扩展的环境。它是作为或构成遗产重要性和独特性的组成部分。宣言指出："不同规模的历史建筑、古遗址和历史地区，包括历史城市和城市景观、地景、海洋景观、文化线路和考古遗址。其重要性和独特性来自人们所理解的其社会、精神、历史、艺术、审美、自然、科学或其他文化价值，也来自于它们与物质的、视觉的、精神的以及其他文化背景和环境之间的重要联系。"
《文化遗产阐释与展示宪章》	2008 年	国际古迹遗址理事会第 16 届大会	本宪章的目的是定义"阐释与展示"的基本原则，制定明确的理论依据、标准术语和广泛认可的专业准则
《都柏林原则》	2011 年	国际古迹遗址理事会第 17 届大会	在工业遗产保护的基础上，特别强调了"区域和景观"，说明工业遗产保护的"完整性"问题提升到一个新的高度，其中被工业遗产保护所忽视的环境与非物质文化遗产等问题在《都柏林原则》中得到强调
《台北宣言》	2012 年	国际工业遗产保护委员会 15 次会议	更加注重亚洲工业遗产保护

续表

宪章名称	年份	会议名称	要点
《阿布扎比宣言》	2016年	亚洲合作对话（ACD）第15次外长会	目的是保护各民族濒危的文化遗产和在武装冲突中濒危的文化遗产
《福州宣言》	2021年	第44届世界遗产大会	重申了世界遗产保护和开展国际合作的重要意义，呼吁在多边主义框架内开展更密切的国际合作，加大对发展中国家，特别是非洲和小岛屿发展中国家的支持来加强世界遗产的教育、知识的分享和新技术的使用

资料来源：作者整理.

3.8.3 中国的历史遗产保护制度与法规建设

1. 古物古迹保护的历程

我国现代意义上的文物保护立法始于20世纪初。光绪三十二年（1906年），清政府设立民政部，拟定《保存古物推广办法》，并通令各省执行。光绪三十四年（1908年）颁布《城镇乡地方自治章程》，将"保存古迹"与"救贫事业、贫民公益、救生会、救火会"等作为"城镇乡之善举"，列为城镇乡的"自治事宜"。这是我国历史上最早涉及古物、古迹保存的法律。

民国五年（1916年3月），北洋政府内务部颁发《为切实保存前代文物古迹致各省民政侵训令》。同年10月，该部又颁发《保存古物暂行办法》，民国十七年（1928年9月），南京国民政府内政部颁布《名胜古迹古物保存条例》，同年设立"中央古物保管委员会"。民国十九年（1930年6月2日），国民政府颁布《古物保存法》，明确在考古学、历史学、古生物学等方面有价值的古物为保护对象。1931年7月3日，颁布《古物保存法施行细则》，1932年国民政府设立"中央古物保管委员会"并制定了《中央古物保管委员会组织条例》。

这些法令和机构是我国历史上最早的文物保护法规和古迹保护的专门机构，是国家实施文物保护与管理的滥觞。由于时局动荡，尽管"中央古物保管委员会"在文物保护方面做了一些有益的工作，但没有形成长期稳定的管理机制，地方政府也没有设置相应的文物管理机构，保护法规基本没有得到执行，各地大量文物仍处于管理不善的状况。

2. 文物保护制度的完善

（1）中华人民共和国成立之初：《文物保护管理暂行条例（1961）》

为有效权衡基本建设和文物保护之间的关系，遏制走私、盗掘等行为，1950—1958年，我国先后颁布多个办法、指示。但因其多针对单一问题，故在时任国家文物事业管理局局长王冶秋先生的主持下，于1961年颁布《文物保护管理暂行条例》这一综合性法规，共18条。该条例作为我国文物保护法的前身，总结中华人民共和国成立以来的经验，奠定了我国文化遗产保护的理论基础，具体表现为对国家保护的文物进行界定，制定不可移动文物保护的管理体系和明确可移动文物的流通管理办法。1963 年，颁布《文物保护单位保护管理暂行办法》《关于革命纪念建筑、历史纪念建筑、古建筑、石窟寺修缮暂行管理办法》，对《文物保护管理暂行条例实施方法》进行修改，对《文物保护管理暂行条例》作了补充和深化。这些法规的起步建设，标志了我国文物保护制度的萌芽。

（2）改革开放初期：《文物保护法（1982）》

1982 年 11 月 19 日，全国人民代表大会在《文物保护管理暂行条例（1961）》的基础上，综合考虑已出台的规范性文件，颁布《中华人民共和国文物保护法（1982）》。该法作为我国文化领域首部由国家最高立法机构颁布的法律，确立"不改变文物原状"保护原则，共 8 章 33 条。相较于《文物保护管理暂行条例（1961）》，《中华人民共和国文物保护法（1982）》更精确地界定了国家保护文物，完善了不可移动文物保护管理体系，深化规范了可移动文物的管理和流通，并从已有的审批、管理规定中独立出考古发掘的相关要求，细化了奖惩对象和措施。

（3）21 世纪初期：《中华人民共和国文物保护法（2002）》

2002 年 10 月 28 日，在第九届全国人民代表大会常务委员会第三十次会议上通过《中华人民共和国文物保护法（2002）》，首次明确文物保护工作"保护为主、抢救第一、合理利用、加强管理"十六字方针，并突出强调研究和公众认知的重要性，将其扩充至 8 章 80 条。该法补充建立了从业单位的审批许可制度，体系化完善了文物保护的管理框架，深化了对"不改变文物原状"的认知，以及落实了既有规定的可操作性等。

（4）现阶段：《中华人民共和国文物保护法（2024）》

2020 年国家文物局发布《中华人民共和国文物保护法（2024）》，条文数量从 80 条扩展到 101 条，对保护对象、工作方针、政府职责、不可移动文物保护、考古发掘、馆藏文物保护、民间收藏文物管理、文物出境进境管理、法律责任等作了规定。主要修改内容如下：

- 完善立法目的，丰富文物定义和类型；
- 强化政府责任，鼓励社会参与；
- 加大不可移动文物保护力度；
- 加强馆藏文物保护利用。

3. 历史文化名城制度的建设

（1）概念诞生：保护名称和措施的提出

1982 年国务院批转的《国家建委等部门关于保护我国历史文化名城的请示》中，首次提出名城这一概念并公布了首批 24 个国家历史文化名城，这标志着我国名城保护制度的创立。同年 11 月，我国首部《文物保护法》公布，该法首次明确阐述了历史文化名城的定义，历史文化名城正式成为法定保护概念。

（2）体系完善：三个层次保护体系的形成

1986年国务院在公布第二批名城时首次提出了"历史文化保护区"的概念（2002年修订的《文物保护法》将这一概念明确为历史文化街区，学术界也泛称为历史街区）。1994年在国务院颁布第三批国家名城之后，建设部发布《历史文化名城保护规划编制要求》，明确要求名城保护规划要"划定历史文化保护区予以重点保护"。此后，以黄山屯溪老街等街区为代表，历史文化保护区的保护实践逐渐深化。1997年，建设部转发《黄山市屯溪老街历史文化保护区保护管理暂行办法》的通知中指出"历史文化保护区是我国文化遗产的重要组成部分，是保护单体文物、历史文化保护区、历史文化名城这一完整体系中不可缺少的一个层次"。至此，我国名城三个层次的保护体系基本成为共识。

（3）立法保护：保护工作走向法治

2000年之后，我国名城法律法规体系不断完善。2002年新修订的《文物保护法》进一步明确了历史文化名城的概念，正式提出了历史文化街区（村镇）的名称，名城三个保护层次均有了明确的法定概念。2005年《历史文化名城保护规划规范》公布，成为我国名城保护规划领域的唯一技术标准。2007年公布的《城乡规划法》明确规定历史文化遗产保护内容应当作为城市（镇）总体规划的强制性内容。2008年国务院正式颁布了《历史文化名城名镇名村保护条例》，成为我国第一部名城保护的专门法规。上述《文物保护法》《城乡规划法》及《历史文化名城名镇名村保护条例》也被概括为"两法一条例"，构成了我国名城保护的基本法律法规体系。

3.8.4　历史遗产保护规划

1. 历史文化名城保护规划

《文物保护法》将历史文化名城定义为"保存文物特别丰富，具有重大历史价值和革命意义的城市。"《历史文化名城名镇名村保护条例》第七条明确了申报国家历史文化名城、名镇、名村的条件。城市文化遗产保护不只是单纯的文物古迹保护，历史文化名城保护的内容有物质要素和非物质要素两个方面（表3-35）。

历史文化名城的保护对象　　　　　　　　　　　　　　表3-35

保护对象	物质要素	历史文化名城的格局和风貌，与历史文化密切相关的自然地貌、水系、风景名胜、名木
		反映历史风貌的建筑群、历史街区、名镇名村等
		各级文物保护单位、登记不可移动文物、历史建筑等
	非物质要素	民俗精华、传统工艺、传统文化等

资料来源：吴志强，李德华. 城市规划原理[M]. 4版. 北京：中国建筑工业出版社，2010：636.

保护规划的主要内容应包括：制订历史文化名城的保护原则、保护内容和保护重点；合理确定历史城区的保护范围，制订保持、延续古城格局和传统风貌的总体策略与保护措施；合理划定历史文化街区的核心保护范围和建设控制地带，制订相应的保护措施、开发强度和建设控制要求；确认需要保护的传统民居、近现代建筑等历史建筑；制订保护规划分期实施方案，确定对影响名城历史风貌实施整治的重点地段，包括需要整治、改造的建筑、街巷和地区等。

（1）历史城区空间格局保护

历史城区空间格局保护是城市整体景观环境保护的重点。历史城区空间格局一方面是城市受自然环境制约的结果，另一方面也反映出城市社会文化与历史发展进程方面的差异和特点。构成历史城区空间格局的要素通常包括以下的内容：河网水系、山体坡地等地理地貌环境特征，城市的街道骨架、街巷尺度、天际轮廓线、城市轴线等标志性建筑物、构筑物以及地域特色明显的传统居住建筑。这些需要保护的要素既可能是历史的或传统的，也可能是现代的，关键是看它在表现城市特征和构成城市景观方面的作用。

（2）城市布局的适度调整

在城市空间布局层面处理城市发展与城市文化遗产保护关系的方式有两种，即开辟新区和新旧相融并存。开辟新区或在历史城区以外进行新的建设，以减轻历史城区的压力，是当前协调城市文化遗产保护与城市发展的一种方式，是一种希望避免保护与发展相冲突的战略性规划。如我国苏州城区东侧的工业园区和西侧的开发区、云南丽江老城西侧的新区以及法国巴黎的拉德芳斯新区等。将新的建筑形态和城市空间融入原有的城市空间格局中，以求整个城市在形态和功能的不断新旧交替中得到发展，则是一种新旧并存的城市发展战略，如法国巴黎的中心城区、德国的慕尼黑和我国的北京等。

（3）历史城区周边环境的控制

与体现自然风景有关的要素均应属于城市外围环境控制需要考虑的内容，它们包括农田、树木、水域、地形、自然村落等。在城市外围环境控制范围内，所有的自然风景要素都不能被破坏，对改善自然环境与景观的生态型改造工程在其中实施应予以鼓励，对现有的居民点和其他人工设施应控制在原来的建设范围之内，限制其扩大规模。

（4）历史城区建筑高度控制

建筑高度控制的规定指标，除了规定建筑檐口高度外，还要规定建筑或构筑物的总高度，并注明包括屋顶上的附属设施如水箱等。将各文物古迹、历史建筑、标志景观的保护范围所要求的高度控制，各景点之间的视线通廊控制，以及传统街巷、河道两侧的高度控制进行整合。再依据历史文化名城保护的总体要求，对历史街区、自然风景区的不同控制高度进行划定，两项内容叠加综合，并参照现状地形、地貌，以及其他建设开发控制规划进行适当调整，最后制定出历史城区的建筑高度控制规定。

2.历史文化街区保护规划

（1）基本特征

历史文化街区是指保存文物特别丰富，历史建筑集中成片，能够较完整和真实地体现传统格局和历史风貌，并具有一定规模的区域。一般情况下，城市的历史文化街区具有以下基本特征：

– 保留有一定比例的真实历史遗存物，携带着真实的历史信息。

– 具有较完整的历史风貌，能反映某历史时期某一民族及某个地方的鲜明特色，在这一地区的历史文化上占有重要地位。

– 历史文化街区应在城镇生活中仍起着重要的作用，是生生不息的、具有活力的生活社区，这就决定了历史文化街区不但记载了过去城市的大量文化信息，而且还不断并继续记载着当今城市发展的大量信息。

（2）历史文化街区范围划定原则

– 保护历史的真实性，要尽可能多地保护真实的历史遗存，对历史建筑积极维护修缮，不要因其破旧就认为没有使用价值而拆毁，也不可将仿古造假当成保护的手段。

– 维护风貌的完整性，要保存整体的环境风貌，不但包括建筑物，还包括街巷、古树、小桥、院墙、河溪、驳岸等构成环境风貌的各类因素。

– 保持生活的延续性，应改善居住环境条件让居民能够继续在此居住生活，应尽可能维持原有的功能或植入适当的新的功能，促进地区的经济复兴。

（3）历史文化街区保护内容

1）历史建筑

在历史文化街区中，有两类建筑需要重点保护，一类是必须保护的各级文物保护单位，它们必须符合文物保护单位的保护要求；另一类是反映地区历史风貌和地方特色的建筑。后一类保护建筑的数量在历史文化街区中占绝大多数，它们的保护应该结合居民生活的改善进行，以保持地段的生活活力。对后一类建筑的保护方式一般概括为整体保存和局部保存两种。整体保存是指在不改变被保护建筑原有特征的基础上，对建筑的外观和内部进行修缮、整治，对建筑整体结构进行加固，对损坏部分进行修复。局部保存是指保留被保护建筑中体现历史风貌的最主要要素，如立面、屋顶、墙面材料和建筑构件等。

2）街巷格局

保持街巷的格局应该考虑街巷布局与形态、街巷功能和街巷空间及景观三个基本方面。街巷的布局与形态主要包含街巷网络的平面布局特征、主次街巷的相互连接关系、街巷的分级体系和街巷空间的层次关系。一般情况下，历史文化街区的街巷形态不应改变，同时历史文化街区街巷的功能应该在原有的主体功能上予以扩展，历史文化街区街巷的尺度、界面和空间标志物应该给予保持和保留。

3）空间肌理及景观界面

空间肌理由城市各个层次的空间关系与形态、各种空间在城市空间肌理及城市生活中的地位与作用以及其中的活动等要素构成。景观界面包括开放空间周围的界面、主要景观视线所及的建筑、自然界面以及街巷界面。它不仅集中表现了一个城市的精华和特点，同时也展示着城市的文化。在历史文化街区的保护规划中，确定需要保护的建筑的原则同样适用于确定需要保护的空间肌理和景观界面。

（4）历史文化街区整治工程

1）景观环境整合

在历史文化街区中，并不是所有的建筑都需要保护，对历史文化街区中现存的各类不合理建（构）筑物，包括不符合卫生要求的、不符合消防要求的和不符合景观要求的新旧建筑物和临建、搭建物，应根据不同情况对其采取拆、改、补的方法，使地段的整体景观特征得以充分体现。历史文化街区和城市的其他地区一样都有新建和改建的需要。历史文化街区的新建和改建建筑应该与现有的建筑尺度相适应，如开间、柱距、层高、高度、面宽和体量等，并在色彩、材料、工艺和形式等方面考虑与现存环境的关系。

2）基础设施改造

历史文化街区基础设施的改造包括供水、供电、排水、供气和取暖等管网，垃圾收集清理，道路路面等街区市政基础设施的改造和完善。历史文化街区需要保护的居住建筑，其平面布局及内部设施均已陈旧，且厨卫设施相当简陋，与现代生活要求不相适应，因此需要对其在平面布局和内部设施方面进行改造，以满足现代生活的需求。建筑物内部的改造，应以不破坏建筑外观的历史风貌特征和内部的结构特征为原则，对平面作重新分割，对设施作更替与添置，对室内环境作适当整治。

3）居住环境改善

居住环境的改善除了建筑物内部的改造外，从城市规划的角度还包括居住人口规模的调整和户外居住环境质量的提高。对居住人口密度过大的历史文化街区，由于在历史文化街区中不可能依靠增加大量新的建筑面积来使该地段的居民达到舒适的居住面积标准和户外环境标准，因此应适当减少居住人口，调整居民结构。迁走一定的住户，同时拆除搭建建筑和少量无价值的破损建筑，增加绿地与空地，以保证依然居住在历史文化街区的居民达到一定标准的居住质量。而对居住人口密度太低的历史文化街区，则应该考虑如何吸引居民来此居住、工作和消费，恢复历史文化街区的活力。

4）土地使用调整

对城市中历史文化街区的功能应该做重新定位，并通过地段土地使用调整的方法来逐步实现。对历史文化街区功能的定位研究，可以从城市的发展历史和今后城市性质的发展方向两个主要方面进行，以最大限度地保持地段的历史文化价值为基点，结合地段的振兴与地区活力的保持，合理地把握历史文化街区的发展方向。

历史文化街区土地使用调整一般有四种途径：保持现用途、恢复原用途、纳入部分其他用途和改为新的用途。保持现用途和恢复原用途一般常用在以居住用途为主的历史文化街区的保护规划中。在通常情况下，由于城市的发展，历史文化街区的用途或多或少都需要有所改变，在历史文化街区中纳入新的用途是必要的，然而纳入新用途的规模需要有所限制。历史文化街区的主体功能一般不宜被改变，除非原有用途已经完全不适应现在的要求，才采用完全改变为新用途的做法。无论是哪种情况，将历史文化街区完全转变为博物馆式的游览景区是不可取的。

5）地段交通组织

在一些人口密集、交通拥挤的历史文化街区，交通工具的改变常使原来的街巷无法适应。解决这一问题的原则是疏导交通，在满足居民对现代化交通需求和保持历史文化街区的历史文化环境特征之间寻求平衡。一般采取的解决方案是最大限度地将交通疏导到历史文化街区的外围，或是在街区内利用现有街巷组织单向交通，或是两种措施并用，以保持历史文化街区的空间景观特征。一般不主张采用拓宽原有街巷、开辟新的道路和新建停车场的做法来解决交通问题。

3. 历史建筑保护与利用

（1）历史建筑保护的法定要求

2008 年 7 月 1 日施行的《历史文化名城名镇名村保护条例》，首次在全国范围内明确要求保护"经城市、县人民政府确定公布的具有一定保护价值、能够反映历史风貌和地方特色"的历史建筑，即针对文物保护单位和登记不可移动文物以外的建、构筑物必须采取切实有效的保护措施，改变随意拆除年代不够久远、风格不够突出、还未列入保护清单的各类建筑物。

在《历史文化名城名镇名村保护条例》的相关条款中明确了历史建筑保护的措施要求。这些保护措施包括：城市、县人民政府应当确定并公布历史建筑清单，对历史建筑设置保护标志，建立档案；历史建筑的所有权人负责历史建筑的维护和修缮，县级以上地方人民政府可以给予补助；历史建筑有损毁危险，所有权人不具备维护和修缮能力的，当地人民政府应当采取措施进行保护；对历史建筑原则上实施原址保护，必须迁移异地保护或者拆除的，应当经省、自治区、直辖市人民政府确定的保护主管部门会同同级文物主管部门批准；对历史建筑进行外部修缮装饰、添加设施以及改变历史建筑的结构或者使用性质的，应当经城市、县人民政府城乡规划主管部门会同同级文物主管部门批准。

（2）利用原则

保护利用结合。严格遵循文物保护或历史建筑保护要求的前提下，妥善合理地利用文物建筑或历史建筑，是保护并使其传之久远的一个好方法，它不仅有助于保护，而且赋予历史建筑新的活力。

尽可能保持原功能。这种方式意味着最少的变更，因而有利于保存文物建筑各方面的价值，与恢复周边地段活力结合。《内罗毕建议》提出，"在保护和修缮的同时，要采取恢复生命力的行动"。为此，许多国家和地区在对文物建筑进行保护、修缮和使用的同时还制定了专门的政策，以复苏历史建筑及其所在地区的社会生活，使它们在社区和周围地区的社会文化发展中起促进作用，同时把保护和重新利用历史建筑同城市建设过程结合起来，使它们具有新的意义。

合理利用文物建筑。应在严格保护与控制下合理利用文物建筑，不论采用何种利用方式，均应体现保护优先的原则，合理利用应在文物保护单位或历史建筑保护规划的指导下进行。

（3）利用方式

1）保持原有用途

这是最有利于文物建筑保护的利用方式。国外的绝大多数宗教建筑、部分政府行政办公建筑和我国的古典园林都属于这一类型。由于悠久的历史和与之相关联的宗教典故，使得它们比新建的同类建筑具有更大的吸引力，如欧洲的教堂，我国苏州的古典园林、北京的颐和园、圆明园等。

2）改变原有用途

– 作为博物馆使用。这种使用方式最普遍，也是使其发挥效益的较好使用方式之一。根据不同的需要和建筑状况规模可大可小，老建筑可能是宫殿、宫邸或民宅。

– 作为学校、图书馆等文化设施使用。欧洲历史城市的许多学校、图书馆和政府办公楼都是利用古建筑改建而成的，我国也不乏其例。如法国图卢兹市政府，我国长春地质学院的教学楼、北京图书馆、上海美术馆等。

– 作为旅游设施使用。对保护等级较低的文物，可作为旅馆、餐馆、公园及开放的游览景点使用。如英国沙福克城中的麦芽糖作坊被改造成为度假旅馆等。

3）城市景观标志

有些文物保护单位或历史建筑，由于各种原因而不能或不宜继续具有具体的用途，但它却代表了城市发展历史中重要的阶段或事件，代表了某一时期的建筑艺术或技术的成就。对这类文物应该维护其既有状况，保留作为城市的景观标志，以时刻让人们感受到城市发展的历史脉络，也可作为纪念、凭吊、观光的场所。如法国巴黎的古城墙、德国柏林市中心的大教堂等。

（4）其他需要保护的建筑

除了必须对文物保护单位按国家文物法的规定进行保护外，对城市中其他需要保护建筑的确定，应该以是否对保持城市空间景观的连续性和逻辑性，是否具有潜在的历史、文化、建筑和艺术方面的价值为目标。也就是将建筑根据它在城市环境中所起的作用，看是否有更好的替代可能，如果没有或暂时没有，则不应该拆除，而应该予以保护。这些被保护建筑既可能是古老的，也可能是现代的。

4. 风景园林遗产保护与利用

（1）相关概念

1）风景园林遗产

风景园林遗产是指"与风景园林营造与审美活动高度关联的自然与文化遗产，包括已登录国家和世界遗产名录的自然与文化遗产地，以及受法律保护但尚未登录遗产名录的传统园林、文化景观、风景名胜等物质遗产"。

2）风景园林遗产保护

风景园林遗产保护是对具有遗产价值和重要生态服务功能的风景园林境域进行保护与管理的学科。实践对象不仅包括传统园林、自然遗产、自然与文化的混合遗产、文化景观、乡土景观、风景名胜区，地质公园、遗址公园等遗产地区，也包括自然保护区、森林公园河流廊道、动植物栖息地、荒野等具有重要生态服务功能的地区。它主要研究传统园林保护和修复、遗产地价值识别和保护管理、保护地景观资源勘察和保护管理、遗产地与保护地的网络化保护管理、生态服务功能区的保护管理、旅游区游客的行为管理等。

3）风景园林遗产构成

风景园林遗产保护关注与自然环境相关的一切有价值遗产，因此风景园林遗产构成包括世界自然遗产、文化遗产、混合遗产、遗产文化景观、风景名胜区、历史园林、乡土景观、寺庙胜迹景观等。

（2）风景园林遗产保护与利用

1）风景名胜区的保护与利用

风景名胜区规划的主要内容包括保护培育、开发利用和经营管理，并同时发挥其多种功能作用的统筹部署和具体安排。规划的主要类型有风景名胜区发展战略规划、风景名胜区旅游体系规划、风景名胜区区域规划、风景名胜区规划纲要（审批管理）、风景名胜区总体规划、风景名胜区分区规划、风景名胜区详细规划（审批管理）、景点规划。

规划的基本原则：风景名胜区规划必须符合中国国情，因地制宜地突出本风景名胜区特色。应当依据资源特征、环境条件、历史情况、现状特点以及国民经济和社会发展趋势，统筹兼顾，综合安排；应严格保护自然与文化遗产，保护原有景观特征和地方特色，维护生物多样性和生态良性循环，防止污染和其他公害，充实科教审美特征，加强地被和植物景观培育。应充分发挥景源的综合潜力，展现风景名胜区游览欣赏主题，配置必要的服务设施与措施，改善风景名胜区运营管理技能；应合理权衡风景名胜区环境、社会、经济三方面的综合效益，权衡风景名胜区自身健全发展与社会需求之间的关系。风景名胜区规划应与国土规划、区域规划、城市总体规划、土地利用规划及其他相关规划相互协调或衔接。

2）历史园林的保护与利用

历史园林遗产保护的基本原则包括原真性原则、完整性原则、可识别性原则和可持续性原则。历史园林保护的措施及方法主要有4种：①风景文物的维修。对实体遗存维修以保持其耐久性和艺术完整性。②搬迁和改建。为使某些分散的古迹得到更有效的保护，或由于某种不可抗拒的原因危及原址保护，搬迁是一种补救措施，同时，在景观的个性能够得到确实保存的前提下，可以作适当地添加或改变以适应新的要求。③重建和复原。用新的材料创造已湮没或消失的景观，以达到重现历史意象或对某种文化解释说明的目的。④风貌设计。较大范围的整体形态和形象的保护。

3）其他类型风景园林遗产保护与利用

文化景观的保护要素：确立文化景观遗产保护的科学理念。文化景观保护管理应当以真实、全面地保存并延续遗产历史信息及全部价值为目的。采取分别划定景观整体和重点保护要素的保护区划，制定相应的保护与管理的专项措施；同时，可以根据实际提出更加明确具体的要求，限定城市发展对遗产的负面影响，严格限定建设规模。

遗址公园因不同类型具体情况各异，应采取的策略也不尽相同。总体看来，可供参考的一般性原则为：价值的挖掘利用与古物遗存的拯救相结合；开发保护的互动与历史文脉的延续相结合；特色活动的重生与逝去文化的重现相结合。

寺庙园林遗产的保护和利用，一是要重视其所在地域自然环境、山水的保护。因为它们很大程度上来说对园林空间意境的创造起着决定性的作用；二是深入研究宗教文化影响下寺观园林所具有的景象简远、布局疏朗和天然雅致的特征，体现人与自然的和谐以及浓厚的禅意气氛。

乡土景观中对古村落的保护措施有三方面：山水环境保护；空间轮廓线保护；平面传统格局保护。

（3）遗产管理体系与活动控制

1）遗产保护工作流程

风景园林遗产保护工作的一般程序为：

－现状调研及问题研究：包括前期研讨、基础分析、对象确定、评价认定四个方面。

－保护及整治方案设计：包括制定保护目标和原则和制定保护措施。

－方案实施与反馈调整：应重视保护遗产整体的完整性、辩证地对待遗产真实性、利用与开发建设的合理性。

－日常维护与后续监测：需要建设一套完整的遗产管理动态信息与预警系统，实现对文化遗产自然环境信息、自然灾害信息、人为破坏信息和保护管理信息的动态监测，建立文化遗产的信息动态管理和危机预警机制。

2）遗产保护法律体系

－主要问题：以世界遗产为例，目前我国遗产保护立法与管理的基础存在的问题包括世界遗产管理体制的归属有待理顺、政府管理与引用市场机制管理的选择、经济效益与社会效益的矛盾三方面。

－遗产保护立法展望：风景园林遗产保护工作目前刚刚起步，我们应当采取如下建设行动：第一，建设使命与价值观高度一致，充满活力和生机的风景园林遗产保护体系；第二，确立风景权的法律地位，研究"中华人民共和国风景权法"的可行性；第三，尽快推进执业制度的出台，并配套相应的监督评估和认定；第四，积极推动全民尤其是中小学风景教育和环境教育活动；第五，加强对全球变化和国家大政方针的敏感度，倡导、参与和制定风景园林全球战略和国家战略；第六，积累和宣传优秀的保护、规划、设计、建设、管理以及教育实践范例，引导人们正确的风景园林遗产价值观的形成；第七，加强基础理论补充，鼓励理论争鸣，最终促进风景园林遗产保护成为一个现代意义上的成熟理论，成为生态文明领导性学科之一。

－保护资金获得渠道：一般来说，遗产保护的资金可以从以下几种方式获得，包括国家拨款、地方政府积极自主筹集保护资金、地方政府制定"文化经济政策"，以吸引项目投资以及居民参与、政府组织，寻求国际合作及保护资金援助、民间成立遗产保护基金会。

－保护管理制度体系：在文化遗产地、国家公园、风景区保护的管理制度上，世界各国都根据自己的国情、人员组织情况制定相应的监督机制、登录制度、审查制度等。这一方面西方国家的制度体系相对成熟，对我国在遗产保护管理制度体系的完善有一定的借鉴作用。

3）人类活动的控制与管理

在实际操作中，以观光游览业经营需求作为风景名胜资源的保护与管理导向的情况比比皆是，给风景名胜资源造成很大破坏。因此需要辩证地看待风景园林遗产与人类活动的关系，既要对游客进行一定的控制管理，同时也要适当地进行人文活动的引导和组织，使得风景园林遗产得到更好的保护，并为大众服务。

思考题（具体内容扫描二维码 3-28 阅读）

二维码3-28

本章参考文献

[1] 中华人民共和国自然资源部 . 关于印发《自然资源调查监测体系构建总体方案》的通知（自然资发〔2020〕15 号）[Z]. 北京：中华人民共和国自然资源部，2020.

[2] 牛显春，涂宁宇，杜诚 . 环境影响评价 [M]. 北京：中国石化出版社，2021.

[3] 金春 . 中原城市群生态保护和经济高质量协同发展及影响因素研究 [D]. 沈阳：辽宁大学，2021.

[4] 沈清基，彭姗妮，慈海 . 现代中国城市生态规划演进及展望 [J]. 国际城市规划，2019，34（4）：37-48.

[5] 傅伯杰 . 国土空间生态修复亟待把握的几个要点 [J]. 中国科学院院刊，2021，36（1）：64-69.

[6] 王晨旭，刘焱序，于超月，等 . 国土空间生态修复布局研究进展 [J]. 地理科学进展，2021，40（11）：1925-1941.

[7] 宫清华，张虹鸥，叶玉瑶，等 . 人地系统耦合框架下国土空间生态修复规划策略：以粤港澳大湾区为例 [J]. 地理研究，2020，39（9）：2176-2188.

[8] 付战勇，马一丁，罗明，等 . 生态保护与修复理论和技术国外研究进展 [J]. 生态学报，2019，39（23）：9008-9021.

[9] MOFFAT A J. Reclamation of drastically disturbed lands[J]. Geoderma，2002，106（1/2）：162-163.

[10] 湖南省自然资源厅 . 湖南省市级国土空间生态修复规划编制指南（试行）[Z]. 长沙：湖南省自然资源厅，2021.

[11] 崔婧琦，陆柳莹，王聪 . 国土空间生态修复规划策略与青岛实践 [J]. 规划师，2021，37（S2）：11-17.

[12] 黄艳 . 促进城市转型发展增强人民的获得感——兼论"生态修复、城市修补"工作 [J]. 城市规划，2016，40（z2）：7-11，18.

[13] 自然资源部办公厅，财政部办公厅，生态环境部办公厅 . 关于印发《山水林田湖草生态保护修复工程指南（试行）》的通知（自然资办发〔2020〕38 号）[Z]. 北京：自然资源部办公厅，财政部办公厅，生态环境部办公厅，2020.

[14] 杨惠珍 . 我国新型城镇化形势下城镇化质量评价指标体系的构建 [J]. 经济研究导刊，2013（20）：65-67，78.

[15] 赵黎明，焦珊珊 . 我国城镇化质量指标体系构建与测度 [J]. 统计与决策，2015（22）：41-43.

[16] 李红燕，邓水兰 . 新型城镇化评价指标体系的建立与测度——以中部六省省会城市为例 [J]. 企业经济，2017，36（2）：187-192.

[17] 胡星，何宇鹏 . 新型城镇化质量指标体系的构建与实证测度——基于全国 42 个主要城市的研究 [J]. 中国名城，2018（6）：19-28.

[18] 辜胜阻，易善策，李华 . 中国特色城镇化道路研究 [J]. 中国人口·资源与环境，2009，19（1）：47-52.

[19] 姚士谋，陆大道，王聪，等 . 中国城镇化需要综合性的科学思维——探索适应中国国情的城镇化方式 [J]. 地理研究，2011，30（11）：1947-1955.

[20] 李国平 . 我国工业化与城镇化的协调关系分析与评估 [J]. 地域研究与开发，2008，27（5）：6-11.

[21] 施益军，翟国方，鲁钰雯，等 . 中国城镇化规模与质量的协调发展水平测度与分析 [J]. 地域研究与开发，2021，40（6）：12-18.

[22] 杨剩富，胡守庚，叶菁，等 . 中部地区新型城镇化发展协调度时空变化及形成机制 [J]. 经济地理，2014（11）：23-29.

[23] 臧良震，苏毅清 . 我国新型城镇化水平空间格局及其演变趋势研究 [J]. 生态经济，2019，35（4）：81-85，110.

[24] 谢伏瞻，刘伟，王国刚，等 . 奋进新时代、开启新征程：学习贯彻党的十九届五中全会精神笔谈（上）[J]. 经济研究，2020，55（12）：4‐45.

[25] MAXWELL J W. The functional structure of Canadian cities[J]. Geographical Bulletin，1965（7）：79-104.

[26] 劳昕，张远，沈体雁，等 . 长江中游城市群城市职能结构特征研究 [J]. 城市发展研究，2017，24（11）：111-117.

[27] 许学强，周一星，宁越敏 . 城市地理学 [M]. 北京：高等教育出版社，2022：132-240.

[28] 曼昆 . 经济学原理（微观经济学分册）[M]. 梁小民，译 . 北京：北京大学出版社，2006：13.

[29]《城市轨道交通 2020 年度统计和分析报告》发布 [J]. 隧道建设（中英文），2021，41（4）：691.

[30] 王晶 . 城市经济结构的空间演变与城市财政 [J]. 现代财经（天津财经学院学报），2001（10）：12-16.

[31] 栾峰 . 城市经济学 [M]. 北京：中国建筑工业出版，2013：282-314.

[32] 蔡孝箴 . 城市经济学 [M]. 修订版 . 天津：南开大学出版社，1998：22.

[33] 冯云廷 . 城市经济学 [M]. 大连：东北财经大学出版社，2008：28-115.

[34] 向德平，章友德 . 城市社会学 [M]. 北京：高等教育出版社，2005：1-10.

[35] 许英 . 城市社会学 [M]. 济南：齐鲁书社，2002：191-206.

[36] 彭希哲，胡湛 . 公共政策视角下的中国人口老龄化 [J]. 中国社会科学，2011（3）：121-138，222-223.

[37] 胡湛，彭希哲 . 应对中国人口老龄化的治理选择 [J]. 中国社会科学，2018（12）：134-155，202.

[38] 杜鹏，李龙 . 新时代中国人口老龄化长期趋势预测 [J]. 中国人民大学学报，2021，35（1）：96-109.

[39] 陆建华 . 中国社会问题报告 [M]. 北京：石油工业出版社，2002.

[40] 国家人口和计划生育委员会流动人口服务管理司.中国流动人口发展报告 2021 [M]. 北京：中国人口出版社，2021.

[41] 李怀.转型期中国城市社会分层与流动的新趋势 [J]. 广东社会科学，2020（4）：178-190.

[42] 唐忠新.贫富分化的社会学研究 [M]. 天津：天津人民出版社，1998：37-52.

[43] KALLEBERG A L，SORENSEN A B. The sociology of labor markets[J]. Ann. Rev. Sociol.1979，5：351-379.

[44] 陆学艺.当代中国社会阶层研究报告 [M]. 北京：社会科学文献出版社，2002.

[45] 冯健，周一星.中国城市内部空间结构研究的进展与展望 [J]. 地理科学进展，2003，22（3）：304-315.

[46] 北京大学社会学系社会学理论教研室.社会学教程 [M]. 北京：北京大学出版社，1987：23.

[47] 保罗.诺克斯，史蒂文·平奇.城市社会地理学 [M]. 柴彦威，等译.北京：商务印书馆，2005：157-168.

[48] 夏建中.国外社会学关于城市社区权力的界定 [J]. 江海学刊，2001（5）：42-45.

[49] 蔡禾，张应祥.城市社会学：理论与视野 [M]. 广州：中山大学出版社，2003：81-98.

[50] 李嘉靖，刘玉亭.城市社区管理模式评析及中国社区管理机制初探 [J]. 现代城市研究，2013（12）：5-12.

[51] 李璐.城市社区组织管理研究综述 [J]. 湖北社会科学，2014（8）：45-50.

[52] 黄耀福，郎嵬，陈婷婷，等.共同缔造工作坊：参与式社区规划的新模式 [J]. 规划师，2015，31（10）：38-42.

[53] 杨芙蓉，黄应霖.我国台湾地区社区规划师制度的形成与发展历程探究 [J]. 规划师，2013，29（9）：31-35，40.

[54] 何爱.中国社区规划师制度的实践与探索 [J]. 城乡建设，2021（22）：46-47.

[55] 涂慧君，吕子璇，汤佩佩.社区规划师制度模式研究与实践初探——以上海市虹口区四川北路街道社区规划师为例 [J]. 城市建筑，2021，18（7）：37-43.

[56] 李月华.园林绿化实用技术 [M]. 北京：化学工业出版社，2015：1-2.

[57] 王亚南.景观生态学与城市园林绿化关系的探讨 [J]. 中国住宅设施，2021（8）：23-24.

[58] 王洪亮.刍议园林植物种植设计 [J]. 核农学报，2021，35（2）：519.

[59] 王红英，孙欣欣，丁晗.园林景观设计 [M]. 北京：中国轻工业出版社，2017：2-3.

[60] 吴阳，刘慧超，丁妍.景观设计原理 [M]. 石家庄：河北美术出版社，2017：2-3.

[61] 罗伯特·霍尔登，杰米·利沃塞吉.景观设计学 [M]. 朱丽敏，译.北京：中国青年出版社，2015：7-8.

[62] 成玉宁.现代景观设计理论与方法 [M]. 南京：东南大学出版社，2010：1-2.

[63] 王国彬，刘贯，石大伟.景观设计 [M]. 北京：中国青年出版社，2010：14-15.

[64] 周沁沁，王占锋.园林规划与景观设计 [M]. 成都：西南交通大学出版社，2014：1-2.

[65] 李坚.全域国土综合整治下景观设计内容与流程研究——基于嘉鱼茶园景观设计项目分析 [J].

工程建设与设计，2021（18）：7-10.

[66] 尤南飞. 景观设计 [M]. 北京：北京理工大学出版社，2020：84-85.

[67] 陈根. 建筑设计看这本就够了 [M]. 北京：化学工业出版社，2019：8-9.

[68] 简晓思. 建筑设计原理 [M]. 2 版. 武汉：华中科技大学出版社，2015：3-4.

[69] 胡仁禄，周燕珉. 居住建筑设计原理 [M]. 北京：中国建筑工业出版社，2018：2-3.

[70] 杨龙龙. 建筑设计原理 [M]. 重庆：重庆大学出版社，2019：64-66.

[71] 邓广. 建筑结构 [M]. 北京：中国建筑工业出版社，2017：6-13.

[72] 余丽武. 建筑材料 [M]. 2 版，南京：东南大学出版社，2020：2-3.

[73] 张嵩，史永高. 建筑设计基础 [M]. 南京：东南大学出版社，2015：157-158.

[74] 李必瑜，魏宏杨，覃琳. 建筑构造（上册）[M]. 北京：中国建筑工业出版社，2019：2-4.

[75] 曾坚，蔡良娃. 建筑美学 [M]：中国建筑工业出版社，2010：28-66.

[76] 庄惟敏. 建筑策划与设计 [M]. 北京：中国建筑工业出版社，2016：7-28.

[77] 田学哲，郭逊. 建筑初步 [M]. 北京：中国建筑工业出版社，2010：220-225.

[78] 吴志强，李德华. 城市规划原理 [M]. 4 版. 北京：中国建筑工业出版社，2010：616-617，621-624，636.

[79] 张松. 城市生活遗产保护传承机制建设的理念及路径——上海历史风貌保护实践的经验与挑战 [J]. 城市规划学刊，2021（6）：100-108.

[80] 唐晓岚，张佳垚，邵凡. 基于国际宪章的文化遗产保护与利用历史演进研究 [J]. 中国名城，2019（9）：78-86.

[81] 荣幸，王旭.《中华人民共和国文物保护法》完善历程溯往 [J]. 城市住宅，2021（12）：8-11.

[82] 兰伟杰，胡敏，赵中枢. 历史文化名城保护制度的回顾、特征与展望 [J]. 城市规划学刊，2019（2）：30-35.

[83] 董莉莉. 风景园林遗产保护与利用 [M]. 北京：中国农业大学出版社，2017：1-22，73-196.

[84] 全国城市规划执业制度管理委员会. 城市规划相关知识 [M]. 北京：中国计划出版社，2011.

[85] 王翠萍，王宇新. 城市规划相关知识 [M]. 北京：中国建筑工业出版社，2021.

第 4 章

城乡规划法规与技术标准

```
                                                              体系构成
                                        城乡规划法规体系      体系结构
                                                              体系框架

                        城乡规划                              体系构成
                        法规概述        城乡规划技术标准体系    体系结构
                                                              体系框架

                                                              中央高度集权的城市规划法规体系
                                        国际发展经验借鉴       国家立法和地方执法相结合的城市规划法规体系
                                                              地方政府高度自治的城市规划法规体系

                                                              《城乡规划法》的立法历程
                                                              现行《城乡规划法》基本框架
                                        《城乡规划法》         现行《城乡规划法》的城乡规划体系
    城乡规划法规                                               现行《城乡规划法》的城乡规划编制和审批程序
    与技术标准                                                 城乡规划的修改
                        城乡规划法规
                                                              国土空间规划政策演进
                                                              国土空间规划拟解决的问题
                                        国土空间规划           国土空间规划术语
                                                              国土空间规划体系

                                                              现行城乡规划技术标准与规范
                        城乡规划技术标准                       《国土空间规划技术标准体系建设三年行动计划
                        与规划                                （2021—2023 年）》
```

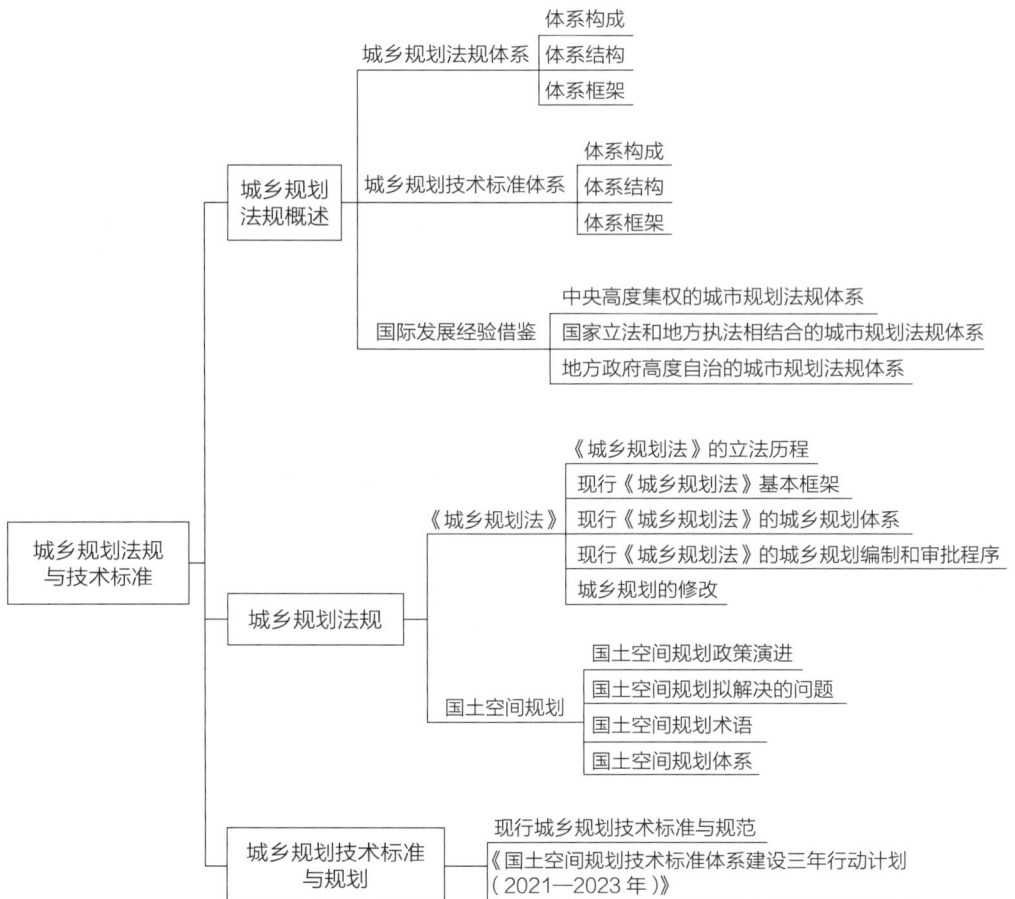

图 4-1 城乡规划法规与技术标准思维导图

资料来源：作者自绘．

4.1 总述

本章介绍了规划师应了解的城乡规划法规与技术标准，从概述、城乡规划法规和规划技术标准与规范三个方面分别予以介绍。

第 1 部分，从法规体系、技术标准体系、国际发展经验借鉴三方面进行阐述。首先介绍了法规体系的体系构成、体系结构和体系框架；其次介绍了技术标准体系的体系构成、体系结构和体系框架；最后，分别介绍了中央高度集权的规划法规体系、国家立法和地方执法相结合的规划法规体系和地方政府高度自治的规划法规体系这三种体系类型的国际发展经验。

第 2 部分，从《城乡规划法》和国土空间规划两方面进行阐述。首先介绍了城乡规划法的立法历程、基本框架、规划体系、规划编制与审批和规划修改；其次介绍了国土空间规划的政策演进、拟解决问题、规划术语、规划体系和规划编制与审批。

第 3 部分，介绍了现行城乡规划技术标准与规范以及《国土空间规划技术标准体系建设三年行动计划（2021—2023 年）》。

4.2 城乡规划法规概述

4.2.1 城乡规划法规体系

城乡规划法规体系，是指国家调整城乡规划和规划管理方面所产生的社会关系的法律及各种法规、规章的总和。即在国家根本大法《宪法》的统率下，由既有分工和区别，又有内在联系、相互协调的各种法律、法规、规章所组成的有机联系的统一体。

1. 城乡规划法规体系构成

根据《立法法》规定，我国城乡规划法规由各层级实施立法权限（表 4-1），城乡规划法规体系的等级层次包括法律、行政法规、地方性法规、规章（部门规章、地方政府规章）等，以构成完整的法规体系（表 4-2）。

2. 我国城乡规划法规体系结构

城乡规划法规体系是我国关于城乡规划方面各项法律规范之间的统一、区别、相互联系和协调性的构成方式，是关于调整我国城乡规划和建设管理方面所产生的社会关系的法律、行政法规、地方性法规和规章的总和。按照法规文件的构成特点，我国的城乡规划法规体系可以分为纵向体系和横向体系。

我国城乡规划法规体系构成的立法权限 表 4-1

法规体系	立法权限
法律	全国人民代表大会和全国人民代表大会常务委员会行使国家立法权
行政法规	国务院根据宪法和法律，制定行政法规
地方性法规	省、自治区、直辖市的人民代表大会及其常务委员会根据本行政区域的具体情况和实际需要，在不同宪法、法律、行政法规相抵触的前提下，可以制定地方性法规。较大的市的人民代表大会及其常务委员会根据本市的具体情况和实际需要，在不同宪法、法律、行政法规和本省、自治区的地方性法规相抵触的前提下，可以制定地方性法规，报省、自治区的人民代表大会常务委员会批准后施行
部门规章	国务院各部、委员会等，可以根据法律和国务院的行政法规、决定、命令，在本部门的权限范围内，制定规章
地方政府规章	省、自治区、直辖市和较大的市的人民政府，可以根据法律、行政法规和本省、自治区、直辖市的地方性法规，制定规章

资料来源：全国城市规划执业制度管理委员会.城市规划管理与法规（2011年版）[M].北京：中国计划出版社，2011.

我国城乡规划法规体系构成 表 4-2

法规体系	构成内容
法律	《城乡规划法》是我国城乡规划法规体系中的基本法，对各级城乡规划法规与规章的制定具有不容违背的规范性和约束力
行政法规	国务院2006年12月发布的《风景名胜区条例》和2008年4月发布的《历史文化名城名镇名村保护条例》等是我国城乡规划法规体系中的行政法规。行政法规与法律虽是两个不同等级层次，但它同样是地方性法规、部门规章和地方政府规章制定的基本依据
地方性法规	省、自治区、直辖市的人民代表大会及其常务委员会以及较大的市的人民代表大会及其常务委员会，根据本行政区域的具体情况和实际需要，根据《城市规划法》，相继制定了地方性的规划条例或者实施细则、实施办法。在《城乡规划法》颁布实施后，各地又根据《城乡规划法》修正或重新制定有关城乡规划的地方性法规
部门规章	国务院城乡规划主管部门所公布的《城市规划编制办法》《县域城镇体系规划编制审批办法》《城市、镇总体规划编制审批办法》《城市、镇控制性详细规划编制审批办法》《城市国有土地使用权出让转让规划管理办法》《近期建设规划工作暂行办法》《城市规划强制性内容暂行规定》《城市绿线管理办法》《城市紫线管理办法》《城市蓝线管理办法》《城市黄线管理办法》等都属于部门规章范畴，是我国城乡规划法规体系中的重要组成部分
地方政府规章	省、自治区、直辖市和较大的市的人民政府，根据城乡规划方面的法律、法规和本省、自治区、直辖市的地方性法规，分别制定了配套的地方政府规章

资料来源：作者自绘.

（1）纵向体系与横向体系

从各级人大和政府按其立法权限所制定的法律、法规、规章，对于调整城乡规划建设方面的同一种类社会关系并采用同一调整方法的法律规范的总和来看，就构成了城乡规划的纵向法规体系。这是城乡规划法规体系的直接组成部分，也就是以《城乡规划法》为基本法并以此为依据所形成的包括法律、行政法规、部门规章、地方性法规和地方政府规章等在内的城乡规划法规体系。

具体而言，城乡规划的纵向法规体系包括《城乡规划法》，国务院颁布的有关实施城乡规划法的行政法规，国务院城乡规划主管部门和其与有关部门联合制定的关于城乡规划编制、审批、实施、修改、监督检查、法律责任等内容的部门规章，各省、自治区、直辖市以及较大的市所公布的关于实施城乡规划法方面的地方性法规、地方政府规章等。即以《城乡规划法》为中心，实现国家立法（包括部门规章）与地方立法的相配套，构成城乡规划的纵向法规体系。

城乡规划是一个政府的行政职能和行政行为，是政府指导和调控城乡建设和发展的基本手段之一，涉及城乡经济社会发展的各个方面，不仅要严格按照《城乡规划法》及其配套法规依法行政、依法办事，同时，还应当受到相关方面的法律、行政法规和有关部门规章等的制约。比如，它与《土地管理法》《环境保护法》《文物保护法》《消防法》《建筑法》，以及《行政许可法》《行政复议法》《行政诉讼法》等都有着密切的关系。因此，城乡规划法规体系中，除了纵向体系外，还必须考虑横向体系，即应与城乡规划领域之外的，与城乡规划有着密切联系的相关法律、行政法规和有关部门规章等组成横向法规体系。

（2）国家体系与地方体系

按照法规文件的法律效力和规范层次，我国的城乡规划法规体系可以分为国家体系和地方体系。

《中华人民共和国行政诉讼法》第六十三条规定："人民法院审理行政案件，以法律和行政法规、地方性法规为依据。地方性法规适用于本行政区域内发生的行政案件。人民法院审理民族自治地方的行政案件，并以该民族自治地方的自治条例和单行条例为依据。人民法院审理行政案件，参照规章。"第六十四条规定："人民法院在审理行政案件中，经审查认为本法第五十三条规定的规范性文件不合法的，不作为认定行政行为合法的依据，并向制定机关提出处理建议。"由此可清晰地看出各个层次城乡规划法规的法律效力：法律、行政法规、地方性法规是法院进行司法审查的依据；规章是司法审查的参照，人民法院进行司法审查时，既不是无条件地适用规章，也不是一律拒绝使用规章，人民法院没有必须适用规章的责任，并对规章有一定限度的审查和评价权；其他行政规范性文件则没有列入司法审查的依据或参照。

对国家体系而言，城乡规划法规的制定机构如下：全国人民代表大会及其常务委员会、国务院、国务院各部（委、局）。城乡规划法规体系包括四个层次的法规文件：全国人民代表大会及其常务委员会制定的法律；国务院制定的行政法规；国务院各部（委、局）制定的部门规章；国务院及国务院各部（委、局）制定的行政规范性文件。

对地方体系而言，城乡规划法规体系包括三个层次的法规文件：地方性法规、地方政府规章、地方政府及其组成部门制定的行政规范性文件。省（自治区、直辖市）和享有立法权的城市的人大和政府可以制定法规和规章，不享有立法权的城市的人大或政府只能制定行政规范性文件。

3. 城乡规划法规体系框架

我国城乡规划法规和相关法律、法规（不含省、自治区、直辖市和较大的市的地方性法规、地方政府规章）所构成的法规体系框架，列表如下（表4-3、表4-4）：

我国现行城乡规划法规体系框架 表4-3

类别		法律法规和规章名称	颁布日期	最新修订日期
法律		中华人民共和国城乡规划法	2007年10月28日	2019年4月23日
行政法规		村庄和集镇规划建设管理条例	1993年6月29日	—
		风景名胜区条例	2006年9月19日	2016年2月6日
		历史文化名城名镇名村保护条例	2008年4月22日	2017年10月7日
部门规章与规范性文件	城乡规划编制与审批	城市规划编制办法	2005年12月31日	—
		省城城镇体系规划编制审批办法	2010年4月25日	—
		城市总体规划审查工作规则	1999年4月5日	—
		城市、镇控制性详细规划编制审批办法	2010年12月1日	—
		历史文化名城名镇名村街区保护规划编制审批办法	2014年10月15日	—
		城市绿化规划建设指标的规定	1993年11月4日	—
		城市综合交通体系规划编制导则	2010年5月26日	—
		城市综合交通体系规划标准	2018年9月11日	—
		村镇规划编制办法（试行）	2000年2月14日	—
		城市国有土地使用权出让转让规划管理办法	1992年12月4日	2011年1月26日
		城市地下空间开发利用管理规定	1997年10月27日	2011年1月26日
		城市抗震防灾规划管理规定	2003年9月19日	2011年1月26日
		城市绿线管理办法	2002年9月13日	2011年1月26日

类别		法律法规和规章名称	颁布日期	最新修订日期
部门规章与规范性文件	城乡规划编制与审批	城市紫线管理办法	2003 年 12 月 17 日	2011 年 1 月 26 日
		城市黄线管理办法	2005 年 12 月 20 日	2011 年 1 月 26 日
		城市蓝线管理办法	2005 年 12 月 20 日	2011 年 1 月 26 日
		建制镇规划建设管理办法	1995 年 6 月 29 日	2011 年 1 月 26 日
		市政公用设施抗灾设防管理规定	2008 年 10 月 7 日	2015 年 1 月 22 日
	城乡规划行业管理	城乡规划编制单位资质管理规定	2012 年 7 月 2 日	2016 年 1 月 11 日
		注册城乡规划师职业资格制度规定	2017 年 5 月 22 日	—

资料来源：作者自绘.

我国现行城乡规划相关法规　　　　　　　表 4-4

内容分类	法律	行政法规
土地利用与农田保护	土地管理法（2019 年 8 月 26 日）	土地管理法实施条例（2021 年 7 月 2 日） 城镇国有土地使用权出让和转让暂行条例（2020 年 11 月 29 日） 基本农田保护条例（2011 年 1 月 8 日）
自然资源与环境保护	环境保护法（2014 年 4 月 24 日） 节约能源法（2018 年 10 月 26 日） 矿产资源法（2024 年 11 月 8 日） 森林法（2019 年 12 月 28 日） 水法（2016 年 7 月 2 日） 环境影响评价法（2018 年 12 月 29 日）	自然保护区条例（2017 年 10 月 7 日） 建设项目环境保护管理条例（2017 年 7 月 16 日） 规划环境影响评价条例（2009 年 8 月 17 日）
自然与文化遗产保护	文物保护法（2017 年 11 月 4 日）	文物保护法实施条例（2017 年 10 月 17 日） 风景名胜区条例（2016 年 2 月 6 日）
房地产开发管理	城市房地产管理法（2019 年 8 月 26 日）	城市房地产开发经营管理条例（2020 年 11 月 29 日）
防空与防灾减灾管理	人民防空法（2009 年 8 月 27 日） 防震减灾法（2008 年 12 月 27 日） 消防法（2021 年 4 月 29 日）	—
军事设施与保密管理	军事设施保护法（2021 年 6 月 10 日） 保守国家秘密法（2024 年 2 月 27 日）	—
行政法律关系	行政许可法（2019 年 4 月 23 日） 行政复议法（2023 年 9 月 1 日） 行政诉讼法（2017 年 6 月 27 日） 行政处罚法（2021 年 1 月 22 日） 国家赔偿法（2012 年 10 月 26 日） 公务员法（2018 年 12 月 29 日）	—

资料来源：根据全国城市规划执业制度管理委员会. 城市规划管理与法规（2011 年版）[M]. 北京：中国计划出版社，2011 改绘.

4.2.2 城乡规划技术标准体系

1. 城乡规划技术标准体系构成

我国城乡规划的标准体系是以城市规划与村镇规划两个类别进行制定的。目前，正在执行的"城乡规划技术标准体系"共有城乡规划技术标准 60 项。其中，基础标准 6 项，通用标准 17 项，专用标准 37 项。

2. 城乡规划技术标准体系结构

我国城乡规划技术标准体系框架初步形成（图 4-2）。

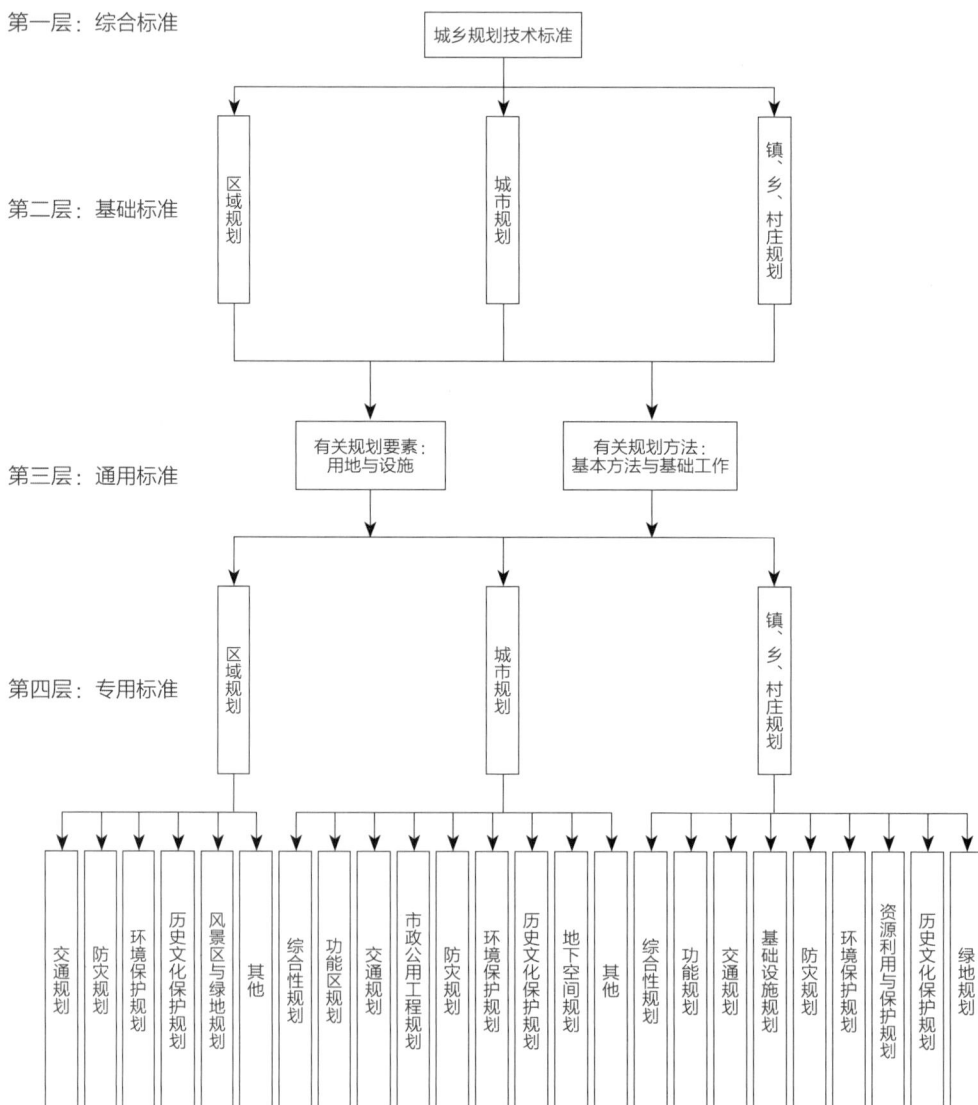

图 4-2　城乡规划技术标准体系框架

资料来源：全国城市规划执业制度管理委员会.城市规划管理与法规（2011 年版）[M].
北京：中国计划出版社，2011.

3. 城乡规划技术标准体系框架

根据现行的"城乡规划技术标准体系",将我国城乡规划技术标准体系框架列表如下(表4-5):

我国现行城乡规划技术标准体系框架　　　　表4-5

标准层次	标准类型	标准名称	现行标准
基础标准	术语标准	城市规划基本术语标准	GB/T 50280—1998
	图形标准	城市规划制图标准	CJJ/T 97—2003
		市级国土空间总体规划制图规范(试行)	—
	分类标准	国土空间调查、规划、用途管制用地用海分类指南	自然资发〔2023〕234号
		城市绿地分类标准	CJJ/T 85—2017
		城市规划基础资料搜集规范	GB/T 50831—2012
通用标准	城乡规划	城市人口规模预测规程	—
		城乡用地评定标准	CJJ 132—2009
		城市环境保护规划规范	—
		城市能源规划规范	—
		城乡规划工程地质勘察规范	CJJ 57—2012
		历史文化名城保护规划标准	GB/T 50357—2018
		城市地下空间规划标准	GB/T 51358—2019
		城市水系规划规范	GB 50513—2009
		城乡建设用地竖向规划规范	CJJ 83—2016
		城市工程管线综合规划规范	GB 50289—2016
		城市综合防灾规划标准	GB/T 51327—2018
	村镇规划	镇规划标准	GB 50188—2007
		村镇体系规划规范	—
专用标准	城市规划	城市居住区规划设计标准	GB 50180—2018
		城市公共设施规划规范	GB 50442—2008
		城市环境卫生设施规划标准	GB/T 50337—2018
		城市消防规划规范	GB 51080—2015
		城市绿地设计规范(2016年版)	GB 50420—2007
		风景名胜区总体规划标准	GB/T 50298—2018
		城镇老年人设施规划规范(2018年版)	GB 50437—2007
		城市给水工程规划规范	GB 50282—2016

续表

标准层次	标准类型	标准名称	现行标准
专用标准	城市规划	城市排水工程规划规范	GB 50318—2017
		城市电力规划规范	GB/T 50293—2014
		城市通信工程规划规范	GB/T 50853—2013
		城市供热规划规范	GB/T 51074—2015
		城镇燃气规划规范	GB/T 51098—2015
		防洪标准	GB 50201—2014
		城市照明建设规划标准	CJJ/T 307—2019
		城市综合交通体系规划标准	GB/T 51328—2018
		城市公共交通规划编制技术导则	JT/T 1486—2023
		城市停车规划规范	GB/T 51149—2016
		城市轨道交通线网规划标准	GB/T 50546—2018
		城市客运交通枢纽设计标准	GB/T 51402—2021
		城市对外交通规划规范	GB 50925—2013
		城市步行和自行车交通系统规划标准	GB/T 51439—2021
		城市道路绿化设计标准	CJJ/T 75—2023
		建设项目交通影响评价技术标准	CJJ/T 141—2010
		城市道路交叉口规划规范	GB 50647—2011
	村镇规划	镇（乡）村仓储用地规划规范	CJJ/T 189—2014
		乡镇集贸市场规划设计标准	CJJ/T 87—2020
		镇（乡）村绿地分类标准	CJJ/T 168—2011
		农村道路规划规范	交公路发〔2004〕372号

资料来源：根据全国城市规划执业制度管理委员会. 城市规划管理与法规（2011年版）[M]. 北京：中国计划出版社，2011. 改绘.

4.2.3 国际发展经验借鉴

尽管经济全球化时代的西方法律体系日益融合，但各国规划法律体系仍有很大差异。以英、美两国为例，虽然同属英美法系，但城市规划法规体系却完全不同，产生这种差异的根本原因是国家的政治体制不同。

英、美的规划控制体系代表了两种方式，即中央集权和地方自治的控制体系，除此之外还有以德国为代表的国家立法、地方执法的规划控制模式。西方国家的城市规划法系大致就可以划分为此三种类型。

1. 中央高度集权的城市规划法规体系

中央集权制国家的城市规划法规以国家层次的法律为主，地方规划法规很少甚至没有。城市规划的核心法与核心法系由国家立法机构制定，并且基本上由国家的行政、执法机构负责执行。地方政府按照国家统一的城市规划法律法规编制辖区内的城市规划，并报送中央行政机构的专职部门进行审批。在具体的开发控制过程中，每一项城市建设开发的提案都必须由城市地方和国家专职机构进行审批。

主要特点：这种国家高度集中的城市规划法系，将立法权和执法权都集中于国家一级行政机构，国家拥有对全国各城市的城市发展战略规划的审批权，比较适应于国土面积较小、城市数量较少的国家和地区，例如英国、爱尔兰和新加坡等。

英国中央政府的城市规划主管部门主要负责制定有关的法规和政策，郡政府、区政府按照国家统一的城市规划法律法规编制辖区内的城市规划。

法定规划由结构规划、地方规划和单一发展规划构成。结构规划是郡级规划部门负责编制的区域性战略规划；地方规划是较小范围的详细规划，对结构规划进行深化和具体化，主要围绕土地、交通和环境等方面制定政策，由区级规划部门负责；单一发展规划提供了城市发展和建设的政策纲要，由地方政府组织制定。

2. 国家立法和地方执法相结合的城市规划法规体系

国家在整个城市规划工作中的主要责任是立法，由立法机关制定全国统一的城市规划法和其他辅助性的法律法规，而地方政府主要负责城市规划的编制和实施，即国家立法与地方执法相结合的城市规划法规体系，此类型的城市规划法规体系以德国为代表。

主要特点：此类规划控制体系既保持了城市规划法系中主干法的完整统一，又避免了大量的行政操作工作，国家制定的城市规划法律法规及依法审定的发展战略规划和城市开发建设规划具有同等的法律效力。在城市开发项目的审批过程中，只要报批的建设方案符合国家现行的城市规划法律法规，符合城市的发展战略规划和开发建设规划图则，负责城市规划审批的行政主管部门都必须依法进行审批。

德国的城市规划法是被编入《联邦建造法典》的联邦法律，管制土地利用和开发。联邦政府还依据《联邦空间规划法》和《联邦土地利用法》为城市发展制定法律规范，并通过联邦建设和规划办公室监控城市和空间的发展。各州的区域规划法不仅对规划的基本内容进行了规定，对规划编制主体、审批主体、规划方法和程序等也做了规定，州层面上的其他法律条款对地方规划部门也具有约束效力。同时，地方政府编制的土地利用、城市规划等也必须符合各州规划法的要求。

德国城市规划编制分为四个层次：联邦空间秩序规划制定联邦范围内的规划目标、标准和调整各州之间的布局问题；州域规划主要依据联邦土地利用规划，并按照州域或地区经济社会发展规划方案，制定本州域或地区范围内的规划目标，协调其他各专业规划；地区规划对上衔接宏观的国家和区域性的土地利用规划，对下要指导建造规划；建设指导规划是地方性的、微观的，为管制各个地块的用途和开发容量提供依据。

3. 地方政府高度自治的城市规划法规体系

国家没有统一的城市规划法，城市规划法律法规以地方层次的法律为主，由地方政府根据各自情况制定和颁布。城市规划也由州和城市政府组织编制，国家政府无权组织和审批地方城市编制的规划。这种控制体系出现在联邦制或重视地方分权的国家，美国是该类型城市规划法系的典型代表。

主要特点：城市立法机构对城市发展和建设规划拥有最终的裁决权，依法通过的综合规划和用地区划具有法律效力。用地区划建立在综合规划的基础上，是城市规划法系中最实用、最直接的控制法规，它将城市土地利用规划的基本内容纳入法规，对每一种土地的用途和开发强度做出了统一的、标准化的规定。

美国联邦规划法规采取以基金引导为主、以法规控制为辅的原则。各州的城市规划内容没有统一标准。

联邦政府不具有法定规划职能，只能借助财政手段（如联邦补助金）发挥间接的影响，州的授权法确定地方政府在城市规划方面的职能和权限，州级的法律法规规定了规划和区划条例的编制、审批和执行过程，各城市根据州的授权法分别制定城市规划、城市建设和管理法规。因此，城市规划的行政和职能体系在各个州差异很大，甚至在一个州内的各个市的法律法规也各不相同。

4.3 城乡规划法规

4.3.1 《城乡规划法》

1.《城乡规划法》的立法历程

20 世纪 50 年代，我国学习苏联的经验，颁布了《城市规划编制办法》。而从当时的时代背景来看，城市规划工作的主要任务是配合国家重点建设项目，编制项目所在城市的建设规划。在经历了 1960 年代因经济困难而停滞不前以后，从 1970 年代开始，城市规划事业有了一定程度的恢复，并逐步在学术理论和制度化建设方面取得了一定的进步。

1978 年全国城市工作会议，中央发布了《关于加强城市建设工作的意见》，1979 年开始起草《城市规划法》。要求各地"切实做好城市的整顿工作"，即"控制大城市规模，多搞小城镇"。从 1979 年起，在所有省会城市和城市人口在 50 万以上的大城市（不含三大直辖市），以及对外接待和旧城改造任务大、环境污染严重的城市，试行每年从上年工商利润中提出 5%，作为城市维护和建设资金，强调指出"要建设好城市，必须有科学的城市规划，并严格按照规划进行建设"。

1982 年，《城市规划法（送审稿）》报送国务院；1984 年，国务院颁布《城市规划条例》。这是中华人民共和国建立后第一部关于城市规划、建设和管理的基本法规。

1989 年 12 月 26 日，第七届全国人大常委会表决通过《城市规划法》并正式颁发，1990 年 4 月 1 日，《城市规划法》正式施行。该法共六章四十六条，是我国城乡规划、建设、管理方面的第一部法律，为我国城市科学合理地建设和发展提供了法律保障，成为新中国城乡规划史上的一座里程碑。与此同时，1990 年 7 月，建设部发布《城市用地分类与规划建设用地标准》，并先后发布 20 多项城市规划技术标准和技术规范，涉及城乡规划的各有关方面，这些初步形成了我国城乡规划技术标准和规范体系，为规范我国城乡规划的编制和实施提供了科学依据和技术保障。

20 世纪 90 年代，专家学者对于《城市规划法》的不足开展讨论，有关部门于 1999 年着手酝酿《城市规划法》的修改问题。

2000 年 4 月，中国城市规划学会向建设部提出起草统一的《城乡规划法》的报告。

2000 年 8 月，建设部成立《城市规划法》修改工作小组和起草小组。在总结《城市规划法》《村庄和集镇规划建设管理条例》实践经验的基础上，按照城乡统筹的思路，起草《城乡规划法》。该法经全国人大常委会三次审议，于 2007 年 10 月 28 日第十届全国人大常委会第三十次会议审议通过，并于 2008 年 1 月 1 日起施行，《城市规划法》同时废止。

2001 年、2002 年建设部向国务院、中央政治局汇报城乡规划工作。建设部向国务院和中央政治局常委会就城乡规划工作中存在的问题进行了专题汇报。汇报指出，当时城乡规划工作中存在的主要问题是：一些城市超越经济和资源承受能力，盲目攀比，随意扩大建设规模；一些地方政府及部门领导无视规划，违反法定程序，擅自批准建设；一些历史文化名城重开发，轻保护，造成历史文化遗产的破坏等。造成这些问题的主要原因是：一些地方领导的城市建设指导思想有偏差；城市总体规划对城市建设的指导调控作用没有得到落实；缺乏有效的城乡规划监督制约机制；城乡规划管理制度不健全等。

2002 年，国务院发出《国务院关于加强城乡规划监督管理的通知》（国发〔2002〕13 号）。通知中主要指出改革开放后城市盲目扩张、急功近利、违反规划管理规定的现象，并提出六条指导思想，大致为端正指导思想明确发展重点，加大城乡规划综合调控力度，严格控制建设项目的规模，严格执行编制调整程序，健全机构、明确责任，加强规划监督检查机制。

2003年5月,《城乡规划法(草案)》上报国务院。法案总体分为七章七十三条,涵盖总则、规划制定、规划实施、规划修改、监督检查法律责任等几方面。

2003年,全国人大常委会将《城市规划法》修改工作列入当年的立法计划。

2006年11月22日,国务院常务会议讨论通过《城乡规划法(草案)》,决定提请全国人大常委会审议。

2007年10月28日,第十届全国人大常委会表决通过《城乡规划法》并正式颁发;2008年1月1日《城乡规划法》正式施行。其分为七章七十条,与《城乡规划法(草案)》相比减少三条。

2007年10月28日第十届全国人民代表大会常务委员会第三十次会议通过,根据2015年4月24日第十二届全国人民代表大会常务委员会第十四次会议《关于修改〈中华人民共和国港口法〉等七部法律的决定》第一次修正,根据2019年4月23日第十三届全国人民代表大会常务委员会第十次会议《关于修改〈中华人民共和国建筑法〉等八部法律的决定》第二次修正。

2. 现行《城乡规划法》基本框架(表4-6)

《城乡规划法》基本框架表　　　　　　　　　表4-6

序号	章别	条款	框架内容	主要内容
1	第一章 总则	共11条	城乡规划基本概念 城镇体系规划 城市、镇总体规划 城市、镇详细规划 乡规划和村庄规划 规划区的划定 制定和实施城乡规划的基本原则 城乡规划与相关规划的协调 城乡规划工作经费和技术保障 城乡规划公开化与公众参与制度 公民和单位的权利与义务 城乡规划管理体制	主要对本法的立法目的和宗旨,适用范围、调整对象、城乡规划制定和实施的原则、城乡规划与其他规划的关系、城乡规划编制与管理的经费来源和技术保障,以及城乡规划组织编制与管理及监督管理体制等作出了明确的规定
2	第二章 城乡规划的制定	共16条	省域城镇体系规划编制与审批 城市、镇总体规划编制与审批 本级人大审议规划 总体规划主要内容与强制性内容 乡规划、村庄规划内容、编制与审批 城市、镇控制性详细规划编制与审批 修建性详细规划的编制 编制城乡规划应具备的基础资料 城乡规划编制的公告要求 城乡规划编制的专家审查和公众参与 城乡规划编制单位资质要求 注册城市规划师执业资格制度	主要对城乡规划的组织编制和审批机构、权限、审批程序,城镇体系规划、城市和镇总体规划、乡规划和村庄规划等应当包括的内容,以及对城乡规划编制单位应当具备的资格条件和基础资料,城乡规划草案的公告和公众、专家及有关部门参与等作出了明确的规定

续表

序号	章别	条款	框架内容	主要内容
3	第三章 城乡规划的实施	共18条	城乡发展和建设的指导思想 城市新区开发必须注意的问题 城市旧区更新必须注意的问题 城市地下空间开发利用 城市、镇近期建设规划内容和审批规划 的重要用地禁止擅改用途 城乡规划实施管理制度 建设项目选址的规划管理 建设用地（划拨方式）规划管理 建设用地（出让方式）规划管理 规划条件的规定 建设工程规划管理 乡村建设的许可和管理程序 变更规划条件应遵循的原则和程序 临时建设的规划行政许可 建设工程竣工后的规划核实 建设工程竣工资料的规划管理	主要对地方各级人民政府实施城乡规划时应遵守的基本原则，城市、镇、乡和村庄各项规划、建设和发展实施规划时应遵守的原则，近期建设规划、建设项目选址规划管理、建设用地规划管理、建设工程规划管理、乡村建设规划管理、临时建设和临时用地规划管理等及其建设项目选址意见书、建设用地规划许可证、建设工程规划许可证、乡村建设规划许可证的核发，以及规划条件的变更，建设工程竣工验收和有关竣工验收资料的报送等作出了明确的规定
4	第四章 城乡规划的修改	共5条	规划实施情况的评估 修改城乡规划的条件 修改城镇体系规划的原则和程序 修改总体规划的原则和程序 修改乡规划、村庄规划的程序 修改近期建设规划的原则和程序 修改控制性详细规划的原则和程序 修改修建性详细规划的原则和程序 规划修改的补偿原则	主要对省域城镇体系规划、城市总体规划、镇总体规划、控制性详细规划、乡规划、村庄规划的修改、组织编制与审批，一书三证发放后城乡规划的修改，修建性详细规划、建设工程设计方案总平面的修改要求等作出了明确的规定
5	第五章 监督检查	共7条	城乡规划监督检查范畴 城乡规划人大监督 城乡规划行政监督 城乡规划公众监督 对违法行为的行政处分 对违法行为的行政处罚 实施监督检查执法要求	主要对城乡规划编制、审批、实施、修改的监督检查机构、权限、措施、程序、处理结果以及行政处分、行政处罚等作出了明确的规定
6	第六章 法律责任	共12条	人民政府违法的行政法律责任 城乡规划主管部门违法的行政法律责任 相关行政部门违法的行政法律责任 城乡规划编制单位违法的法律责任 建设单位违法的法律责任 乡村违法建设的法律责任 临时建设违法的法律责任 违反竣工验收制度的法律责任 行政强制拆除规定 违法行为的刑事法律责任	主要对有关人民政府及其负责人和其他直接负责人，在城乡规划编制、审批、实施、修改中所发生的违法行为，城乡规划编制单位所出现的违法行为，建设单位或者个人所产生的违法建设行为的具体行政处分、行政处罚等作出了明确的规定
7	第七章 附则	共1条	本法自2008年1月1日起施行。《城市规划法》同时废止	

资料来源：作者自绘.

3. 现行《城乡规划法》的城乡规划体系

为了加强城乡规划管理，协调城乡空间布局，改善人居环境，促进城乡经济社会全面协调可持续发展，制定本法。明确强调：制定和实施城乡规划，在规划区内进行建设活动，必须遵守本法。

（1）规划体系

《城乡规划法》第二条规定，本法所称城乡规划，包括城镇体系规划、城市规划、镇规划、乡规划和村庄规划。城市规划、镇规划分为总体规划和详细规划。详细规划分为控制性详细规划和修建性详细规划。

第十三条又规定了全国城镇体系规划和省域城镇体系规划。第三十四条还规定了近期建设规划。这就形成了《城乡规划法》法定的城乡规划体系（图4-3）。

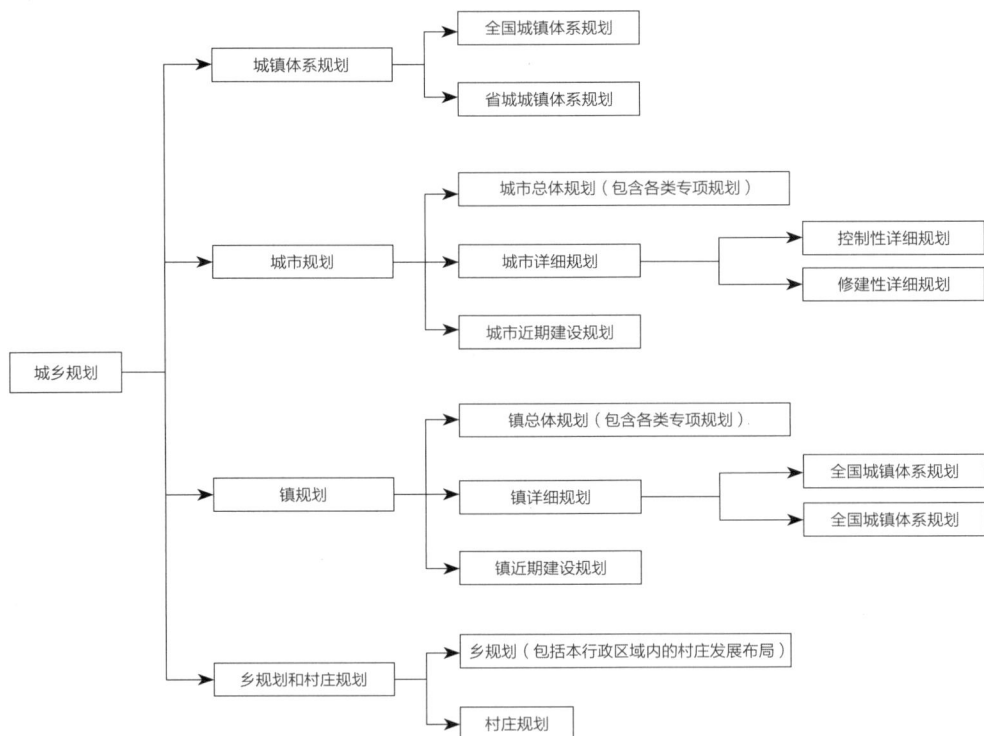

图4-3　城乡规划体系框架图

资料来源：全国城市规划执业制度管理委员会. 城市规划管理与法规（2011年版）[M].
北京：中国计划出版社，2011.

（2）规划内容

《城乡规划法》对城乡规划的主要规划内容作了明确的规定（表4-7）。

4. 现行《城乡规划法》的城乡规划编制和审批程序

详见本书第8章。

城乡规划主要规划内容 表 4-7

规划类型	规划内容
省域城镇体系规划	包括城镇空间布局和规模控制，重大基础设施的布局，为保护生态环境、资源等需要严格控制的区域等
城市、镇总体规划	包括城市、镇的发展布局，功能分区，用地布局，综合交通体系，禁止、限制和适宜建设的地域范围，各类专项规划等。其中，规划区范围、规划区内建设用地规模、基础设施和公共服务设施用地、水源地和水系、基本农田和绿化用地、环境保护、自然与历史文化遗产保护以及防灾减灾等内容，属于强制性内容。在城市总体规划、镇总体规划中合理确定城市、镇的发展规模、步骤和建设标准。城市总体规划还应对城市更长远的发展作出预测性安排
乡规划和村庄规划	包括规划区范围，住宅、道路、供水、排水、供电、垃圾收集、畜禽养殖场所等农村生产、生活服务设施，公益事业等各项建设的用地布局、建设要求，以及对耕地等自然资源和历史文化遗产保护、防灾减灾等的具体安排。乡规划、村庄规划应当从农村实际出发，尊重村民意愿，体现地方和农村特色。乡规划还应当包括本行政区域内的村庄发展布局

资料来源：作者自绘.

5. 城乡规划的修改

详见本书第 8 章。

4.3.2 国土空间规划

1. 国土空间规划政策演进

我国国土空间规划政策演进见表 4-8。

国土空间规划政策演进 表 4-8

时间	政策演进
2018 年 3 月	《国务院机构改革方案》
2019 年 5 月 23 日	《中共中央 国务院关于建立国土空间规划体系并监督实施的若干意见》
2019 年 5 月 28 日	《自然资源部关于全面开展国土空间规划工作的通知》
2019 年 5 月	《市县国土空间规划基本分区与用途分类指南（试行）》
2019 年 5 月 29 日	《自然资源部办公厅关于加强村庄规划促进乡村振兴的通知》
2019 年 6 月	《城镇开发边界划定指南（试行）》
2019 年 8 月 26 日	《生态保护红线勘界定标技术规程》
2019 年 9 月	《自然资源部关于以"多规合一"为基础推进规划用地"多审合一、多证合一"改革的通知》
2019 年 11 月 1 日	《关于在国土空间规划中统筹划定落实三条控制线的指导意见》
2020 年 1 月 17 日	《省级国土空间规划编制指南（试行）》

续表

时间	政策演进
2020 年 1 月 19 日	《资源环境承载能力和国土空间开发适宜性评价指南（试行）》
2020 年 9 月	《市级国土空间总体规划编制指南（试行）》
2020 年 11 月 17 日	《国土空间调查、规划、用途管制用地用海分类指南（试行）》
2020 年 12 月 15 日	《自然资源部办公厅关于进一步做好村庄规划工作的意见》
2021 年 3 月 8 日	《自然资源部 国家文物局关于在国土空间规划编制和实施中加强历史文化遗产保护管理的指导意见》
2021 年 3 月 29 日	《市级国土空间总体规划数据库规范》
2021 年 3 月 29 日	《市级国土空间总体规划制图规范》
2021 年 5 月 24 日	《关于规范和统一市县国土空间规划现状基数的通知》

资料来源：作者自绘.

2. 国土空间规划拟解决的问题

我国国土空间规划主要拟解决规划类型过多、内容重复冲突以及审批流程复杂、周期长等问题，具体拟解决的问题和方式等见表 4-9。

国土空间规划拟解决的问题　　　　　　　　　　表 4-9

问题	解决方式	说明
规划类型过多	多规合一	将主体功能区规划、土地利用规划、城乡规划等空间规划融合为统一的国土空间规划，实现"多规合一"
内容重复冲突	一张蓝图	完善国土空间基础信息平台。以自然资源调查监测数据为基础，采用国家统一的测绘基准和测绘系统，整合各类空间关联数据，建立全国统一的国土空间基础信息平台。 以国土空间基础信息平台为底板，结合各级各类国土空间规划编制，同步完成县级以上国土空间基础信息平台建设，实现主体功能区战略和各类空间管控要素精准落地，逐步形成全国国土空间规划"一张图"，推进政府部门之间的数据共享以及政府与社会之间的信息交互
审批流程复杂、周期长	机构改革	根据机构改革方案，全国陆海域空间资源管理及空间性规划编制和管理职能被整合进自然资源部

资料来源：作者自绘.

3. 国土空间规划术语

我国国土空间规划改革以来，陆续出现了一些专业术语，见表 4-10。

国土空间规划术语　　　　　　　　表4-10

术语		定义
国土空间		国家主权与主权权利管辖下的地域空间，包括陆地国土空间和海洋国土空间
国土空间规划		对国土空间的保护、开发、利用、修复作出的总体部署与统筹安排
主体功能区		以资源环境承载能力、经济社会发展水平、生态系统特征以及人类活动形式的空间分异为依据，划分出具有某种特定主体功能、实施差别化管控的地域空间单元
国土空间规划分区		以全域覆盖、不交叉、不重叠为基本原则，以国土空间的保护与保留、开发与利用两大管控属性为基础，根据市县主体功能区战略定位，结合国土空间规划发展策略，将市县全域国土空间划分为生态保护区、自然保留区、永久基本农田集中区、城镇发展区、农业农村发展区、海洋发展区6类基本分区，并明确各分区的核心管控目标和政策导向。同时，还可对城镇发展区、农业农村发展区、海洋发展区等规划基本分区进行细化分类
"三区三线"	"三区"	"三区"是指生态空间、农业空间、城镇空间三种类型的国土空间。其中： 生态空间是指以提供生态系统服务或生态产品为主的功能空间； 农业空间是指以农业生产、农村生活为主的功能空间； 城镇空间是指承载城镇经济、社会、政治、文化、生态等要素为主的功能空间
	"三线"	"三线"分别对应在生态空间、农业空间、城镇空间划定的生态保护红线、永久基本农田、城镇开发边界三条控制线。其中： 生态保护红线是指在生态空间范围内具有特殊重要生态功能，必须强制性严格保护的陆域、水域、海域等区域； 永久基本农田是指按照一定时期人口和经济社会发展对农产品的需求，依据国土空间规划确定的不得擅自占用或改变用途的耕地； 城镇开发边界是指在一定时期内因城镇发展需要，可以集中进行城镇开发建设，重点完善城镇功能的区域边界，涉及城市、建制镇以及各类开发区等
"双评价"		"双评价"是指资源环境承载能力与国土空间开发适宜性评价。 资源环境承载能力评价，指基于特定发展阶段、经济技术水平、生产生活方式和生态保护目标，一定地域范围内资源环境要素能够支撑农业生产、城镇建设等人类活动的最大规模。 国土空间开发适宜性评价，指在维系生态系统健康和国土安全的前提下，综合考虑资源环境等要素条件，特定国土空间进行农业生产、城镇建设等人类活动的适宜程度
"双评估"		"双评估"是指国土空间开发保护现状评估、现行空间类规划实施情况评估。 国土空间开发保护现状评估一般以安全、创新、协调、绿色、开放、共享等理念的指标体系为标准，从数量、质量、布局、结构、效率等角度，找出一定区域国土空间开发保护现状与高质量发展要求之间存在的差距和问题所在。同时可在现状评估基础上，结合影响国土空间开发保护因素的变动趋势，分析国土空间发展面临的潜在风险。 现行空间类规划实施情况评估是指对现行土地利用总体规划、城乡总体规划、林业草业规划、海洋功能区划等空间类规划，在规划目标、规模结构、保护利用等方面的实施情况进行评估，并识别不同空间规划之间的冲突和矛盾，总结成效和问题

资料来源：作者自绘．

4.国土空间规划体系

（1）规划体系架构

从规划层级和内容类型来看，可以把国土空间规划分为"五级三类"。

"五级"是从纵向看，对应我国的行政管理体系，分五个层级，就是国家级、省级、市级、县级、乡镇级。其中国家级规划侧重战略性，省级规划侧重协调性，市县级和乡镇级规划侧重实施性。

"三类"是指规划的类型，分为总体规划、详细规划、相关的专项规划。

总体规划强调的是规划的综合性，是对一定区域，如行政区全域范围涉及的国土空间保护、开发、利用、修复做全局性的安排。

详细规划强调实施性，一般是在市县以下组织编制，是对具体地块用途和开发强度等作出的实施性安排。详细规划是开展国土空间开发保护活动，包括实施国土空间用途管制、核发城乡建设项目规划许可，进行各项建设的法定依据。并特别明确，在城镇开发边界外，将村庄规划作为详细规划，进一步规范了村庄规划。

相关的专项规划强调的是专门性，一般是由自然资源部门或者相关部门来组织编制，可在国家级、省级和市县级层面进行编制，特别是对特定的区域或者流域，为体现特定功能对空间开发保护利用作出的专门性安排。

（2）规划体系优势

第一，新的规划体系有利于实现"多规合一"。

一个规划——主体功能区规划、土地利用规划和城乡规划等空间规划相融合——国土空间规划；一个平台——即国土空间基础信息平台。

第二，是体现国家意志的约束性规划。

自上而下编制，下级规划服从上级规划，专项规划和详细规划落实总体规划。目的是要把党中央、国务院的重大决策部署，把国家安全战略、区域发展战略、主体功能区战略等国家战略，通过约束性指标和管控边界逐级落实到最终的详细规划等实施性规划上，保障国家重大战略落实和落地。

第三，是强化规划权威的规划体系。

一是明确国土空间规划的法定性，国土空间规划一经批准，任何单位和个人不得随意修改和违规变更。二是明确规定要先规划、后实施，各项开发建设活动要符合规划，不能违规进行建设。三是规划不是一成不变的，但对规划的调整和修改要有严格的限制。四是明确严格规划的实施监管，要求管控边界和约束性指标要落地。五是对违反规划的行为进行严格查处。

4.4 城乡规划技术标准与规范

4.4.1 现行城乡规划技术标准与规范

我国现行城乡规划技术标准与规范见表 4-11。

现行城乡规划技术标准与规范　　　　　表 4–11

类型	内容
技术标准	《国土空间调查、规划、用途管制用地用海分类指南》（自然资发〔2023〕234 号）
	《城市规划基本术语标准》GB/T 50280—1998
	《镇规划标准》GB 50188—2007
	《防洪标准》GB 50201—2014
	《城市绿地分类标准》CJJ/T 85—2017
技术规范	《城市规划工程地质勘察规范》CJJ 57—2012
	《城市居住区规划设计标准》GB 50180—2018
	《城市综合交通体系规划标准》GB/T 51328—2018
	《城市工程管线综合规划规范》GB 50289—2016
	《城市给水工程规划规范》GB 50282—2016
	《城市排水工程规划规范》GB 50318—2017
	《城市电力规划规范》GB/T 50293—2014
	《城市环境卫生设施规划标准》GB/T 50337—2018
	《风景名胜区总体规划标准》GB/T 50298—2018
	《历史文化名城保护规划标准》GB/T 50357—2018
	《城市建设用地竖向规划规范》CJJ 83—2016
	《城镇老年人设施规划规范（2018 年版）》GB 50437—2007

资料来源：作者自绘.

4.4.2 《国土空间规划技术标准体系建设三年行动计划（2021—2023 年）》

加强并完善国土空间规划技术标准体系建设的顶层设计，制定各项标准制修订的整体安排和路线图，围绕编制审批实施监督全流程管理工作需要，国土空间规划技术标准体系由基础通用、编制审批、实施监督、信息技术等四种类型标准组成（表 4–12）。

国土空间规划技术标准体系　　　　　表 4–12

类型	说明	具体内容
基础通用类标准	主要是适用于国土空间规划编制审批实施监督全流程的相关标准规范，具备基础性和普适性特点，同时也作为其他相关标准的基础，具有广泛指导意义	开展基本术语、用地用海、主体功能区、陆海统筹等方面基础标准的研制，支撑国土空间规划全流程管理。制定技术方法、基础评价、重要控制线等方面的标准，加强对各类规划编制的指导

续表

类型	说明	具体内容
编制审批类标准	主要是支撑不同类别国土空间总体规划、详细规划和相关专项规划编制或审批的技术方法，特别是通过标准强化规划编制审批的权威性	围绕已印发的省级、市级国土空间规划编制指南（试行），制定省（市、县）级国土空间规划编制技术规程。研制详细规划编制技术规程，规范详细规划编制相关细则。制定适用于特定区域（流域）、特定功能区、相关空间规划专题要素类等方面的技术标准，强化对各类专项规划的指导约束作用
实施监督类标准	主要是适用于各类空间规划在实施管理、监督检查等方面的相关标准规范，强调规划用途管制和过程监督	统筹开展国土空间规划监督检查、规划许可等方面标准的研制，提高国土空间规划的监管水平
信息技术类标准	主要是以实景三维中国建设数据为基底，以自然资源调查监测数据为基础，采用国家统一的测绘基准和测绘系统，整合各类空间关联数据，建立全国统一的国土空间基础信息平台的相关标准规范，体现新时代国土空间规划的信息化、数字化水平	开展国土空间规划数据采集、汇交、应用和数据库建设等方面相关标准的研制，明确空间数据采集和数据汇交方式。制定国土空间规划一张图实施监督系统技术规范，统一信息平台建设、管理、维护、应用与服务

资料来源：作者自绘.

思考题（具体内容扫描二维码 4-1 阅读）

本章参考文献

二维码 4-1

[1] 全国城市规划执业制度管理委员会.城乡规划管理与法规 [M].北京：中国计划出版社，2011.

[2] 耿慧志.城乡规划管理与法规 [M].2 版.北京：中国建筑工业出版社，2019.

[3] 全国人民代表大会常务委员会.中华人民共和国城乡规划法（2019 年修正）[Z].北京：全国人民代表大会常务委员会，2019.

[4] 中共中央 国务院.中共中央 国务院关于建立国土空间规划体系并监督实施的若干意见 [Z].北京：中共中央 国务院，2019 年.

[5] 自然资源部，国家标准化管理委员会.国土空间规划技术标准体系建设三年行动计划（2021—2023 年）[Z].北京：自然资源部，国家标准化管理委员会，2021.

第 5 章

总体规划编制实践

两水公园

溅水公园

花溪河公园

神农公园

义地岗公园

文化公园

白云公园

随城山公园

```
                                              工作组织
                                                      准备工作
                                              现状调研      座谈及访谈
                                                      现场踏勘
                          总体规划编制基本工作流程  基础研究      数据和资料收集整理
                                                      基础分析和研究内容
                                                      必要专题
                                              专题研究      常规可选专题
                                                      其他特色研究专题
                                              方案编制与论证

                                                      评估的主要类型
                                                      评估的主要分析方法
                                              现状评估和风险评估  评估的技术逻辑
                          总体规划基础研究              案例：都江堰国土空间开发保护现状评估
                                                      案例：福州市城市体检
                                              资源环境承载能力与  "双评价"技术要求
                                              国土空间开发适宜性  案例：J城市总体规划"双评价"专题

                                                              城市定位的制定逻辑
                                              城市定位与空间开发保护目标战略  案例：临海市城市定位研究

                                                      区域协同（多心多层、组团式、网络化）
                                                      总体空间格局（开放式、网络化、集约型、生态化）
                                                      生态保护格局（连续、完整、系统）
                                              全域总体空间格局  农业发展空间（集约、优质、稳定）
                                                      城乡发展空间（功能融合、安全韧性）
                                                      案例：吉林市总体空间格局规划方案编制

                                              控制线划定
                                              中心城区空间布局  中心城区空间布局编制技术流程
   总体规划编制实践  总体规划重点内容              案例：随州市总体规划空间规划方案编制
                                                      乡村发展指引规划编制内容要点
                                              村庄布局      案例：远安县乡村振兴规划
                                                      案例：蓟州区村庄布局规划

                                                              历史文化保护体系构建
                                              文化遗产保护体系和文化保护  历史文化保护空间与总体空间格局
                                              空间格局              的相互协调关系
                                                              案例：临海市历史文化保护空间构建

                                                      综合交通体系
                                              支撑保障体系  市政基础设施
                                                      综合防灾体系

                                              总体规划的成果体系及要求
                          总体规划成果表达  数据库建设

                                              总体规划的实施
                          总体规划实施与传导  主要传导方式
                                              规划传导体系
```

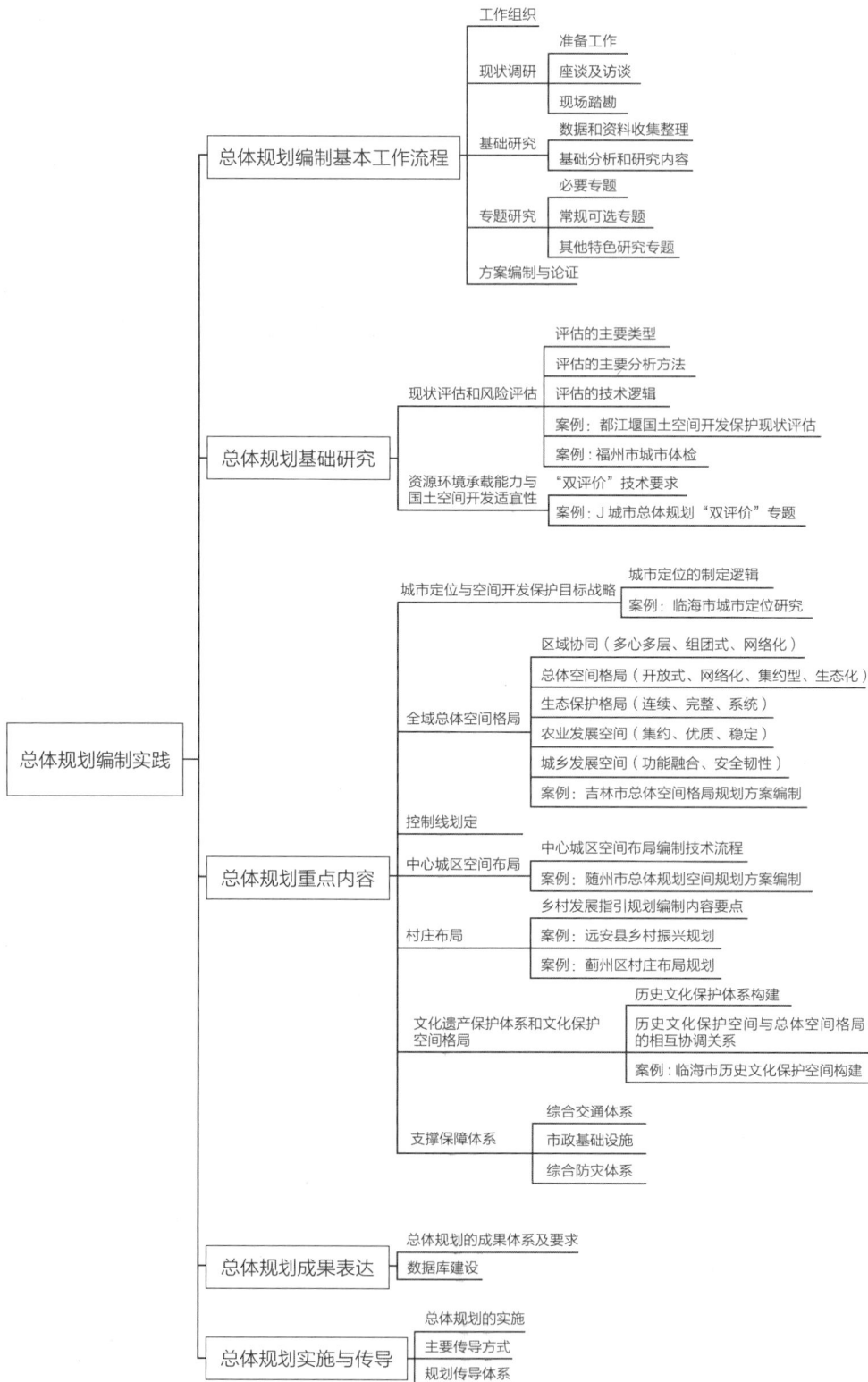

图 5-1　总体规划编制实践思维导图

资料来源：作者自绘.

5.1 总述

在 2018 年国务院机构改革成立自然资源部及建立国土空间规划体系之前，城市
总体规划和土地利用总体规划是我国最主要的两类法定空间总体规划。

城市总体规划始于我国第一个五年计划时期，并从以落实国民经济计划、安排
城市总体布局和重大建设项目为主，直到 2008 年《城乡规划法》的实施，提出构建
覆盖城乡全域的法定规划体系为止，总体规划从以中心城区为重点，转向对城市全
域综合社会经济发展的空间总体部署，成为指导城乡空间全面发展的政策性文件。

编制土地利用总体规划始于 20 世纪 90 年代，主要承担全国城乡土地统一管理
职责，侧重耕地保护，随着土地政策逐步参与国家宏观调控，实行强化耕地严格保
护和关注节约集约利用，形成两个"最严格"制度。

2014 年，国家发展改革委、住房和城乡建设部、国土资源部和环境保护部等多
部委联合开展市县"多规合一"试点工作，探索经济社会发展规划、城乡规划、土
地利用规划、生态环境保护规划等"多规合一"的路径，为新的空间规划体系构建
积累了宝贵经验。

2018 年，国务院机构改革组建自然资源部，2019 年 5 月，中共中央、国务院
发布《关于建立国土空间规划体系并监督实施的若干意见》，国土空间规划将过去
分属不同部门的主体功能区划、城乡规划和土地利用规划融为一体，实现了"多规
合一"。在国土空间规划"五级三类"的规划体系中，总体规划涵盖全国、省、市、
县、镇（乡）的全部五级，是详细规划的依据、相关专项规划的基础（图 5-2）。

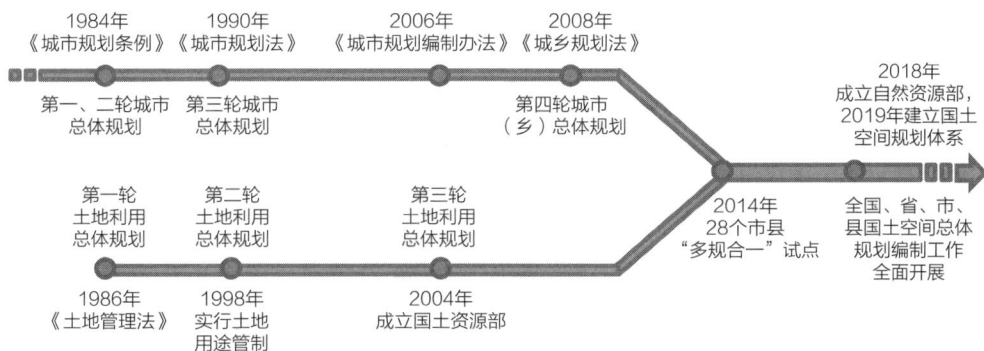

图 5-2　总体规划发展历程简图
资料来源：作者自绘.

从各级国土空间规划承担的主要职责来看，国家层面的规划是宏观层面的战略
性布局，侧重布局的战略性和总体约束性；省级层面规划以省域为整体，侧重布局
的协调性；市县层面规划是本级政府对上级规划要求的细化落实，是对本行政区域

开发保护作出的具体安排，侧重实施性，为编制下位乡镇规划、详细规划、相关专项规划，开展各类开发保护建设活动、实施国土空间用途管制提供基本依据，承担"承上启下、统筹平衡、指导约束"的重要职责。本章以市县层面总体规划为主介绍相关业务实践。

（链接知识点：自然资源部《市级国土空间总体规划编制指南（试行）》）

5.2 总体规划编制基本工作流程

总体规划的编制工作包括现状调研、基础研究、专题研究、方案编制与论证四个主要步骤，具体内容如图 5-3 所示。

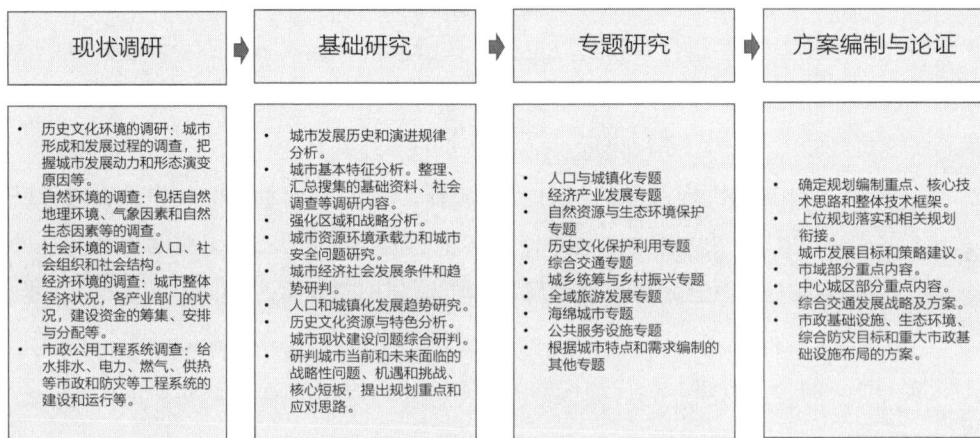

图 5-3 总体规划编制基本工作流程图

资料来源：作者自绘.

5.2.1 工作组织

坚持"政府组织、专家领衔、部门合作、公众参与、科学决策"的工作方针，科学系统地安排总体规划各项工作（图 5-4）。

图 5-4 总体规划工作组织流程图

资料来源：作者自绘.

5.2.2 现状调研

1. 准备工作

编制总体规划的准备工作主要包括：

– 列出基础资料清单；

– 重点领域重点部门访谈问题清单；

– 居民和企业调查问卷；

– 协助政府拟订整体工作方案、调研计划安排；

– 制作现场工作基础图纸。

2. 座谈及访谈

在调研阶段，首先召开政府相关部门（区、县）参加的专题座谈会，并对接各与会部门的资料收取工作。主要包括政策研究、资源环境、经济产业、人口社会、城乡建设、交通、市政、历史文化、防灾以及其他必要会议。会议内容主要包括了解地方发展和建设的现状及存在的问题，听取各部门（区、县）对于城市未来发展和本次总体规划的设想、要求和建议等。此外，一般还会到访重点企业进行专题座谈会，以及与当地社会人士开展专题座谈会等。

3. 现场踏勘

现场踏勘一般分为全域和重点区域，对踏勘中了解的情况及时进行总结整理。主要包括对规划全域范围内的典型地形地貌、重要自然景观和人文历史资源、重要农林牧副渔地区，以及城市主要出入口、重大公共设施、重大交通与市政基础设施、各级商业中心区、工业园区、广场和公共绿地、历史文化名城和历史文化街区、城市更新改造地区、城市拓展地区、重点城镇和特色村庄等进行现场踏勘。

在此基础上，还要注重对于典型区域、典型项目的调研。

在现场踏勘的基础上，需要同步绘制、补充完善现状图。

除本地调研之外，还要重视区域调研。考察相邻市县、乡镇空间地理关系，彼此经济关联、文化脉络、生态体系、基础设施联系、水源能源共享情况，周边战略资源、人口、服务、产业集聚水平，对比建设和发展差距等。

5.2.3 基础研究

1. 数据和资料收集整理

基础研究的第一步是收集备齐有关城市和区域的勘察、测量、经济、社会、自然环境、资源条件、历史、现状和规划情况等基础资料，主要包括四大类：

（1）统计年鉴和公报等官方统计数据，主要来源是政府统计部门；

（2）地形图、国土调查等勘测矢量数据，用地审批等管理矢量数据，主要来源是各地自然资源部门，需签订保密协议获取；

（3）各类已有规划资料，包括当地国民经济和社会发展规划、历版城市总体规划和土地利用规划、各类专项规划、重点区域规划等，主要来源是市县主管部门；

（4）手机信令等大数据，主要来源是通过相关网站或供应商获取。

2. 基础分析和研究内容

基础分析和研究内容主要从以下方面展开。

（1）城市发展历史和演进规律分析。系统梳理城市发展历史、研判城市发展阶段，总结各阶段城市发展主要动力、空间形态特征、重大政策和事件影响、城市战略失误等。

（2）城市基本特征分析。整理、汇总、分析搜集的基础资料、社会调查问卷、座谈会记录等调研内容，分别从区域、市（县）域和中心城区三个尺度，分析城市基本特征。

（3）区域和战略分析。基于目标城市视角，分析影响城市的区域发展态势及其影响，分析城市主要经济联系方向，找出城市比较优势和核心优势，研判紧密联系城市的竞争合作关系，做好区域协同，研判城市功能定位、主要发展方向和重点战略区域。

（4）城市资源环境承载力和城市安全问题研究。以资源承载能力和生态环境容量为前提，研究土地、水资源、能源和环境等影响城市可持续发展的保障因素；注重节约使用土地资源、水资源和能源，严格保护生态环境和基本农田。从防灾减灾的角度明确城市发展的限制条件和制约因素。

（5）城市经济社会发展条件和趋势研判。结合相关经济社会发展规划，对城市未来经济社会发展做出预判，研究城市的发展条件和动力机制，判断城市经济发展的总体趋势及其空间需求。

（6）人口与城镇化分析和趋势研判。结合人口普查和统计、旅游人次等数据，分析城市人口变化和结构特征，城镇化发展阶段和模式。在产业—就业研究的基础上，全面研判城市未来人口发展趋势、结构特征、人群需求及其空间分布，提出规划应对策略。

（7）历史文化资源与特色分析。在梳理历史文化资源和特色的基础上，确定城市特色、文化空间格局，提出历史文化保护利用的总体思路和策略。

（8）城市现状建设问题综合研判。从人与自然关系、城市空间结构、用地布局、用地效率、公共设施、绿地景观、开敞空间、综合交通、基础设施、公共安全等方面对城市现状建设进行深入分析，总结城市发展面临的主要问题。

（9）研判城市当前和未来面临的战略性问题、机遇和挑战、核心短板，提出规划重点和核心应对思路。

5.2.4　专题研究

对总体规划来说，需要从本地特色和焦点问题出发，确定规划重点，开展相应的专题研究，为规划编制提供更充分的依据。

1. 必要专题

（1）总体规划实施评估与灾害风险评估专题；

（2）资源环境承载能力与国土空间开发适宜性评价专题；

（3）人口和城镇化发展专题；

（4）经济产业发展专题等。

2. 常规可选专题

（1）区域协调与功能定位专题；

（2）城市发展战略与路径研究；

（3）历史文化保护利用专题；

（4）综合交通专题；

（5）城乡统筹与乡村振兴专题；

（6）公共服务设施提升专题；

（7）中心城区风貌与特色专题；

（8）水资源承载力研究专题；

（9）综合防灾减灾专题等。

3. 其他特色研究专题

（1）重大事件推动转型发展和空间格局优化专题；

（2）全域旅游发展专题；

（3）海绵城市专题等。

5.2.5　方案编制与论证

规划方案编制主要分为规划思路、初步方案和规划成果制作三个阶段，是对方案逐步深化、修改、完善，并形成最终成果的过程，各阶段侧重点有所不同。

规划思路阶段重点在于对问题、战略、方向、结构支撑条件的宏观把控。针对城市发展的核心问题，基于对自然地理格局的分析，结合区域格局和发展要求，提出发展目标和定位、发展战略设想，明确城市发展方向和总体结构性布局，提出安全韧性、能源、水资源、交通等重大基础设施保障方案，形成规划的整体框架。

初步方案阶段重点在于对方案整体性、重点问题进行把控。在规划思路基础上，形成相对完整的内容，并将战略思路等落实到空间布局方案中，形成征求专家和部门意见的初步方案。

规划成果制作阶段重点在于对方案的成熟完整、合法合规地把控。在专家和部门意见的基础上，修改优化方案，并按照规范和指南要求进行完整性、规范性的检查和完善。

5.3 总体规划基础研究

5.3.1 现状评估和风险评估

现状评估和风险评估是总体规划的基础性研究工作，通过对城市发展阶段特征的分析、对规划实施效果进行分析和评价，对现状存在的问题进行总结并寻找解决方向，把握城市发展趋势，为规划编制工作明确方向和重点。自然资源部 2021 年发布的《国土空间规划城市体检评估规程》明确了城市体检评估的定义、指标体系、工作原则和方法，想更多了解城市体检评估的相关知识，可以参照该规程。

（链接知识点：《国土空间规划城市体检评估规程》）

1. 评估的主要类型

现状分析和评估是总体规划编制中必不可少的研究板块，是总体规划编制技术内容的逻辑链条开端。评估工作越来越受到重视，在规划成果中也需要体现对现状问题的梳理总结，规划策略对现状问题也必须有所应对。

对城市发展情况的现状评估、对总体规划实施情况的定期体检评估，以及对城市未来有可能面临的风险评估等，也可以作为专项的规划研究工作，与总体规划编制工作并行开展。

2. 评估的主要分析方法

现状分析和评估中最常用的两组分析方法是指标评估和空间评估、定量分析和定性分析。

（1）指标评估和空间评估

指标评估应尽量涵盖全面，指标选取应尽量采用易于获得、有统一规范的统计口径的数据和资料，如统计年鉴、统计公报等资料中的指标，或由此类指标计算可得的间接指标，以便于横向与其他地区或纵向与自身多年历史数据进行比较，反映出在区域中或者同类城市中的水平，或自身的变化趋势。

空间评估是带有空间信息和特征的评估，与指标评估单纯从数量上反映的对比和趋势分析相比，空间评估能够反映出各类信息空间分布的规律，是空间性规划中常用的空间分析、差异对比、趋势判断方法。空间评估的基础空间信息，应该以标准数据为基础，例如由政府行政主管部门掌握的全国国土调查及年度变更调查、自然资源专项调查、地理国情普查和监测、航空航天遥感影像等基础现状数据等。

在实际的评估工作中，指标评估和空间评估往往需要紧密结合，相互参照佐证使用，以便更深入地挖掘评估指标背后的现状问题及原因。

（2）定量分析和定性分析

定量分析是依据统计数据，运用数学模型计算出结果数据的分析方法，能够比较直观地反映现实、揭示问题，常用的具体方法有回归分析、趋势外推、空间信息整合、交通可达性等。多源数据的作用越来越重要，不同对象和数据指标之间起到很好的相互校核和补充论证作用，有助于更准确地进行分析判断。

相对于定量分析来说，定性分析更为主观，更加依赖经验，凭分析对象过去和现在的延续状况及最新的信息资料等，对分析对象的性质、特点、变化趋势做出判断，常用的具体方法有因果分析、比较、案例研究等。

3. 评估的技术逻辑

评估应涵盖全面，同时针对地方特色有所侧重。参照 2021 年自然资源部发布的《国土空间规划城市体检评估规程》TD/T 1063—2021，建立全面覆盖的六个维度指标体系和六个方面评估成果。

指标体系的六个维度包括安全、创新、协调、绿色、开放和共享，包括基本指标、推荐指标和自选指标，基本指标是必备指标，可结合本地发展阶段选择推荐指标，也可与地方实际紧密结合另行增设城市发展中与时空紧密关联，体现质量、效率、结构和品质的自选指标。（国土空间规划城市体检评估规程，2021）

评估成果的六个方面包括战略定位、底线管控、规模结构、空间布局、支撑体系和实施保障，各城市可以根据具体情况进行调整。评估应以空间评估为核心，以规范和扎实的数据为基础，与空间分析紧密结合。评估结论应聚焦系统性及核心问题。

4. 案例：都江堰国土空间开发保护现状评估

都江堰是 2019 年自然资源部开展年度现状评估的试点县市。现状评估工作技术逻辑具有以下几个突出特点：

（1）构建全程、全要素的评估指标体系

现状评估覆盖全域、全要素，从目标导向、问题导向和操作导向出发，进行指标绩效、国土空间管控、规划实施环境三个方面的综合评估，通过前两项评估把握趋势、识别问题和差距，通过后一项评估进行风险识别、找到治理症结（图 5-5）。

（2）"菜单式"特色化指标体系

针对都江堰市文化保护和安全保障方面的要求，基于自然、文化、工程"三世遗"和国家历史文化名城特色、"国际旅游城市"发展目标，以及都江堰地质灾害特征的特殊安全问题，优化新增了"文化安全、国际旅游、防灾减灾"领域的相关指标，提出了基于各类自然地理、生态环境、历史文化、经济产业、城市安全特殊

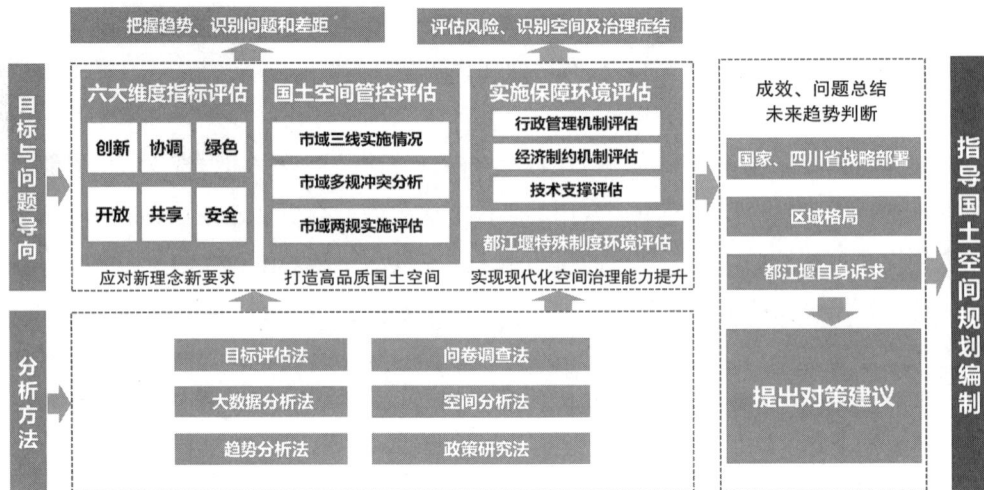

图 5-5　都江堰市国土空间开发保护现状评估技术路线

资料来源：北京清华同衡规划设计研究院都江堰国土空间开发保护现状评估 [Z].

问题等特征与特色，在技术指南标准指标体系基础上提出增设或删除指标的建议，另行增设与时空紧密关联、体现质量、效益和结构的指标，形成"菜单式"特色化指标体系。

（3）形成评估成果应用的逻辑闭环

优化评估应用于国土空间规划编制实施监督的体制机制。提出建立常态化资料收集平台和评估机制建构建议，形成指标体系部门分工表，明确面向年度评估工作组织的部门权责。探索评估结果应用于绩效考核的方式，提出规划体系完善和部门工作重点建议。

5. 案例：福州市城市体检

福州市是 2019 年住房和城乡建设部开展城市体检试点工作的全国第一批 11 个试点城市之一，《2018 年度福州城市体检》重点针对城市集中建设区，聚焦"城市病"治理开展城市体检。福州的城市体检工作技术逻辑具有以下几个突出特点：

（1）在体检指标的涵盖面上十分广泛全面

重点围绕生态宜居、城市特色、交通便捷、生活舒适、多元包容、安全韧性、城市活力 7 个方面和社会满意度调查进行体检评估。2020 年起，住房和城乡建设部在第一批试点的基础上，将这 7 个方面进一步优化为 8 个维度（图 5-6）。

（2）突出地方特色，新增 18 个特色指标

基于福州建设幸福支撑的目标导向，增加各类公共服务设施空间可达覆盖率、消防设施 5min 救援覆盖率等 10 项指标；针对城市热岛、内河自净能力差、交通拥堵等"城市病"问题导向，增加城市热岛比例指数、拥堵指数等 4 项指标；基于生态、历史文化特色，增加森林覆盖率、建成区绿地率等 4 项指标。最终由一般指标

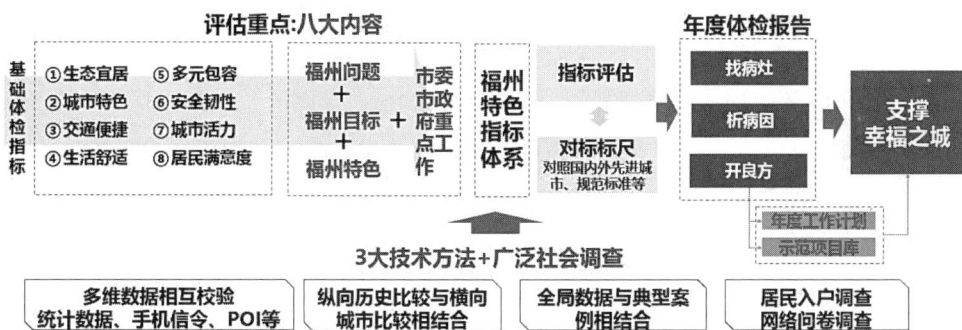

图 5-6 福州城市体检技术路线

资料来源：江艺东.面向治理现代化的城市体检实践与探索——以 2018 年度福州城市体检为例 [C]//中国城市规划学会.面向高质量发展的空间治理——2020 中国城市规划年会论文集（11 城乡治理与政策研究）.北京：中国建筑工业出版社，2020：139–150.

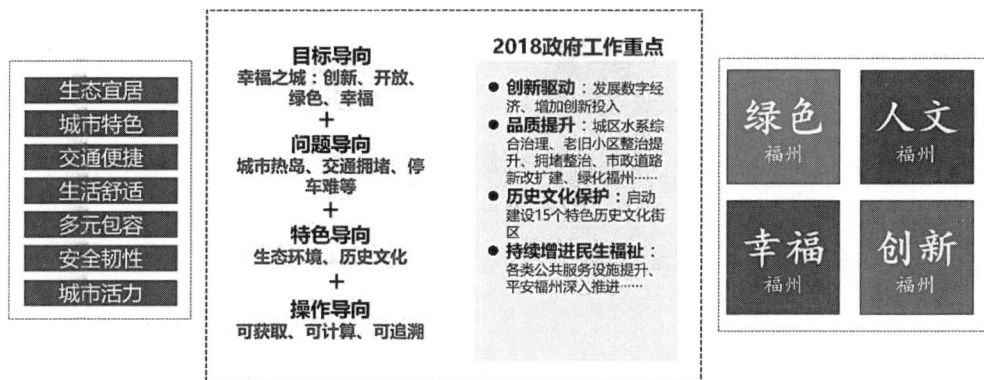

图 5-7 福州城市体检指标体系优化调整思路框架图

资料来源：江艺东.面向治理现代化的城市体检实践与探索——以 2018 年度福州城市体检为例 [C]//中国城市规划学会.面向高质量发展的空间治理——2020 中国城市规划年会论文集（11 城乡治理与政策研究）.北京：中国建筑工业出版社，2020：139–150.

加特色指标共 53 项指标，构成涵盖绿色、人文、幸福、创新四个方面的城市体检指标体系（图 5–7）。

（3）多源数据校核，精准识别问题

福州体检以统计数据为基础数据，同时利用 POI、遥感影像、互联网地图数据、手机信令等大数据，以及居民满意度调查问卷等三类数据，相互佐证，挖掘出了"指标评价良好"但"居民满意度低"的隐藏在指标背后的问题，更为精准地识别出真实问题。

（4）提出系统治理"城市病"的实施路径

就指标评价、空间评估提出的多个问题，提出城市整体功能布局优化、交通系统优化等，结合国土空间总体规划、综合交通规划以及专题研究等确定系统性治理的实施保障路径。

5.3.2 资源环境承载能力与国土空间开发适宜性

1. "双评价"技术要求

"双评价"编制内容。按照国家相关技术要求,"双评价"工作包括本底评价和综合分析两大部分内容。本底评价包括三大功能指向评价,即生态保护重要性评价、农业生产适宜性评价和城镇建设适宜性评价;两类承载规模计算,即空间承载规模和水资源承载规模计算;四类分析即资源环境禀赋分析、现状问题和风险识别、潜力分析和情景分析。具体评价技术流程、指标和精度要求等可参见《资源环境承载能力和国土空间开发适宜性评价技术指南(试行)》的技术要求。

因地制宜开展双评价工作。我国幅员辽阔,不同地区特色各异,针对不同区域,评价内容应结合地域特色进行因地制宜的补充和调整。如农业生产适宜性评价应结合地方农业生产结构,在种植业生产适宜性的基础上,应针对性地开展渔业生产适宜性和畜牧业生产适宜性评价;城镇建设适宜性评价在沿海地区,应针对海洋开发利用活动开展评价;承载规模计算应结合地方面临的主要承载瓶颈,补充相关承载的计算。

2. 案例:J市总体规划"双评价"专题

J市北邻南太行山,南邻黄河中下游交界之处,历来是黄河防洪治理的重要地段。同时,J市也是百年煤都,是近代重要的煤炭生产基地,大量矿产资源的开发给生态环境带来巨大压力。

(1)本底评价

在J市"双评价"工作中,落实黄河流域生态保护和高质量发展要求,以J市资源环境核心特征为导向,形成面向J市本地的评价指标,三大功能指向下共7大类、19项一级指标及49项二级指标(图5-8)。

生态保护重要性评价指标体系构建。对接上位规划,评估识别区域主导生态服务功能和关键生态问题。明确指标主要包括水源涵养、水土保持、生物多样性、水土流失以及土地沙化共五项,其中包括1项针对J市地域特色的指标优化:

充分考虑矿产开发遗留问题影响,在水土流失敏感性评价中增设指标,将部分废弃矿山纳入水土流失极敏感区。

城镇建设适宜性评价指标构建。针对J市地域特色开展了2项指标优化:

1)针对黄河流域洪涝灾害的问题,将洪涝风险对城镇建设安全的影响纳入评价。J市防守任务十分艰巨,因此在评价城镇建设条件时,结合已划定的蓄滞洪、河道行洪区域,以及淹没分析结果,明确区域洪涝风险等级,根据洪涝风险等级对城镇建设适宜性做降级处理。

2)将采煤沉陷区的地质灾害问题纳入考虑,将非稳定型采煤沉陷区纳入地质灾害极高风险区域,作为不适宜城镇建设的区域。

7大类	19项一级指标	49项二级指标	百余项基础数据	补充指标 增加用水总量控制指标、废弃矿山、采煤沉陷区、洪涝淹没风险、蓄滞洪区、公共服务设施便利度等

□ 土地：表征土地资源对城镇与农业发展的支撑能力
□ 水资源：表征水资源对农业和城镇发展的保障能力
□ 生态：表征区域生态系统服务功能相对重要以及生态敏感脆弱的区域保护重要性
□ 环境：表征区域环境在维持生态平衡且不超过人体健康要求下的污染容纳能力
□ 灾害：表征灾害对城镇和农业发展的影响和限制程度
□ 区位：表征区位条件对城镇建设的支撑和保障能力
□ 公服设施：表征基础设施覆盖和服务能力

调整指标
取消防风固沙、土地沙化、石漠化、盐渍化等无关指标；优化气候舒适度、土壤质地、气象灾害风险等指标内涵

核心评价指标构建

	生态功能指向		农业功能指向（种植业）		城镇功能指向		
单项要素	生态系统服务功能重要性	生态脆弱性	土地资源 / 水资源 环境 / 灾害 气候		土地资源 / 水资源 气候 / 环境 / 灾害 公共服务 / 区位		
指标调整	减少2项一级指标		减少1项一级指标，增加2项二级指标		增加1项一级指标，5项二级指标		
一级指标	4项		6项		9项		
二级指标	15项		13项		21项		

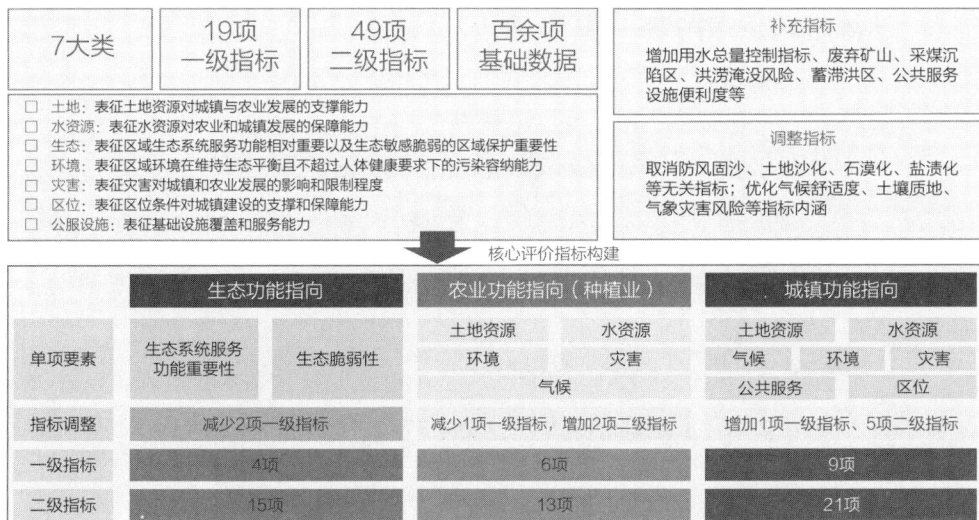

图 5-8　J 市"双评价"指标体系

资料来源：作者自绘．

农业生产适宜性评价指标体系构建。J 市属典型农区，种植业占绝对优势，采用种植业生产适宜性作为农业适宜性评价结果。针对 J 市地域特色开展了 2 项指标优化：

1）土壤安全方面考虑废弃矿山的污染问题。废弃矿山开挖后易产生废弃尾矿，其中往往含有重金属、氰化物等有毒元素，极易引起周边土壤产生重金属污染，因此在农业土壤环境评价中，将已经评价不适宜复垦的废弃矿山纳入土壤环境容量低区域。

2）针对本地水资源供给结构，优化水资源评价指标。J 市现状供水高度依赖地下水和外调水，仅通过降水量及本地水资源总量，难以反映农业生产和城镇建设的水资源供给现状，因此在水资源供给条件评价中引入用水总量控制指标；同时针对 J 市地下水超采问题，将地下水超采作为限制性因素纳入农业水资源评价。

（2）综合分析

综合分析包括四类，通常可同步开展资源环境禀赋分析、现状问题和风险识别，在此基础上开展潜力分析，最后结合规划需求开展情景分析。本案例针对 J 市"城农双宜"问题（即城镇建设适宜区和农业生产适宜区大面积重叠），增加了城农双宜区的综合分析。

"城农双宜区"的综合分析思路。以生态安全、粮食安全为基本原则，分别从农业和城镇两个指向出发，一方面结合农业发展保障要素与限制要素分析农业指向优势度，另一方面结合城镇发展动力与限制要素分析城镇指向优势度，然后构建城农双宜区综合分析模型，叠加农业与城镇发展优势度。基于城农双宜区判别矩阵，在空间上进一步识别优势农业空间及城镇适宜空间，并划分为城镇优势区、农业优势区、功能复合区域以及城农均不适宜区域，支撑农业和城镇空间格局构建及控制线划定。

5.4 总体规划重点内容（图5-9）

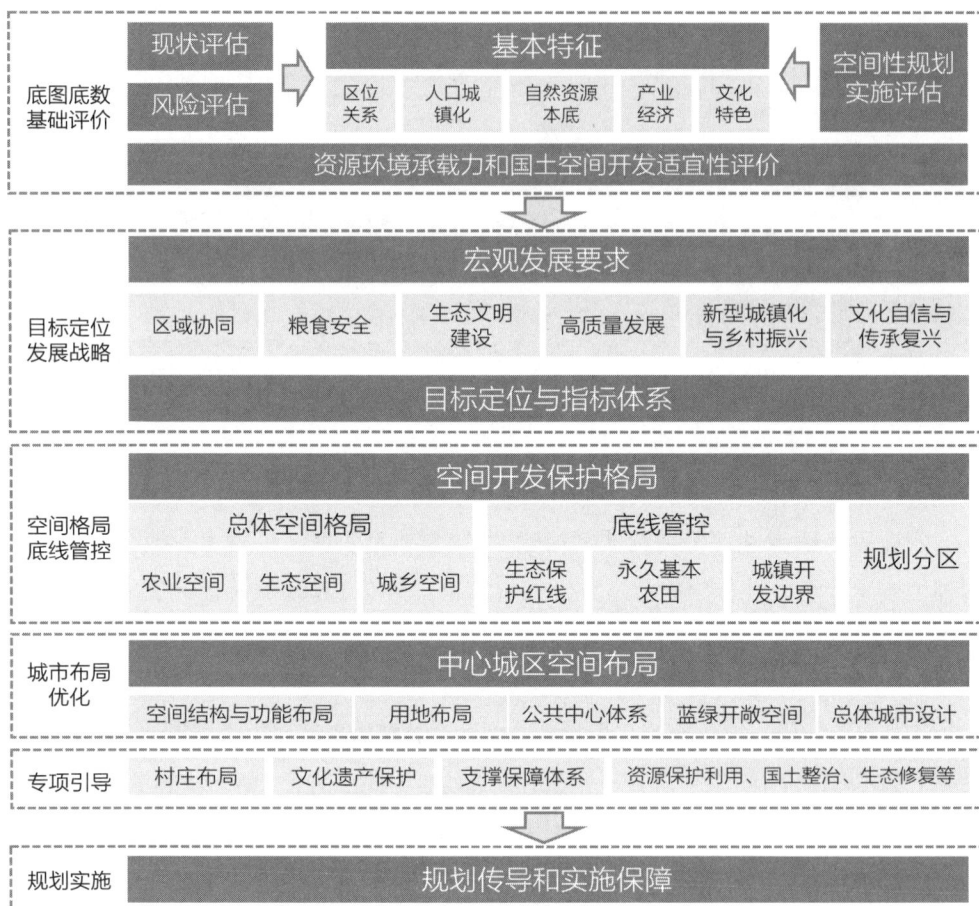

图 5-9　总体规划编制重点内容
资料来源：作者自绘.

5.4.1 城市定位与空间开发保护目标战略

1. 城市定位的制定逻辑

城市定位通常分为三个维度：在国家和区域中的综合地位，如中心城市；在区域中的专业职能，如门户、枢纽、基地、目的地等；反映城市自身建设目标，如美丽、宜居、山水城市等（图5-10）。

图 5-10　城市定位的作用
资料来源：作者自绘.

城市定位应重点突出，直接传达观点，形成吸引人的第一印象，基本原则是要适用于城市本身。SWOT 分析是导出定位的常用方法，旨在突出优势、把握机遇、解决问题、应对挑战。该分析是对城市发展条件的基础分析，目的是精准识别城市发展动力、目标定位和发展策略；是对城市综合发展条件的认知和评价，包括特征识别、问题诊断、外部区域和挑战的研判（图 5-11）。

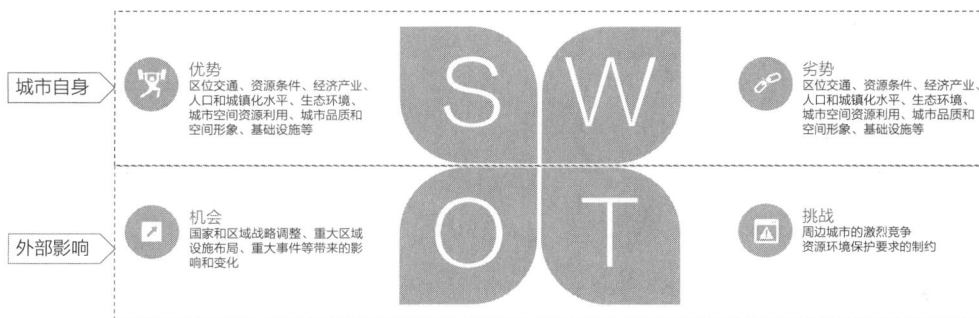

图 5-11 SWOT 分析的基本逻辑

资料来源：作者自绘 .

四个维度的常见分析领域如下：

优势：抓住城市的典型特征，找准对象和比较范围，体现比较优势、稀缺性和特色。

劣势：问题总结应注重原因挖掘，而非简单的特征描述。

机遇：应聚焦宏观趋势、国家和区域战略调整、重大区域设施布局、重大事件等带来的影响和变化。

挑战：重点分析周边城市的激烈竞争、资源环境保护要求的制约等。

最终，通过四个维度的交叉分析，得出发展目标和相应的规划策略（图 5-12）。

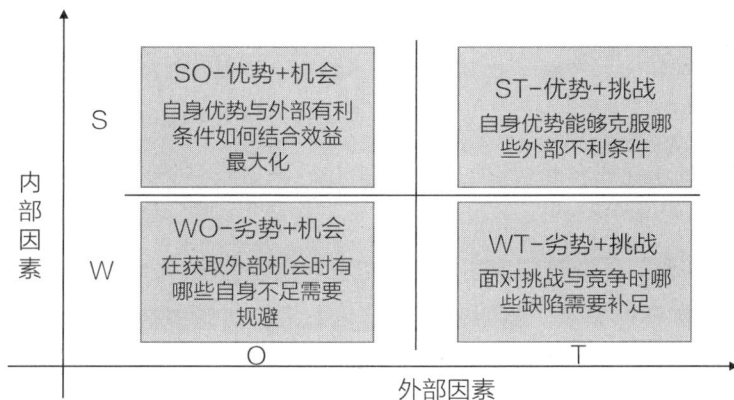

图 5-12 SWOT 分析模式

资料来源：作者自绘 .

2. 案例：临海市城市定位研究

（1）历史和基础分析

临海市历史悠久，文化底蕴深厚，背山、拥江、面海，区位优越，兼具经济、文化、军事、交通等多方面优势，具有重要的区域影响力。

从文化方面看，临海拥有两千年历史积淀，是台州文化本源，拥有以台州府城为代表的丰富历史遗存和以和合文化为内核的地方文脉精髓。临海市拥有 1 个中国历史文化名城，1 个中国历史文化名镇、1 个国家历史文化名街、2 个省级历史文化名村、18 个中国传统村落和 300 余处历史建筑。"和合圣地"文化品牌是临江市乃至台州地区站在整个中华文明高度的名片。

从政治方面看，临海市自唐代建城以来为台州府治，新中国成立后长期作为台州地区行政中心驻地，在台州地区具有举足轻重的政治影响力。1994 年，台州撤地设市，将政府驻地迁至椒江，一定程度上削弱了临海市的政治地位。在新时代背景下，临海市作为台州市域副中心和新温台模式的转型示范基地，其政治影响力有望重新焕发生机。

从经济方面看，临海市的发展可大致划分为据险而建、背海而衰、因工而强、临江临海等阶段。自古以来，优越的地理位置和交通条件便是临海成为台州地区经济中心的重要基础。经济开发区的设立进一步推动了临海市工业化进程，激发经济快速增长。全球经济一体化趋势下，临海是台州建设制造之都的主战场。在"一带一路"的新时代背景下，临海市继续依托区位优势，打造浙江省重要的特色先进制造业基地和港口城市。

（2）区域发展条件综合评价

从区位交通条件来看，临海市拥有海陆并重的优越传统区位，具备长江经济带和沿海经济带双重发展优势，规划建设的台金铁路将临海连通义乌，接入中欧之路，浙江五港合一、一体两翼多联也将推进头门港连通 21 世纪海上丝绸之路，推动临海市向"一带一路"倡议节点跃进。

从人口社会经济条件看，临海市包括户籍人口、暂住人口在内的常住人口规模稳步上升，劳动力来源充足，人力基础较为雄厚。公共服务方面，临海市教育、医疗、房地产等行业均居台州"三区三市"首位，具备较强的地区影响力。产业发展方面，临海市工业对经济发展的拉动作用正在减弱，投资贸易增长趋缓，在浙江省经济地位同步下降，产业转型迫在眉睫，再工业化需求迫切。

从资源禀赋条件来看，临海市矿产资源有限，海洋资源丰富。港口航道、岸线、海洋能等资源是未来助推产业转型，发展清洁能源、对外商贸物流，以及滨海旅游、港口经济的重要支撑。此外，临海市旅游资源品种齐全、类型丰富，自然旅游资源与人文旅游资源兼容并蓄，名山名水、文化遗存众多，为打造浙江沿海重要的旅游城市和山水园林城市提供巨大机遇。

（3）区域空间关系及发展态势

对外联系方向。在全国范围内，临海市与长三角城市群、珠三角城市群联系最为紧密；在浙江省范围内，临海市处在宁波市、台州市、温州市的辐射范围内，是宁波—舟山港的重要腹地；在台州市范围内，临海市与台州市区联系最密切，未来也将作为台州市区功能外溢和拓展区存在。

区域空间关系发展态势。从宏观来看，全球一体化下"一带一路"倡议主要基于交通、经济等"实"的联系，为临海市进一步实现对外开放，拓展东西向联系，带动产业转型和经济发展创造机会。从中观来看，临海市从属于我国长三角经济版图，长江经济带和浙江省沿海开发战略将进一步促进临海市与东西向内陆腹地，以及南北向沿海地区建立社会经济联系，并将逐步加大与上海、杭州等长三角中心城市，以及宁波、温州等区域性中心城市的合作力度。从微观来看，随着台州城市功能外溢以及宁波—舟山港腹地的向外一体化拓展，临海市与台州市区、宁波市联系强度将快速、大幅提升。

（4）区域发展定位

战略定位：长三角湾区经济示范区。

城市性质：根据历版总规城市性质回顾和上层及相关规划引导，综合考虑临海市面临的外部发展机遇和自身发展条件，综合确定临海市城市性质为：国家历史文化名城，长三角先进制造业基地和优秀的滨海旅游城市，浙江省海港城市，台州市副中心城市。

城市职能：根据临海市的发展目标及其在区域中的发展地位，各项职能应立足全市，服务区域，主要职能如下：

1）长三角层面：长三角城市群知名的旅游目的地城市。

2）浙江省层面：浙江省重要的外向型产业基地、浙江省临港工业基地、浙江省汽车制造基地、浙江省中部特色创新中心和医药研发中心。

3）台州市层面：台州市港航物流中心、文化展示中心、旅游服务中心、综合交通枢纽、教育医疗副中心。

5.4.2 全域总体空间格局

1.区域协同（多心多层、组团式、网络化）

区域协调发展战略推动形成"以城市群为主体构建大中小城市和小城镇协调发展的城镇格局"，鼓励以城市群、都市圈、一体化等形式推进区域资源要素高效整合，在体制机制上促进区域联动发展。市级总体规划关于区域协同的编制应当重点体现两个注重：

（1）体现链条上的衔接。市级规划需要结合自身区位特征和发展实际，通过对接城市群、都市圈以及其他上位规划相关内容，提出本市与周边城市协同的空间格局，并在此基础上，进一步明确区域协同的重大平台载体、重要交通通道、重大产业项目的空间关系。注重对国家、区域重大工程的落实。

（2）注重邻避问题的协调解决。着重关注一体化跨界地区发展，明确跨界空间的主要问题，提出跨界协调的重点。

同时，区域协同的编制还应当清晰地体现不同空间层次的协同重点。

2. 总体空间格局（开放式、网络化、集约型、生态化）

总体空间格局应当体现城市战略定位要求，提出符合自然地理格局特点、城镇历史演变规律和发展阶段特征的开放式、网络化、集约型、生态化的空间结构。注重重点项目的空间落位。

对于超大特大城市周边的次级城市，需要突出本市的比较优势、发展基础、区位交通条件等，对比分析其他次级城市的强弱项，提出差异化协同的重点领域。

3. 生态保护格局（连续、完整、系统）

生态保护格局可以分为以下三个步骤：

（1）以"双评价"的生态适宜性评价为基础，明确自然保护地等生态重要和生态敏感地区。

（2）结合该城市的自然生态特征，识别该城市生态空间的重点问题。

（3）以连续性、完整性、系统性为原则，构建连续、完整、系统的生态保护格局，明确生态空间优化策略及具体指引。

4. 农业发展空间（集约、优质、稳定）

立足保障国家粮食安全和农业现代化要求，农业发展空间的重点是引导特色化、专业化农业发展，推动形成集中连片、优质、稳定的农业生产区域（顾建波，2019）。

构建农业发展格局可以具体分为以下几个步骤：

（1）以农业资源基础条件判断，识别农业优势资源。

（2）以"双评价"的农业适宜性评价为基础，分析该地区种植业、畜牧业、渔业等方面的生产适宜性与承载规模，总结该市农业发展空间特征。

（3）结合上位规划中明确的各项要求，提出本级农业发展格局。

5. 城乡发展空间（功能融合、安全韧性）

市级国土空间总体规划中城乡发展空间应当包括两大部分内容：

（1）明确城镇体系的规模等级、空间结构和职能定位，提出村庄布局优化的原则和要求。

（2）完善城乡基础设施和公共服务设施网络体系，构建不同层次和类型、功能复合、安全韧性的城乡生活圈。

在技术流程上，可以具体分为以下几个步骤：

（1）梳理该地区城镇体系现状结构和存在的主要问题，分析总结影响该地区城乡发展的主要因素。

（2）提出市域总人口和城镇化水平目标，明确市域城镇化发展的总体方针。

（3）合理安排城镇体系空间结构、职能分工和等级规模。

（4）结合市域城镇体空间结构，充分对接城市"多中心、网格化"的空间格局，提出乡村发展格局的优化思路，明确市域村庄布局方案。

（5）以城乡基础设施均等化为目标，分级分类布局城镇社区生活圈和乡村社区生活圈，按照基础保障型、品质提升型、特色引导型三种服务要素，明确各层级的基础设施和公共服务设施配置标准。

6. 案例：吉林市总体空间格局规划方案编制

（1）吉林市区域联动与协同发展谋划

充分考虑吉林市位于哈大、长吉图两条重要的区域发展走廊交会点，随着区域对外开放水平的进一步提升，对吉林省、东北地区发展起战略支撑作用的特点，提出对接长春、哈尔滨、沈阳、图们江方向的针对性发展策略，通过与哈长城市群、长春都市圈、长春吉林一体化协同发展等规划的衔接，进一步在空间上对平台枢纽、设施通道、重大项目等进行统筹落实。对于邻避问题的协调，需要重点解决吉林与长春在三生空间、产业发展、设施网络等方面的空间协同内容。

在东北亚层面，积极促进对外开放，围绕跨境电子商务、安全农产品食品贸易等吉林优势领域，构建区域开放合作重大平台；在东北层面，贯通哈大第二通道，依托高铁、高速公路等重大交通设施谋划，加强与辽中南、京津冀、山东半岛、长三角等区域的重大产业园区、重点领域产业项目合作；在都市圈层面，全面融入长春都市圈建设，以特色文旅、新型农业产业化建设为突破口，承接长春产业转移和消费外溢，打造长吉科研—城乡—产业互促发展综合纽带；在一体化地区层面，共建长吉一体化先导区，推动相邻交界地区的骨干路网对接、水源保护区协同保护与治理、黑土地高标准农田保护联动机制建设，实现双城发展新突破。

（2）明确吉林市全域总体空间格局

强化吉林市黑土地、长白山、松花江的资源特色和比较优势，提出打造"世界级黑土地农业样板区"，加强长白山余脉老爷岭—哈达岭、富尔岭—龙岗岭两大生态屏障功能和以松花江流域"一江三湖"为代表的水脉保育功能；落实长春都市圈规划打造"新双极"要求，增强吉林市中心城区发展能级，引领全市以及全省中东部地区的高质量发展；长吉图开发开放先导区重点向西推动长吉一体化发展，向东联通辐射珲春口岸，打造长吉图开发开放发展带。发挥县城及重点镇对农业地区的城镇化、工业化载体作用和支撑服务，推进形成均衡的国土开发格局（图5-13）。

图 5-13　吉林市市域国土空间开发保护总体格局示意

资料来源：吉林市人民政府，吉林市国土空间总体规划（2021—2035 年）（草案）公众征求意见版．

（3）统筹布局吉林市生态、农业、城乡三大功能空间

生态保护格局方面，吉林市地处长白山区向松辽平原过渡地带，区域山林生态屏障和松花江上游流域重要的水源地是最突出的自然生态特征，结合"双评价"的空间分析，可识别出吉林市优化生态保护空间需要重点关注的问题，包括由松花湖、红石湖、白山湖构成的"三湖"地区的水源地安全和水源涵养功能提升；"母亲河"松花江及其支流的水环境综合治理；威虎岭、老爷岭等市域山区的生态功能区和生态廊道完整性维护。规划提出构建"一江一心两屏五廊多点"的生态保护格局，包括打造松花江市域生态主轴，聚焦流域生态系统功能提升；强化松花湖、红石湖、白山湖市域蓝绿空间核心区的水源涵养功能；大力保育东部山林生态屏障和

中部环城浅丘生态屏障；以区域内其他重要河流为生态廊道，开展水环境综合治理、湿地保护，联通区域生态系统和两大生态屏障；加强松花湖、红石湖、白山湖等重要湖泊和大中型水库及周边重要生态用地在内的，关键生态节点的洪水调蓄、水源涵养功能。

　　在农业发展格局规划中，首先总结提炼出西部为黑土地耕地、东部为长白山区林下种植区的基本特征；其次，在"双评价"中重点分析山区向平原过渡的丘陵地区种植结构适应性情况；第三，结合吉林省"中育""东养"要求，将市域农业空间细化为东部山地农业区、中部丘陵农业区、河谷盆地农业区，提出不同区域的农业资源保护和利用策略（图5-14）。

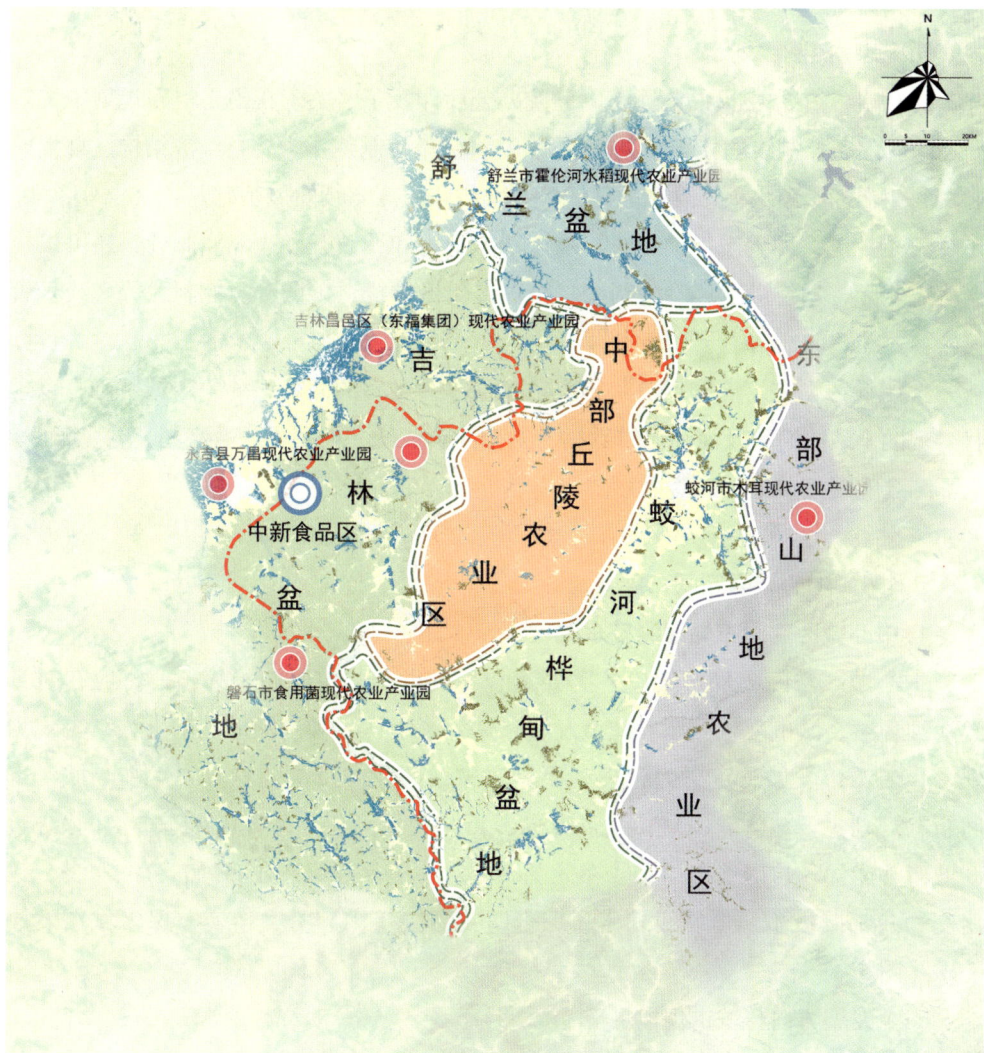

图5-14　吉林市市域农业发展格局示意图

资料来源：吉林市人民政府，吉林市国土空间总体规划（2021—2035年）（草案）公众征求意见版.

吉林市在确定城乡发展空间时，首先分析人口总量及分布的趋势变化、城乡建设用地以及产业发展情况，总结出吉林市人口收缩与极化两种情况并存，各类要素向中心城区与长吉一体化地区聚集的总体特征。在此基础上，针对性地提出"集中资源配置、集中力量提升中心城区能级，根据资源禀赋和产业基础，协调推进大中小城镇横向差异发展、纵向分工协作"的总体方针。①提出推动市域强心一体发展，明确"一核一带"地区作为市域发展重点区域；②以优化提升县级中心城市为指引要求，提出各县城、市区的特色化发展方向；③优化村庄布局，提出分类发展指导要求；④明确需重点加强公共服务水平和基础设施建设、提高辐射能力的重点镇名单，并按照综合型、旅游型、工贸型、农贸型、集贸型分类引导全市所有乡镇发展，分类分级提出城乡生活圈建设的相关要求。

5.4.3 控制线划定

2019 年，中共中央办公厅、国务院办公厅印发了《关于在国土空间规划中统筹划定落实三条控制线的指导意见》，提出"将三条控制线作为调整经济结构、规划产业发展、推进城镇化不可逾越的红线，夯实中华民族永续发展基础"。

三条控制线即生态保护红线、永久基本农田和城镇开发边界。此外，还可以根据地方实际，划定洪涝风险控制线、历史文化保护线、矿产资源控制线等底线性管控内容，在总体规划中予以落实。

控制线的划定，应重点协调解决各条控制线之间的冲突：统一数据基础，以现状客观的土地、海域及海岛调查数据为基础，形成统一的工作底数底图；自上而下、上下结合实现三条控制线落地；协调边界矛盾。

5.4.4 中心城区空间布局

1. 中心城区空间布局编制技术流程

中心城区空间布局规划以各类要素和各类设施的空间布局为核心，应在对自然地理环境、城市现状问题、城市发展条件等清晰认识和判断的基础上，结合规划理念，对城市发展制定更为合理和更具实施性的空间资源配置方案。中心城区空间布局规划主要包含：①城市发展方向分析与规模判断；②城市形态与空间结构；③城市功能优化与用地布局；④在此基础上对住房保障、产业布局、公共服务、道路交通、基础设施、控制线划定、综合防灾减灾等内容分类落实，保障城市发展需求（图 5-15）。

（1）发展方向与城市规模

中心城区发展方向主要考虑限制要素制约和带动因素吸引两个方面。

限制要素主要包含：

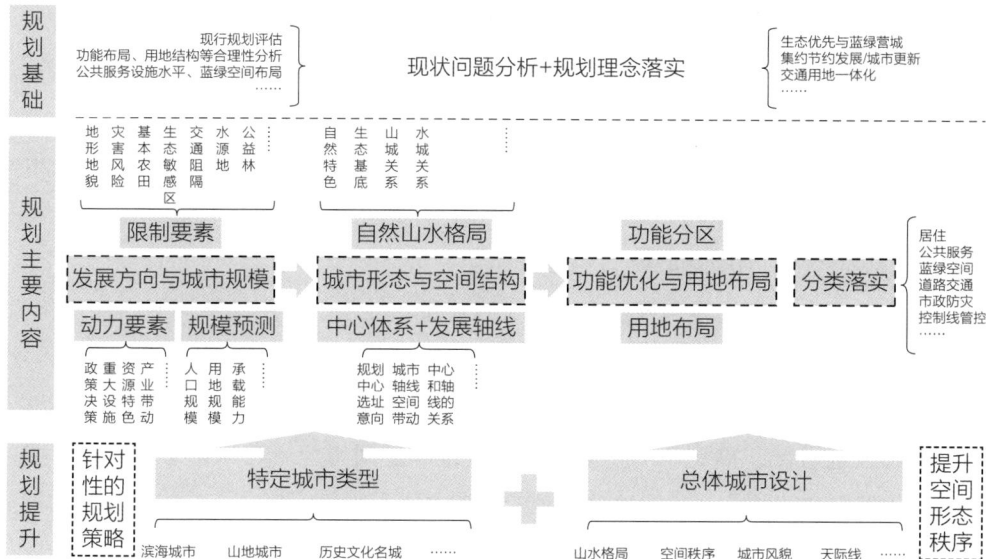

图 5-15　中心城区空间布局技术思路

资料来源：作者自绘.

1）重要自然生态空间，如生态敏感区、公益林、水源保护区等；

2）粮食安全保护要求，耕地和永久基本农田等；

3）安全要素，地质灾害、地震断裂带等；

4）文化保护空间，历史文化遗产、地下文物埋藏区等；

5）大型区域交通和市政设施，对城市分隔、防护隔离要求等；

6）其他要素，化工企业安全防护要求等。

带动因素主要包含：

1）政策和决策带动，如政策区、新区设立和建设等；

2）交通带动，如高铁站、高速出入口、重要交通道路等；

3）产业带动，如大型产业项目、产业园区等；

4）环境带动，如滨水空间、大型公园绿地等；

5）其他带动因素。

在限制要素和带动因素的基础上综合确定城市发展方向，结合合理的城市规模，可借助系统动力学模型（SD 模型）和用地演变情景模拟（CA 模型）等模型模拟和分析方法，大致确定中心城区未来拓展区域，为用地布局提供基础。

中心城区规模的确定需要综合考虑城市人口规模和变动趋势、城市经济发展水平和规模、城市用地规模和用地格局演变趋势、城市发展阶段等。

（2）城市形态和空间格局

规划中要关注影响城市空间形态结构规则及其生产的因素，总体规划层面，城市形态除受城市规模和城市功能影响外，要识别不同发展阶段的城市空间演变动力、空间形态与建设用地分布等，尤其在倡导人与自然和谐等理念下，更要注重自然山水格局对城市形态和布局的影响。

城市形态和空间格局反映几何意义上城市功能组织，往往以空间结构来表示，体现点（核）、轴（带）和面（功能分区）等不同空间要素的组合关系。

（3）功能优化与用地布局

中心城区空间布局规划核心内容在于对城市功能组织和用地结构提出优化和调整建议，并落实到规划分区和用地布局上。

城市功能优化在识别目前城市功能布局问题基础上，结合规划诉求合理调整，划分城市功能分区，确定不同功能分区的规模和空间组织。在城市总体规划阶段，往往根据城市空间结构、自然地理阻隔、城市主要干线等明确区域或组团主导功能。市县国土空间总体规划要求划定居住生活区、综合服务区、商业商务区等功能分区，明确管控要求及主要国土用途。

城市功能优化往往以用地布局调整为主要手段，根据用地布局方案明确各类建设用地总量和结构，合理确定各类用地规模与布局，并制定中心城区城镇建设用地结构规划表。

（4）分类落实与实施支撑

在上述基础上，布局好居住用地、公共服务体系与用地、工业用地、蓝绿空间、道路交通、市政基础设施等分项内容。此外，还应加强控制线划定、近期建设计划和实施政策研究等。

2. 案例：随州市总体规划空间规划方案编制

中心城区空间布局是一项综合复杂的系统工作，不存在唯一确定方案，而是对未来城市发展更为合理和更具可能性的空间资源安排。随州市处于省会城市武汉的1.5 小时交通圈内，地理区位优良，发展动力较好。中心城区处于平原和浅山过渡区，三条河流从城区内穿过，山水格局优良，周边浅山存在众多高品质生态节点，人居环境基底好。同时，作为国家历史文化名城，历史文化资源丰富。在规划编制中，根据以上特点，确定中心城区空间规划方案。

（1）判断城市发展方向

限制要素：主要受地形地貌影响，同时应避让河湖水系和水源保护区、永久基本农田、公益林、历史文化保护区等限制因素。

带动因素：主要动力因素为交通枢纽带动、产业创新带动、文化带动、生态品质带动和优质服务带动。

明确发展方向：在限制要素和带动因素的综合考虑下，明确该市中心城区未来重点向东向南拓展，适度向东南和西部拓展（图 5-16）。

（2）营造城市形态与空间格局

1）城市形态和空间格局优化方向分析

规划识别城市形态和城市空间结构存在的问题，结合山水格局、交通用地一体化等确定城市形态，优化城市空间格局。

①强化生态管控，构建山水城一体化格局。规划坚持绿色生态理念，在生态底线管控的基础上，更加合理地保护和利用自然山水景观。通过疏通山水景观廊道、营造滨水生态休闲廊道、完善网络状生态空间体系，塑造"显山露水，绿廊渗透，城景交融，都市田园"的山水城格局（图5-17）。

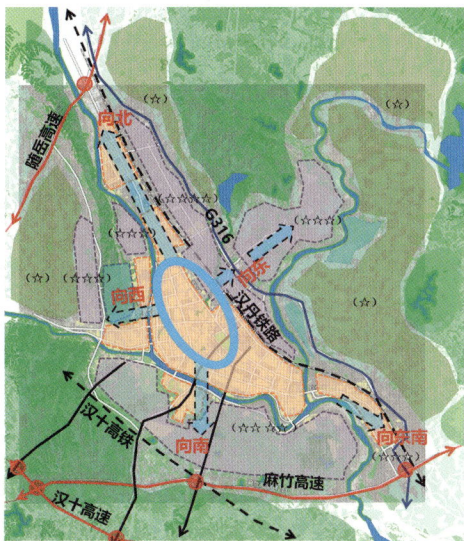

图 5-16　中心城区拓展方向分析
资料来源：北京清华同衡规划设计研究院，
随州市城乡总体规划（2016—2030 年）.

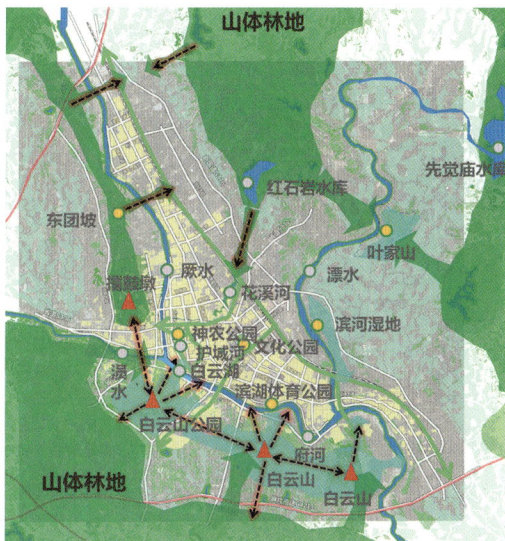

图 5-17　中心城区自然山水格局和城市形态关系
资料来源：北京清华同衡规划设计研究院，
随州市城乡总体规划（2016—2030 年）.

②结合重大交通设施建设，引导城市格局调整。高铁南站落位城南新区，将显著改变中心城区参与区域联系的时空格局，从而引导空间格局的转变。随着城南新区的开发建设，有望在未来成为新的城市级中心（图5-18）。

③结合城市中心体系与交通走廊建设，谋划交通与产业居住用地一体化发展，优化城市形态和空间格局（图5-19）。

2）清晰合理的城市空间结构

从功能布局体系和城市形态角度，提炼出"一主一副、双轴多组团"的多中心组团式结构。其中，"一主"指依托现状核心区形成的综合型城市主中心；"一副"指依托高铁站点形成的综合型城市副中心；"双轴"是指沿主要生活性干道形成南北向城市拓展轴和东西向城市拓展轴，共同构成"十"字形空间发展主轴；"多组团"

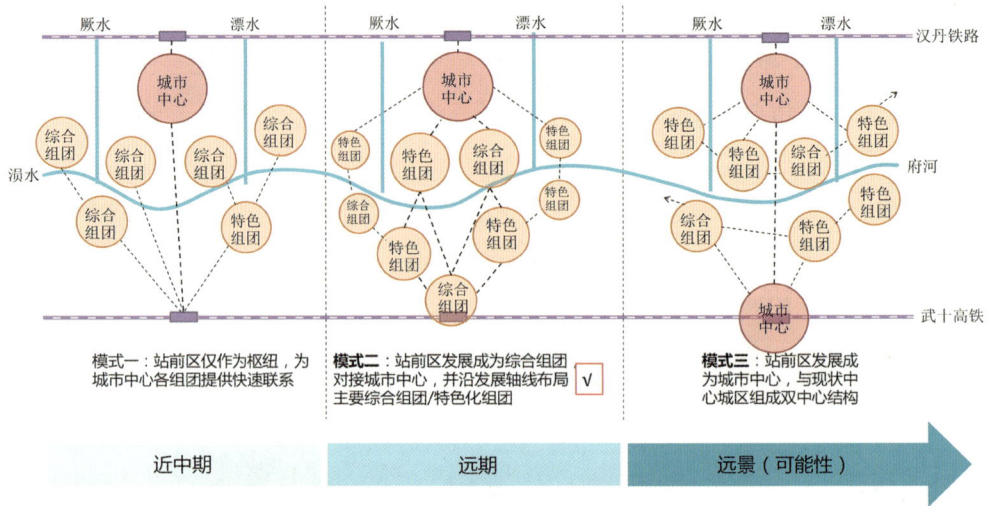

图 5-18　城市空间格局和重大交通枢纽的关系示意

资料来源：北京清华同衡规划设计研究院，随州市城乡总体规划（2016—2030 年）.

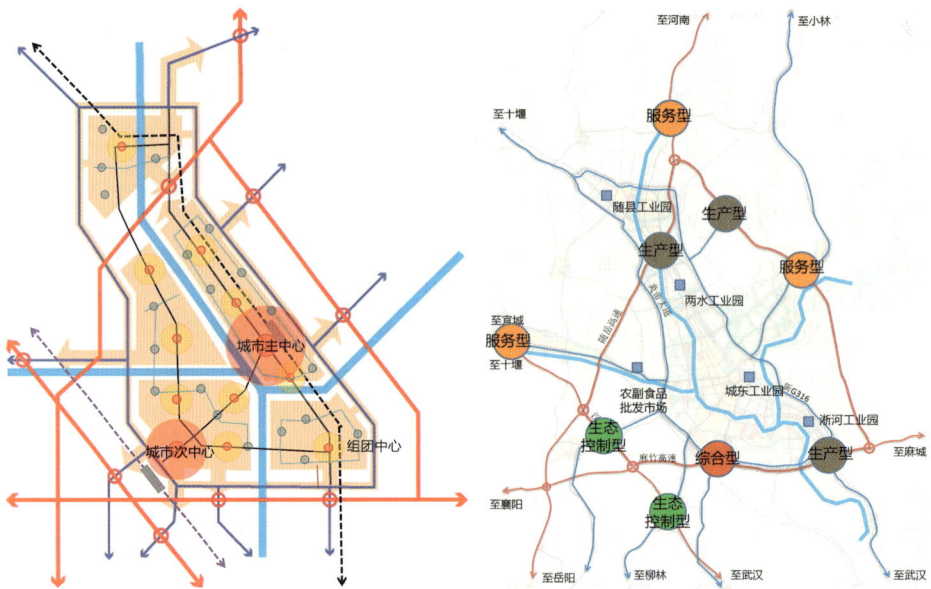

图 5-19　城市中心与交通走廊关系（左）、交通用地产业一体化发展关系示意（右）

资料来源：北京清华同衡规划设计研究院，随州市城乡总体规划（2016—2030 年）.

是指在核心区外围布局多个功能相对独立配套相对完善的城市组团（图 5-20）。

（3）城市功能与用地布局

1）引导城市功能优化

城市功能着重研究城市主要用地所占空间的合理性及其内部联系，按照"各得其所、相互协调"的原则来划分城市用地功能，并可从功能定位、核心职能、建设规模、建设指引等方面进行引导。

2）统筹各类用地布局

现状用地存在居住用地占比较高，人均居住用地面积较大，公共设施用地、绿地与广场用地较少等现状问题，规划结合城市形态与空间布局的要求调整用地结构，控制居住用地比例，提高公共服务设施用地、绿地等面积和比例，形成较为合理的规划用地空间方案（图5-21）。

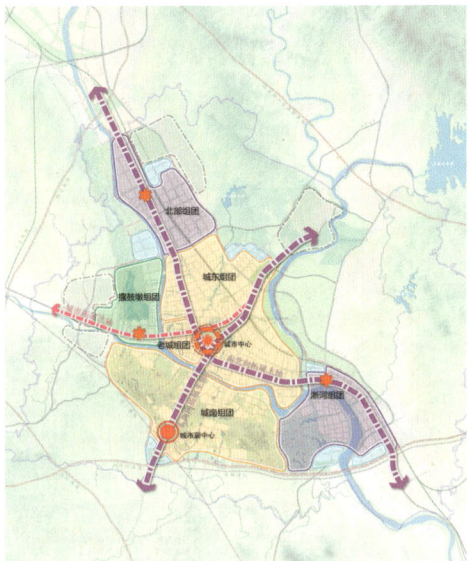

图5-20 中心城区空间结构与功能分区图
资料来源：北京清华同衡规划设计研究院，随州市城乡总体规划（2016—2030年）.

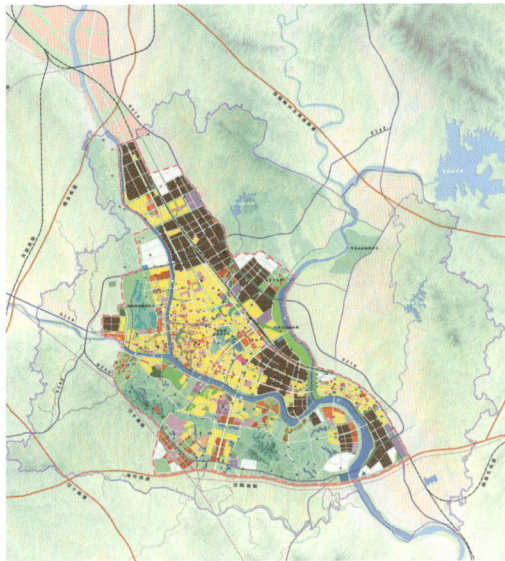

图5-21 中心城区用地布局规划图
资料来源：北京清华同衡规划设计研究院，随州市城乡总体规划（2016—2030年）.

（4）分类落实，加强规划实施

1）引导落实各类用地

规划应对居住用地及住房保障用地、公共服务用地、工业用地、绿地水系用地、道路交通用地等各专项用地进行细化研究，分别落实各单项用地的规模总量、空间分布情况、服务覆盖率等，加强规划的科学性和可实施性（图5-22）。

图5-22 中心城区分类规划落实指引
资料来源：北京清华同衡规划设计研究院，随州市城乡总体规划（2016—2030年）.

2）加强规划管控与实施支撑

城市"四线"是规划强制性内容，明确管控意图和管控规则，如城市绿线的划定和管控，对于现状、在建和已经确定具体选址的城市各类绿地，在划定深度上做到边界控制，防止各类城市建设对绿地进行侵占；对于城市的结构性绿地、大型公园绿地等在划定深度上要求基本确定位置和最小规模，城市绿线可适度调整，但不应缩减绿地面积；对于街边绿地、社区公园等小型绿地等，总体规划阶段原则只做规划引导，下位规划进行深化调整，但应该保障绿地的总体指标和服务覆盖率不变。根据以上规划内容，提出分层次和层级的管控要求（图 5-23）。

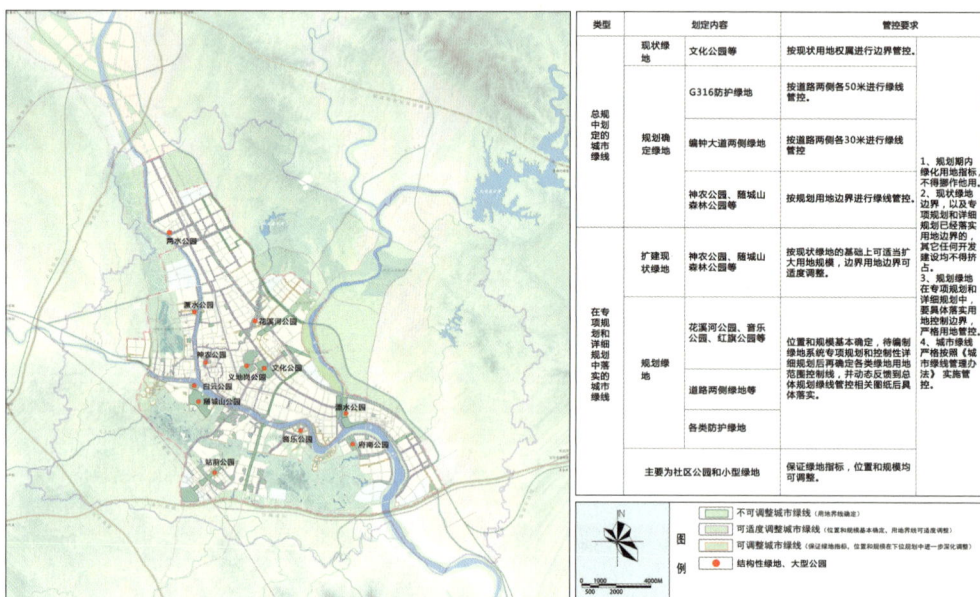

图 5-23 中心城区绿线控制图则

资料来源：宋万鹏.城市五线划定在新一轮总体规划编制中的探索——以随州市五线划定为例 [C]//持续发展 理性规划——2017 中国城市规划年会论文集（11 城市总体规划），2017：569-576.

案例：特定类型城市空间规划编制要点——滨海城市、历史文化名城蓬莱市总体规划中心城区空间规划编制（具体内容扫描二维码 5-1 阅读。）

二维码 5-1

5.4.5 村庄布局

1. 乡村发展指引规划编制内容要点

农村居民点用地普遍存在布点多、地块小、分布散、人均用地面积大、公共服务和基础设施配套不完善、财政投入效率低、农村空心化和蔓延式发展并存等现象及问题。总体规划中对乡村发展指引规划的编制内容重点应包括以下几个方面：

（1）明确镇村体系和村庄类型

结合乡村振兴战略，研究村庄人口变化、区位条件和发展趋势，结合生态保护和安全防灾等需要，科学布局镇村体系。明确集聚提升类、城郊融合类、特色保护类、搬迁撤并类等村庄类型，分类引导村庄发展。

（2）统筹布局乡村产业发展空间

围绕农村一二三产业融合发展，综合考虑农业农村现代化发展规律、集聚特点和现状分布，重点保障国家粮食安全和重要农产品供给，充分发挥比较优势，提出产业发展思路、发展方向，布局产业发展空间。

（3）统筹安排公共服务设施和基础设施

按照基本公共服务均等化和设施共建共享的原则，综合考虑农民生产生活服务需求和服务半径，集中配置各类公共服务设施，统筹安排乡村基础设施，增强规划和建设系统性。

（4）加强规划引导管控

坚持节约集约用地，落实生态保护红线、永久基本农田保护红线，明确耕地"三位一体"保护、生态保护修复、产业融合发展、"一户一宅"宅基地建设的用地规模和管控要求，因地制宜建立各类村庄的产业和建设项目准入负面清单，强化准入管理和底线约束。

研究技术路线如图5-24所示。

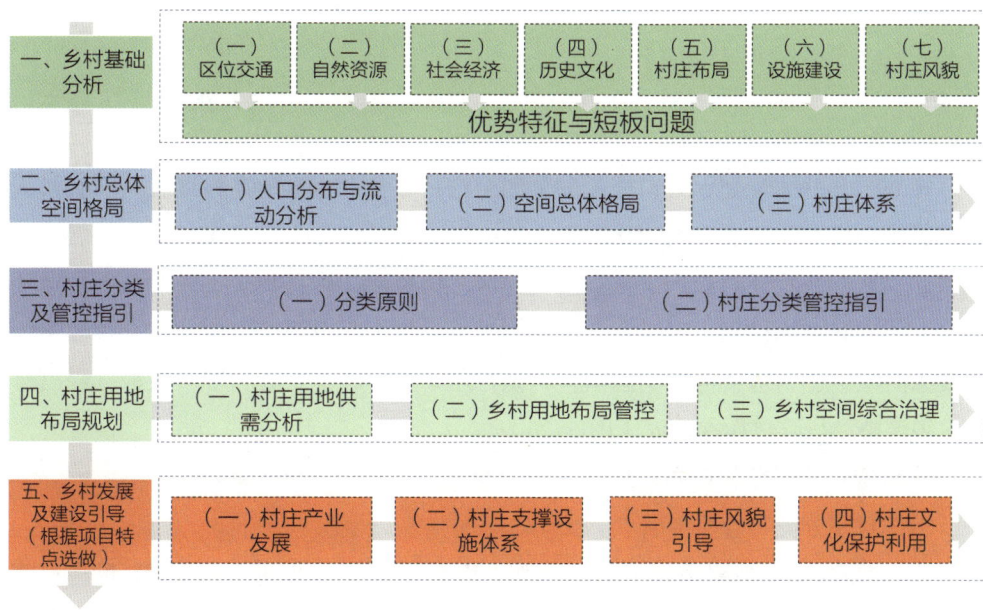

图5-24　市县（区）域村庄布局优化研究技术路线

资料来源：作者自绘.

2. 案例：远安县乡村振兴规划

（1）乡村发展基础分析

随着我国进入城乡融合发展新时代，城乡各类要素正在呈现全新的流动趋势。乡村问题必须立足更大的视野、立足人的需求开展分析。通过开展城乡数据监测调查、全域全要素现状调研和城乡居民意愿调查等方式，了解村庄真实情况。

规划从城乡人口的常住情况、时空分布、职住流动等几大维度对乡村各类要素开展"数据画像"，通过数据模拟快速、真实、准确地判断乡村地区变化趋势，通过大数据分析弥补传统统计数据的不足。研究城乡居民意愿调查方法思路，识别乡村真实复杂问题，进行客观、深度的分析，支撑后续规划内容（图 5-25）。

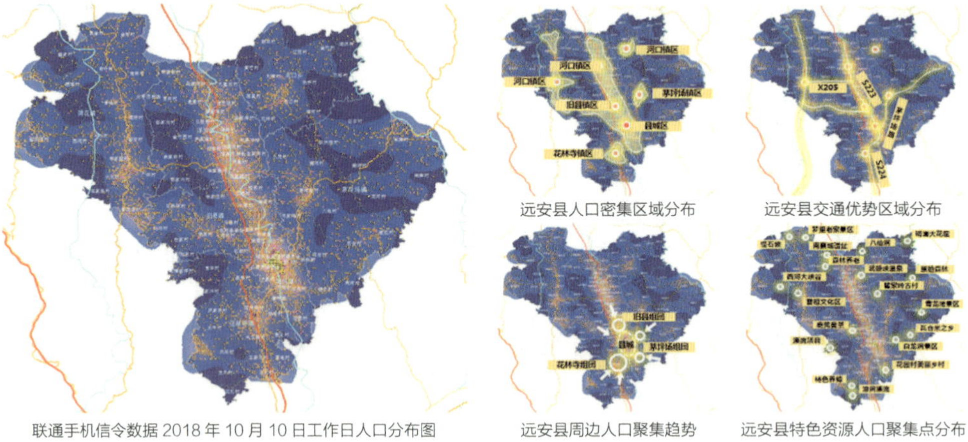

联通手机信令数据 2018 年 10 月 10 日工作日人口分布图 　远安县周边人口聚集趋势 　远安县特色资源人口聚集点分布

图 5-25　远安县手机信令支持人口分布研究示意

资料来源：北京清华同衡规划设计研究院，远安县乡村振兴概念规划（2019—2035 年）.

（2）乡村总体空间格局

规划结合总体规划中人口规模的预测结论，综合考虑本地乡村地区人口流入流出的趋势，科学预测人口城镇化率和乡村人口总量。综合人口分布、产业发展、区域联动、地形地貌等因素确定重点发展地区，构建起"中部集聚、外围收缩、点轴分布"的空间总体格局，引导资金与设施投放。根据人口预测结论，结合村庄整体发展思路，生态、地灾等影响因素，明确村庄布点，确定中心村和一般村，提出行政区划调整和行政村撤并建议（图 5-26）。

3. 案例：蓟州区村庄布局规划

（1）村庄分类与管控指引

《国家乡村振兴战略规划（2018—2022 年）》提出分类推进乡村发展，顺应村庄发展规律和演变趋势，根据不同村庄的发展现状、区位条件、资源禀赋等，按照集聚提升类、城郊融合类、特色保护类、搬迁撤并类的思路，尊重村庄发展的差异性，

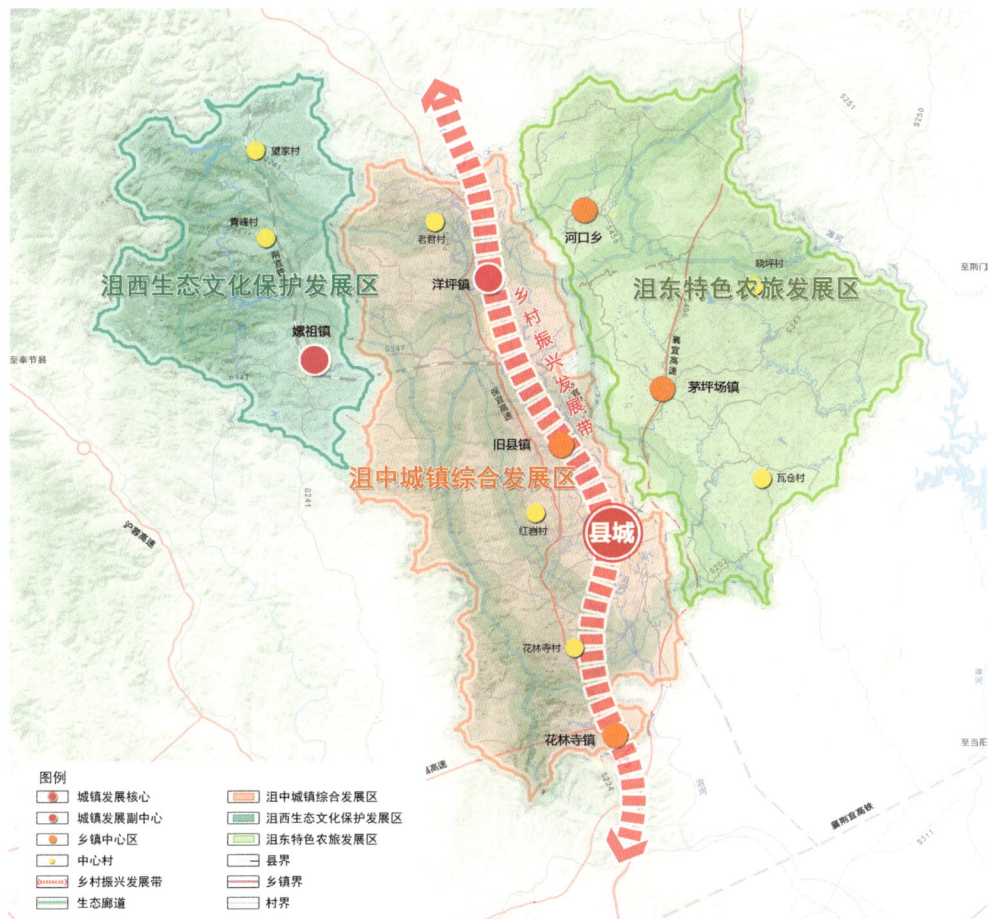

图 5-26　远安县乡村空间总体格局

资料来源：北京清华同衡规划设计研究院，远安县乡村振兴概念规划（2019—2035 年）.

寻找村庄发展共性，分类推进乡村振兴，引导村庄合理发展，不搞一刀切，提高乡村振兴的针对性和可操作性。

在蓟州区村庄布局规划中，规划针对 949 个村庄的差异性，细化村庄分类为"五种类型"，即城郊融合类、特色保护类、集聚提升类中心集聚型村庄、集聚提升类改善提升型村庄、搬迁撤并类。从规划管理角度制定"菜单式"的管理导则，通过分类引导，明确每一类村庄指标、建设、设施等管控要求，为当地村庄指标分解、项目落地、民宅审批、资金申报等工作提供依据（图 5-27）。

（2）统筹村庄用地布局

在明确村庄规模等级和村庄类型的基础上，推进市县域村庄布局优化，引导村庄人口向城镇、城郊融合类和集聚提升类等村庄集聚，科学引导和保护特色保护类村庄发展，做好城中村的更新改造或搬迁安置工作，统筹搬迁撤并类村庄的搬迁安置。

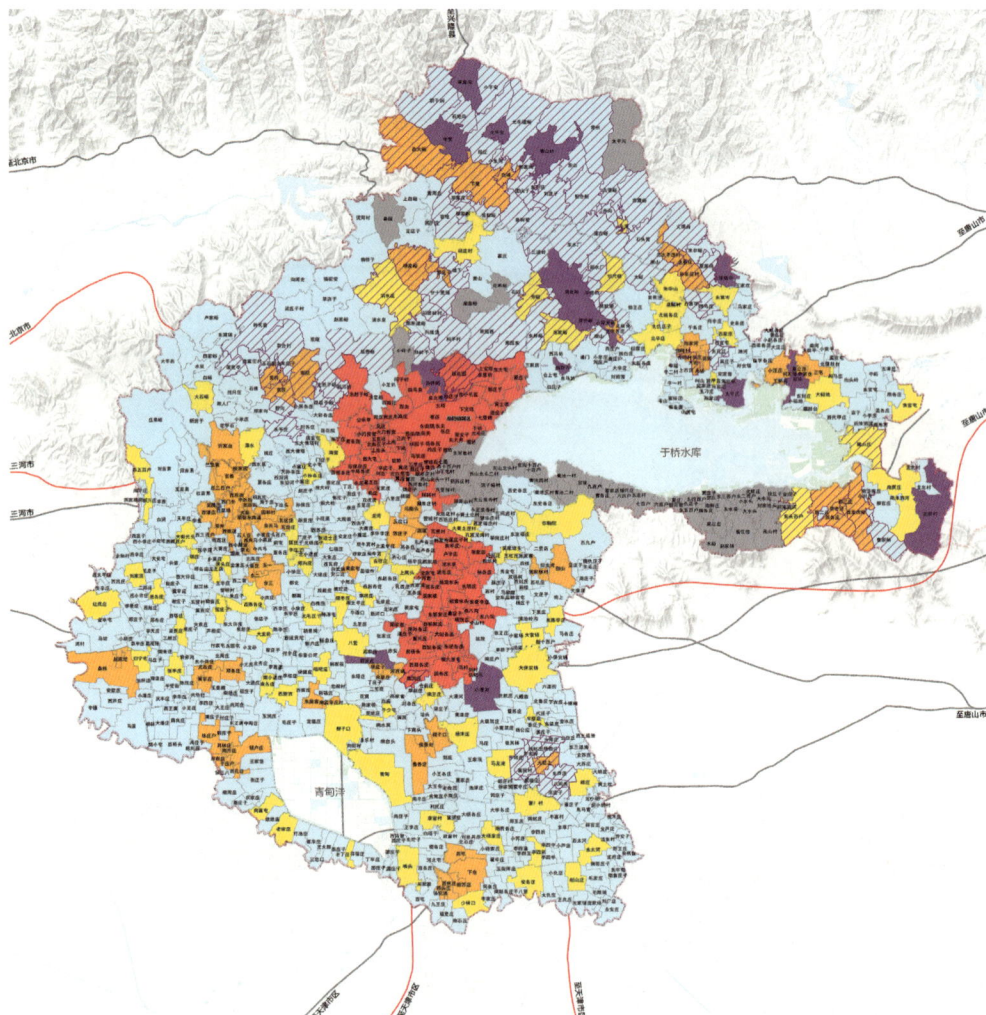

图 5-27　蓟州区村庄分类引导图

资料来源：北京清华同衡规划设计研究院，天津市蓟州区村庄布局规划（2019—2035 年）．

　　首先，提出规划保留村庄管控要求。将集聚提升类中心集聚型、特色保护类、城郊融合类的近郊村和远郊村，以及需要更新改造的城中村等列入拟保留村庄，明确用地规模、产业发展、生态保育、风貌指引等方面差异化管控要求。

　　其次，明确规划搬迁撤并村庄方案和村庄安置方案。将搬迁撤并类和需要搬迁的城中村等列入搬迁撤并村庄，明确村庄名称和规模，制定分类处置策略。结合村庄分类、城乡人口迁移趋势与村民意愿，明确规划搬迁撤并村庄安置原则和思路，合理测算安置规模，重点明确跨乡镇安置项目的位置、用地规模、建设时序和管控要求，有条件的地区可进一步明确同乡镇内跨行政村安置项目的布点位置与用地规模等指引。

5.4.6　文化遗产保护体系和文化保护空间格局

1.历史文化保护体系构建

城乡历史文化保护传承体系是以具有保护意义、承载不同历史时期文化价值的城市、村镇等复合型、活态遗产为主体和依托，保护对象主要包括历史文化名城、名镇、名村（传统村落）、历史文化街区、历史建筑、不可移动文物，工业遗产、农业文化遗产、灌溉工程遗产、非物质文化遗产、地名文化遗产等。

除法定文化要素外，还包括大尺度遗产线路、大尺度乡土聚落群等非法定文化要素；以及古驿道古水道、50年以上保持有一定风貌的建筑区域，农业水利等以涉水涉农文化遗产为线索的各类潜在文化要素。

2.历史文化保护空间与总体空间格局的相互协调关系

（1）历史文化保护空间的落位

对于法定且已划定明确范围的可精准落地，已认定文化遗产名录中保护区划空间明确的，应将其位置与范围信息纳入规划基础信息平台，并提取历史文化保护控制线。

对于法定且未明确范围的可暂代划示，已认定文化遗产名录中保护区划空间尚未明确的，应在征求主管部门意见的基础上科学划示一定的空间范围予以预留性保护。

对于无法划示的文化资源以名录形式动态管理，因相关保护工作在初期排查阶段、坐标信息不全致使无法空间落位等诸多原因，暂时无法划定保护控制线。在规划中列清需要制定保护规划的名录，按照重要程度区分，明确各主管部门责任。

（2）历史文化保护线与其他管控线之间的冲突矛盾协调

历史文化保护线与其他空间控制线存在多种冲突的可能性，需要在规划编制中统筹协调，充分保障历史文化资源的保护和传承（图5-28）。

历史文化资源内容			文物系统		住建系统							工信系统	农业	水利	其他
			不可移动文物	世界文化遗产及预备名单	历史文化名城	历史文化街区	历史文化名镇	历史文化名村	传统村落	历史建筑	历史文化风貌区	工业遗产	农业遗产	水利工程遗产	
类型			不可移动文物	世界文化遗产及预备名单	历史文化名城	历史文化街区	历史文化名镇	历史文化名村	传统村落	历史建筑	历史文化风貌区	工业遗产	农业遗产	水利工程遗产	
特征			数量多、分布散	级别高、规模大	城镇建设关联度高			分布散		城镇建设关联度高	规模大	城镇建设关联度高	规模大	规模大地域广	
级别			国家级、省级、市县级	世界级	国家级、省级					—	—	—	—	—	
基本控制线	生态保护红线	核心保护区 一般控制区 自然保护地外	●●	●				●●	●●	●			●	●	
	永久基本农田保护控制线		●●					●●	●●				●	●	
	城镇开发边界	集中建设区 弹性发展区 特殊用途区	●●		●●●	●●●	●●●	●●●		●●●	●●	●			
灾害风险控制线			●	●						●		●			
其他控制线	河道控制线			●						●					
	设施廊道控制线			●						●					

图5-28　历史文化保护线与其他空间控制线潜在冲突情况

注：●表示轻度潜在冲突；●●表示中度潜在冲突；●●●表示重度潜在冲突。

资料来源：作者自绘.

3. 案例：临海市历史文化保护空间构建

（1）主要文化空间特征提炼

在确定历史文化保护空间体系时，首先要对地方的文化空间特征进行提炼，例如，临海市是第三批国家历史文化名城之一，需要重点突出的历史文化特色价值和核心空间要素主要包括以下五个方面：

1）浙东海防要地与交通中心

临海是浙江东部水陆辐辏的交通要地，水运交通向西沟通浙江腹地、浙东驿道南北向联通瓯越滨海重镇，与浙东驿道相关的驿道走向、驿站所在等，历史记载清晰，遗存丰富。

2）山海之会、壮观秀丽的自然人文景观

临海自然环境独特秀美，括苍山、大雷山两山拱卫，灵江、洞港两大水系汇聚，具有山海江交汇的宏大自然格局。两山两水、桃江十三渚、火山地质遗址等丰富的自然人文景观十分突出独特。

3）台州府城墙是明长城的"示范"和"蓝本"

台州府城墙是临海名城的核心文化遗产。独特之处在于它不但具有重要的军事防御功能，同时兼具更为重要的城市防洪功能。

4）融山水城一体的江南府城

临海是台州的千年府治所在地，台州府城的文脉传布有序，气势宏大。老城区内保存较好的传统民居数量众多、分布密集，诸多传统街巷的格局与风貌保存状况良好。市域范围内还有体现浙东地域文化、多样丰富的传统民居、传统村镇，以及丰富多样的古迹遗存。

5）人文鼎盛的"小邹鲁"与丰厚独特的非物质文化遗产

临海非物质文化遗产类型众多、积淀丰厚。国家级有黄沙狮子、临海词调2项，省、市级非物质文化遗产一百多项。

（2）市域文化格局

确定市域"三山两江、一城两环六片"文化保护格局。"三山两江"指括苍山、大雷山、天台山，灵江水系和洞港水系。"一城两环"指台州府城、浙东水运交通系统文化线路环和古驿道－抗倭防御体系环。"六片"指提炼的六片文化遗产聚集区。

明确台州府城的核心地位，加强其与外围文化线路、风景名胜区、历史村镇在保护与利用上的优势互补。通过对水陆文化线路的保护，串联市域范围内部分历史村镇，进行整体系统的展示利用。括苍山景区、桃渚省级风景名胜区、三江国家湿地公园应严格按照相关法规进行保护，并与市域内其他保护要素统筹考虑。与仙居县协同强化对括苍山风景名胜区的保护，三江国家湿地公园应与水陆文化

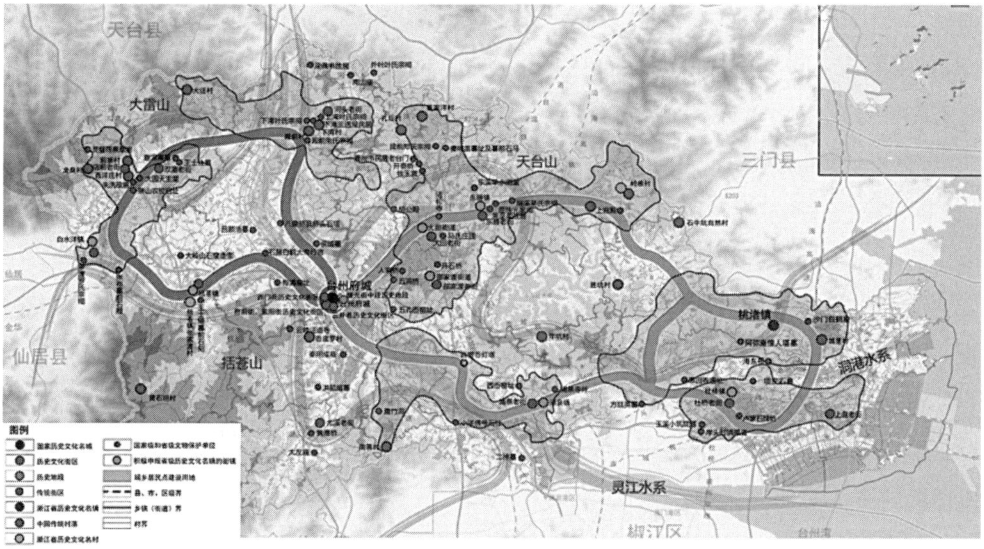

图 5-29 临海市域文化保护格局

资料来源：北京清华同衡规划设计研究院，临海市国土空间总体规划（2021—2035 年）.

线路结合保护，桃渚风景名胜区的保护应重点考虑其自然人文景观、农业景观（图 5-29）。

5.4.7 支撑保障体系

1. 综合交通体系

编制市级总体规划的综合交通体系，可以分为以下几个步骤：

（1）结合相关部门访谈、问卷调查、大数据分析等多种方法，分析该地区市域和中心城区两个层面的综合交通体系的现状发展特征、主要问题和挑战。市域层面需重点分析客运、货运两个体系以及铁路、公路、水路、航空、绿道等系统；中心城区层面需重点分析各级道路、慢行交通、停车、公共交通及场站等系统。

（2）落实上位规划的相关要求，预测区域交通发展趋势，提出市级综合交通发展战略和目标。

（3）结合该地区的国土空间布局特点，以增强区域、市域、城乡之间的交通服务能力为重点，合理确定综合交通体系优化策略，衔接区域重大交通设施和线路的专项建议方案，提出该地区重大交通设施的布局方案。

（4）强化公共交通体系对城市空间优化和功能布局的引导作用，提出与土地利用紧密结合的城市综合交通体系。

案例：吉林市国土空间总体规划的综合交通体系规划

（1）市域综合交通规划

分析吉林市在区域内的交通特征和需求。吉林市是位于国家"十纵十横"综合运输大通道中，横向"珲春至二连浩特运输大通道"上的重要节点，同时毗邻纵向"沿海运输大通道"，加快实施重点通道连通工程和延伸工程，提升综合交通枢纽功能是吉林市在区域交通方面的重要任务。

对标省级布局战略，以及省级规划对吉林市的定位和各项要求。吉林市是省级"一主六双"战略中明确的长春经济圈的核心城市和长吉珲大通道上的重要节点城市，同时也是环长春四辽吉松工业走廊、长通白延吉长避暑冰雪生态旅游大环线的交会点，推进长吉交通同网建设，加强与省内中东部地区、国内主要城市群区域联系，是下一阶段吉林市在省级层面交通发展的重点方向。

分析市域对外交通的主要短板。吉林的民航服务基础薄弱，民航服务依托于长春龙嘉机场，航空自由度较低；对外高铁通道单一，通而不快、直达性差；对外高速设施容量不足，尚未形成网络化体系。

提出综合交通发展目标和策略。①共建共享区域航空枢纽，统筹区域航空资源，建设二台子特色支线机场，新建北大湖、蛟河、舒兰、磐石、桦甸、丰满大青山通用机场和丰满旺起航空护林站，支撑大都市圈航空枢纽的能级提升。②构建区域铁路综合枢纽，提升东西向高速铁路通道，谋划南北向高铁通道，形成"十"字高速铁路枢纽，全面提升对接"京津冀""长三角"区域高速铁路通道服务水平。提升城际互通能力，完善普速铁路建设，形成高效便捷的铁路交通网络。③实现区域高速公路网直连直通，构建"双环五射三联"高速公路网，强化长吉快速联系通道，支撑区域高效联动发展。

（2）中心城区综合交通规划

重点聚焦沿江带状组团城市的交通组织优化，提出跨江通道、城市快速路网和城市内部路网的布局引导策略。同时针对寒地城市的特点，提出寒地公交都市的土地交通一体化建设要求，建立与综合交通体系相匹配的停车设施体系（图5-30）。

2. 市政基础设施

市政基础设施包括水系统、能源系统和环卫设施。总体规划结合空间格局优化，布局各类市政基础设施，提出邻避设施用地控制要求，强化农村基础设施建设引导，提出全域重要能源通道空间布局，协调廊道与底线的空间管辖。

案例：某市国土空间总体规划的市政基础设施体系规划

（1）城乡水系统规划

城乡水系统规划统筹区域水资源与重大设施，基于空间结构和规模预测，确定城乡涉水设施布局，提出水系统建设要求。

该市城乡供水以优水优用、全面普及为目标，严格控制用水总量，以南水北调水、本地地表水、城镇再生水为主要水源；布局城乡供水设施，建设区域集中供水厂，供水管网向镇村延伸，逐步形成一体化供水格局。

图 5-30 中心城区城市路网布局
规划图
资料来源：吉林市人民政府，吉林市
国土空间总体规划（2021—2035 年）
（草案）公众征求意见版 .

图例

快速路
主干 / 预控主干路
次干路
支路
高速公路
普通公路

城乡污水处理以全面管控、分级实施为目标，形成集中与分散结合的处理模式，城镇建立集中污水处理设施，辐射周边乡镇；农村污水就近接入城镇，或自建小型污水设施；城镇污水处理厂开展再生水回用，补充城镇水资源。

（2）城乡能源系统规划

能源系统规划包含全市能源消费总量预测、能源利用率目标、碳排放要求、控制策略、重大能源设施布局方案、电力及油气廊道布局与管控要求等内容。

该市能源系统以清洁低碳、智慧高效为目标，削减煤炭用量，控制能源消费总量，大力开发风电、光电等可再生能源，争创碳中和示范城市。

结合电力负荷预测，增加电力设施布局，加强廊道管控，预留设施与廊道空间，完善电力网架结构。引入多种气源，增设储气设施，提高供应保障能力，提升天然气在一次能源消费结构中的占比，确保各县市实现双气源供应，市域形成高压网状供气结构，输油输气管道根据安全性评价结果等划定安全走廊。

（3）中心城区市政基础设施规划

中心城区市政基础设施规划包含各专业负荷预测、设施布局及重要管线廊道布局。

水系统确定多水源保障方案，基于供排水需求预测，布局供水设施、污水处理与再生回用设施，并预留建设用地；鼓励非常规水资源利用，打通城市水循环；

根据地形及水系分布划分雨水分区，提出雨水工程建设标准与海绵城市建设目标。

能源系统预测电力、通信、燃气及供暖负荷，明确各类能源的供应源，确定变电站、燃气站、热源厂、通信核心局所等设施数量，并结合用地规划方案进行选址；对高压电力线路网络进行完善，布局输气管线，对穿越用地地块的高压电力线、输气管线等进行局部线位调整（图5-31）。

3. 综合防灾体系

综合防灾规划基于灾害风险评估，确定主要灾害类型的防灾减灾目标和设防标准，明确防洪（潮）、抗震、消防、人防等各类重大防灾设施的标准、布局要求与减灾措施。结合城市自然地理特征，优化防洪排涝通道和蓄滞洪区，修复自然生态系统，因地制宜推进建设海绵城市，提升城乡防灾减灾水平。

案例：某市国土空间总体规划综合防灾规划

（1）防灾减灾目标与标准

规划提出整合优化、韧性建设、智慧管理的总体目标，按城市建成区、县市中心城区、乡镇地区，明确地质灾害、防洪、内涝防治、抗震、人防、消防等专业防灾设施标准，引导设施布局和建设。

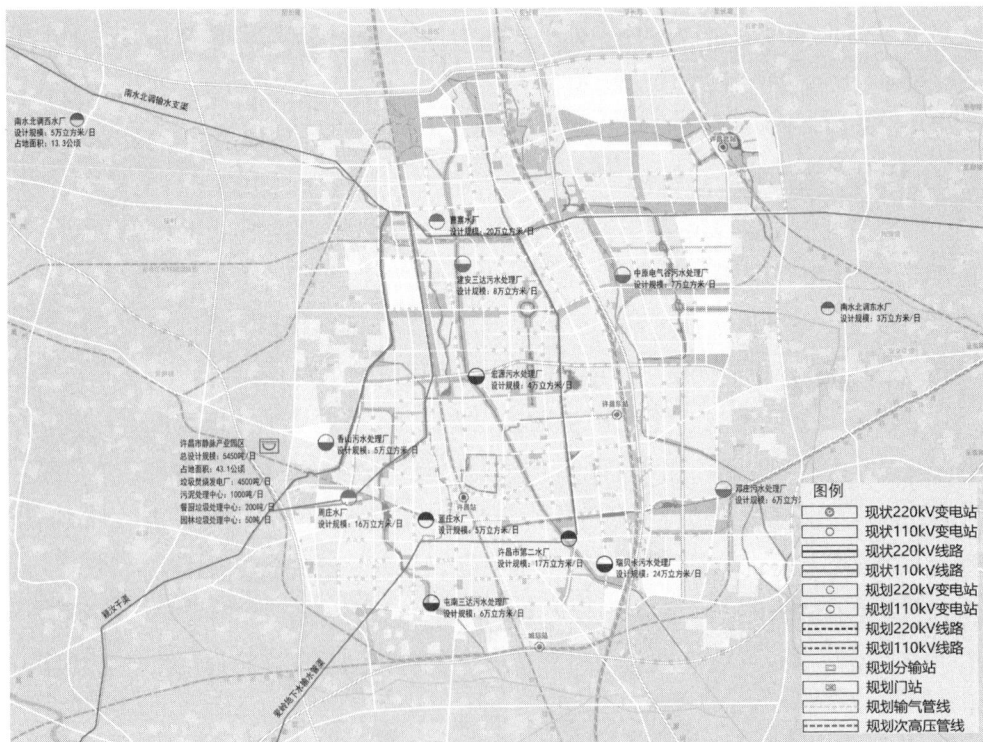

图5-31　某市中心城区水系统布局规划图、能源系统布局规划图
资料来源：北京清华同衡规划设计研究院，某市国土空间总体规划.

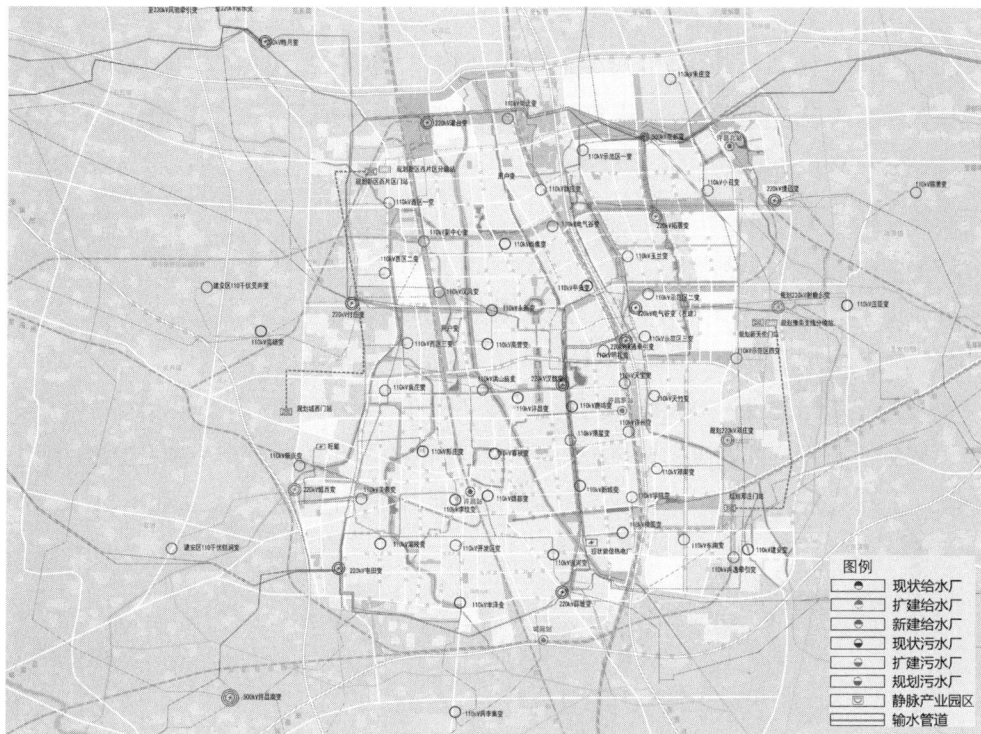

图 5-31　某市中心城区水系统布局规划图、能源系统布局规划图（续）
资料来源：北京清华同衡规划设计研究院，某市国土空间总体规划.

（2）地质灾害防治规划

坚持预防为主、避让与治理相结合的原则，划定重点管控区，加强隐患点危险性详细勘察与日常监测，强化周边建设用地管控；合理安排工程避让与搬迁，实施恢复治理，出现险情及时撤离人员、转移财产。

（3）防洪排涝规划

建设与各层级建设规模匹配的防洪排涝体系，市域建立堤库结合、泄蓄兼施的防洪工程，加强大型水库与中心城区河道的联动调节，推进城区河道防洪堤修复和标准提升，开展河道清淤、岸坡整治工程，加大山洪灾害防治，开展洪患村整治。

（4）抗震规划

该市属于 6 度以下标准设防城市，一般建筑按 6 度标准进行设防，生命线及重要设施提高设防标准。结合公园、学校、体育馆等，建设应急避难场所，结合主、次干道形成疏散救援通道。

（5）消防规划

建立多级消防体系，中心城区布局城市消防站，适当服务周边乡镇，乡镇地区建立消防队，村庄选用微型消防站。加强城乡重大危险源管控，建立化工园区集中相应类别重大危险源，严格控制独立重大危险源周边建设活动。

（6）中心城区综合防灾规划

中心城区划定 3 个应急分区，利用分区空间防止灾害扩散，分区配置城市安全设施。各分区形成救援中心，统筹医疗设施、消防设施和应急避难场所建设。

基于安全应急分区，建立市级、分区、社区三级医疗救护体系；布局城市消防站，各分区设置一处消防救援中心；布局固定避难场所与紧急避难场所，各分区设置一处中心避难场所。以城市主、次干道分别为人员疏散和物资运输的主要、次要疏散救援通道。划分防洪保护圈，对现有防洪堤进行提升改造，上水库调蓄与城区防洪堤防联动。在重点区域建设大型地下综合人防工程，在居住区建设分散地下人防工程。

建立市级应急指挥中心及应急物资储备库，统筹全市应急管理与灾时物资存储、调配。为应对极端灾害与突发事件，预留防灾备用地，位于各分区建设用地边缘，灾时作为救灾人员驻扎、物资储备、应急医院等用地（图5-32）。

图 5-32　某市中心城区防灾减灾规划图

资料来源：北京清华同衡规划设计研究院，某市国土空间总体规划.

5.5 总体规划成果表达

5.5.1 总体规划的成果体系及要求

1.成果体系

总体规划成果一般包括规划文本、附表、图件、说明、专题研究报告、数据库等。其中规划文本、附表、图件以及数据库是规划审批时必须具备的报批文件。规划说明和专题研究报告，以及其他相关文件是总体规划在实际编制工作中，根据地方实际情况和规划编制研究重点，以及规划实施管理的需要有针对性地进行设置。

除法定规划编制成果内容外，为便于审查审批工作开展，报审和报批阶段提交的成果还需要包括辅助性文件。

（1）报审成果阶段提交文件还应该包括对初步方案阶段审查意见采纳的说明答复报告。

（2）报批成果阶段提交文件还应该包括城市人民政府对审查意见采纳的说明答复报告，城市人民政府对人大审议意见采纳的说明答复报告，城市人民政府对公示意见采纳的说明答复报告。历史文化名城应该同时提交历史文化名城保护规划成果文件。

除法定规划编制成果内容外，根据地方规划实施管理需要编制的其他相关文件，是总体规划编制工作不断尝试和探索的成果，并且通常是总体规划成果的非常重要的组成部分，在规划实施管理中发挥重大作用。例如《上海市城市总体规划（2016—2040）》的"1+3"成果体系是当前总体规划业务实践中，规划成果能够同时体现专业化和技术化与政策性的典型案例。"1+3"成果以"总体规划报告"体现战略性、结构性内容，以"分区指引""专项规划大纲"和"行动规划大纲"作为实施性、操作性指导文件。对应不同事权，总体规划报告是上报国务院审批，以及规划批后上对下进行监督的重要依据，而分区指引、专项规划大纲和行动规划大纲，是指导规划实施的操作性管理文件（图5-33）。

2.成果制作要求

文本是具有法律效力的政策文件，应以条款的方式进行表达，包括规划内容的结论、指标等规定性要求，明确法律约束力。

图件包括市域和中心城区两部分，包括图纸名称、应表达的主要内容、比例、适用范围等要求。规划图纸应满足以下基本要求：要素齐全，图面表达规范、准确、美观、清晰、重点突出，合理把握主要表达要素、次要表达要素和辅助要素的绘图表现技巧；规划图纸表达的内容应与规划文本、规划说明的一致。图纸中的说明性文字应简洁，布局美观，尽量不压占图纸主要内容。总体规划图纸的底图应能够看出原有地形、地貌、地物等地形要素，色彩宜淡、浅。

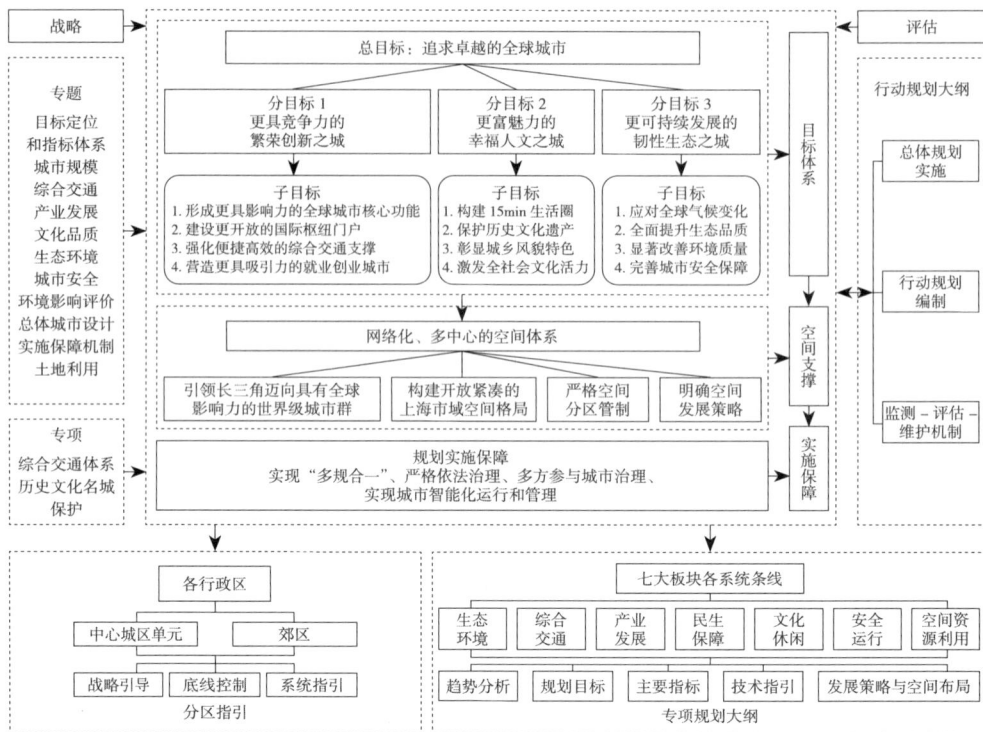

图 5-33　上海 2040 总体规划"1+3"成果体系关系图

资料来源：张尚武，金忠民，等.战略引领与刚性管控：新时期城市总体规划成果体系创新——上海2040 总体规划成果体系构建的基本思路 [J]. 城市规划学刊，2017（5）：52-60.

规划说明的内容包括分析现状、论证规划意图、解释规划文本等。规划说明中尤其要注意突出城市的实际情况和特殊性，阐述如何针对城市特性提出针对性的措施和规划方案。规划说明撰写要求逻辑清晰、条理分明、推理严密、数据翔实、论证充分。可通过插图、配表、专栏等方式，增强可读性。规划说明不是大量的现状和历史数据材料的罗列，而是对现状情况特征的总结、问题和趋势的分析等。

文本表达案例：北京总规（具体内容扫描二维码 5-2 阅读。）

二维码5-2

5.5.2　数据库建设

国土空间规划数据库建设有明确技术标准，对数学基础、数据库内容进行了明确要求（图 5-34）。空间数据采用分层管理的方式，非空间数据采用文件管理方式。

（链接知识点：《市级国土空间总体规划数据库规范（试行）》）

数据库的制作可分为三个步骤，包括数据准备、属性整理和入库质检。首先需要准备好入库的原始数据，并进行初步的检查，内容应涵盖入库规范要求的要素图层，空间数据几何特征和坐标系等符合要求。第二步需要整理数据的属性表，确

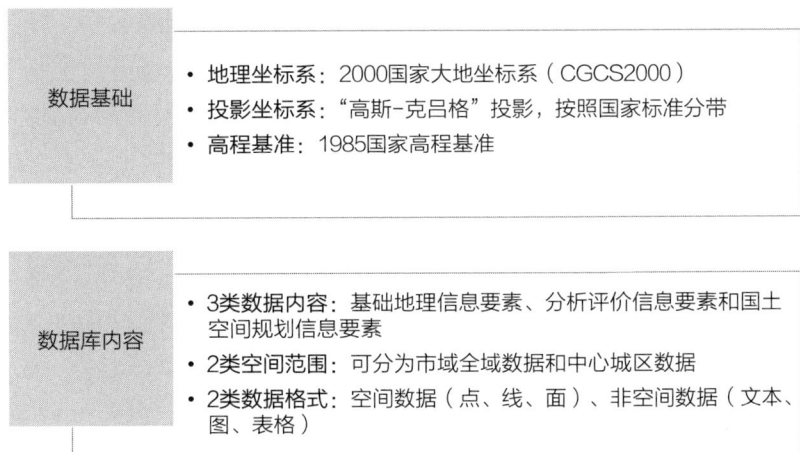

图 5-34　数据库数据基础和内容要求
资料来源：作者自绘．

保字段名称、类型、长度等符合要求，属性值符合规范明确的类型代码，并删除冗余字段和属性信息。第三步就是数据的入库和质检，按照规范要求的格式和名称将各类数据导入数据库，同时对数据的完整性、空间数据的拓扑关系、图数一致性等进行逐一检查，也可借用各省下发的质检软件进行质量预检，确保数据质量（图 5-35）。

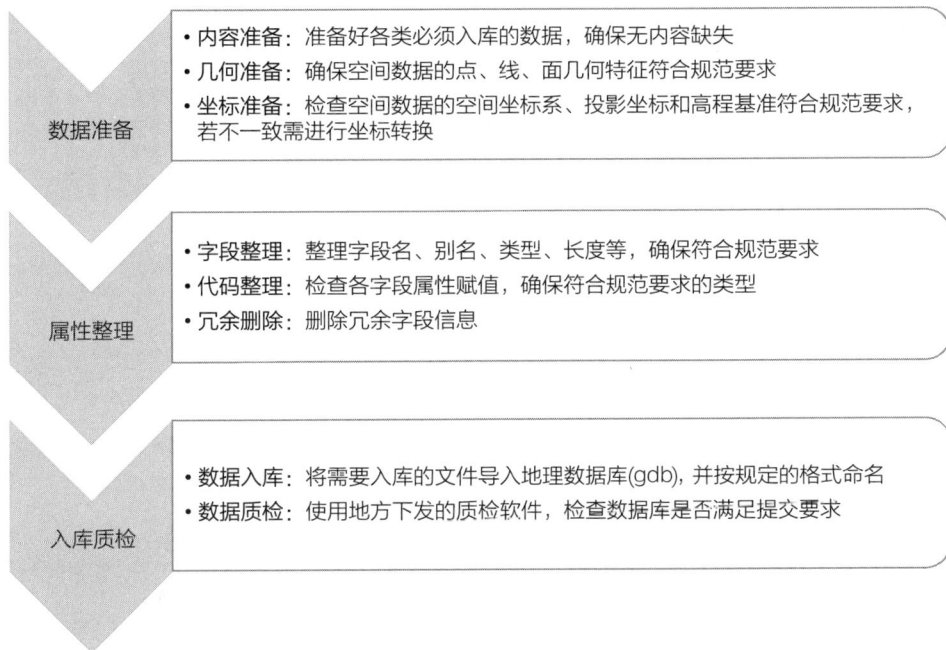

图 5-35　数据入库步骤
资料来源：作者自绘．

5.6 总体规划实施与传导

5.6.1 总体规划的实施

总体规划的实施主要通过以下三种途径。

1. 总体规划中确定的总体目标战略，在市、县政府决策和行政工作中得到贯彻和落实。

2. 通过空间规划体系，进一步将规划中确定的各项管控内容在下位规划、专项规划中落实，向下传导。

3. 直接指导新区设立等中观层面的实施建设活动和行为。

例如北京城市总体规划秉着"三分规划、七分实施"的原则，将实施作为重要的导向，从全面建立"多规合一"的规划实施管控体系、完善规划任务分解机制、建立城市体检评估机制、建立实施督查问责制度等多个方面保障规划实施（施卫良等，2019），规划获批后，市政府制定了规划实施工作方案，统筹规划实施和监督考核工作，非常充分地体现了总体规划实施三种途径（图5-36）。

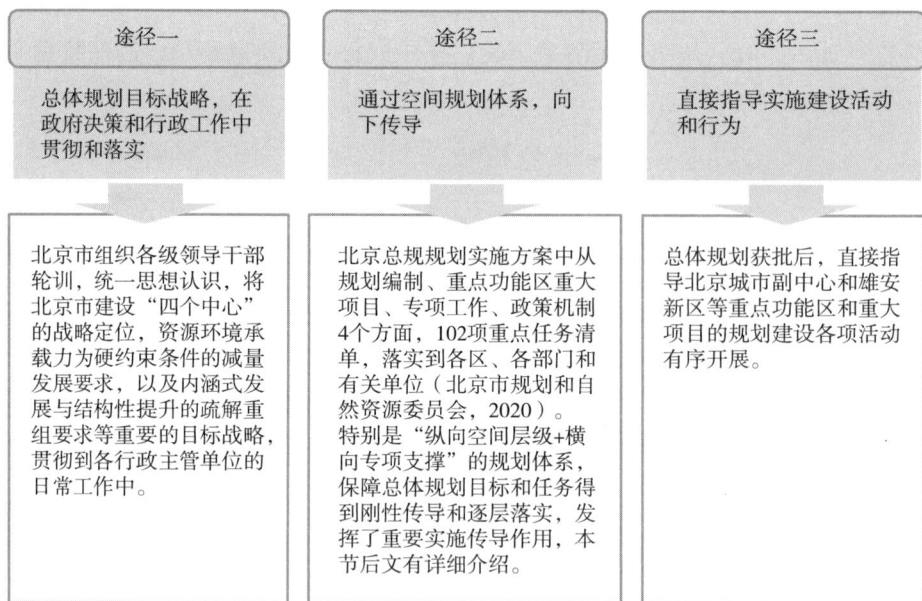

途径一	途径二	途径三
总体规划目标战略，在政府决策和行政工作中贯彻和落实	通过空间规划体系，向下传导	直接指导实施建设活动和行为
北京市组织各级领导干部轮训，统一思想认识，将北京市建设"四个中心"的战略定位，资源环境承载力为硬约束条件的减量发展要求，以及内涵式发展与结构性提升的疏解重组要求等重要的目标战略，贯彻到各行政主管单位的日常工作中。	北京总规规划实施方案中从规划编制、重点功能区重大项目、专项工作、政策机制4个方面，102项重点任务清单，落实到各区、各部门和有关单位（北京市规划和自然资源委员会，2020）。特别是"纵向空间层级+横向专项支撑"的规划体系，保障总体规划目标和任务得到刚性传导和逐层落实，发挥了重要实施传导作用，本节后文有详细介绍。	总体规划获批后，直接指导北京城市副中心和雄安新区等重点功能区和重大项目的规划建设各项活动有序开展。

图 5-36 北京总规实施的三种途径

资料来源：作者根据施卫良等，《新版北京城市总体规划的转型与探索》内容整理自绘.

5.6.2 主要传导方式

空间规划中主要采用的传导方式包括规则管控、名录管控、规模（指标）管控、结构管控、分区管控、位置（点位）管控、边界管控、形态管控等。并且在同一个规划中，几类传导方式是相互补充使用的（表5-1）。

主要传导方式一览表 表 5-1

传导载体	适用范围	管控路径	举例
规则管控	内容过细而不能在本级规划中实施定量或者定位管控的对象	列出必须遵守的法律法规、标准规范、行政规范性文件等，明确下层次空间规划深化的具体规定	市级空间规划中市域公共设施配置标准；战略引导定位、实施政策等
名录管控	需要明确管控对象名录及管控要求，但在本级空间规划中难以实施定位管控的对象	在本级规划中确定目录，并根据管理需求提出在下一层次空间规划中具体细化落实边界管控等相关要求	如自然保护区名录、水源保护区名录、历史文化名镇名村名录、重大基础设施列表、准入清单和负面清单等
规模（指标）管控	需要明确管控对象规模要求，但在本级空间规划中难以实施定位管控的对象	在本级规划中明确规模总量、人均指标等，以及下层次规划量化分解要求，可以包括数量型指标和标准型指标	市级空间规划中城乡建设用地规模、耕地保有量等，以及对指标分解落实要求；公共设施配置标准等
结构管控	需要明确空间要素布局结构性要求，但在本级空间规划中难以实施定位管控的对象	明确总体结构、廊道大致走向、空间连续性或最低宽度要求等结构性要求	市县级规划城市公共服务体系、生态格局结构等
分区管控	需要细化规划分区、政策分区，但在本级规划未进一步深化区分的对象	进一步明确边界精度，进一步划分为中类、小类	市级规划中的规划分区和用途分类，主体功能区政策等
位置（点位）管控	需要在下级规划中明确的点位坐标	进一步明确地理坐标	如交通线选线坐标、重大设施布点名录在空间上的图示化等
边界管控	需要明确空间准确边界的对象	精准划定用地边界（为上述6种传导载体的最终空间位置，一般在乡镇级国土空间规划或详细规划层面才能准确落位）	三条控制线、水体保护线、绿地系统线、基础设施建设控制线、历史文化保护线等
形态管控	需要提出空间形态、风貌的附加要求的对象	提出视廊、天际轮廓线、建筑高度、形式、色彩等管控要求	城市设计重点控制区的形态管控等

资料来源：北京清华同衡规划设计研究院内部资料《清华同衡国土空间规划工作手册》.

5.6.3 规划传导体系

空间属性规划的传导是总体规划实施的最主要途径之一。在空间规划体系中，市级总体规划是沿着市级总体规划—分区规划/县总体规划—详细规划/乡镇规划这样的纵向传导，以及对应的各级专项规划的横向传导体系，来逐步实施的。具体的规划层级和衔接关系在各地实际的规划管理体系设置中，会根据地方管理水平和管理能力有所调整。

例如，北京市在总体规划编制中，建立了"纵向空间层级+横向专项支撑"的规划体系，保障总体规划目标和任务得到刚性传导和逐层落实。纵向空间层级体系上，建立由"总体规划、分区规划、详细规划"三层，"市、区、镇、村"四级的规划体系。其中分区规划由市级统筹各区统一开始编制，在分区规划编制过程中，对于规划内容如何落实市级总体规划的要求，也必须有专篇的分析论证和回应。另外，

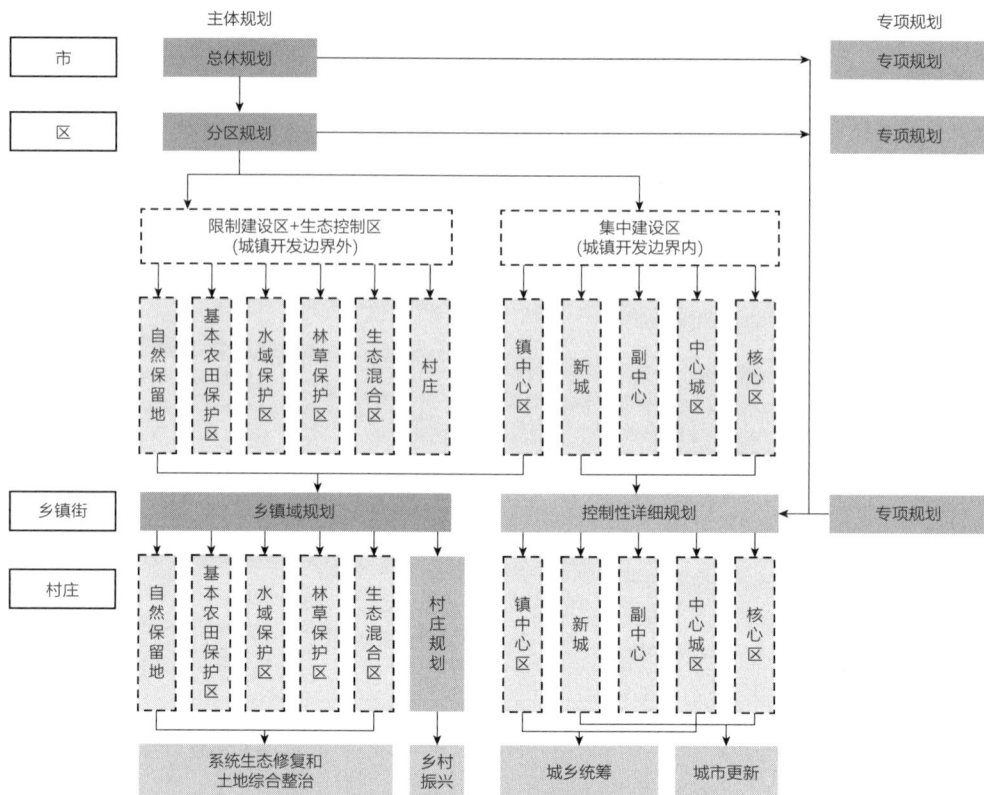

图 5-37　北京城市总体规划空间层级体系

资料来源：石晓东，王亮 . 加快构建城市总体规划实施体系的思考——以北京为例 [J].
城市规划，2019，43（6）：71-77.

为落实总体规划要求，北京还开展了 36 项市级专项规划编制工作，涉及规划编制实
施管理的各阶段，编制内容从行业性专项扩展到重点领域、重点区域、重要类别以
及各种实施政策、行动计划等（图 5-37）。

5.7　本章小结

　　空间治理能力的提升是实现国家治理体系和治理能力现代化的重要领域，当前城
市的发展已进入存量时代，对各类资源和要素的管控在全方位统筹的基础上，也进入
了更为精细化的时代。总体规划作为城市层面的"空间顶层设计"，将发挥更为重要的
战略引领和刚性管控作用，成为空间层面统筹协调各行业、各部门发展诉求的协同工
作平台，将作为编制详细规划、并依此办法规划建设许可的基本依据。虽然一直以来
城市总体规划和土地利用总体规划，以及到目前国土空间规划总体规划编制内容，都
有相关的编制办法等技术指导文件可以遵循，但面对城市发展的实际问题时，总体规

划的编制内容和研究方法都不是一成不变的，把握好以下几点总体规划的空间治理基本调控职能和决策逻辑，才能进一步提升总体规划的编制水平和实施管理治理水平。

5.7.1 追求"技术理性"与"政策理性"双重目标

一方面，总体规划是一项专业技术，规划方案的生成，必须符合所有相关专业的科学性与合理性的要求，这是总体规划工作的根基。另一方面，总体规划是调控城市资源配置、协调发展进程中各种利益关系的公共政策，规划决策中必须具有清晰坚定的立场，明确"坚持的"与"反对的"，"鼓励的"与"禁止的"。

5.7.2 坚持"问题导向"和"实施导向"

一方面，规划面向实践，要发现真问题、解决真问题，避免脱离实际纸上谈兵。另一方面，规划成果要面向管理，为城市规划建设、管理提供大的方向指引，为具体建设项目和用地管理提供依据。

5.7.3 立足"战略引领"和"刚性管控"双向调控

一方面，总体规划要针对发展建设需求，从战略层面对各项建设安排做出综合部署和统筹谋划，推动城市发展建设的宏观大局不偏离方向，健康有序发展。另一方面，总体规划要针对自然生态环境资源的保护和利用，进行科学严格的管控，保住城市发展的自然生态环境本底，严控各种不节约、不集约的资源利用行为。

5.7.4 着力"目标导向"和"规则导控"双管齐下

一方面，通过理想目标和美好愿景的设定，明确政府、各部门、各行业的努力方向，激发各方主体的积极性、创造性，引领城市更好更快发展。另一方面，通过行动纲领、行为准则、管制规则的设定，明确各类主体应该遵循的基本准则，主动规避方向和路径错误。

思考题（具体内容扫描二维码 5-3 阅读）

二维码 5-3

本章参考文献

[1] 杭州市规划和自然资源局.杭州市国土空间总体规划（2021—2035年）（草案公示）[Z]. 杭州：杭州市规划和自然资源局，2021.

[2] 上海市规划和国土资源管理局.上海市城市总体规划（2017—2035年）》公众读本 [Z]. 上海：上海市规划和国土资源管理局，2018.

[3]　中华人民共和国自然资源部 . 国土空间规划城市体检评估规程 TD/T 1063—2021[S]. 北京：中华
人民共和国自然资源部，2021.

[4]　清华同衡规划播报公众号 . 都江堰国土空间开发保护现状评估 [EB/OL].（2020–05–06）. https://
mp.weixin.qq.com/s/uMDHJIIyaWlhV6dIHdVoGQ.

[5]　江艺东 . 面向治理现代化的城市体检实践与探索——以 2018 年度福州城市体检为例 [C]// 中国
城市规划学会 . 面向高质量发展的空间治理——2020 中国城市规划年会论文集（11 城乡治理
与政策研究）. 北京：中国建筑工业出版社，2021：139–150.

[6]　张学良 . 以都市圈建设推动城市群的高质量发展 [J]. 上海城市管理，2018，27（5）：2–3.

[7]　顾建波 . 县市国土空间总体规划技术思路探索 [J]. 小城镇建设，2019，37（11）：17–25.

[8]　胡耀文，张凤 . 城镇开发边界划定技术方法及差异研究 [J]. 规划师，2020，36（12）：45–50.

[9]　周祥胜，汤燕良，李禅，等 . 广东省级城镇开发边界的划定思路与方法 [J]. 规划师，2019，35
（11）：75–79.

[10]　冯雨，尚嫣然，郁秀峰，等 . 市场经济主导下引导高质量发展的规划实践——以临海市域总
体规划（2017—2035 年）为例 [C]// 中国城市规划学会 . 活力城乡 美好人居——2019 中国城
市规划年会论文集（11 总体规划）. 北京：中国建筑工业出版社，2019：505–514.

[11]　中华人民共和国建设部 . 城市规划基本术语标准 GB/T 50280—1998[S]. 北京：中华人民共和国
建设部，1998.

[12]　中华人民共和国自然资源部 . 市级国土空间总体规划编制指南（试行）[Z]. 北京：中华人民共
和国自然资源部，2020.

[13]　王晓东，郑筱津，欧阳鹏，等 . 面向实施、服务管理：城市总体规划改革与创新研究 [M]. 北
京：清华大学出版社，2018.

[14]　宋万鹏 . 城市五线划定在新一轮总体规划编制中的探索——以随州市五线划定为例 [C]// 中国
城市规划学会 . 持续发展 理性规划——2017 中国城市规划年会论文集（11 城市总体规划）北
京：中国建筑工业出版社，2017：569–576.

[15]　刘军民，张清源，巩岳，等 . 国土空间规划中线性文化遗产的保护利用研究——以咸阳市
为例 [J]. 城市发展研究，2021，28（3）：7–13.

[16]　张浩宏，黄斐玫 . 国土空间规划体系下的综合交通规划编制思考 [J]. 规划师，2021，37（23）：
33–39.

[17]　张尚武，金忠民，等 . 战略引领与刚性管控：新时期城市总体规划成果体系创新——上海
2040 总体规划成果体系构建的基本思路 [J]. 城市规划学刊，2017，5：52–60.

[18]　北京市规划和国土资源管理委员会 . 北京城市总体规划（2016 年—2035 年）[Z]. 北京：北京
市规划和国土资源管理委员会，2017.

[19]　施卫良，石晓冬，杨明，等 . 新版北京城市总体规划的转型与探索 [J]. 城乡规划，2019（1）：
86–93，105.

[20]　石晓东，王亮 . 加快构建城市总体规划实施体系的思考——以北京为例 [J]. 城市规划，2019，
43（6）：71–77.

第6章

控制性详细规划编制实践

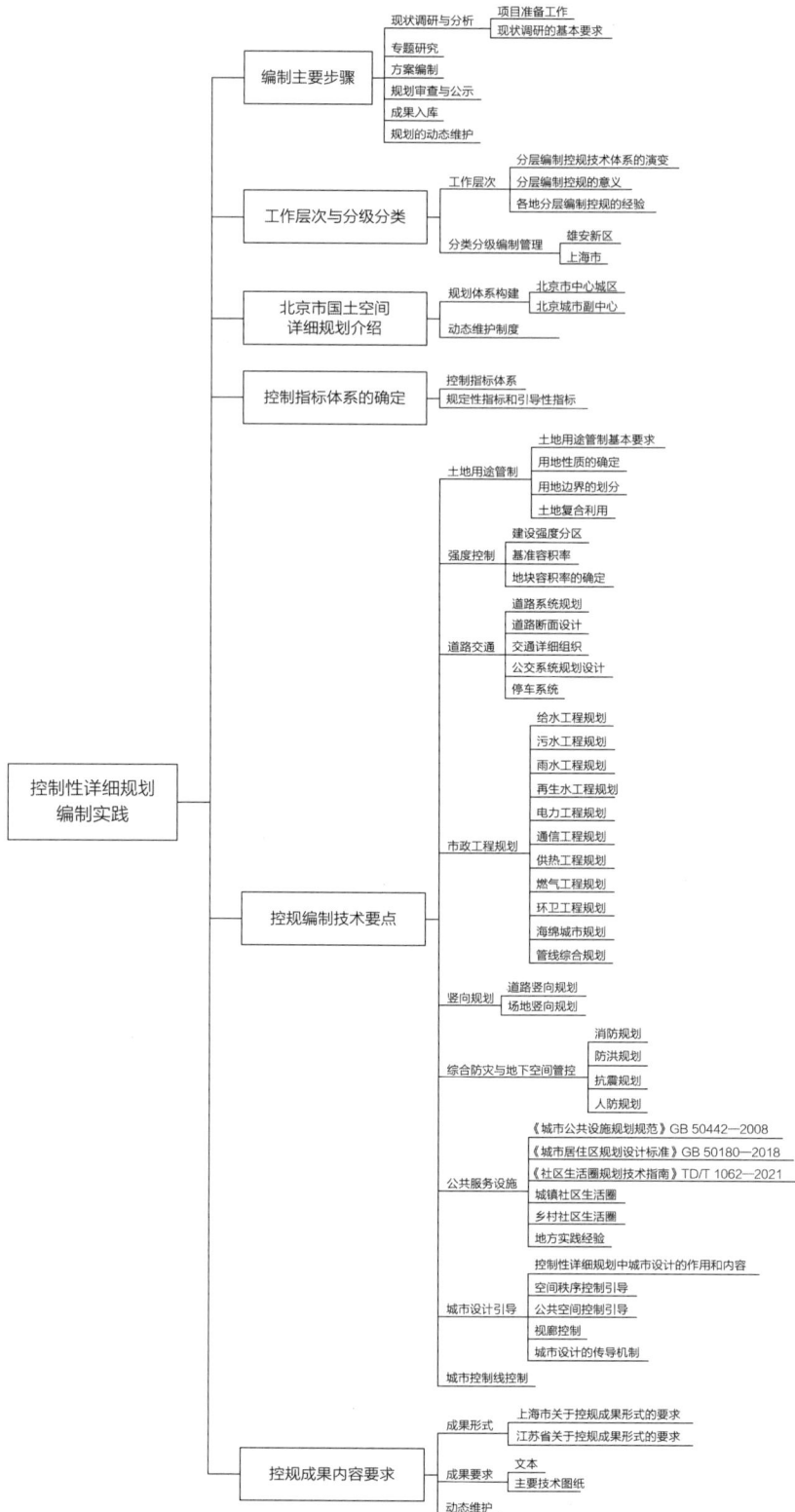

```
                                                          ┌─ 项目准备工作
                                      ┌─ 现状调研与分析 ─┤
                                      │                    └─ 现状调研的基本要求
                                      ├─ 专题研究
                      ┌─ 编制主要步骤 ─┼─ 方案编制
                      │               ├─ 规划审查与公示
                      │               ├─ 成果入库
                      │               └─ 规划的动态维护
                      │                             ┌─ 分层编制控规技术体系的演变
                      │               ┌─ 工作层次 ──┼─ 分层编制控规的意义
                      │               │             └─ 各地分层编制控规的经验
                      ├─ 工作层次与分级分类 ─┤
                      │               └─ 分类分级编制管理 ─┬─ 雄安新区
                      │                                    └─ 上海市
                      │               ┌─ 规划体系构建 ─┬─ 北京市中心城区
                      ├─ 北京市国土空间 ─┤               └─ 北京城市副中心
                      │   详细规划介绍  └─ 动态维护制度
                      │
                      ├─ 控制指标体系的确定 ─┬─ 控制指标体系
                      │                     └─ 规定性指标和引导性指标
                      │                                   ┌─ 土地用途管制基本要求
                      │                    ┌─ 土地用途管制 ┬─ 用地性质的确定
                      │                    │              ├─ 用地边界的划分
                      │                    │              └─ 土地复合利用
                      │                    │              ┌─ 建设强度分区
                      │                    ├─ 强度控制 ────┼─ 基准容积率
                      │                    │              └─ 地块容积率的确定
                      │                    │              ┌─ 道路系统规划
                      │                    │              ├─ 道路断面设计
                      │                    ├─ 道路交通 ────┼─ 交通详细组织
                      │                    │              ├─ 公交系统规划设计
                      │                    │              └─ 停车系统
                      │                    │              ┌─ 给水工程规划
                      │                    │              ├─ 污水工程规划
                      │                    │              ├─ 雨水工程规划
                      │                    │              ├─ 再生水工程规划
                      │                    │              ├─ 电力工程规划
                      │                    │              ├─ 通信工程规划
  控制性详细规划 ──────┤                    ├─ 市政工程规划 ┼─ 供热工程规划
     编制实践         │                    │              ├─ 燃气工程规划
                      │                    │              ├─ 环卫工程规划
                      │                    │              ├─ 海绵城市规划
                      │                    │              └─ 管线综合规划
                      ├─ 控规编制技术要点 ──┤              ┌─ 道路竖向规划
                      │                    ├─ 竖向规划 ────┤
                      │                    │              └─ 场地竖向规划
                      │                    │              ┌─ 消防规划
                      │                    ├─ 综合防灾与地下空间管控 ┬─ 防洪规划
                      │                    │              ├─ 抗震规划
                      │                    │              └─ 人防规划
                      │                    │              ┌─《城市公共设施规划规范》GB 50442—2008
                      │                    │              ├─《城市居住区规划设计标准》GB 50180—2018
                      │                    ├─ 公共服务设施 ┼─《社区生活圈规划技术指南》TD/T 1062—2021
                      │                    │              ├─ 城镇社区生活圈
                      │                    │              ├─ 乡村社区生活圈
                      │                    │              └─ 地方实践经验
                      │                    │              ┌─ 控制性详细规划中城市设计的作用和内容
                      │                    │              ├─ 空间秩序控制引导
                      │                    ├─ 城市设计引导 ┼─ 公共空间控制引导
                      │                    │              ├─ 视廊控制
                      │                    │              └─ 城市设计的传导机制
                      │                    └─ 城市控制线控制
                      │                                   ┌─ 上海市关于控规成果形式的要求
                      │                    ┌─ 成果形式 ───┤
                      │                    │              └─ 江苏省关于控规成果形式的要求
                      └─ 控规成果内容要求 ──┼─ 成果要求 ───┬─ 文本
                                           │              └─ 主要技术图纸
                                           └─ 动态维护
```

图 6-1　控制性详细规划编制实践思维导图

资料来源：作者自绘.

6.1　总述

20 世纪 80 年代，为了适应我国城市建设发展的需要，作为对传统规划的改良和变革手段，控制性详细规划（以下简称为"控规"）应运而生。20 世纪 80 年代，部分城市试行了城市土地有偿使用制度，结合已有的详细规划制度，上海、温州等城市在学习借鉴国外区划制度的基础上，积极探索编制"不摆房子"的"控制性"详细规划。控规编制所提供的指标体系及场地划示等控制要点，可为建设用地和建设工程许可管理提供参考依据，同时便于测算地价。面对市场经济发展的不确定性和建设用地管理方式的变化，基于控规拟定的规划设计条件是国有土地使用权出让合同的重要组成部分，编制控规成为出让城镇建设用地的前置性工作。2000 年后，随着《城乡规划法》《物权法》等相关法律的实施，《城市规划编制办法》（2006）和《城市、镇控制性详细规划编制审批办法》（2010）的出台，控规的技术体系不断完善。2010 年后，国家经济发展要求和城市发展方式转型，控规也根据新的发展需求开展实践探索，谋求变革与优化。

控制性详细规划是以总体规划或者分区规划为依据，以土地使用控制为核心，以落实总体规划的意图为主，综合考虑现状建设情况、地区发展需求等因素，确定规划范围内的各类用地的用地性质、建设强度、设施配套和空间环境的管控要求，为国土空间开发保护、进行各项建设提供依据，并指导下位规划和建筑设计等各项工作。①

2019 年，国家提出要在全国分级分类建立国土空间规划体系。详细规划是国土空间规划体系中的重要组成部分，是对具体地块用途和开发建设强度等作出的实施性安排，是开展国土空间开发保护活动、实施国土空间用途管制、核发城乡建设项目规划许可、进行各项建设等的法定依据。

根据国家要求，结合各地区的实际情况，各省、直辖市都构建起了自己的国土空间规划体系。详细规划是国土空间规划体系中的重要层级，是落实国土空间总体规划、指导规划实施管理的重要环节。详细规划通过划定规划单元，分解落实国土空间总体规划的约束性指标和底线管控要求，结合城市体检、规划实施评估及规划"动态维护"等工作，将"定线"和"定量"的指标定期反馈给上位规划，并进行分析校核，作为城市宏观决策、城市运行管理情况评估的重要参考。详细规划分为开发边界内详细规划和开发边界外村庄规划两类。城镇开发边界内详细规划以控规为

---

① 参见《中华人民共和国城乡规划法》《城市规划编制办法》《城市、镇控制性详细规划编制审批办法》《北京市控制性详细规划编制技术标准与成果规范（试行）》等。
在各地实践探索中，有些城市将控规单元按存量地区、更新类地区、战略留白类地区进行分类，提出差异化控制管理要求。

基础技术框架，结合各地特色和需要，各有所侧重。

在当下规划体系改革大背景下，详细规划的内涵、管理边界、称谓也有较大变化。教材中涉及"详规""控规"简称，均为不同时期、不同省市在实际工作和政策法规中出现的称谓，为便于衔接，书中按实际情况采用。

6.2　编制主要步骤

6.2.1　现状调研与分析

1. 项目准备工作

项目开始前，首先对项目基地的基本情况与特点及规划编制要求进行初步了解，并组建技术团队。一般而言，控制性详细规划涉及区域产业、规划设计、道路交通、市政工程及公共安全方面专业的人员。

其次，根据项目要求制定工作计划，明确现状调研、初步方案、中期成果、专家评审、成果公示等阶段的大致时间、核心任务与工作节点。表 6-1 是某县城控制性详细规划的初步工作计划，工作时间的安排应充分考虑问卷发放与收回、会议组织、成果公示等程序的时间要求，做好预留（表 6-1）。

某县控制性详细规划项目初步工作计划　　　　　表 6-1

时间	工作阶段	工作内容
3 月	调研与现状分析阶段	资料收集、组织相关单位与部门座谈并踏勘，摸清底数底图，评估现状问题与发展诉求
4 月 -5 月	初步方案阶段	开展方案研究，明确规划目标策略、优化空间结构与用地布局，统筹各项设施，形成初步方案并进行汇报
5 月 -6 月	中期方案阶段	根据各部门意见对方案进行优化，划分控制单元，形成中期方案并进行汇报
6 月 -8 月	地块图则编制阶段	根据各部门意见进一步优化深化细化规划方案，绘制单元及地块图则，明确地块用地性质、道路系统、土地使用和建筑管理要求，形成初步成果并征询意见
8-10 月	成果优化阶段	根据意见对成果进一步优化，组织专家论证与部门审查、审议及公众意见征集
9 月 -12 月	最终成果阶段	根据各方意见进行修改完善，并形成最终成果

资料来源：北京清华同衡规划设计研究院某县控制性详细规划项目.

2. 现状调研的基本要求

现状调研主要分为基础资料收集、意见征询、现场踏勘三个部分。

现状调研工作开展前，应积极对接项目委托方，提前发放基础资料清单，并对收回资料进行熟悉，针对基地区域位置、山水环境、现状建设、核心问题与发展诉求进行初步判断，明确调研中需重点关注的内容。

基础资料主要包括但不限于以下内容：

（1）基地所在城市气象、水文、地质等自然条件概况，历史沿革。

（2）上位及相关规划，当地或所在省区市规划管理规定。

（3）基地现状人口规模、空间分布、年龄、职业构成等。

（4）基地土地利用现状及相关管理数据信息。其中土地利用现状数据和信息包含用地性质、边界、用地面积、建筑面积等；管理数据和信息包括土地和房屋权属、批供地等。

（5）基地经济社会相关统计分析数据，重要企事业单位情况。

（6）基地居住区、村庄分布情况及发展要求；工业企业分布情况及发展要求。

（7）基地及周边公共服务设施与市政基础设施类型、规模与空间分布、线网走向等。

（8）基地公园绿地、广场等开敞空间类型、规模与空间分布。

（9）基地历史文化保护建筑、保护区、古树名木等名录、位置、保护现状及要求。

（10）基地已有的控制线划定及实施情况。

（11）基地地下空间与人防、消防相关资料。

在此基础上，针对新建地区、更新地区、文化保护地区等不同特色区域，增加其他有针对性的调研内容。

在拟定基础资料清单的同时，应与项目委托方协调拟定调研计划。调研计划应列明项目组人员及联系方式，部门/单位座谈、现场踏勘的详细时间计划与人员分工。

意见征询包括相关部门/单位座谈及公众意见征询、问卷调查等。部门/单位座谈应提前协调好时间，座谈重点内容可与基础资料清单一同提前发放，座谈中重点问询部门/单位对管理事权中存在的规划问题和对策建议。

问卷发放形式及主要内容应提前征求委托方意见。问卷设计务必做到主题明确、重点突出、结构合理、逻辑清晰且通俗易懂，避免主观暗示影响答案的真实性。问卷长度应有所控制，网络问卷设计应避免操作、填写方式过于复杂。

现场踏勘应做好文字、图纸与照片记录。对现状道路交通、土地利用、建构筑物、公共服务、市政公用与公共安全设施等情况进行踏勘，明确现状建设情况、主要问题与核心诉求，如有情况不明、信息缺失的情况，应重点进行标注。

6.2.2 专题研究

针对基地的实际情况，为提高规划论证的科学性，需要同步对重点问题开展专题研究（表6-2）。

控制性详细规划常见的专题研究及主要内容　　　　　　　　表 6-2

专题名称	主要内容
城市设计	为了加强控规对城市三维空间的指导，对三维空间进行研究，明确空间结构、空间关系、风貌特色，明确天际轮廓线、景观视廊、地标节点、重要界面等控制要求；从使用者角度研究地块的建筑密度、容积率、建筑高度等控制要求；并针对地块建筑体量、形态、风格、材质、色彩、第五立面等提出相应的设计控制要求
综合交通	为了深化总体规划和用地布局，详细划定城市道路红线，对道路交通网络及设施进行专门研究。明确道路交通网络、道路断面形式、交叉口形式及渠化措施、红线技术参数及控制要求；明确社会停车设施、公交枢纽、场站、加油加气站等交通设施数量、位置、规模与建设要求
绿地与开敞空间	为了深化总体规划中绿地系统和公共空间规划，明确城市绿线和各类公共空间廊道布局和要求，对各类公园绿地与开敞空间建设进行专门研究。明确绿地与开敞空间位置和规模、绿线范围与控制要求、人均公园绿地面积、绿地率等指标；街头公园的大致位置和控制要求，服务半径及景观设计要求等
公共服务设施	为了深化公共服务设施规划要求，保障公共服务设施落地，结合具体用地条件，对包括行政办公、文化、教育、体育、医疗卫生与社会福利等公共服务设施体系建设进行专门研究，明确配套要求，包括城市、组团或街区级别公共设施的位置、规模、服务范围、建设要求，社区级公共服务设施的布点及建设要求、服务范围等
市政公用设施	结合具体用地条件，对给水、排水、电力、通信、燃气、热力、环卫等市政设施体系建设进行专门研究；明确设施位置、规模、用地与防护要求，及相关线网走线
公共安全	结合具体用地条件，对消防、防洪、防震、人防、避难场所、防疫设施等安全设施体系建设进行专门研究，明确用地规模、服务半径、服务人口规模和布点要求，及各类危险源的安全防护要求等

资料来源：作者自绘.

6.2.3 方案编制

控制性详细规划方案的形成是一个反复研究、沟通、修改的过程，因此部门意见征询、专家咨询与公众参与应贯穿整个方案编制。规划方案一般包括基地现状分析与核心诉求，目标定位与发展策略、规划管控与引导、规划实施等几个板块。

初步方案阶段应充分研究基地现状，明确规划理念，判断发展定位、目标与策略等。构建基地空间结构及功能分区，梳理完善道路交通网络，形成空间框架。初步方案形成后，通过与项目委托方、各相关部门、业主及其他利益相关人员、专家等多轮沟通，修改形成阶段性成果。并按照程序进行审查、修改完善与成果提交等工作。

方案设计应将先进设计理念与本地实际进行有机结合，并提炼形成可操作的图文导则纳入成果。

最终的规划成果内容组成应按各地要求区别对待，一般分为法定文件与技术文件。法定文件用于规定强制性内容，明确实施规划管理的操作依据。技术文件则是法定文件的编制基础与技术支撑。法定文件与技术文件的具体内容与要求应根据地方控制性详细规划编制办法等技术规定设定。法定文件的用语应简洁明了，图纸绘制应明确规范（图6-2、图6-3）。

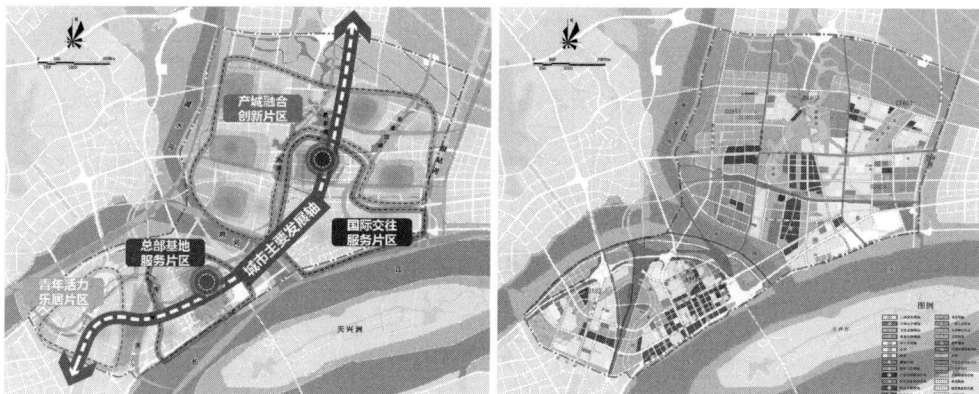

图6-2 武汉市某片区控制性详细规划结构图与用地规划图

资料来源：武汉市自然资源和规划局武汉长江新城起步区控制性详细规划对外公布文件.

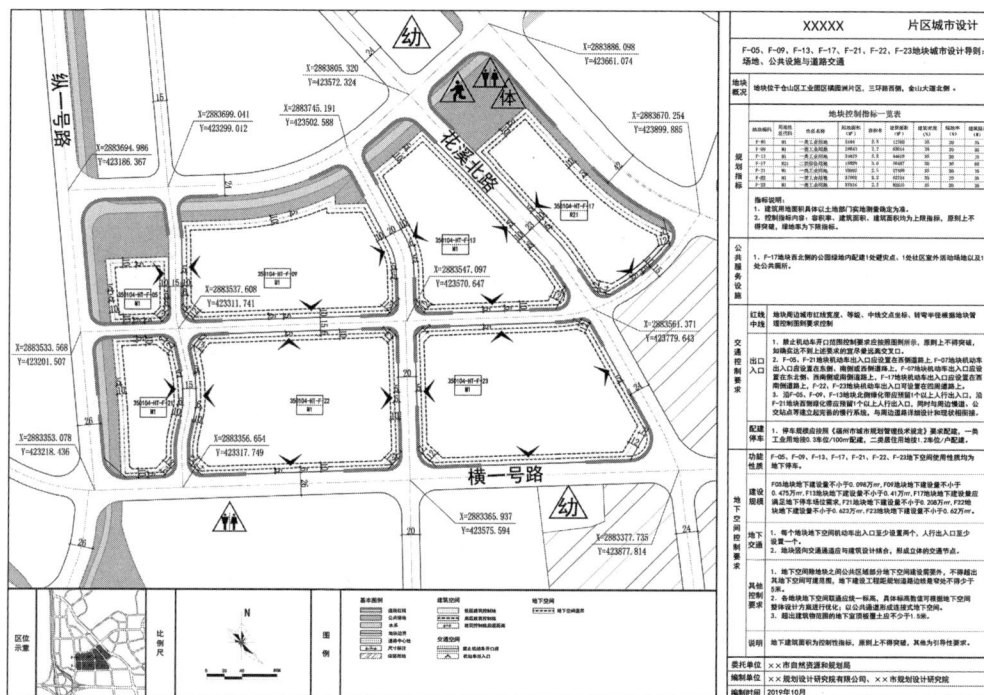

图6-3 控规成果图纸示意

资料来源：北京清华同衡规划设计研究院某控制性详细规划项目.

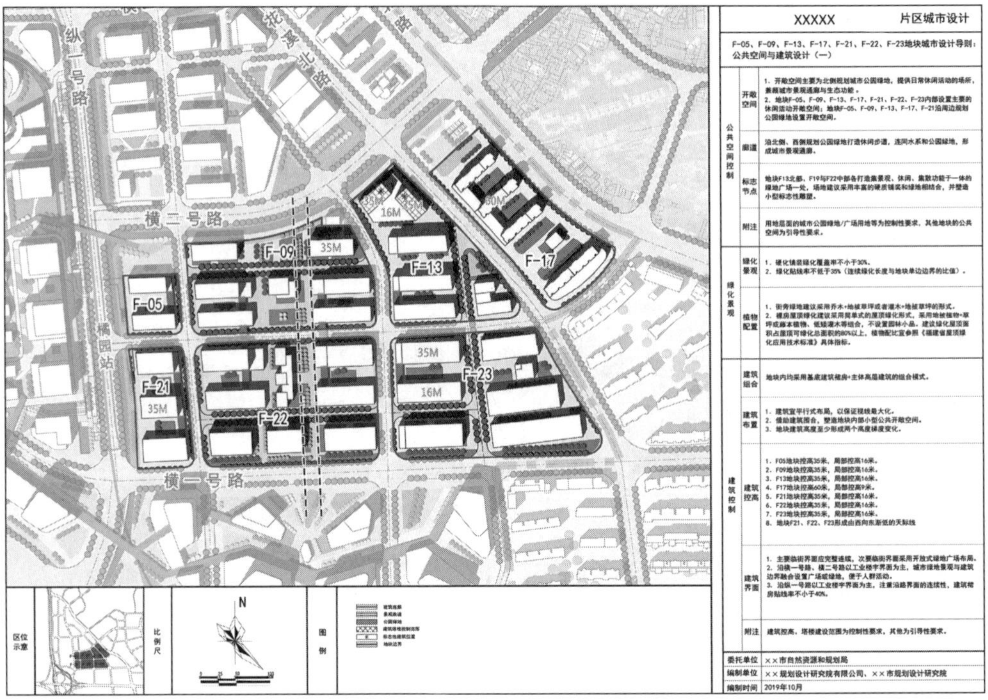

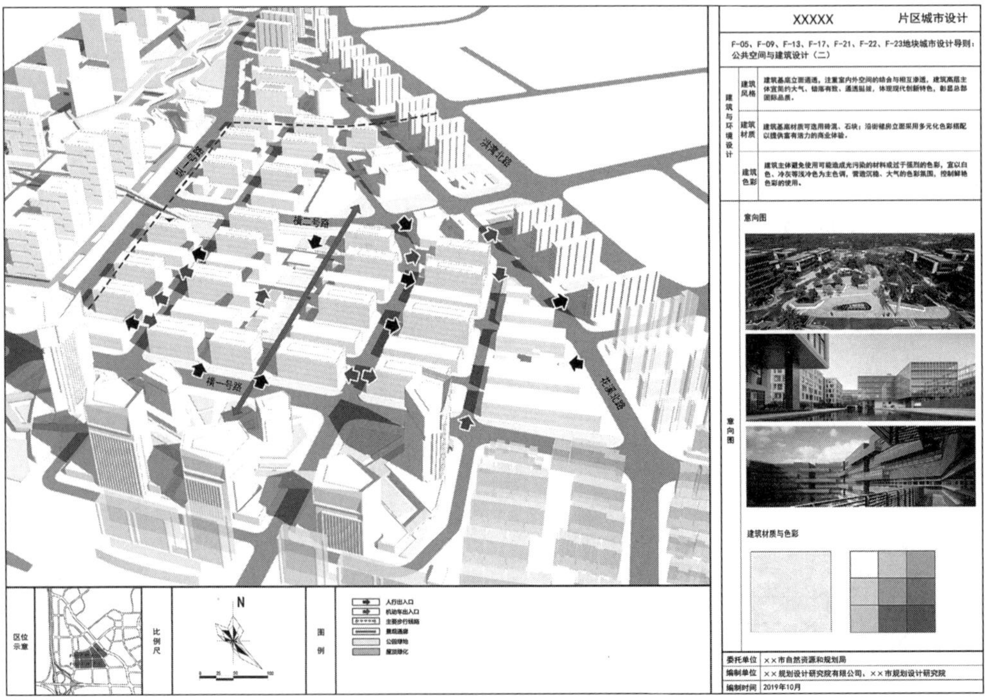

图 6-3　控规成果图纸示意（续）

资料来源：北京清华同衡规划设计研究院某控制性详细规划项目.

6.2.4 规划审查与公示

控制性详细规划以多层次的技术审查、咨询与意见征集程序，保障技术成果的完善合理与方案的切实可行。控制性详细规划的审查、审议、公示、审批、公告与备案等，应严格按照地方控制性规划编制与管理要求进行。

6.2.5 成果入库

规划成果审批程序完成后，应将公告后的成果尽快入库。成果入库的方案必须为最终审批归档的合格材料。一般情况下，组织规划编制的机关会建立规划成果档案管理制度。现阶段，我国很多城市已形成或正在推进规划"一张图"系统，入库的矢量数据经整合后，形成便于调阅与实施管理的动态系统。

6.2.6 规划的动态维护

控规的动态维护必须以保障公共利益和人民群众高品质生活为前提，在不违反上位总体规划确定的规划底线和生态环境、自然与历史文化遗产保护、城市安全等强制性要求，以及所在单元主导功能和主要指标的情况下进行。

动态维护中，可开展规划修改必要性论证与修改方案编制，并严格按照审查、公示、意见征询、规委会审议、原审批机关审批、规划公告与备案等一系列法定程序进行（图6-4）。

图6-4　广东省出台的《关于加强和改进控制性详细规划管理若干指导意见（暂行）》
对控规动态维护与具体调整、技术修正程序的要求

资料来源：广东省自然资源厅网站"【图解】广东省自然资源厅印发关于加强和改进
控制性详细规划管理若干指导意见（暂行）的通知".

6.3 工作层次与分级分类

6.3.1 工作层次

1. 分层编制控规技术体系的演变

20 世纪 80 至 90 年代，是我国控规探索起步期，这一时期的控规编制重点多数在"地块"层次，从宏观城市总规到细化的微观地块，之间缺少中间层次的传导路径 [①]。虽然地块作为编制重点，但也有相关学者开始探索分层编制的技术方法。

在各地探索的基础上，2011 年住房和城乡建设部颁布《城市、镇控制性详细规划编制审批办法》，正式提出编制单元规划的要求。编制大城市和特大城市的控制性详细规划，可根据本地实际情况，结合城市空间布局、规划管理要求以及社区边界、城乡建设要求等，将建设地区划分为若干控制单元，组织编制单元规划。新文件使得"规划单元"作为控规编制的中间层次，在全国实践中得以推广。在具体实践过程中，单元规划边界也在尝试更好地衔接街道、镇、村等行政管理边界，以更好地发挥规划实施主体的责任。

对于中小城市，考虑到实际城市管理工作较大城市、特大城市而言简单，在规划编制中仍可沿用传统的控规编制方法，酌情简化编制审批流程。

2021 年 9 月，自然资源部发布《市级国土空间总体规划编制指南（试行）》，提出按照主体功能定位和空间治理要求，划分规划分区。同时要求编制分区规划或划分详细规划单元，加强对详细规划的指引和传导。

2022 年 12 月，江苏省颁布实施《江苏省城镇开发边界内详细规划编制指南（试行）》，在承接传导总体规划（分区规划）管控要求基础上，在传统街区层次控规的基础上，增加了以街道行政区边界为基础的"单元规划"，一般面积为 10km²。衔接社区（行政村）边界，在单元内划定 1~3km² 左右的街区。在街区控规编制中，在尊重现有用地产权边界的基础上，统筹考虑用地功能布局、土地使用兼容性和建筑布局合理性要求，进一步划分地块，全面表达街区控规确定的各类指标及要求（图 6-5、图 6-6）。

2021 年 2 月，广东省自然资源厅印发《关于加强和改进控制性详细规划管理若干指导意见（暂行）》，明确提出分层级管控要求。在城镇开发边界内结合行政区划、城镇功能等，划分用地面积合理、相对稳定的控规单元。控规的编制主要根据城市、县、镇总体规划（国土空间总体规划）的要求，确定单元主导功能、总建筑面积及住宅建筑面积、公共服务配套设施、道路交通、市政基础设施和空间环境等控制要求。各地可结合实际，在控规单元内进一步细分单元、划分地块，编制地块开发细

① 韦冬，程蓉.控制性详细规划编制的分层及其他构架性建议 [J]. 城市规划，2009（1）：45–50.

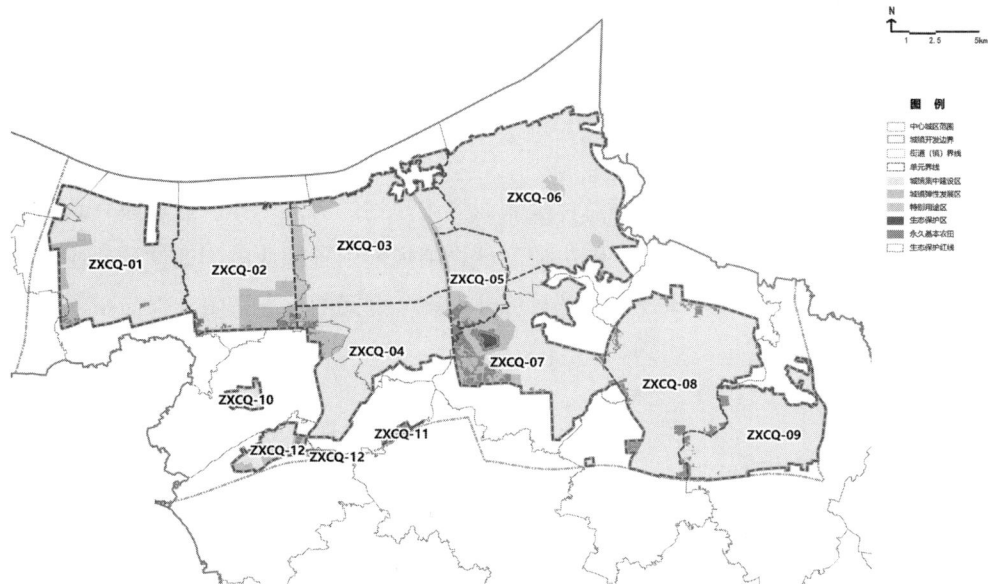

图6-5 中心城区详细规划单元划分图样例（江苏）

资料来源：江苏省自然资源厅.《江苏省城镇开发边界内详细规划编制指南（试行）》，2021.

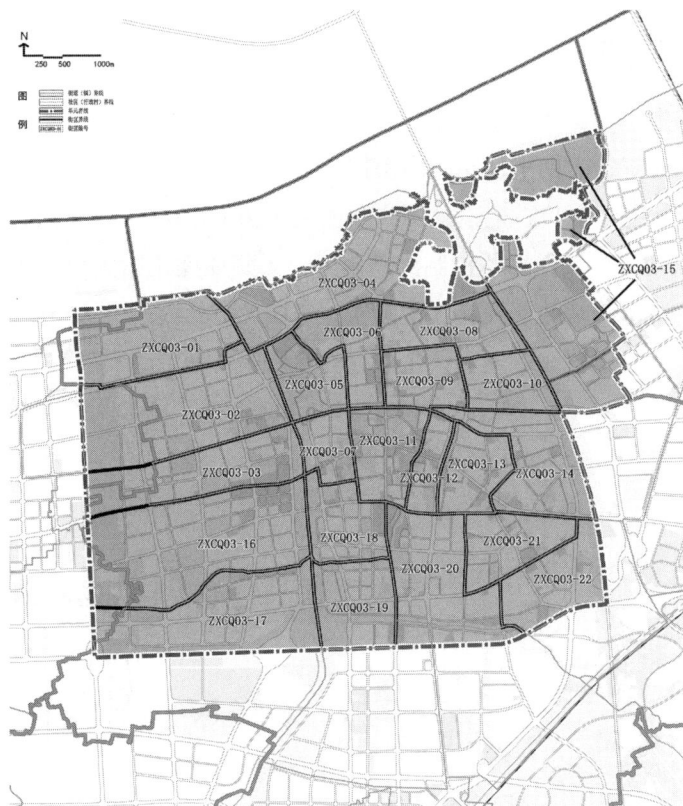

图6-6 单元详细规划中街区划分图样例（江苏）

资料来源：江苏省自然资源厅.《江苏省城镇开发边界内详细规划编制指南（试行）》，2021.

则（地块图则），进一步落实和细化规划指标和管控要求。在满足生活圈设施服务半径要求的基础上，地块的建筑面积、容积率、绿地面积、公共服务配套设施等规划指标可在控规单元内进行综合平衡。

2. 分层编制控规的意义

分层编制控规，有助于加强总体规划向详细规划的有效传导。通过建立总体规划向详细规划的分层传导路径，解决控制性详细规划中各地块的用地性质、控制指标等"指标性内容"与总体规划的"目标性内容"之间的传导逻辑和保障机制不清晰的问题（图6-7）。

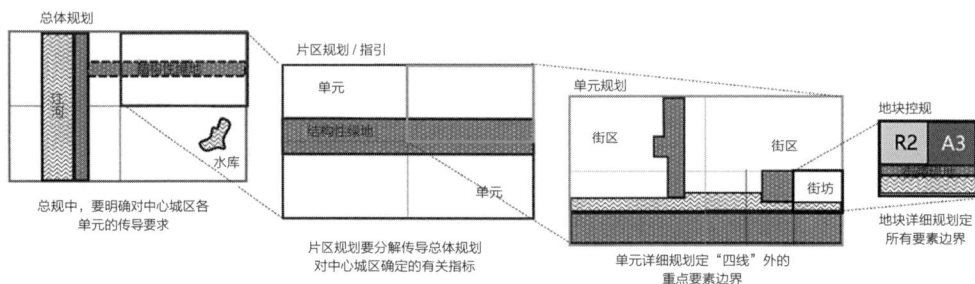

图6-7　总体规划向详细规划传导的路径

资料来源：陈川，徐宁，王朝宇，等.市县国土空间总体规划与详细规划分层传导体系研究 [J].
规划师，2021，37（15）：75-81.（编写组在原图基础上改绘）.

分层编制控规，有助于优化与平衡控规管理的弹性与刚性。片区或单元层次详规以大范围的功能、人口、建设、设施合理布局和指标统筹为重点，对地块层级控制要求不作细化，在保证总体控制的基础上，为具体建设行为保持弹性调整余地，使控规更适应城市建设的不确定性。例如，各控规单元内的总人口、用地和建筑规模可以在符合片区规划的前提下，允许各单元的人口、用地和建筑规模依据单元详规编制情况进行深化调整，指标在片区范围内封闭管理，不能突破各片区指标总和，有利于公共服务、基础设施和环境质量的统筹平衡（图6-8）。

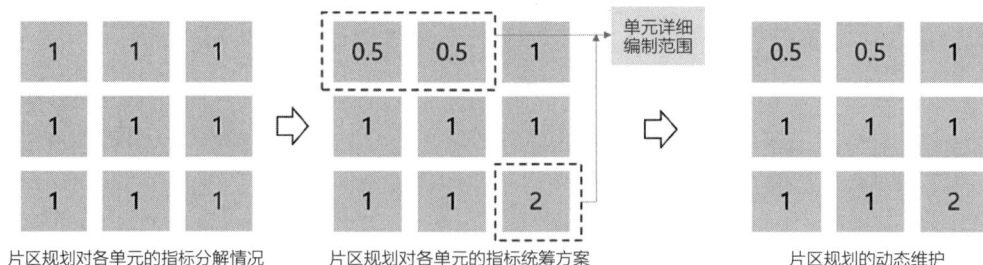

图6-8　基于片区规划的指标动态维护机制

资料来源：编制组改绘自北京市详细规划宣贯方案.

分层编制控规，有助于推进控规工作从技术逻辑向管理实施逻辑转型。可根据规划管理实际需求，根据各级政府管理事权，分层审批。例如，南京市控规由市政府审批，规划调整采用分级审批的办法，调整不涉及强制性内容，只调整执行细则的，一般由市规划局审批。

3. 各地分层编制控规的经验

（1）上海市

上海市国土空间规划体系从空间和时间两个维度进行设计。在空间维度上，分为总体规划、单元规划、详细规划三个层次。总体规划层次包括上海市国土空间总体规划、浦东新区和各郊区国土空间总体规划、专项规划（总体规划层次）。单元规划层次包括主城区单元规划、新市镇国土空间总体规划、特定政策区单元规划。详细规划层次包括控制性详细规划、郊野单元村庄规划、专项规划（详细规划层次）。在时间维度上，制定国土空间近期规划、年度实施计划，作为分阶段实施国土空间总体规划的重要依据。

结合上海超大城市规划管理实际，中心城区单元规划在2003年修改施行的《上海市城市规划条例》以及2011年施行的《上海市城乡规划条例》中均予以明确。为适应上海的治理结构和空间特征，新的国土空间规划体系中仍然保留中心城区单元规划，并扩展至"上海2035"确定的主城区。一方面是从体系衔接的角度而设置的一个层次，介于总体规划层次与详细规划层次之间，发挥承上启下的作用；另一方面也是对规划内容和深度的要求，即单元规划层次的各类规划必须达到单元深度，从而发挥对下层次详细规划编制的指导作用。在定位上，单元规划层次更加突出对公共利益和公共资源的保障。

在总体规划向详细规划传导过程中，需要分解落实综合发展指标有57项，主要包含全区、单元（街道镇）和街坊3个层面。同时从管理下沉角度深化对控规的指导要求，管控重心下沉至街坊层面（图6-9）。

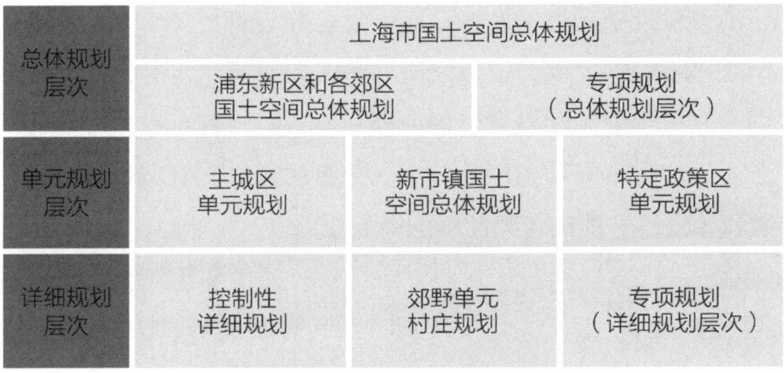

总体规划层次	上海市国土空间总体规划		
	浦东新区和各郊区国土空间总体规划	专项规划（总体规划层次）	
单元规划层次	主城区单元规划	新市镇国土空间总体规划	特定政策区单元规划
详细规划层次	控制性详细规划	郊野单元村庄规划	专项规划（详细规划层次）

图6-9　上海市国土空间规划体系

资料来源：编写组自绘．

（2）深圳市

深圳市的国土空间总体规划在空间维度上建立了"总体规划—分区规划—详细规划"的纵向传导体系，逐级分解了市级总体规划的目标和指标。市级总体规划制定分区规划指引，分区规划对上落实市级总体规划的要求，对下指导详细规划的编制。在法定图则制度的基础上，深圳市国土空间总体规划针对由行政区范围、生态线、路网、功能区、编制范围的变化而导致的法定图则单元边界不适应问题，提出了"标准单元"的概念。标准单元是规划编制的技术单元、规划传导的管控单元，是各级规划的基础空间单元，也是与社会管理信息衔接的空间信息载体。

标准单元向上承接分区规划和专项规划，向下指导详细规划及城市更新。标准单元是分区规划、专项规划和法定图则共同的规划传导单元。分区规划确定了标准单元的规划要素（主导功能、人口规模、开发增量和配套设施等），是指导法定图则的依据。公共服务设施、产业、住房、绿地等点状用地专项规划，不能直接确定用地布局的，以标准单元为载体确定设施的类型、等级与规模，在法定图则编制的过程中必须予以严格落实。

深圳市各区在同步开展的分区规划编制过程中，由于土地规模、陆海空间和生态要素等方面的特征不同，标准单元在落实过程中仍然出现了不同的问题。为此，深圳市各区根据实际情况，对标准单元的规划编制展开了探索。如龙岗区，划定功能板块，增加中间层级，应对指标传导困难的问题。由于龙岗区面积较大，分区规划直接将人口、土地和配套设施等指标细分到 159 个单元十分困难，需要增加中间层次的空间概念来传导分区规划的发展定位与管控目标，更有针对性地制定标准单元的各类指标规模。为此，龙岗区共划定了 14 个城市功能板块，每个功能板块规模为 $10\sim30\mathrm{km}^2$，并在分区规划中对功能板块形成规划指引，确定功能板块的功能与产业定位、规划策略、人口规模、建筑规模和配套设施等管控要求。

6.3.2　分类分级编制管理

不同城市地区的现状问题、资源禀赋、上位规划管控要求、发展需求等各不相同，为了科学合理地编制控规，应针对所在地区的情况制定有针对性的规划技术指标和管理规则，突出规划编制重点，保证规划的科学性和可操作性。因此在控规编制中，往往会通过划定不同功能区等分类、分级的方法，对城市片区实行分类别的控规编制方法和要求，并提出各类片区的引导要求。

1. 雄安新区

雄安新区控制性详细规划根据开发时序、行政事权，划定规划编制片区和单元，逐层分级、逐级落实、精准有效传导上位规划要求，指导项目建设实施。针对城市单元，建立"单元—街区—地块"三级规划管控体系，逐层分解、逐级落实、精准有效传导上位规划要求，指导项目建设实施。单元层面，结合未来街道管理，重点管控单元用地规模、人口规模、开发建设规模、公共服务设施、基础设施等。街区层面，根据"规模适度、地域完整、界限稳定、利于开发"的原则，将城市单元划分为若干个街区，鼓励统一规划、统一建设、统一运营管理。地块层面，兼顾弹性引导与刚性管控，通过用地边界、用地规模、开发规模、建筑高度等指标约束，重点对涉及独立占地的公共服务设施、市政公用设施和交通设施的地块进行管控。[①]

2.上海市

上海市将全市城镇建设用地按照区域重要性及其空间形态对城市空间的影响程度，分为三个级别：一级地区为城市总体空间格局中具有重要地位的市级节点，一般为上位规划所明确的重点地区内的核心区域，具体范围在控规阶段经研究划定。二级地区为城市总体空间格局中较为重要的地区级节点，一般为地区中心，以及上位规划所明确的重点地区内根据控规划定的区域。三级地区为全市城镇建设用地中除一、二级地区以外的区域（表 6-3 ）。

上海市控规编制分级分类管理要求   表 6-3

分类分级	划定依据	成果构成要求	编制技术要求
一级地区	城市总体空间格局中具有重要地位的市级节点	包含普适图则和附加图则及相关成果，若为历史风貌应包含风貌保护控制图则及相关成果	加强城市设计研究。应阐述城市设计目标理念、设计原则、控制指标等；按需说明国际方案征集或多方案比选、一体化专项设计、建筑方案验证的情况
二级地区	城市总体空间格局中较为重要的地区级节点	宜编制附加图则及相关成果，可视情况将城市设计控制要素在普适图则中表达	阐述多方案比选、设计原则和控制指标等
三级地区	全市城镇建设用地中除一、二级地区以外的区域	城市设计控制要素纳入普适图则表达	可视情况进行城市设计综述

资料来源：上海市规划和自然资源局：关于印发《上海市控制性详细规划成果规范（2020 试行版）》的通知（沪规划资源详〔2020〕505 号）.

6.4 北京市国土空间详细规划介绍

6.4.1 规划体系构建

北京市根据自己的实际情况构建起三级三类的国土空间规划体系，分为市、区、乡镇三级，总体规划、详细规划、专项规划三类。总体规划包括城市总体规划、

分区规划（含亦庄新城规划，下同）、乡镇域规划。详细规划包括控制性详细规划、村庄规划和规划综合实施方案。相关专项规划包括特定地区规划和特定领域专项规划。①

北京市的控规是贯彻落实《北京城市总体规划（2016—2035年）》和各区《分区规划（国土空间规划）》（2017—2035年），实现一张蓝图干到底的重要任务，是开展国土空间开发保护活动、实施国土空间用途管制、核发城乡建设项目规划许可、进行各项建设等的法定依据，是保障公共利益、协调多方诉求的关键平台，是完善城市治理体系、实现精治、共治、法治的重要抓手（图6-10）。②

北京的控制性详细规划覆盖了北京市中心城区、新城和重要功能地区和镇中心地区，包括"控规编制单元—街区—街坊"三级体系。街区是控规编制、深化、维护的基本单元，是进行区级统筹、完善系统性规划内容、实现指标上下传导的关键层级。街区控规是北京市控制性详细规划体系中的重要法定部分，编制中突出分圈层、分属性、分类型的差异化编制与管理要求。主要包括落实中心城区、区分圈层、差异化的空间发展策略和编管要求；细化落实土地资源梳理，将差异化的编管要求下沉至地块，指导项目实施；落实城市发展战略性要求，加强城市功能与空间格局关键性地区的精细化管控，彰显城市特色三个方面的工作。

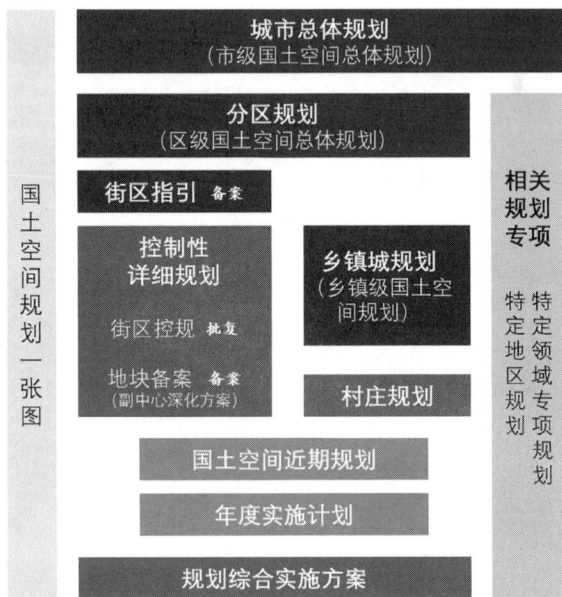

图6-10　北京市国土空间规划体系

资料来源：北京市城市规划院公众号《哲学思辨，深耕沃土——北京详细规划的持续探索》.

① 中共北京市委.北京市人民政府关于建立国土空间规划体系并监督实施的实施意见[Z].2020.
② 《北京市控制性详细规划编制技术标准与成果规范（试行）》.

1. 北京市中心城区

在北京市中心城区，用于传导和分解分区规划指标的街区指引成果，采取备案的形式，下位街区控规作为法定成果需要批复，地块控规则备案即可。

北京市国土空间规划体系中的《街区指引》是控规体系中的统筹层次，与北京市分区规划（国土空间规划）相衔接，进一步明确5个方面的内容：①自上而下和自下而上结合，分解落实上位规划各类控制性指标要求；从增量规划时期蓝图式描述"城市应该是什么样"，转变为结合现状问题和需求的"城市需要成为什么样"。②重视上位规划战略性综合意图的有效传导。从量化指标刚性传导为主，到刚弹结合的战略意图的综合传导。③尊重不同局部区域间问题、目标和特色的差异性，从"一刀切"的刚性细分管控模式，到传导标准和要求的多样化控制。④体现建设管理连续动态特点，从静态蓝图式向动态引导式转变，尊重历史发展和以往合理部分的有效继承，避免简单"推倒重来"。⑤对接城市各层治理主体的事权划分，明确治理主体和分级事权。《街区指引》基于各街区内的集中建设区、限制建设区、生态控制区、生态保护红线的面积等因素，将街区划分为五种类型，包括总规批复后街区、可沿用原控规街区、新编控规街区、战略留白街区、生态复合街区，不同类型对应不同编制深度，并且结合实施，编制年度计划。①

2. 北京城市副中心

2018年12月27日，《北京城市副中心控制性详细规划（街区层面）（2016年—2035年）》获党中央、国务院批复。北京城市副中心完善空间规划体系，以控制性详细规划为平台，体现城市设计理念方法，开展整体城市空间景观营造，有效传导北京城市总体规划要求，指导项目实施，全面提升城市品质。建立"1+12+N"规划编制体系。兼顾规划刚性与弹性，突出特色管控引导，统筹实现多规合一。

"1"为街区层面控制性详细规划总成果，通过规划核心指标、管控边界及管控分区，集中落实北京城市总体规划要求；通过文本、图纸、图则，实现对总体功能、规模、布局和各项系统性内容的刚性管控和弹性引导。经法定程序批准后具备法定效力。

"12"为12个组团控制性详细规划深化方案，分解落实系统管控要求。主要通过规划图则和相关说明，实现对各组团的建设管控和引导，经相关程序进行备案管理。

"N"为城市色彩、街道空间、滨水空间等N个规划设计导则。兼具刚性管控和弹性引导作用，作为城市副中心街区层面控制性详细规划成果的重要补充，经部门联审和专家论证后，作为设计人员和管理人员开展工作的规范性文件，其中刚性内容纳入总成果的图则中进行管控。

———————————

① 北京市规划和自然资源委员会. 北京市控制性详细规划街区指引数据库成果要求（修订版）[Z]. 2020.

6.4.2 动态维护制度

北京市在 2006 版中心城区控规实施过程中，通过政府各部门、专家学者和广大群众的参与帮助，明确了将终极目标规划调整为底线要求设置的过程规划，将控规与动态维护机制紧密结合起来的基本规划思路，使中心城控规成为既能维护基本原则又能动态实施，既能引导控制又科学合理切实可行的公共政策。北京市按照城市规划有关法律法规的规定，根据城市经济社会发展需要，针对中心城控规编制中的不足和实施过程中出现的新情况和新问题，按照科学发展观的要求，不断探索研究，积累经验，制定了统一标准和规范程序，对已批准的城市规划不断进行细化落实、调整修改和完善更新。动态维护对于控规的刚性内容予以维护，对于控规的弹性内容依法按照规定程序进行调整。在动态维护的过程中，不仅对控规编制和实施进行不断地修改和完善，同时也对控规修改完善的标准进行优化，不断提高规划的科学性（图 6-11）。[①]

6.5 控制指标体系的确定

6.5.1 控制指标体系

控制性详细规划的控制指标体系主要涉及土地用途、开发强度、环境容量、建筑建造、设施配套、道路交通、控制线控制、城市设计指引等几方面，既有量化的规定性指标，也有以文字和图示来表征的引导性指标。控规中的各种指标有着不同含义并对应着不同的管控目的，因此城市新区、历史街区、城中村改造等差异化地区在控规编制中采用或重点强调的指标体系也往往有所不同。

6.5.2 规定性指标和引导性指标

对控规要求进行规定性与引导性内容的划分，是为了促进刚性与弹性的结合，权威性与适应性的平衡等（表 6-4）。控规的规定性指标是规划编制范围内，涉及区域协调发展、环境保护、自然与文化遗产保护、土地利用管理、建设强度与高度控制、公众利益和公共安全保障等方面的必须包括的基本内容，是对城市规划实施进行监督检查的基本依据。

不同城市依据国家或地方相关技术规范和标准对控规编制的规定，在控规规定性内容的设定上往往具有差异性（表 6-5）。总体上，当前控规规定性内容普遍涵盖：①在规划单元 / 街区层面，用地主导属性与开发总量等指标；②城市控制线等

---

① 邱跃 . 北京中心城控规动态维护的实践与探索 [J]. 城市规划，2009，33（5）：22-29.

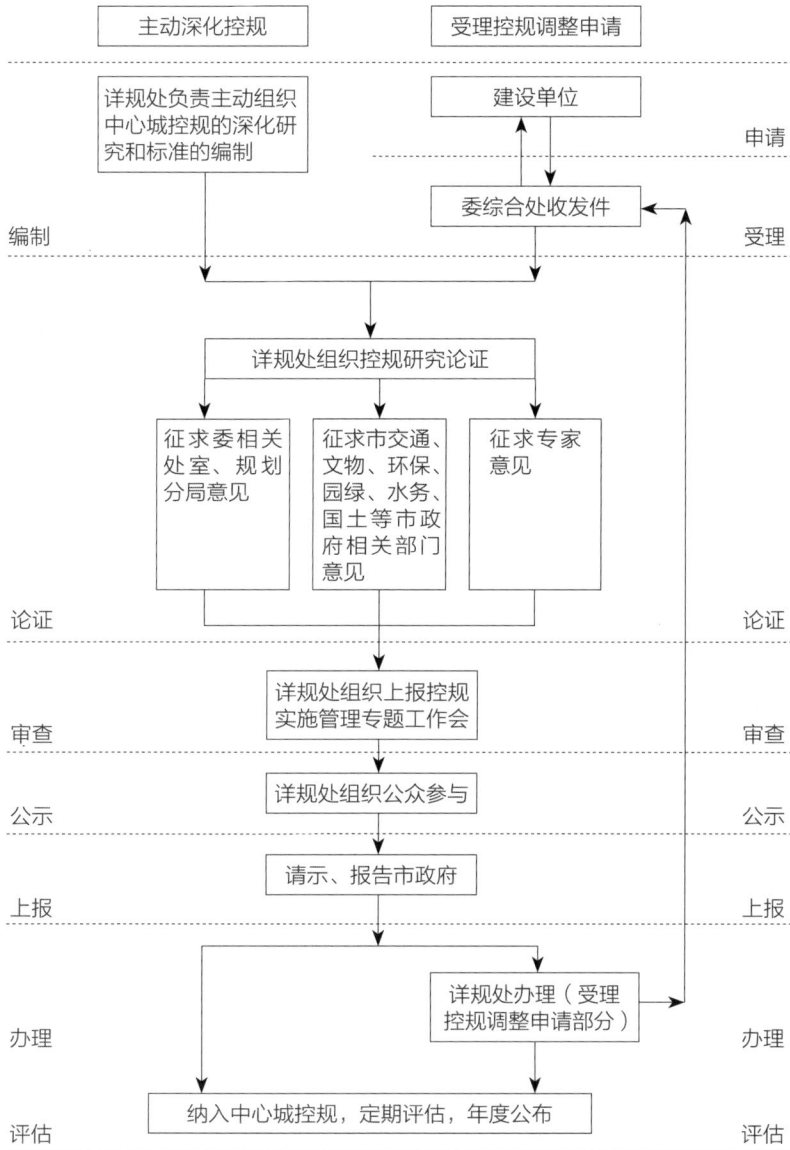

图 6-11　北京市规划委员会中心城控规实施管理工作程序

资料来源：邱跃. 北京中心城控规动态维护的实践与探索 [J]. 城市规划，2009，33（5）：22–29.

控规内容"刚性"与"弹性"的建议性划分表　　　　表 6-4

层次	内容	性质	
		规定性	指导性
规划管理单元	主导属性	√	
	人口规模		√
	经营性配套设施数量	√	
	经营性配套设施规模	√	

续表

层次	内容	性质	
		规定性	指导性
规划管理单元	经营性配套设施位置		√
	非经营性配套设施数量	√	
	非经营性配套设施规模	√	
	非经营性配套设施位置	√	
	开敞空间数量	√	
	开敞空间规模	√	
	开敞空间位置	√	
	净用地面积		√
	总建筑面积	√	
分地块	兼容性用地性质		√
	非兼容性用地性质	√	
	最高容积率	√	
	标准容积率		√
	最低容积率	√	
	地块编码		√
	用地面积		√
	建筑密度		√
	绿地率		√
	建筑高度		√
	机动车出入口方位		√
	机动车禁开口路段	√	
	停车泊位	√	
	现状建设情况		√
	规划建设状况		√
各空间层次	控制线规划内容	√	
	城市设计内容		√

控制内容；③公共设施、基础设施等公益内容；④城市设计要求主要为引导性，但特殊地区的重要城市设计要求可纳入规定性内容；⑤碳排放、绿色建筑、海绵城市等先进理念和达标要求也可结合地方管控目标要求研究纳入。

不同城市控制性详细规划的规定性内容比较　　表 6-5

城市	控规层次	规定性控制内容	文件归属
北京	街区控规	街区主导功能、建设总量控制、三大公共设施（基础设施、公共服务设施、公共安全设施）安排	街区控规
	地块控规	建筑密度、绿地率、特定地区和有限条件地区的建筑控制高度	地块控规
上海	控制性单元规划	土地使用性质、建筑总量、建筑密度和高度、公共绿地、主要市政基础设施和公用设施等	单元规划
	控规	经法定程序批准纳入法定文件（包括文本和图则）的规划控制要求均为规划实施的强制要求；普适图则应确定各编制地区类型范围，划定用地界线，明确用地面积、用地性质、容积率、混合用地建筑量比例、建筑高度、住宅套数、配套设施、建筑控制线和贴线率、各类控制线等；根据普适图则确定的重点地区范围，通过城市设计、专项研究等，形成附加图则，明确其他特定的规划控制要素和指标	法定文件
深圳	法定图则	建设用地的功能组合和开发强度、基础设施和公共服务设施的布局和规模、自然生态和历史文化遗产保护根据不同地区情况，还可包括：重点地区或其他空间管制区的城市设计控制要求、地下空间开发利用的控制要求、各地块和公共空间开发利用的其他强制性规定	法定文件

6.6 控规编制技术要点

6.6.1 土地用途管制

土地用途管制是我国土地管理的重要制度，土地用途（使用性质）确定是控规编制的核心任务之一，也是控规中强度控制、道路交通、市政工程、公共服务设施等编制的重要基础。

1. 土地用途管制基本要求

土地用途分类是实行土地用途管制的基础。当前控规编制中用地分类主要依据国家标准《城市用地分类与规划建设用地标准》GB 50137—2011 确定，该标准确立覆盖城乡全域的"分层次控制的综合用地分类体系"，包括"城乡用地""城市建设用地"两个分类，分别对应市（县、镇）域、中心城（镇）区两个空间层次。其中，"城乡用地"在同等含义的地类上与《土地利用现状分类》GB/T 21010—2017 衔接，并充分对接《土地管理法》中的农用地、建设用地和未利用地"三大类"用地；"城市建设用地"与城乡用地分类中的"H11 城市建设用地"概念完全衔接，对《土地利用现状分类》中的商服用地、工矿仓储用地、住宅用地、公共管理与公共服务用地等一级地类进行了充分衔接并进一步细分，共分为 8 大类、35 中类、43 小类。

国家标准出台后，部分城市结合自身城乡规划编制与管理的实际情况，制定（修订）了地方城市用地分类标准。随着国土空间规划体系的建立，全国统一的国土空间用地用海分类已经出台。在编制控规时，应根据当地实际情况、结合地方规划编制要求，确定用地分类标准。

2. 用地性质的确定

（1）用地性质确定的原则

用地性质是一项非常重要的用地控制指标，关系到城市的功能布局形态。一般根据所在城市规模、城市特征、所处区位、土地开发性质等确定土地细分类别。具体确定原则如下[①]：

1）根据城市总体规划、分区规划等上位规划的用地功能定位，确定具体地块的用地性质。

2）当上位规划中确定的地块较大，需要进一步细分用地性质时，应当首先依据主要用地性质的需要，合理配置和调整局部地块的用地性质。

3）相邻地块的用地性质不应当冲突，消除用地的外部不经济性，提高土地的经济效益。

（2）用地性质确定的相关案例

1）单元层面

单元控规用地性质是在总规用地性质基础上的进一步深化，重点将总规层面受编制深度限制，很难落地的城市公共服务设施、基础设施、安全设施等涉及城市公共利益和安全底线的用地落实，便于进一步指导地块控规的编制。

以北京市某镇为例，街区控规用地基本沿用了总规确定的用地性质，从规划实施的角度考虑，仅对部分公共服务设施、基础设施、公园绿地等从布局、规模等方面进行了优化调整，调整后的用地基本与总规保持一致，公共服务设施用地较总规有所增加，从实施层面更好地保障了公共利益（图6-12）。

2）地块层面

控规确定的地块用地性质等内容，作为政府出让地块的规划条件，是国有土地使用权出让合同的组成部分。对于有单元控规的城市，地块控规用地性质主要是对单元控规用地性质的落实，根据实施需求可能还要进行一定的优化调整；对于不需编制单元控规的城市，则需要对总规用地性质进行深化落实。

以北京市某镇地块控规为例，由于该镇被定为区级特色民族村镇，制定了相关建设规划，近期将启动民族文化中心建设工程。为落实该工程建设，需要在街区控规基础上对用地进行局部调整。在核实规划用地权属及审批情况后，将街区控规

---

① 夏南凯. 控制性详细规划 [M]. 北京：中国建筑工业出版社，2010.

图 6-12 北京市某镇总体规划（左图）与街区控制性详细规划（右图）用地规划图
资料来源：北京清华同衡规划设计研究院 . 2005、2007.

规划幼儿园用地调整为文化设施用地，原规划幼儿园调整为在现状临近幼儿园基础上扩建，适度调减了行政、商业、居住用地规模。用地及建筑总规模均未突破街区控规要求（图 6-13~ 图 6-15 ）。

图 6-13 北京市某镇街区控制性详细规划用地规划图（局部）

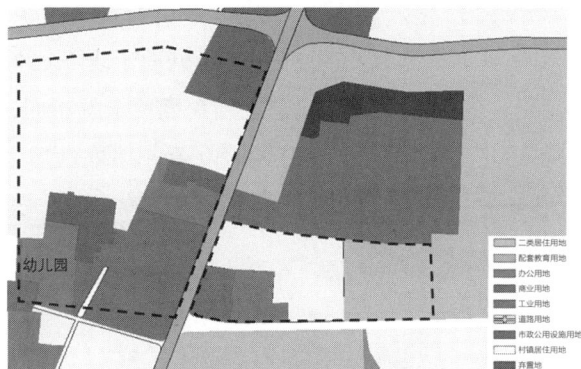

图 6-14 北京市某镇现状土地使用功能图（局部）

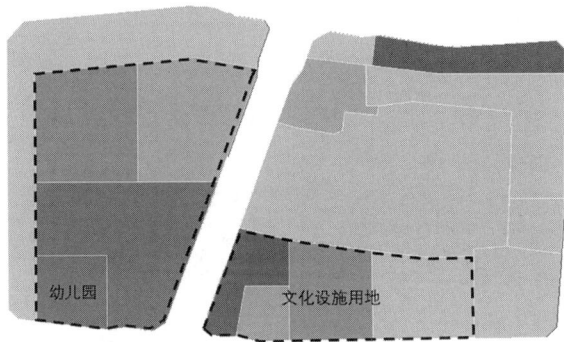

图 6-15　北京市某镇地块控制性详细规划用地规划图

资料来源：北京清华同衡规划设计研究院有限公司 . 2009、2011.

3. 用地边界的划分

（1）用地边界划分的原则

用地边界确定应以规划用地性质为基础，综合考虑开发建设管理的灵活性以及小规模成片更新的可操作性等因素，对地块进行合理划分，地块边界划分的一般原则如下 [1][2]：

·尊重上位规划、其他专项规划、用地部门和单位等已经确定的地块界限划定要求（如"五线"控制要求）；

·考虑并合理尊重现状土地权属及产权边界；

·结合山体、水体等自然边界，行政界线划分；

·除倡导土地混合使用的地块外，尽量以单一用地性质划分；

·至少有一边和城市道路相邻；

·文物古迹、历史建筑等特殊占地，尽量单独划定地块；

·形态须考虑特殊建筑群体组合和基本功能需要；

·地块规模可按新建地区和更新地区差异化划定，同时和土地开发的性质规模相协调。

（2）用地边界划分案例

以四川省某市控规（局部地块）为例，规划梳理了现状已批已建、已批未建项目，基本延续总规确定的用地性质，基于规划深度要求的不同，将总规中居住用地细分为居住用地和幼儿园用地。地块边界均以单一用地性质划分，其中，西南侧商业用地规模已超 $4hm^2$，结合土地出让和开发建设的需要，进一步细分为两个

① 夏南凯 . 控制性详细规划 [M]. 北京：中国建筑工业出版社，2010.

② 唐燕 . 控制性详细规划 [M]. 北京：清华大学出版社，2019.

地块。划分后的地块均与城市道路相邻。道路两侧的生产防护绿地根据横纵向分布情况，也细划为独立地块（图6-16、图6-17）。

图6-16　四川省某市总规（局部）用地规划图（左图）和现状已批项目情况（右图）

图6-17　四川省某市控规（局部）用地规划图（左图）和地块编码图（右图）

资料来源：北京清华同衡规划设计研究院．2014、2016．

4. 土地复合利用

（1）土地复合利用的概念和相关标准

土地复合利用是指单一宗地具有两类或两类以上使用性质，包括土地混合利用和建筑复合使用。相对于功能单一、机械和缺乏活力的用地方式，土地复合利用是一种紧凑高效、多样丰富、整体有序的用地方式[1]。

---

[1]　胡国俊．上海土地复合利用方式创新研究 [J]．科学发展，2016（3）：46-55．

北京市在《北京市城乡规划用地分类标准》DB 11/996—2013 中，按照居住、公建用地混合利用的情况，提出住宅混合公建用地（F1）、公建混合住宅用地（F2），其中住宅混合公建用地以居住建筑为主导，公建混合住宅用地以公共建筑为主导，建筑面积比例一般按 70% 和 30% 控制。

深圳市在《深圳市城市规划标准与准则》中，将需要采用两种或以上用地性质组合表达的用地类别作为混合用地，代码之间采用"+"连接，如二类居住用地 + 商业用地（R2+C1），标准鼓励公共管理与服务设施用地、交通设施用地、公用设施用地与各类用地的混合使用，提高土地利用效益。

（2）用地复合利用实践探索

以新型产业用地为例，随着产业结构调整，在各类制造业中，生产、研发等功能相结合的新型产业业态不断涌现，对土地复合利用的需求提高。部分城市在地方标准中探索增加与之相匹配的新用地类型，如北京、上海提出工业研发用地（M4），广州、深圳提出新型产业用地（M0），杭州提出创新型产业用地（M 创）等（表 6-6）。

部分城市新型产业用地一览表   表 6-6

地区	类别代码	类别名称	内容
北京市	M4	工业研发用地	以技术研发、中试为主，兼具小规模的生产、技术服务、管理等功能的用地
上海市	M4	工业研发用地	各类产品及其技术的研发、中试等设施用地
广州市	M0	新型产业用地	为适应创新型企业发展和创新人才的空间需求，用于研发、创意、设计、中试、检测、无污染生产等环节及其配套设施的用地
深圳市	M0	新型产业用地	融合研发、创意、设计、中试、无污染生产等创新型产业功能以及相关配套服务活动的用地
杭州市	M 创	创新型产业用地	文化创意、信息软件、物联网、节能环保、现代物流等具有显著创新、创意特征，从第二产业中分离出来的以产品研发、核心技术产品生产试验为主的产业用地

资料来源：项目组根据各地规范总结绘制.

作为新的用地类型，在控规编制时不仅需要有相关标准为依据，同时需要相关政策保障，以便于有效指导规划实施。以广州市为例，2019 年，广州市印发《广州市提高工业用地利用效率实施办法》（以下简称《办法》），并于 2022 年修订。《办法》明确了新型产业用地的适用产业类型，选址要求，用地规模上限，配套行政办公及生活服务设施的计容建筑面积上限和容积率下限。同时明确了普通工业用地调整为该类用地所需具备的条件、程序。对规划的编制、审批提供了有效的指导。

6.6.2　强度控制

建设强度控制是控制性详细规划的核心内容之一，控规通过建设强度控制，明确建设用地能够承载的建设量，一方面促进了土地经济效益的实现，另一方面保障了规划区内良好的城市环境品质。控规的建设强度控制指标主要包括容积率、建筑高度和建筑密度等指标，其中容积率是核心指标。结合分层编制方法，强度控制指标主要包括街区层面的建设强度分区、基准容积率等，以及地块层面的容积率和建筑密度等指标。

为了规范建设强度规划和管控，全国很多省市都制定了建设强度控制的相关图表规范标准。传统的仅以分区控规或地块控规为依据的强度管控方法相对粗放，不能满足新时期城市建设管理的需要。为了实现建设强度的精细化管控，目前很多城市采取了中宏观层面的"整体分区"与微观层面的"地块赋值"相结合的方法。首先通过"整体分区"的方法，将城市划分为高低不同的强度发展区域，确定不同区域不同用地的基准容积率；然后对于同一强度分区的地块之间，综合考虑地块的建设条件、用地性质、交通区位等因素，更加精细地为地块容积率"赋值"。

1. 建设强度分区

为了加强对城市空间结构、城乡风貌的整体管控，统筹人口分布与公共服务设施布局。部分学者提出，借鉴香港经验，通过划定强度分区来作为城市整体层面强度管控的依据，形成了综合区位法、总规分解法、主导因素法三种典型方法。

2003 年深圳市开展了《深圳市经济特区密度分布研究》，该研究是国内对强度分区方法进行的首次系统性研究，为以后各城市的强度分区工作奠定了基础：①选择服务、交通和环境条件等作为影响因素，每类影响因素又包括若干影响因子；②将因子的影响范围按照权重在空间上加以叠加，将容积率数值分为若干等级，并确定每级的具体空间范围，形成强度分区的基准模型；③依据生态、美学等原则对基准模型进行调整，得到以街坊为单位的修正模型；④将修正模型按照居住、非居住两类进行扩展，参考同等规模国外城市的各类建筑总量构成，并根据城市未来发展对于各类建筑的总量需求进行分配；⑤核定各类用地在强度分区中的分布和面积，形成容积率指引表（图 6-18）。

总规分解法、主导因素法都可以看作是综合区位法的变体。三者的区别在于容积率的空间分布影响因子设置。三种建设强度分区的方法的运用需要与城市本身的特点及城市发展的总体思路相协调。

武汉市为了全面落实总体规划，合理制定用地建设强度标准，在 2006 年开展并完成了《武汉市主城区用地建设强度研究》。武汉市采取了总规分解法，重视"自上而下"的总体规划对不同片区的发展要求，在综合区位模型的基础上，叠加了总体

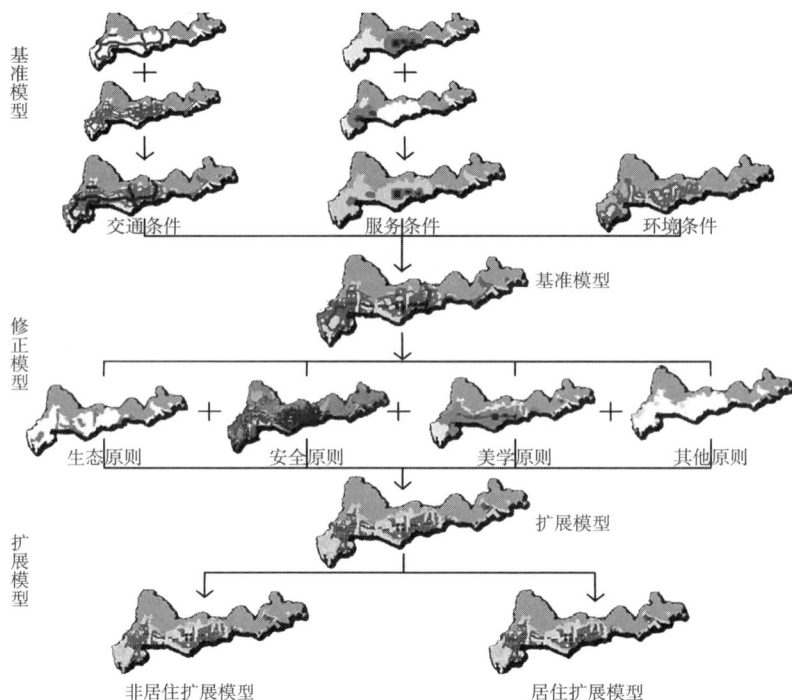

图 6-18　深圳市经济特区密度分区（2002）的模型构建流程

资料来源：薄力之，宋小冬 . 建设强度的精细化管控 [J]. 城市发展研究，2018，25：82.

规划对人口分布、旧城改造以及新区开发、重点建设地区、历史街区、生态绿化及
开敞空间等方面的影响因子，最终形成了强度分区，实现了总体规划对人口规模及
建设量在空间上的具体落实（图 6-19、图 6-20）。

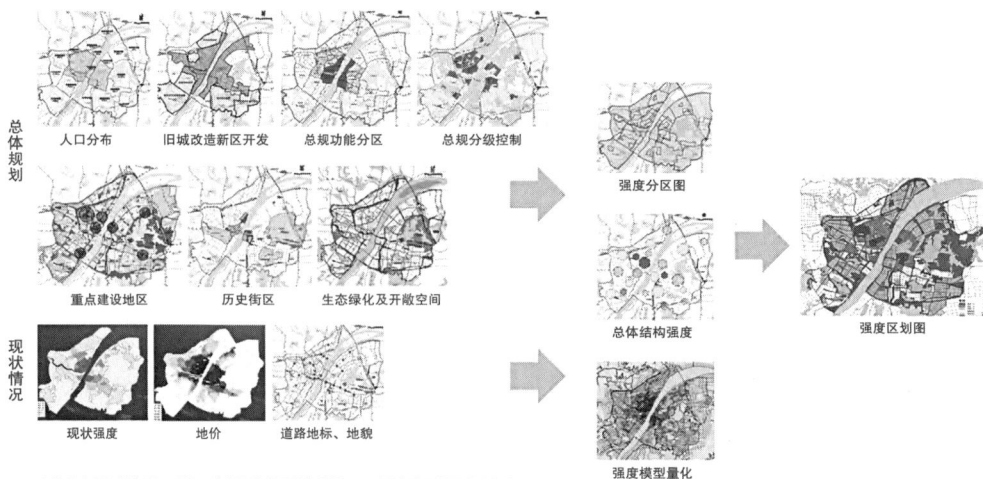

图 6-19　武汉市主城区强度分区的模型构建流程（2006）

资料来源：薄力之，宋小冬 . 建设强度的精细化管控 [J]. 城市发展研究，2018，25：82.

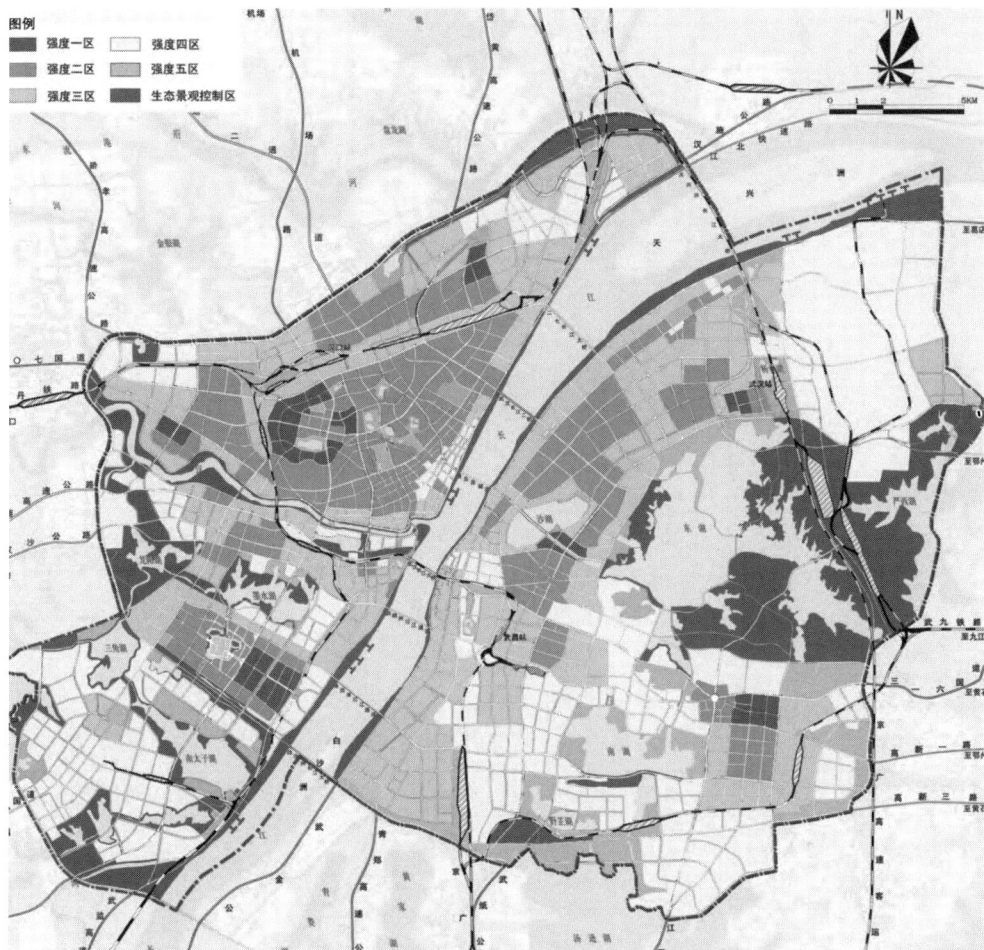

图 6-20　武汉市主城区用地强度分区指引：居住用地（2010 年版）
资料来源：薄力之，宋小冬 . 建设强度的精细化管控 [J]. 城市发展研究，2018，25：82.

　　上海市的人口规模大、密度高，为了应对城市交通问题，需要在城市层面大力发展公共交通，因此在全市强度分区中采取了主导因素法，将轨道交通服务水平作为容积率空间分布的主要影响因子（图 6-21）。

2. 基准容积率

　　为了规范建设强度编制和管控，很多城市都结合强度分区制定了开发强度的相关规范标准。现行的建设强度管理标准主要包括两类：城市规划管理技术规定和控制性详细规划的技术准则。

　　城市规划管理技术规定普遍适用于行政区内的各类城市规划，包括总体规划、详细规划、各类保护规划等，主要关注的是城市开发强度总体分区及基准容积率的数值的合理确定，从而作为其他各类城市规划中开发强度确定的技术参考。控制性详细规划的技术准则主要适用于控制性详细规划的编制及应用，更加关注在控规中的落实方法，包括开发总量的传导、控制的层面等。

图 6-21　上海中心城区及拓展区强度分区指引（2010 年版）

资料来源：薄力之，宋小冬. 建设强度的精细化管控 [J]. 城市发展研究，2018，25：82.

目前强度控制体系较为典型的城市主要包括深圳、上海、武汉、长沙、成都、天津等（表 6-7）。

部分城市开发强度规范规定汇总表　　　　　表 6-7

城市	规范名称	控制类型	强度基准	修正因子
深圳	《深圳市城市规划标准与准则》	居住、商业、工业、物流仓储	居住：一、二区 3.2，三区 3.0，四区 2.5，五区 1.5	轨道站点、周边道路、用地规模
			商业：一区 5.4，二区 4.5，三区 4.0，四区 2.5，五区 2.0	
			工业：一、二、三区 4.0/3.5，四区 2.5/2.0，五区 2.0/1.5	
			物流仓储：一、二、三区 4.0/3.5，四区 2.5/2.0，五区 2.0/1.5	
上海	《上海市控制性详细规划技术准则》	居住、商业和商务	居住：一区 1.2，二区 1.2~1.6，三区 1.6~2.0，四区 2.0~2.5，五区 2.5	无
			商业和商务：一区 1.0~2.0，二区 2.0~2.5，三区 2.5~3.0，四区 3.0~3.5，五区 3.5~4.0	
武汉	《武汉市主城区用地建设强度管理规定》	居住、商业和商务、其他公共服务设施	居住：一区 3.2，二区 2.9，三区 2.5，四区 1.5	轨道站点、周边道路、用地规模
			商业和商务：一区 4.5，二区 4.0，三区 3.2，四区 2.4，五区 1.7	
			其他公共服务：一区 2.8，二区 2.5，三区 2.1，四区 1.8，五区 1.5	

续表

城市	规范名称	控制类型	强度基准	修正因子
长沙	《长沙市容积率管理技术规定》	居住、商业和商务	居住：一区 3.5，二区 3.0，三区 2.5	无
			商业和商务：一区 5.0，二区 4.5，三区 4.0	
成都	《成都市城市规划管理技术规定》	居住、商住混合、商业	居住：一区 2.5，二区 2.0，三区 1.5	无
			商住混合：一区 2.5，二区 2.0，三区 1.5	
			商业和商务：一区 4.0，二区 3.0，三区 2.0	
天津	《天津市控制性详细规划技术规程》	居住、工业	居住：一区 2.5，二区 2.0，三区 2.0，四区 1.6	轨道站点、周边道路、用地规模
			工业：一区 2.5/2.0/1.8；二区 2.0/1.5/1.0	

资料来源：作者根据相关资料整理.

3. 地块容积率的确定

总体来说，确定地块的容积率与城市的许多因素相关，例如规划区的总人口、不同人群的空间需求，现状及规划公共设施、公用设施、交通设施、道路及市政工程系统的承载力和城市特色风貌控制、景观控制等要求等。

在控规阶段，除了分解落实总体规划的相关要求之外，还需要重点考虑地块用地性质、区位、空间环境条件、城市设计要求等因素。

例如北京某地区的控制性详细规划，在综合研判规划区与周边地区的自然环境、产业功能布局、用地建设条件和市政交通基础设施支撑能力后，规划提出要采取整体开发强度圈层控制，高中低开发建设强度相结合，将为不同发展阶段、不同规模、不同需求定位的用户提供多元的选择。

规划区所在地区的自然环境条件较为优越，因此规划首先要处理好城市建设与自然山体之间的空间关系，使高度较高的建筑群落集中位于山体环绕中间，形成良好的空间呼应关系。在平面布局方面，为了充分保护自然山水的良好生态资源，规划充分利用水系、楔形绿地、道路绿化带等穿插渗透，一方面将自然环境引入城市建设区内部，一方面通过生态要素的划分，明确落实生态斑块的边界和保护范围，也提高了建设区整体的自然通风效率（图6-22、图6-23）。

规划地铁从规划区中部穿过，并在规划区产业集中地区设站。根据 TOD 模式，轨道站点周边的土地价值较高（图6-24、图6-25）。

规划确定了规划区内的强度分区采取圈层控制的方式，轨道站点周边进行高强

图 6-22　自然环境分析图

资料来源：北京清华同衡规划设计研究院有限公司 . 中关村国家自主创新示范区海淀北部核心区
城市设计及控制性详细规划 [Z]. 2010.

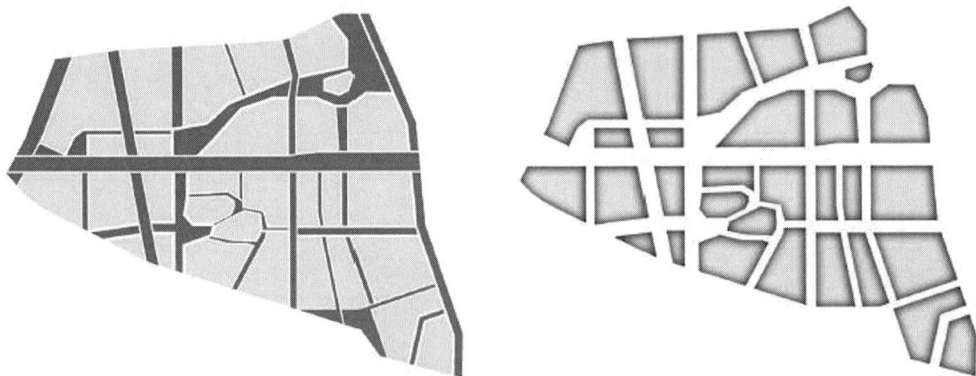

图 6-23　生态要素分析图

资料来源：北京清华同衡规划设计研究院有限公司 . 中关村国家自主创新示范区海淀北部核心区
城市设计及控制性详细规划 [Z]. 2010.

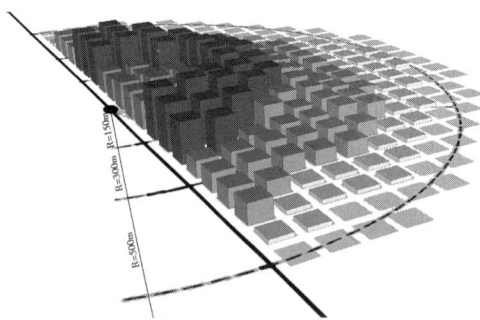

图 6-24　轨道站点周边建筑体块布局示意图

资料来源：北京清华同衡规划设计研究院 . 中关村
国家自主创新示范区海淀北部核心区城市
设计及控制性详细规划 [Z]. 2010.

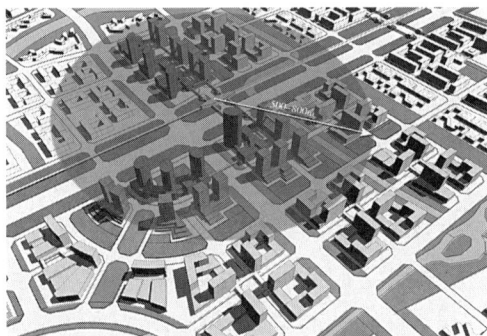

图 6-25　TOD 站点周边土地价值分布示意图

资料来源：北京清华同衡规划设计研究院 . 中关村
国家自主创新示范区海淀北部核心区城市
设计及控制性详细规划 [Z]. 2010.

度开发，滨水地区和现状产业园区进行中低强度开发，其他地区进行中等强度开发，其中规划区北部和东部邻近生态廊道的地区，以及南部浅山区建设强度还应进一步降低并对建设高度进行严格管控。

在功能布局方面，参考国内外众多城市的产业园区的布局，综合考虑产业发展的规律，结合水系和楔形绿地布局了大量的功能混合空间，适应自主创新发展的需求（图6-26、图6-27）。

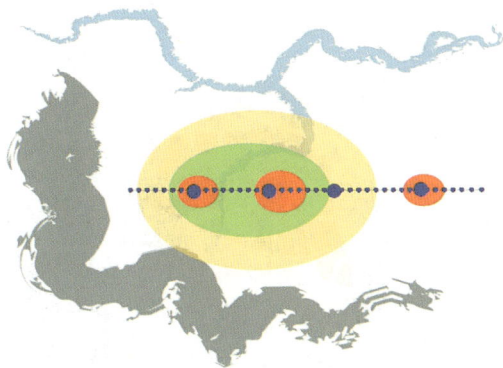

图 6-26　土地开发强度控制示意图
资料来源：北京清华同衡规划设计研究院．
某市城市设计及控制性详细规划 2010.

图 6-27　功能布局示意图
资料来源：北京清华同衡规划设计研究院．
某市城市设计及控制性详细规划 2010.

在符合上位规划要求的基础上，综合考虑经济发展和功能定位、地区交通承载力、公共服务设施承载力、市政设施承载力、环境容量承载力等要素，确定规划区的建设强度分区，并进一步确定各地块的建设高度。

轨道站点周边的商业服务用地建设强度控制在 3.0~5.0，沿城市主干道两侧的多功能用地建设强度控制在 2.5 以下，建筑高度控制在 60m 以下。外围教育科研用地及居住用地建设强度控制在 1.2~1.5，滨河多功能用地建设强度控制在 0.8~1.2，建筑高度控制在 18m 以下。市政设施用地建设强度控制在 0.3~0.8（图 6-28、图 6-29）。

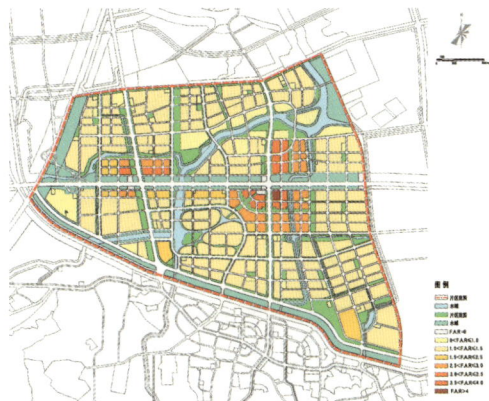

图 6-28　规划强度分区图
资料来源：北京清华同衡规划设计研究院．
某市城市设计及控制性详细规划 2010.

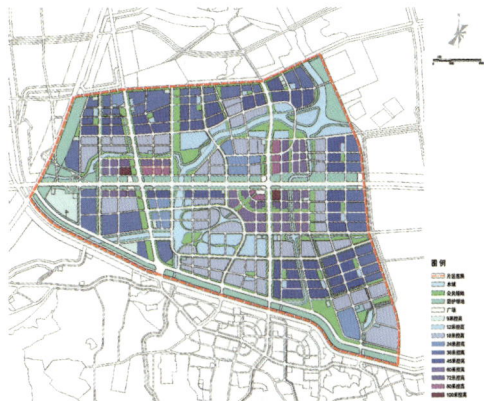

图 6-29　建设高度规划图
资料来源：北京清华同衡规划设计研究院．
某市城市设计及控制性详细规划 2010.

轨道站点周边地区是规划区内重要的城市节点，将为规划区及周围地区提供全方位的公共服务，主要突出金融、商务办公等功能。规划深入研究了地块的建筑布局、区位条件和自然条件（图 6-30）。

图 6-30　轨道站点周边地区控规方案示意图

资料来源：北京清华同衡规划设计研究院 . 某市城市设计及控制性详细规划 2010.

以水景为主体的混合功能区是极具特色的城市街区，是聚集城市活力的公共场所。在满足河道防汛排水等要求的前提下，对河道断面进行了处理，并进行了生态环保的设计改造。河岸力求自然，以缓坡草地为主。沿岸绿地充分考虑了可进入性，结合沿岸的混合用地的布局，设计了多样的公共活动设施，打造高质量的城市公共活动空间（图 6-31）。

6.6.3　道路交通

1. 道路系统规划

道路系统规划主要是在主次干道确定的条件下，根据规划用地规模、用地性质，增设各级支路路网及必要的街坊路，确定规划范围内的道路红线、道路横断面、道路主要控制点坐标、标高、交叉口形式。道路应做好总体设计，并应处理好与公路以及不同等级道路之间的衔接过渡。

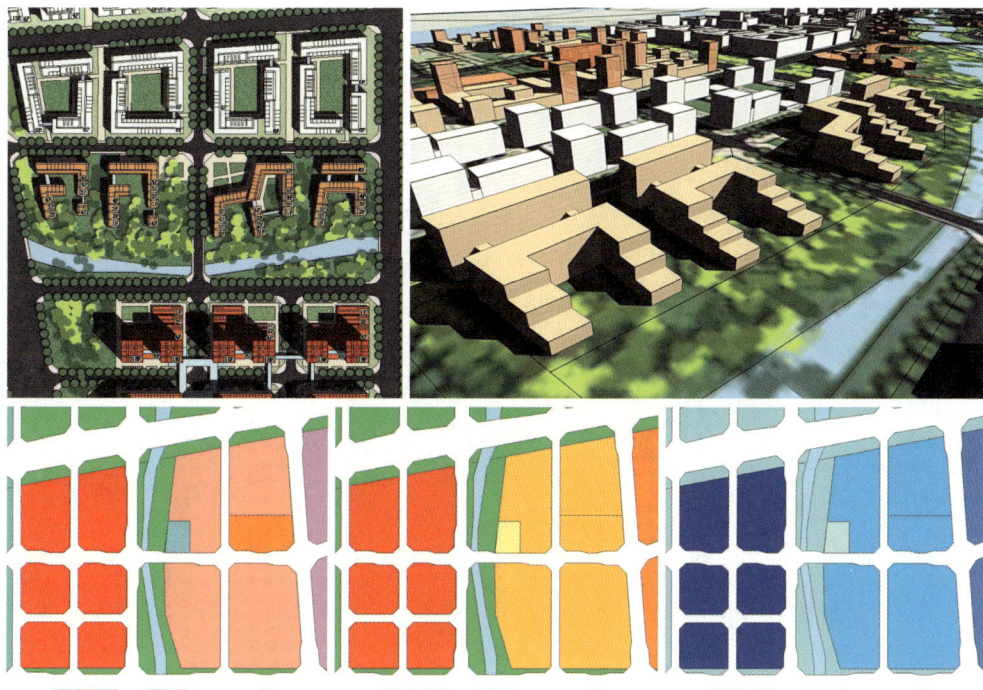

图 6-31　滨水地区控规方案示意图

资料来源：北京清华同衡规划设计研究院. 某市城市设计及控制性详细规划 2010.

结合区域对外交通衔接道路，划分为私家车进出流线和公共交通进出流线。

（1）确定私家车进出通道，应保障机动化通过性要求。

（2）确定公共交通进出通道并划分等级，分为公交干路与公交次干路。公交干路设置公交专用道，保障公交车优先通行；公交次干路作为次要的公交通道，设置分时段公交专用，在高峰时段为公交专用，其余时间小汽车可使用该车道。

（3）按照"人车分离"的原则，确定区域慢行廊道，并进行分级（图 6-32）。

在本案例中，按照道路在路网中的实际功能，同时体现"机非分流"等理念，划分 4 类道路类型。交通性干路，承担过境及对外交通功能；集散道路，功能为汇

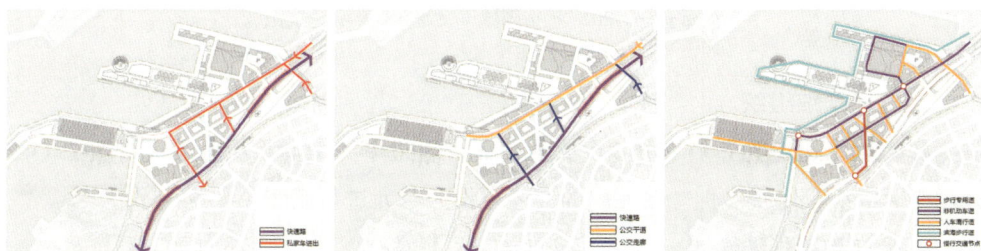

图 6-32　交通流线分析

资料来源：李欣. 控制性详细规划阶段交通规划编制方法研究 [C]// 交通治理与
空间重塑——2020 年中国城市交通规划年会论文集.

集地块机动车交通流至交通性干路；稳静道路，限制机动车通行，保障行人优先通行条件；步行专用道，按照综合规划方案（图 6-33）。

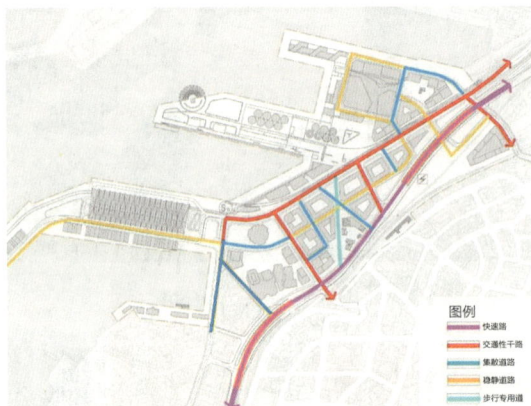

图 6-33　路网结构图

资料来源：李欣.控制性详细规划阶段交通规划编制方法研究 [C]// 交通治理与
空间重塑——2020 年中国城市交通规划年会论文集.

2. 道路断面设计

按照每一条路的道路功能确定道路断面尺寸。滨海特色街道作为区域景观性道路，道路功能属性为步行道 + 交通 + 滨海巴士 + 步行道 + 生态绿地 + 滨海步道，设置单向 2 车道，红线宽度为 16m 进行控制，滨海空间控制 30m（图 6-34）。

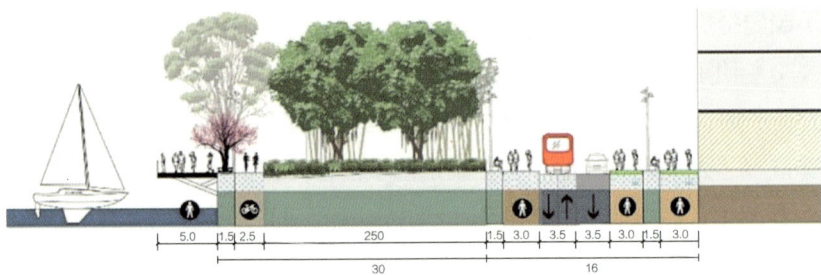

图 6-34　滨海特色街道断面（单位：m）

资料来源：李欣.控制性详细规划阶段交通规划编制方法研究 [C]// 交通治理与
空间重塑——2020 年中国城市交通规划年会论文集.

3. 交通详细组织

以机动车通道为界限划分 5 个交通单元，通过单元交通组织保障道路功能。单元内交通组织具有统一性。单元内的交通可按照单元进行组织（图 6-35）。

4. 公交系统规划设计

区域公共交通支撑方面。轨道交通 2 号线、公交首末站、特色旅游火车等，为区域提供多类型的公共交通支撑。对于滨海大型综合体交通区位的劣势，规划通过

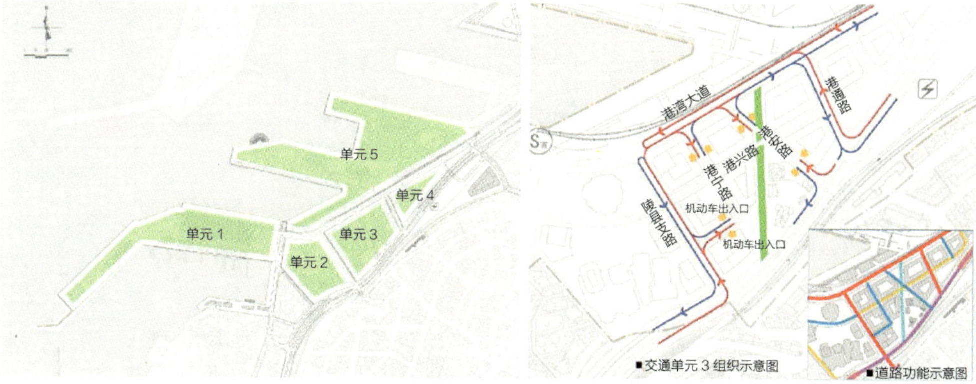

图 6-35　单元组织分析图

资料来源：李欣 . 控制性详细规划阶段交通规划编制方法研究 [C]// 交通治理与
空间重塑——2020 年中国城市交通规划年会论文集 .

设置公交首末站来提升交通的可达性。公交首末站与滨海综合体一体化开发建设，
地面一层部分区域为公交首末站，二层以上为商业办公，交通枢纽与商业开发形成
垂直换乘关系。提升综合体的公共交通支撑（图 6-36）。

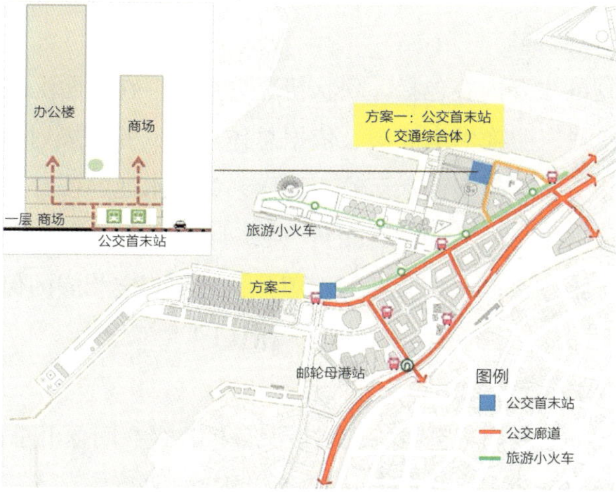

图 6-36　公交系统规划分析图

资料来源：李欣 . 控制性详细规划阶段交通规划编制方法研究 [C]// 交通治理与
空间重塑——2020 年中国城市交通规划年会论文集 .

5. 停车系统

　　停车设施作为重要的需求管理措施，以静制动是实现区域的整体交通发展目标
的手段之一。规划建议对区域内的地下空间进行统一开发，联通共享，来减少停车
时空资源的浪费。根据以上分析，规划提出大港启动区的停车按照 0.6~0.8m 的标准
进行配建（图 6-37）。

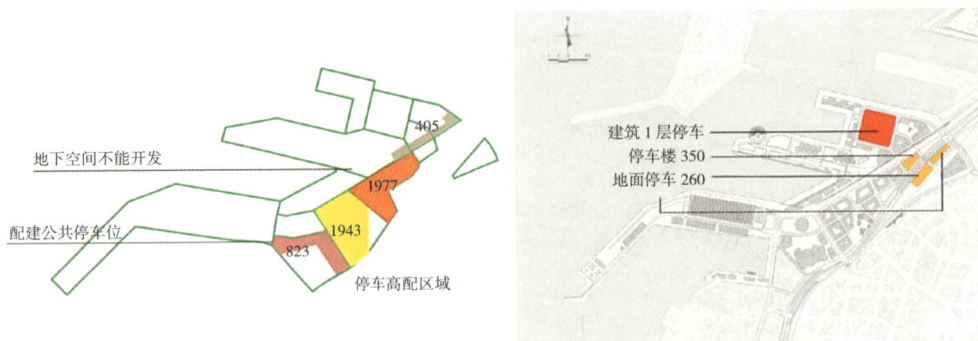

图 6-37　停车系统规划分析图

资料来源：李欣.控制性详细规划阶段交通规划编制方法研究 [C]// 交通治理与
空间重塑——2020 年中国城市交通规划年会论文集 .

6.6.4　市政工程规划

控制性详细规划编制过程中，市政基础设施规划应结合上位规划及相关专项规划的要求，对规划区内的给水、雨水、污水、电力、通信、燃气、环卫、供热等系统进行专项研究，明确场站及管网干线布局，并落实输水干线、高压电力架空线路、次高压及以上燃气线路等生命线廊道的空间位置及管控要求。

1. 给水工程规划

给水工程规划的主要内容包括：现状情况分析，存在问题汇总；确定用水量标准，计算规划用水量，明确供水规模；依据总体规划、专项规划确定供水来源及水质目标；确定供水方式，落实给水厂站、加压泵站、水池的位置、规模及用地；确定输配水管线的走向以及主、次干管的管径；明确供水水压要求。规划范围内若有重要输水廊道、地表水取水点及地下水源井，还需划定相应的保护范围，并明确管控要求。

2. 污水工程规划

污水工程规划的主要内容包括：现状情况分析，存在问题汇总；明确排水体制；结合用水量计算污水产生量；依据总体规划、专项规划确定污水排放分区及污水最终去向；结合地形条件确定污水排放方式，落实污水处理场站、污水提升泵站的位置、规模、用地及防护距离；确定污水管道走向以及主、次干管的容量；依据水环境确定污水排放标准；确定污泥处理处置方式。

3. 雨水工程规划

雨水工程规划的主要内容包括：现状情况分析，存在问题汇总；明确暴雨强度公式、雨水管道设计重现期、径流系数等规划设计参数；依据总体规划、专项规划确定雨水排放分区及雨水排放出路；结合地形条件确定雨水排放方式；确定雨水管渠走向以及主次干管的管径；落实雨水泵站及调蓄设施的位置、规模、用地。

4. 再生水工程规划

再生水工程规划的主要内容包括：现状情况分析，存在问题汇总；明确再生水利用对象及水质要求；确定再生水用量标准，计算规划再生水用水量，明确供给规模；依据总体规划或专项规划确定再生水来源；确定再生水管道走向以及主次干管的管径。

5. 电力工程规划

电力工程规划的主要内容包括：分析规划区内现状电力设施的建设及运营情况，汇总其问题；开展电力负荷预测；依据总体规划、专项规划确定的电力设施布局方案，落实上位电源及规划区内的电力设施的规模、位置及用地面积；明确电力主干线走向及管孔数目；提出电力廊道建设方式及廊道的空间位置、宽度要求等。

6. 通信工程规划

通信工程规划的主要内容包括：分析规划范围内通信设施建设情况；开展移动电话、固定电话、宽带等需求量预测；依据总体规划、专项规划确定的通信设施布局方案落实上位通信局、邮政局的规模、位置及用位面积；明确通信主干线布局方案。

7. 供热工程规划

供热工程规划的主要内容包括：分析规划区内现状供热情况，包括现状热源建设情况、热网运行情况及热用户分布情况等，汇总现状存在问题；开展热负荷预测；依据总体规划、专项规划相关内容划定供热分区，明确各供热分区的供热方式及热源；落实规划区内热源的规模、位置及用地面积；明确供热主干线走向及管径，同时完成换热站布局规划。

8. 燃气工程规划

燃气工程规划的主要内容包括：分析规划范围内现状燃气使用情况，汇总其问题；开展用气量预测；依据总体规划、专项规划相关内容明确规划区气源；确定规划区内燃气设施的规模、位置及用地面积；完成燃气主干线布局。若规划区内有次高压及以上燃气管线，需合理划定其廊道，明确管控要求。

9. 环卫工程规划

环卫工程规划的主要内容包括：现状情况分析，存在问题汇总；明确垃圾分类标准并计算生活垃圾产生量；依据总体规划、专项规划确定各类垃圾的处置方式；落实垃圾转运站、环卫停车场等环卫设施位置、规模、用地面积及防护距离。明确生活垃圾收集点、公共厕所、环卫工人休息点等设施的规划指标及要求。

10. 海绵城市规划

海绵城市规划主要内容包括：现状建设用地、下垫面情况分析；根据海绵城市总体规划明确规划区海绵城市建设目标，以及年径流总量控制率、径流污染控制率等指标；提出各类改造、新建设用地的海绵城市建设要求，提出建筑与小区、公园绿地与广场、城市道路及河湖水系等用地类型的海绵城市建设指引。

11. 管线综合规划

管线综合规划主要内容包括：确定各类现状及规划市政管线平面位置；确定市政管线竖向布置要求；明确各类管线综合交叉避让原则。

案例 1：给水工程规划

规划区现状有一处给水厂（不为规划区供水），部分现状道路下敷设有枝状给水管道，管径为 $DN200\sim DN300$。规划区用地类型主要包括居住用地、公共管理与公共服务设施用地、商业服务业设施用地、工业用地及其他用地。居住及公建用地用水量采用人均综合生活用水量指标法计算，其他用地用水量采用单位用地用水量指标法计算，考虑管网漏失水量及未预见水量，浇洒道路、绿地用水及部分工业用水采用再生水，则需要自来水厂提供水量约为 2.0 万 $m^3/$ 日。

根据上位及专项规划，规划区由北部的新建地表水厂供水。结合用地规划并考虑地形及供水压力需求，将规划区划分为两个供水分区，规划区西北部分为低压供水分区，西南部分为高压供水分区。在供水分区边界新建一座给水泵站，规模为 0.8 万 $m^3/$ 日，水泵扬程约 60m，用地面积 0.25hm^2。沿规划区市政道路敷设给水管道，给水管道成环状布置，管径为 $DN200\sim DN300$mm，管网最不利点水头为 0.2MPa（图 6-38）。

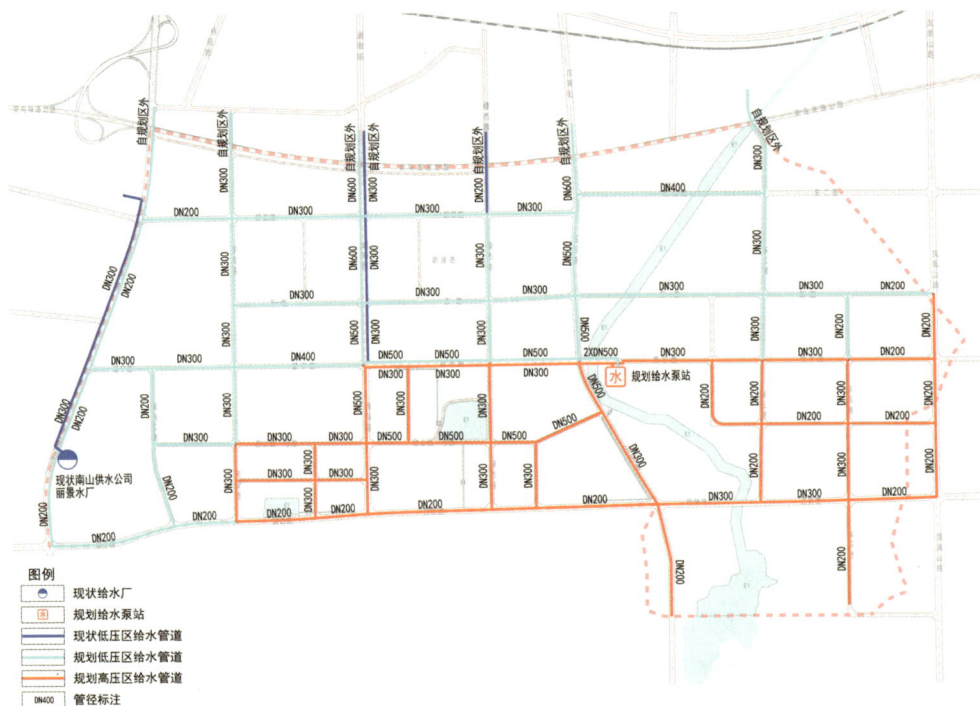

图 6-38 给水工程规划图

资料来源：北京清华同衡规划设计研究院 . 山东省某市高新区控制性详细规划成果，2019.

案例2：电力工程规划

规划区内部现有 110kV 园区变电站 1 座，有多条 220kV、110kV、35kV 架空及电缆线路。规划采用单位建设用地面积负荷指标法进行负荷预测。按照《城市电力规划规范》GB/T 50293 的相关规划用电负荷指标要求，综合考虑规划区未来发展及规划建设用地的类别、负荷特性等，选定单位建设用地面积用电负荷指标，完成电力负荷预测。

依据上位总规及电力专项，采用 110kV 变电站作为规划区供电电源点，以 220kV 变电站为上级电源。扩建现状 110kV 园区变电站主变容量由 1×50MVA 扩建至 3×50MVA，同时于规划区外东部需新建 110kV 变电站 1 座，主变容量为 3×50MVA，占地面积为 0.6hm^2，采用户内式结构，上级电源为 220kV 东江变电站。同时，设置环网柜 53 座，单座转接容量约为 6000kVA。开展不同电压等级电力线路规划。对保留高压架空线路预留相应的防护廊道，220kV、110kV 高压廊道分别为 40m、20m。规划 10kV 线路及低压配电线路主干线均采用地下敷设方式（图 6-39）。

图 6-39 电力工程规划图

资料来源：北京清华同衡规划设计研究院. 山东省某市高新区控制性详细规划成果，2019.

6.6.5 竖向规划

详规编制过程中，除了对各类建设用地、交通、市政等方面进行平面布局规划外，还应合理利用地形条件，确定建设用地的竖向标高、道路的控制点标高及坡度，从而满足建筑布置及景观塑造、道路交通运输、工程管线敷设、城市排水防涝以及与周边区域竖向衔接等各项要求。竖向规划应注重原始地形地貌，满足城乡各项建设用地的使用要求，减少土石方工程量，节省工程投资。

1. 道路竖向规划

道路竖向规划主要内容包括：现状道路高程及坡度分析；根据相关规范明确主、次干路的坡度，结合现状道路高程、建设用地规划、交通运输、防洪排涝和管线布置等要求统筹确定主干路道路控制点标高，确定河堤路、跨河桥梁、立体交通等重要节点的竖向标高。

2. 场地竖向规划

场地竖向规划主要内容包括：现状场地高程及坡度分析；根据道路竖向规划标高确定各个建设用地的场地竖向控制标高，明确各个地块的排水方向。

案例：道路竖向规划

规划区为山地地区，地形起伏较大；规划道路竖向从实际出发，结合现状道路，随坡就势；采取适宜的控制坡度、标高，合理利用地形减少土方工程量。为满足排水和坡度要求，对原始地形局部填挖方调整。根据《城市道路工程设计规范（2016 版）》CJJ 37—2012 和《云南省山地道路设计导则》等规范要求，确定道路纵向坡度控制在 0.2%~12%。受规划区地形限制，在山区特殊路段纵坡度大于 10% 时，采取相应的防滑措施。规划区道路竖向最高高程为 1470m，最低高程为 1314m（图 6-40）。

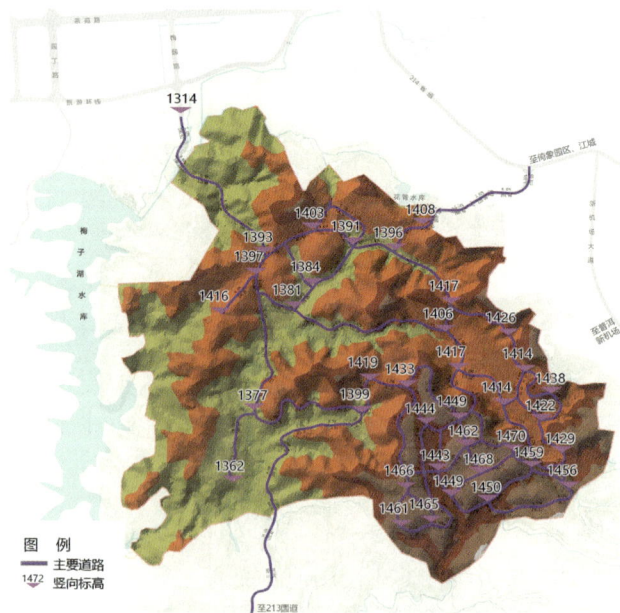

图 6-40　道路竖向规划图

资料来源：云南省某市控制性详细规划成果，2019.

6.6.6 综合防灾与地下空间管控

控制性详细规划编制过程中，综合防灾体系规划应落实上位规划及相关专项规划要求，针对规划区在消防、防洪、抗震、人防等方面存在的公共安全隐患，提出相应改善及治理策略。

1. 消防规划

消防规划主要工作内容包括：分析规划范围内现状消防设施建设情况；落实上位及相关规划确定的消防站等级、占地面积等；开展消防水源规划，包括确定水源来源、提出消火栓建设要求等。

2. 防洪规划

防洪规划主要内容包括：分析规划范围内现状河道及其防洪设施建设情况；落实上位规划确定的防洪标准；开展相应的工程性及非工程性措施满足其防洪要求，包括完善防洪堤坝建设，建议采用河道疏浚与洪水调蓄相结合等方式。

3. 抗震规划

抗震规划的主要内容包括：根据《中国地震动参数区划图》GB 18306—2015 划定规划范围抗震设防烈度，提出一般新建、改建工程、生命线工程的抗震设防标准；开展避难疏散通道规划；明确固定避难疏散场地位置、占地面积，提出紧急避难疏散场地设置要求等。

4. 人防规划

人防规划的主要内容为，确定战时留城人口比例，合理确定人防工程的人均面积，计算人防总工程量面积，并提出人防工程的建设要求。

5. 案例

以河北省某市高新区控规为例，规划区要求进行综合防灾规划，包括消防、防洪、抗震和人防规划四个方面。

消防规划。根据国家《城市消防站建设标准》中消防站设置要求，综合考虑规划区现状消防站建设情况以及规划区用地布局等因素，规划保留现状消防站并新建 2 座一级普通消防站，每座占地面积为 $0.5hm^2$。确定规划区消防用水由市政给水管道供给，供水管道建设要满足消防供水的需要。规划区采用同一时间发生 2 次火灾计，1 次火灾供水流量按 75L/s 计，市政供水管道和消防水池按满足此要求建设，给水管道最不利点消火栓供水压力不应小于 0.1MPa。按规定建设消防通道、消防通信，控制防火间距。规划区沿道路设置室外消火栓，结合道路不超过 120.0m 间距布置消火栓。当道路宽度大于 60.0m 时，宜在道路两边设置消火栓，并宜靠近十字路口；室外消火栓的保护半径不应大于 150.0m。室外消火栓的数量应按其保护半径和室外消防用水量等综合计算确定。

防洪规划。规划 ×× 渠按 50 年一遇防洪标准建设防洪堤。规划区按照 20 年一遇的排涝标准。规划疏浚 ×× 渠河道，规划区东侧北部区域，重力流排入 ×× 渠。

抗震规划。明确规划区一般新建、改建工程应严格按照地震基本烈度 7 度的抗震设防标准进行设计施工，政府主要机构办公楼、学校、给水厂、灾时救护医院、110kV 及以上变电站、易发生次生灾害的加油站、天然气站、液化气站以及主要对外通道的沿线桥梁等设施均提高一度设防。避震疏散通道结合城市道路交通、人防疏散通道和消防要求统一规划，规划区的出入口数量应不少于 4 个。将城市主次干道作为主要避震疏散通道，保证城市震灾时交通运输及城市对外交通的畅通。规划充分利用公园、绿地、广场、室内公共场馆所、学校操场等空地为避震疏散场地，避难场地每处有效面积宜大于 2000m^2。

人防规划。人防工程建设要坚持平战结合，因地制宜，注重实效的原则。坚持建设和防护同步，平时和战时结合。规划期末人防工程量要达到 6.5 万 m^2（图 6-41）。

图 6-41　综合防灾规划图

资料来源：河北省某市高新区控制性详细
规划成果，2019.

6.6.7　公共服务设施

目前关于公共服务设施，国家层面的规范和技术标准有三个：《城市公共设施规划规范》GB 50442—2008、《城市居住区规划设计标准》GB 50180—2018、《社区生活圈规划技术指南》TD/T 1062—2021，这个三个文件对于城市公共服务设施的配置要求、配置标准、配置重点略有不同。

1.《城市公共设施规划规范》GB 50442—2008

《城市公共设施规划规范》GB 50442—2008 将公共设施分为：行政办公、商业金融、文化娱乐、体育、医疗卫生、教育科研设计和社会福利设施用地。该规划侧重于指导城市级的设施配套标准，在实际工作中主要采取以用地比例的形式来明确公共服务设施的用地指标。

2.《城市居住区规划设计标准》GB 50180—2018

《城市居住区规划设计标准》GB 50180—2018 提出了社区生活区理念，将城市居住区划分为十五分钟生活圈居住区、十分钟生活圈居住区、五分钟生活圈居住区、居住街坊四个层级。配套设施用地及建筑面积控制指标，应按照居住区分级对应的居住人口规模进行控制。其中，社区服务设施主要针对五分钟生活圈居住区，便民服务设施主要针对居住街坊。

3.《社区生活圈规划技术指南》TD/T 1062—2021

《社区生活圈规划技术指南》TD/T 1062—2021确立了社区生活圈规划工作的总体原则和要求，并规定了城镇社区生活圈和乡村社区生活圈的配置层级、服务要素、布局指引、环境提升，以及差异引导和实施要求等技术指引内容。

服务要素是保障社区生活圈健康有序运行的主要功能，包括社区服务、就业引导、住房改善、日常出行、生态休闲、公共安全六方面内容。其中社区服务可细分为健康管理、为老服务、终身教育、文化活动、体育健身、商业服务、行政管理和其他（主要是市政设施）八类。

4. 城镇社区生活圈

可构建"15分钟、5~10分钟"两个社区生活圈层级。

（1）15分钟层级。宜基于街道社区、镇行政管理边界，结合居民生活出行特点和实际需要确定社区生活圈范围，并按照出行安全和便利的原则，尽量避免城市主干路、河流、山体、铁路等对其造成分割。该层级内配置面向全体城镇居民、内容丰富、规模适宜的各类服务要素。

（2）5~10分钟层级。宜结合城镇居委社区服务范围，配置城镇居民日常使用，特别是面向老人、儿童的基本服务要素。

5. 乡村社区生活圈

可构建"乡集镇—村/组"两个社区生活圈层级，强化县域与乡村层面对农村基本公共服务供给的统筹。

（1）乡集镇层级。宜依托乡集镇所在地，统筹布局满足乡村居民日常生活、生产需求的各类服务要素，形成乡村社区生活圈的服务核心。县城可在完善自身服务要素配置的同时，强化综合服务能力，辐射周边乡集镇。

（2）村/组层级。宜依托行政村集中居民点或自然村组，综合考虑乡村居民常用交通方式，按照15分钟可达的空间尺度，配置满足就近使用需求的服务要素，并注重相邻村庄之间服务要素的错位配置和共享使用。

6. 地方实践经验

在河北石家庄市的某控规项目中，公共服务设施配套按《城市居住区规划设计标准》GB 50180—2018标准，适当结合地方标准，形成了本项目公服设施配套标（图6-42）。

以幼儿园设施配套为例，规划通过居住用地规模与容积率，估算规划人口容量，以人口容量为依据来配套幼儿园设施（图6-43）。

（3）公共服务设施配置原则

《城市居住区规划设计标准》GB 50180—2018

五分钟生活圈单独占地设施：
- 幼儿园，宜独立占地
- 居住区公园，最小规模0.4hm²

十分钟生活圈单独占地设施：
- 小学，应独立占地
- 中型多功能运动场地，宜独立占地
- 居住区公园，最小规模1.0hm²

十五分钟生活圈单独占地设施：
- 初中，应独立占地
- 大型多功能运动场地，宜独立占地
- 卫生服务中心，宜独立占地
- 养老院、老年养护院，宜独立占地
- 居住区公园，最小规模5.0hm²

本次公共服务设施配置原则：

1. **托幼设施、基础教育设施（A33）** 配置规模以划定的生活圈及规划单元进行规模测算，满足生活圈内服务人口。教育设施尽量避免跨行政区界设置，避免造成跨区上学困难。

2. **文化设施、医疗卫生设施、社会福利设施**配置以规划单元进行测算，如果规划单元人口不满足十五分钟生活圈全最低5万人口标准，则以上设施按石家庄地方标准进行配置。
   - 文化设施用地规模：0.1m²/人
   - 医疗卫生设施，可非独立占地
   - 社会福利设施用地规模：0.1m²/人

3. **体育设施**按照新版居住区规范，十分钟、十五分钟分别配置独立占地设施。如果不满足十五分钟人口要求，则按照石家庄最低标准0.3m²/人进行配置。

4. **公园绿地**配套严格按照新版居住区规范进行配置，满足人均绿地指标标准。

5. 公服设施配套按照从 **"5分钟-10分钟-15分钟"** 由小圈到大圈的原则进行配置。

图6-42　公共服务设施布局原则

资料来源：北京清华同衡规划设计研究院．石家庄市某控规成果，2019.

- **规范标准：**

《城市居住区规划设计标准》GB 50180—2018

单项规模	建筑面积（m²）	3150～4550
	用地面积（m²）	5240～7580
设置要求	1. 服务半径不宜大于300m。 2. 办学规模不宜超过12班，每班座位数宜20～35座。 3. 五分钟生活圈居住人口规模下限宜配置1所12班幼儿园，每班20人。 4. 居住人口规模上限宜配置1所6班幼儿园和1所12班幼儿园，每班35人。	

《石家庄市居住区公共服务设施配套标准》

幼儿园	建筑面积（m²）	用地面积（m²）	服务人口规模（万人/处）	配置规定
6班	1620	2520	0.4～0.59	**幼儿园入学人口千人指标为39座/千人，每班30座。**幼儿园的一般规模为6班、9班、12班，生均建筑9m²/座、用地14m²/座。
9班	2430	3780	0.6～0.79	
12班	3240	5040	0.8～1.0	

生活圈	生活圈类型	规划人口（万）	设施服务人口（万）	服务能力
A	10分钟	1.7	1.6～2.0	✓
B	5分钟	1.3	1.2～1.58	✓
C	10分钟	1.4	1.2～1.58	✓
D	10分钟	2	1.6～2.0	✓
E	5分钟	1	0.8～1.18	✓

图6-43　幼儿园布局要求与建设标准

资料来源：北京清华同衡规划设计研究院．石家庄某控规成果，2019.

6.6.8　城市设计引导

1. 控制性详细规划中城市设计的作用和内容

《城市规划编制办法》（2006年）明确提出控制性详细规划内容应包括"提出各地块的建筑体量、体型、色彩等城市设计指导原则"。在近几年的控制性详细规划编制实践中，已逐步增加城市设计内容，不仅对上述空间秩序提出控制引导，还需对公园、广场、公共建筑和公共通道等公共空间提出分区分类引导，进一步统筹优化片区的功能布局和空间结构，明确景观风貌、公共空间、视廊控制、建筑形态等方面的设计要求，其中城市中心区、交通枢纽区、产业园区核心区、滨水地区、历史风貌与文化遗产保护区、老城复兴区等重点控制区还需更加关注其特殊条件和核心问题，结合不同片区功能提出建筑体量、界面、风格、色彩、第五立面、天际线、视廊等要素的设计原则，从人的体验和需求出发，深化研究各类公共空间的规模尺度与空间形态（图 6-44）。

图 6-44 《国土空间规划城市设计指南》TD/T 1065—2021 详细规划中城市设计方法的运用
资料来源：清华同衡规划播报公众号，一图读懂国土空间规划城市设计指南，2016.

控制性详细规划中城市设计成果包括但不限定于现状特色资源分布图、公共空间系统规划图、空间形态控制图，与图纸匹配的文本内容应一并纳入。其中重点控制区还需对特色空间、景观风貌、开放空间、交通组织、建筑布局、建筑色彩、第五立面、天际线、城市地标等内容进一步开展详细设计或专项设计，必要时可附加城市设计图则和其他需要特别控制的要素系统图，与图纸匹配的文本内容应一并纳入。

2. 空间秩序控制引导

（1）建筑高度控制引导

建筑高度确定因素，一方面是需要从城市外部环境、历史保护、安全方面等考虑限制要求，如机场净空要求、与山体水体协调要求、与文物保护单位协调要求、历史视线廊道避让要求和防灾要求等；另一方面是从人的视觉感官去考虑，如控制临街建筑高度，运用街道空间宽高比与建筑最佳高度协同控制的方法，对建筑高度进行控制（详见《城市规划原理（第四版）》中第 14 章第三节 2.1）。

在建筑高度控制引导方式上，一是可通过控规成果中的建筑高度规划图来进行控制；二是图则中明确了每个地块的高度控制要求，具体项目必须按照图则要求规划建设（图 6-45、图 6-46）。

（2）建筑体量控制引导

控规对建筑体量的控制和引导可用的控制手段还很少，主要通过文本中城市设计导则内容进行描述性界定，如"体量不宜过大"等内容，在实际建设中管控起来较为困难。建筑体量控制是对建筑竖向尺度和横向尺度的综合限定，一是建筑体量控制必须保证街道、广场等人流聚集和停留场所有合理的日照时间，保证沿街建筑

图 6-45　某市建筑高度规划图示意

资料来源：北京清华同衡规划设计研究院有限公司某市控制性详细规划成果．

地　块　控　制　指　标　表

地块编号	用地性质	用地名称	用地面积（hm²）	容积率	建筑密度（%）	建筑高度（m）	绿地率（%）	停车位（辆）	备注
JJ-A-01-01	1402	防护绿地	0.24	–	–	–	=100	–	
JJ-A-01-02	1402	防护绿地	0.49	–	–	–	=100	–	
JJ-A-01-03	070102	二类城镇住宅用地	5.53	≤1.8	≤30	≤35	≥35	1194	
JJ-A-01-04	1402	防护绿地	0.34	–	–	–	=100	–	
JJ-A-01-05	1402	防护绿地	1.16	–	–	–	=100	–	
JJ-A-01-06	070102	二类城镇住宅用地	4.88	≤1.8	≤30	≤35	≥35	1054	
JJ-A-01-07	080602	基层医疗卫生设施用地	0.61	≤1.5	≤35	≤24	≥40	73	
JJ-A-01-08	1402	防护绿地	0.65	–	–	–	=100	–	
JJ-A-01-09	1705	沟渠	0.17	–	–	–	–	–	

图 6-46　某市规划图则地块控制指标表中对建筑高度的控制示意

资料来源：北京清华同衡规划设计研究院某市控制性详细规划成果，2013．

外轮廓线的视觉效果，并以行人感受的角度作为分析建筑体量的依据；二是建筑体量控制需满足自身使用功能的需求，一般情况下居住建筑体量明显会小于商业建筑和工业建筑体量。建筑体量的大小是由建筑的长度、宽度和高度同时作用形成，实际应用中可通过明确不同分区不同类别建筑的长度、宽度和高度的值来控制引导建筑体量（图 6-47）。

（3）建筑形式和色彩控制引导

规划文本在建筑形式和色彩控制方面很难表述清楚，往往会存在规划引导较笼统，控制不足的问题。在控规中对建筑形式和建筑色彩这类指标的控制，既要有明确可行的控制技术方法，又要保持一定的灵活性。具体控制方法一般包括三种：一是选定参照建筑，为保证城市的整体性和景观的协调性，在城市中选择具有艺术性、

类型		体量	高度	建筑体量分析
大类	小类			
管理服务区	商业	中小体量建筑，14m×80m，最大50m×50m	以低层和多层为主，局部高层 低层：1~3层；多层：4层；高层：18层	
	居住	小体量建筑，15m×80m	以低层和多层为主，局部高层 低层：1~3层；多层：6层；高层：11层	
	行政文化	小体量建筑，20m×80m	低层：1~3层；多层：4~8层	
研发培训区	商务办公及研发	中体量建筑，50m×60m	低层：2~3层；多层：4~5层；高层：8~12层	
	高新技术产业	中体量建筑，50m×80m	多层：4层	
	高端装备制造	大体量建筑，80m×160m，80m×240m	低层：2层	
仓储物流区	仓储物流	大体量建筑，50m×140m，80m×160m	低层：1~2层	
工业生产区	工业制造	大体量建筑， 80m×160m、 80m×240m	低层：2层	

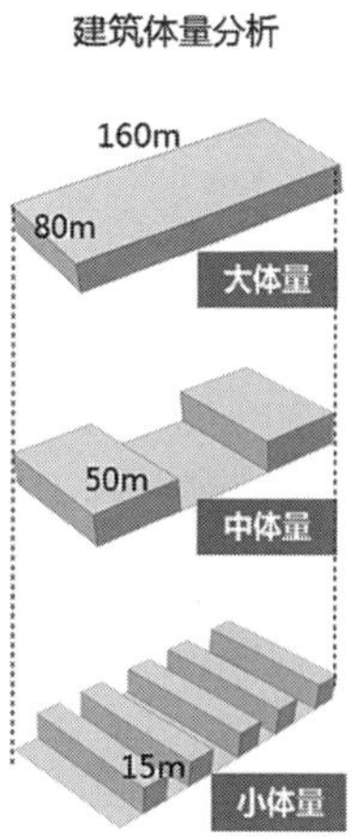

图 6-47 某控规成果中对建筑体量的引导要求

资料来源：北京清华同衡规划设计研究院某片区控制性详细规划成果，2016.

历史性、延续性等的标志性建筑作为参照，作为新建建筑的依据，使周围建筑与之相协调。二是可分析当地传统建筑特征以及与其相协调的建筑形式和色彩，总结建筑形式和色彩的特征与规律，形成引导图则。三是分级确定控制区域，可将城市分为重点控制区、一般控制区和自由选择区等，差异化引导。

3. 公共空间控制引导

（1）公共空间结构确定

公共空间结构方面，结合自然山水、历史人文、公共设施等资源，优化规划区公共空间系统，明确广场、公园绿地、滨水空间等重要开敞空间的位置、范围和设计要求（图 6-48）。

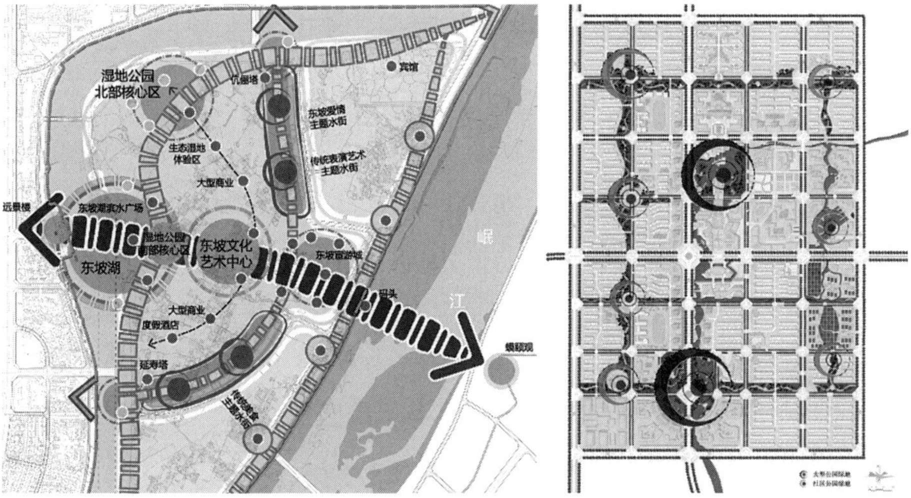

图 6-48 公共空间系统规划图示意

资料来源：北京清华同衡规划设计研究院某片区控制性详细规划成果，2013.

（2）点状公共空间设计引导

从人的体验和需求出发，深化研究各类公共空间的规模尺度与空间形态。组织建筑群落关系，强化空间艺术性，形成建筑群体的整体特征，谨慎处理高层高密度住宅与新建超高层建筑的外部空间形态组织（图6-49）。

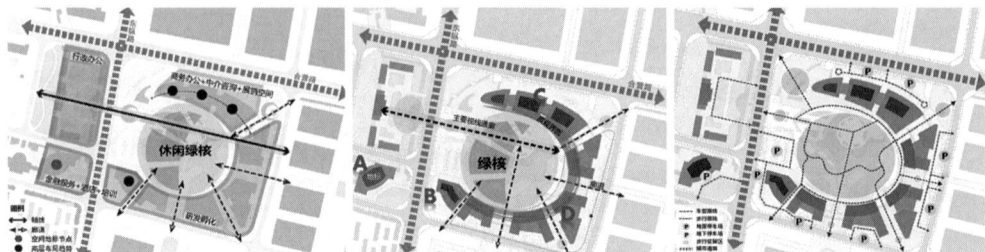

图6-49 点状公共空间设计引导示意

资料来源：北京清华同衡规划设计研究院某片区控制性详细规划与城市设计成果，2018.

（3）带状公共通道引导

公共通道系统方面，重点组织慢行系统、游览线路等公共活动通道，打造开放舒适、生态宜人的行为场所体系（图6-50）。

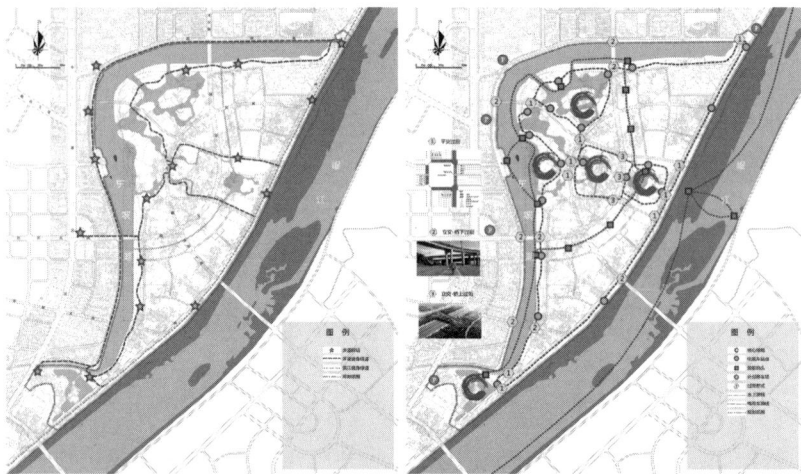

图6-50 慢行系统、游览线路等公共活动通道规划图示意

资料来源：北京清华同衡规划设计研究院某片区控制性详细规划成果，2012.

街道引导方面，对重要街道的沿街立面、建筑退线、底层功能与形态、立面与檐口等提出较为详细的导控要求（图6-51）。

4. 视廊控制

视线通廊是连接视点与景点之间的廊道，确定视线通廊往往需要考虑历史城区、重要文保单位，重要山水格局等控制要求，确保城市重要景点与观景点之间能够建立良好的对视关系。

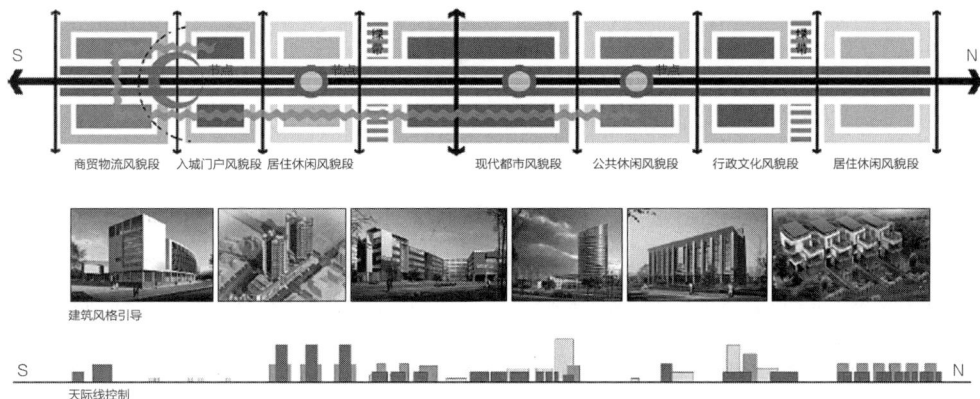

图6-51 重要街道景观及空间界面控制示意

资料来源：北京清华同衡规划设计研究院某片区控制性详细规划成果，2012.

5. 城市设计的传导机制

目前绝大部分城市设计管控还不具备法律效力，在具体项目建设中往往因追求利益最大化而导致规划愿景与落地实施相差较多。在实践中城市设计传导机制一般分为三类：

一是将城市设计的原则性要求纳入地方性城市规划技术管理规定或技术导则。由于各地的技术管理规定是当地进行方案审核和管理的法定依据，被纳入的城市设计原则在一定程度上具备了法律效力，可以在一定程度上指导和管控具体的开发建设行为，这类方式在大部分城市得以实践，但趋于宏观或审查时未能完全参照，有时引导效果不好（表6-8）。

二是将城市设计与建设审批程序直接结合。在这种传导机制下，该城市设计被直接作为管理人员进行方案审批的参考依据。这类方式在重点地区采用较多，如深

某市规划技术管理规定中关于城市设计相关内容引导要求　　　　表6-8

建筑形态及其他管理要求
第六十二条 建设项目在建设用地中宜以一幢（组）较高建筑形成空间制高点，较高建筑与周边建筑的高差比不宜小于25%，面向城市开敞空间和主要道路形成高低错落的天际轮廓与纵深空间层次。高层建筑主体部分临道路侧宜直接落地。
第六十三条 临山体一侧布置的建筑主体之间开敞面的宽度总和不得少于其建设用地沿山体一侧面宽的50%。
第六十四条 多层住宅建筑屋顶（含退台）应采用坡屋顶形式；高层住宅的退台部分可采用坡屋顶形式。
第六十五条 在风貌协调的基础上，高层建筑屋顶应作造型处理，电梯机房、设备用房、楼梯间等屋顶建（构）筑物应进行美化或遮挡处理，形成高低错落的建筑天际轮廓线。
第六十六条 高层建筑屋顶宜进行夜景照明设计，采用适当的照明方式展现建筑的轮廓与特色。
第六十七条 建筑外观应体现多样化，可采取组群布局方式，通过建筑组群之间材质、色彩、形态、立面处理上的区别，形成丰富多样的建筑形态

资料来源：某市规划技术管理规定.

圳超级总部基地、广州市金融城起步区、重要轨道交通枢纽地区，管控方式最为直接有效，但在设计与管理程序方面有更高的要求，如地区的管控力度有限，面对相对强大的市场开发压力以及相对不足的专家系统，设计图则将对建筑设计方案无法作过多过强的管控，更多是遵循市场规律。

三是出台地方规范，要求将城市设计管控要求作为附加图则纳入控规法定成果中，作为必须遵循的法定依据。这类方式有利于规范化处理城市设计管控内容的编制和实施，例如上海市，已经有较长时间的实践经验，明确规定重点地区将城市设计管控要求纳入附加图则，作为控规成果中法定图则的一部分，具体内容详见《上海市控制性详细规划成果规范（2020 试行版）》（图 6-52）。

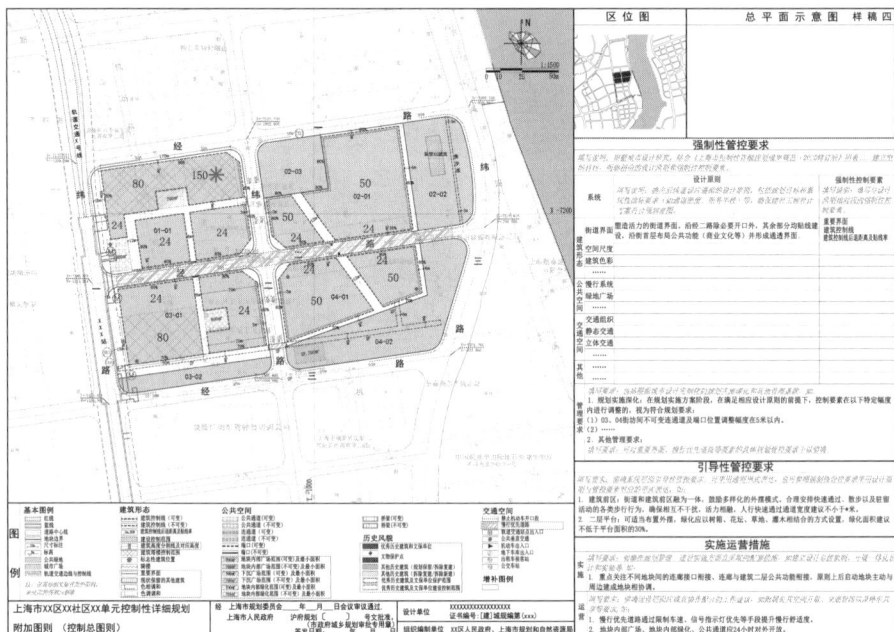

图 6-52　上海市控规成果城市设计附加图则示意

资料来源：上海市规划和自然资源局. 上海市控制详细规划成果规范（2020 试行版）[S].

6.6.9　城市控制线控制

为了加强对城市道路、城市绿地、城市水体以及对城市发展全局有重大影响的城市基础设施、历史文化街区和历史建筑等的管理与保护，在城乡规划管理中设定了一系列城市控制线。控规应综合考虑城市用地布局和各类专项的要求，科学划定城市控制线，为城市管理提供依据。综合用地布局和综合交通规划，科学划定道路红线。根据公共开敞空间和各类绿地范围划定城市绿线。依据河湖水系专项规划，划定城市蓝线。根据总体规划和专项规划中重要城市基础设施的控制界线，划定城市黄线。根据历史文化保护专项规划等，划定城市紫线。

6.7 控规成果内容要求

6.7.1 成果形式

《城市规划编制办法》（2006）第四十四条的要求：控制性详细规划成果应当包括规划文本、图件和附件。图件由图纸和图则两部分组成，规划说明、基础资料和研究报告收入附件。

《城市、镇控制性详细规划编制审批办法》（2010）第十四条要求：控制性详细规划编制成果由文本、图表、说明书以及各种必要的技术研究资料构成。文本和图表的内容应当一致，并作为规划管理的法定依据。

作为各城市建设管理的主要依据，各地的控规成果要求在国家规范要求的技术上还会根据城市管理要求和技术特点进行微调。

1. 上海市关于控规成果形式的要求

根据《上海市控制性详细规划成果规范（2020试行版）》第三章的要求：上海市的控规成果主要包括法定成果文件和技术文件两部分。

法定成果文件包括文本和图则两部分。文本以条文方式明确本市控规管控要素的释义和管理要求，一般包括总则、规划指标释义与管理要求、规划动态、规划更新、规划实施深化、实施时序、附则七部分内容。图则是指具有法律效力的规划图示文件，包括普适图则和附加图则，主要确定各地块的规划控制要求。因项目需要，图则可以特定管理条文的形式对文本中的具体条款进行调整和增加，当文本和图则的具体条款不一致时，以图则为准。普适图则是控规成果中的基本图纸，包括图、表格、图纸信息和编制信息四部分。普适图则中的图主要包括地块划分、用地性质、设施、控制线、空间管制和其他六个方面的内容。普适图则中的特定管理条文主要包括文本特别条款、城市设计管控要求、规划管理特定条文和备注四个方面的内容。

技术文件是制定法定文件的基础性文件，可作为规划管理部门执行控规的参考文件。技术文件包括基础资料汇编、说明书和编制文件。其中，基础资料汇编包括现状基础资料、公众意愿综述和现状图纸。说明书包括规划说明和规划系统图。编制文件包括任务书、市区级部门意见汇总及处理建议、公众意见汇总及处理建议、规委会审议意见汇总及处理建议、其他附件等控规编制过程性文件。

2. 江苏省关于控规成果形式的要求 [①]

江苏省的单元层次详细规划成果包括规划文本、图件（图纸、单元图则）附件及数据库。[②]

[①] 江苏省自然资源厅，江苏省城镇开发边界内详细规划编制指南（试行），2021.12.

[②] 江苏省将详细规划分为单元和街区两个层次。国土空间总体规划批复后，单元层次详细规划原则上应实现城镇开发边界内全覆盖。

规划文本应当以条文格式准确规范、简明扼要表述规划结论，明确规划强制性内容。

图件包括图纸和图则两部分：图纸主要包括现状图、空间潜力分析图、用地规划图、公共管理与公共服务设施规划图、绿地水系规划图、公共空间体系规划图、公用设施规划图、管线综合规划图、综合防灾规划图、竖向规划图、开发强度分区规划图、建筑高度分区规划图、"城市控制线"规划图、单元划分图等。图则主要是单元图则，包括单元主导功能与规模、用地布局管控、各类控制线管控、各类设施管控以及城市设计引导等内容，采用图示和表格两种形式综合表达，图、表内容应一致。

规划附件包含规划说明、现状资料分析汇总、必要的研究报告、相关文件汇编等内容。

详细规划数据库是国土空间规划"一张图"的重要组成部分，需要在规划编制的过程中同步建立成果数据库，并整合到国土空间基础信息平台。

单元层面的成果以单元图则为成果核心内容，采用图示和表格两种形式综合表达。

6.7.2 成果要求

1. 文本

控规文本是控规成果的重要组成部分。控规文本一般会包括总则、规划目标和功能定位、土地使用、道路交通、蓝绿空间、市政工程规划、综合防灾和地下空间控制、城市设计引导、一般性通则和其他等部分。

文本中还应包括规划区经济技术指标表和规划区地块指标详表（表6-9）。

规划土地利用平衡表示意　　　　　　　　　　　　　　表6-9

用地代码			用地分类	用地面积 （hm²）	占城乡建设用地 比例（%）
大类	中类	小类			
	B		商业服务业设施用地		
		B1	商业用地		
		B11	零售商业用地		
		……	……		
H11		……			
	M		工业用地		
		M1	一类工业用地		
		……			

续表

用地代码			用地分类	用地面积（hm²）	占城乡建设用地比例（%）
大类	中类	小类			
H11	S		道路与交通设施用地		
		S1	城市道路用地		
		……			
	A		公共管理与公共服务设施用地		
		A	公共管理与公共服务设施用地		
		A1	行政办公用地		
		……			
	G		绿地与广场用地		
		G1	公园绿地		
		……			
	R		二类居住用地		
		R2	二类居住用地		
		……			
	U		公用设施用地		
		U1	供应设施用地		
		……			
	W		物流仓储用地		
		W1	一类物流仓储用地		
		……			
			城市建设用地		
H14			村庄建设用地		
……			……		
			城乡建设用地面积		

资料来源：教材编写组自绘.

2. 主要技术图纸

控规成果中需要绘制的技术图纸主要包括现状情况及分析图、规划系统图和规划图则三类。

（1）现状情况及分析图

现状情况及分析图主要指对规划区的现状情况进行梳理和分析的各类图纸，包括区域位置图、行政辖区示意图、现状土地利用图、现状用地权属图、现状建设质量分析图、限制要素综合分析图等。除了以上常规图纸之外，为了支撑规划方案的生成和各类专题研究工作的开展，还可以根据规划区现状特点，选择有针对性的关键要素进行梳理和分析，例如现状机遇用地分布图、现状工业用地绩效分析图等。

（2）规划系统图

规划系统图是为了清晰准确地表达规划方案的核心理念、空间结构、公共基础设施布局、综合交通规划、特色风貌管控等内容而绘制的。主要包括土地利用规划图、总体空间结构图、公共服务设施布局图、道路系统规划图等。

为了便于规划管理，还需绘制专门的地块编号图和规划单元划分以及编号图。

对于同步开展城市设计研究的控规，控规成果中还应包括城市设计要素管控的相关图纸，例如视线廊道控制图、城市界面控制图等图纸。

（3）规划图则

规划图则包括图纸、表格、图纸信息等内容，是一种图文并茂的规划图件。控规的规划图则通常分为两个层次：规划单元 / 街区图则和规划地块图则（表6-10）。

控制性详细规划成果图纸目录示意 表 6-10

类别		图名
规划现状及分析		位置示意图
		行政辖区范围图
规划现状及分析		影像图
		现状建筑质量分析图
		限制要素综合分析图
		现状土地使用权属示意图
		现状土地利用图
规划系统图	用地规划	总体空间结构规划图
		土地利用规划图
		基础教育设施规划图
		文体设施规划图
		医疗设施规划图
		养老设施规划图
		社区综合服务设施规划图
		邮政电信设施规划图
	道路交通规划	道路系统规划图
		公共交通设施规划图
		道路红线规划控制图
	绿地系统规划	绿地系统规划图
		城市特色风貌区规划图

续表

类别		图名
规划系统图	市政工程规划	给水工程规划图
		污水工程规划图
		再生水工程规划图
		电力工程规划图
		通信工程规划图
		热力工程规划图
		燃气工程规划图
		环卫工程规划图
		综合防灾规划图
	四线规划控制	城市绿线蓝线规划控制图
		城市黄线规划控制图
		城市紫线规划控制图
	规划控制体系	规划单元划分图
		单元人口及用地容量示意图
		建筑高度分区规划图
		建筑高度控制规划图
规划系统图	规划控制体系	建设强度分区规划图
		建设强度控制规划图
	城市设计控制	视线廊道控制图
		城市设计要素控制图
规划图则		规划街区/单元图则
		规划地块图则

地块图则是依法出让土地的依据，绘图比例一般为1：1000~1：2000，图纸上应表达地块划分界限、地块面积、用地性质、建筑密度、高度、容积率等控制指标，并表明地块编号（图6-53）。

6.7.3 动态维护

控制性详细规划是对总体规划的深化和落实，是城市规划实施管理最直接、最主要的依据。控规给出的规划条件是法定行政许可文件，是国有土地使用权转让出让、开发建设必要和重要的条件之一。2008年颁布实施的《城乡规划法》进一步强化了控规的法定地位，控规编制管理要坚持"先编控规、才能建设"的原则。控规的执行也更加严格，控规一经批准就对社会具有广泛的约束力，任何单位和个人不经法定程序，不得随意修改。但是城市是一个复杂巨系统，各子系统之间相互作用、相互制约，对城市发展规律的认识是一个不断深化的过程。控规需要在规划实施过

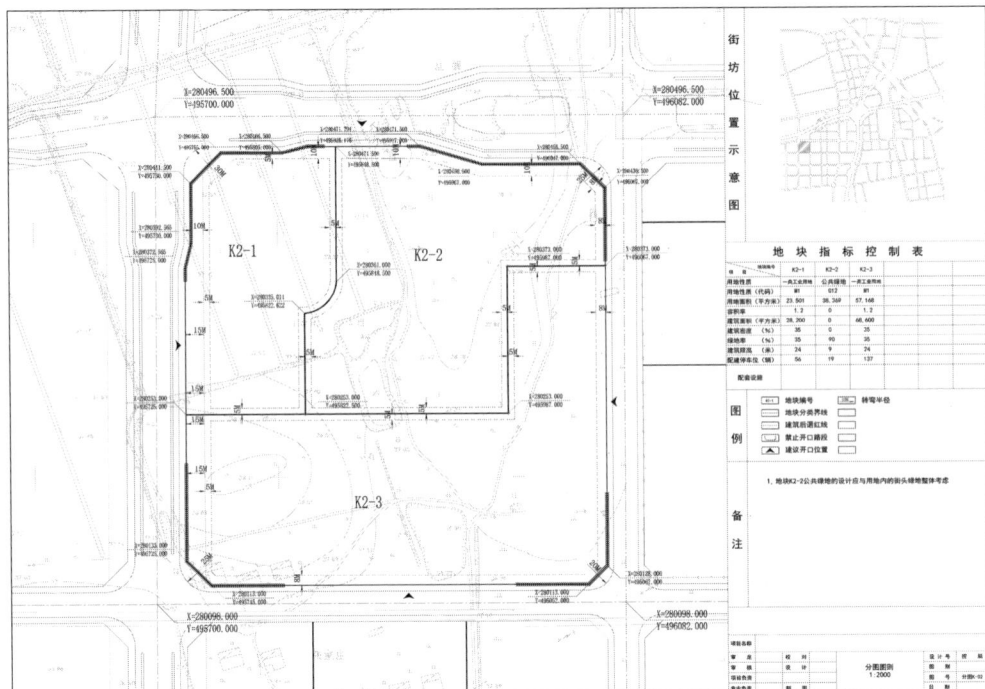

图 6-53　地块图则示例

资料来源：项目组自绘.

程中动态地进行深化和完善。因此在规划的实施过程中，需要区分控规的刚性和弹性，在维护其刚性（强制性内容）的同时，在实施过程中根据城市经济社会的发展和实际需要逐步确立控规中的弹性（引导性内容）。

控规的"动态维护"是指按照城市规划有关法律法规的规定，根据城市经济和社会发展需要，针对规划编制中的不足和控规实施过程中出现的新情况和新问题，按照科学发展观的要求，不断探索研究，不断积累经验，在此基础上制定统一的标准和规范的程序，对已批准的城市规划不断进行细化落实、调整修改和完善更新。动态维护不是随意的，对于规划中必须坚持的强制性内容予以维护，对于规划中可调整的引导性内容要依法按照规定程序进行。

目前很多城市都已经建立起了自己的动态维护机制，将控规的局部修改工作划分为不同类型。杭州依据调整原因将控规调整分为建设项目选址论证、近期建设涉及的调整、市政工程规划涉及各类工程用地边界及建设用地的调整和因专项规划需要调整四类；上海、重庆、成都等地按对原规划影响的重要程度，将原控规影响不大或一般不能带来土地利益增值的控规修改类型划定为技术类调整，其他为一般类调整。[①]

① 谭敏，徐汇夫."后控规"时代管理视角下控制性详细规划的修改程序探讨——基于相关城市的管理实践 [J]. 城市发展研究，2015，22（2）：113-117.

广东省在 2021 年 2 月的《关于加强和改进控制性详细规划管理若干指导意见（暂行）》中对控规的动态维护制度提出了优化建议。首先要进一步提高修改工作效率。各地可结合自身情况将控规修改必要性论证和控规修改方案编制环节合并开展，缩短各阶段专家论证、部门征集意见的时间。其次规范实施局部调整和技术修正，进一步界定控规局部调整和技术修正的具体情形。控规局部调整、技术修正应当以保障公共利益和人民群众高品质生活为前提，并且不得违反城乡规划（国土空间规划）底线和生态环境、自然与历史文化遗产保护、城市安全等强行性要求。

6.8 小结

目前，国土空间规划体系中的详细规划探索逐步展开，各地陆续提出了详细规划编制指南，规划审批管理程序的优化工作也随之进行。

总的来说，控制性详细规划将逐步建立起"上下传导"机制，一方面传导总体规划中的规定性内容，另一方面将"定线"和"定量"的指标定期传导给上位规划，进行分析校核，推动国土空间规划从"静态规划"向"动态规划"的转变。新的国土空间规划体系管制范围为全域全要素，既包含了行政区域内全域城乡国土空间，又涵盖了以国土空间为载体的交通、能源、水利、农业、信息、公共服务基础设施等全要素布局统筹。控规管制范围需适应性地扩展为覆盖广大农村和非建设区的全域空间，并对空间内各类资源配置制定科学合理的实施性安排。作为实施性规划，城市开发边界内控规必然在规划建设管理中发挥更加重要的作用，从注重开发建设管理，走向更加综合的功能。因此，要积极探索推动控规从规划属性向规则属性的转变，以科学的控规指标体系为核心，在管理机制、利益平衡机制、编制方法、编制依据、控制内容以及控制时效等多个方面实现规则化。

思考题（具体内容扫描二维码 6-1 阅读）

二维码 6-1

本章参考文献

[1] 韦冬，程蓉. 控制性详细规划编制的分层及其他构架性建议 [J]. 城市规划，2009（1）：45-50.

[2] 赵大壮. 桂林中心区控制性详规得失 [J]. 城市规划，1989（3）：16-19.

[3] 唐燕. 控制性详细规划 [M]. 北京：清华大学出版社，2019.

[4] 江苏省自然资源厅. 江苏省城镇开发边界内详细规划编制指南（试行）[Z]. 南京：江苏省自然资源厅，2021.

规
划
师
业
务
基
础

[5]　陈川，徐宁，王朝宇，等．市县国土空间总体规划与详细规划分层传导体系研究 [J]. 规划师，2021，37（15）：75-81.

[6]　北京市规划和自然资源委员会．北京城市副中心控制性详细规划（街区层面）（2016 年—2035 年）[Z]. 北京：北京市规划和自然资源委员会，2019.

[7]　王飞虎，黄斐玫，黄诗贤．国土空间规划体系下深圳市详细规划编制探索 [J]. 规划师，2021，37（18）：11-16.

[8]　吴志强，李德华．城市规划原理 [M]. 4 版．北京：中国建筑工业出版社，2010.

[9]　夏南凯，田宝江，王耀武．控制性详细规划 [M]. 2 版．上海：同济大学出版社，2005.

[10]　中华人民共和国自然资源部．国土空间规划城市设计指南 [Z]. 北京：中华人民共和国自然资源部，2021.

[11]　上海市规划和自然资源局．关于印发《上海市控制性详细规划成果规范（2020 试行版）》的通知（沪规划资源详〔2020〕505 号）[Z]. 上海：上海市规划和自然资源局，2020.

[12]　北京市规划和自然资源委员会．北京市控制详细规划编制技术标准与成果规范（2019 试行）[Z]. 北京：北京市规划和自然资源委员会，2019.

[13]　清华同衡规划播报公众号．一图读懂国土空间规划城市设计指南 [EB/OL].（2021-07-02）. https://mp.weixin.qq.com/s/KQaZg3s2vBiL2yBZkE9vXA.

[14]　中共北京市委．北京市人民政府关于建立国土空间规划体系并监督实施的实施意见 [Z]. 北京：中共北京市委，2020.

[15]　武汉市自然资源和规划局．武汉长江新城起步区控制性详细规划对外公布文件 [EB/OL].（2019-08-22）http://zrzyhgh.wuhan.gov.cn/xxfw/ghzs/202007/t20200707_1396330.shtml.

[16]　广东省自然资源厅．[图解] 广东省自然资源厅印发关于加强和改进控制性详细规划管理若干指导意见（暂行）的通知．[EB/OL].（2021-02-20）. http://nr.gd.gov.cn/zwgknew/zcjd/sn/content/post_3228430.html.

[17]　北京市规划和自然资源委员会．北京市控制性详细规划街区指引数据库成果要求（修订版）.[Z]. 北京：北京市规划和自然资源委员会，2020.

[18]　雄安新区党工委，管委会．河北雄安新区启动区控制性详细规划 [Z]. 北京：雄安新区党工委，管委会，2020.

[19]　胡国俊．上海土地复合利用方式创新研究 [J]. 科学发展，2016（3）：46-55.

[20]　深圳市规划和国土资源委员会．深圳市城市规划标准与准则 [S]. 深圳：深圳市规划和国土资源委员会，2013.

[21]　广州市城市规划局．广州市城市规划管理技术标准与准则（用地篇）[S]. 广州：广州市城市规划局，2005.

[22]　薄力之，宋小冬．建设强度的精细化管控 [J]. 城市发展研究，2018，25：82.

[23]　谭敏，徐汇夫．"后控规"时代管理视角下控制性详细规划的修改程序探讨——基于相关城市的管理实践 [J]. 城市发展研究，2015，22（2）：113-117.

[24] 邱跃. 北京中心城控规动态维护的实践与探索 [J]. 城市规划，2009，33（5）：22–29.

[25] 孙施文，张皓. 全面认识建立国土空间规划体系的意义 [EB/OL]. （2019–05–30）. https://mp. weixin.qq.com/s/LydtamlBTgOk8BzaNDucWw.

[26] 深圳特区报网络公众号. 家门口规划尽在掌握！深圳推出"详细规划一张图"公众版 [EB/OL]. （2021–04–20）.https://baijiahao.baidu.com/s?id=1697545338979097046&wfr=spider&for=pc.

[27] 中共中央、国务院. 关于建立国土空间规划体系并监督实施的若干意见（中发〔2019〕18号）[Z]. 北京：中共中央、国务院，2019.

第 7 章

其他规划设计业务实践

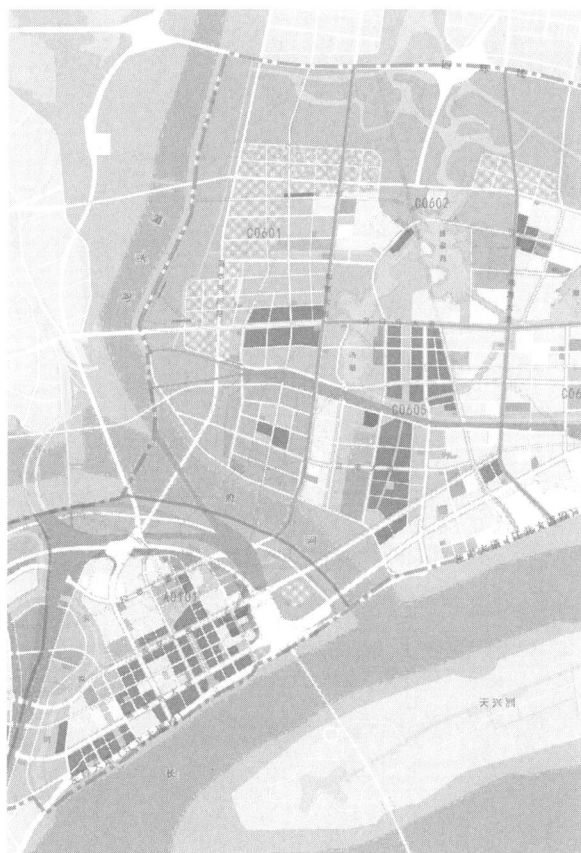

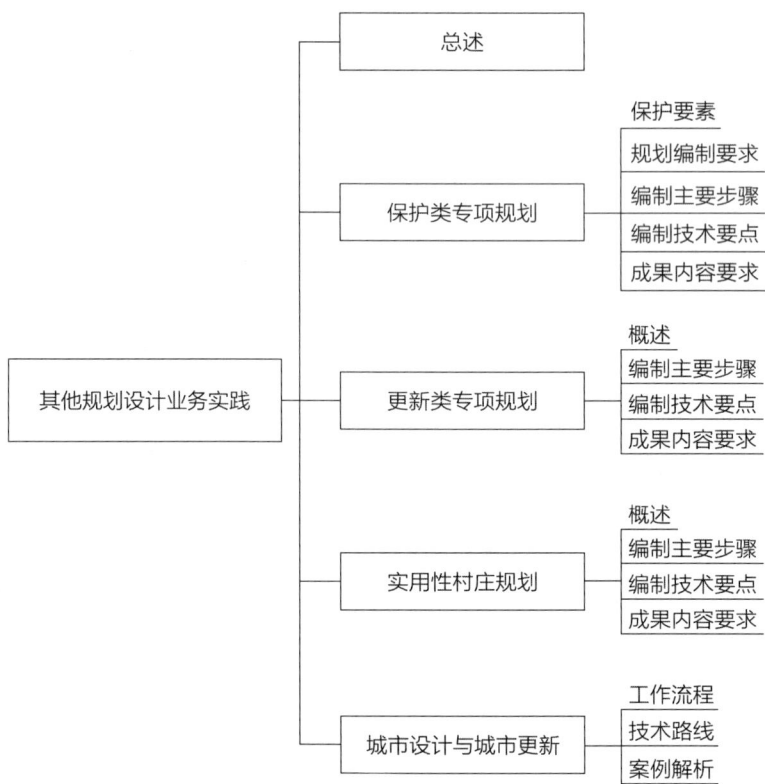

図 7-1 其他规划设计业务实践思维导图
资料来源：作者自绘.

7.1 总述

本章所述的其他规划设计主要包括国土空间规划体系下的相关专项规划、实用性村庄规划、城市设计及其他规划设计内容。

相关专项规划是国土空间体系下负责指导约束与实施安排的部分。涉及空间利用的某一领域的专项规划是同区域总体规划的编制基础，其内容不得违背总体规划强制性内容，不同层级、不同地区的专项规划可结合实际选择编制的类型和精度，主要包括保护类、更新类及其他专项类型。

实用性村庄规划是国土空间规划体系中乡村地区的详细规划，是开展国土空间开发保护活动、实施国土空间用途管制、核发乡村建设项目规划许可、进行各项建设等的法定依据，以一个或几个行政村为单元，由乡镇政府组织编制"多规合一"的规划成果。

城市设计是对国土空间规划内容的进一步传导与具化，其作用在于统一设计范围内建筑与空间的风格，并打造和谐的尺度空间，使其满足生产、生活需求并获得好的美观感受（表7-1）。

其他规划设计内容对比 表7-1

对比内容	相关专项规划		实用性村庄规划	城市设计及其他规划设计
	海岸带、自然保护地等专项规划	涉及空间利用的某一领域专项规划		
是否为法定规划	否		是	否
编制重点	其内容不得违背总体规划强制性内容，不同层级、不同地区的专项规划可结合实际选择编制的类型和精度		是国土空间规划体系中城镇开发边界外地区的详细规划，编制成果要整合土地利用规划与村庄建设规划等规划的内容，形成"多规合一"的实用性村庄规划	通过对人居环境空间环境、自然、文化等要素的统筹协调，依托规划传导和政策推动，实现布局结构、生态系统、历史文脉、功能组织、风貌特色、公共空间等要素优化
组织编制主体	所在区域或上一级主管部门牵头组织编制	相关主管部门	以一个或几个行政村为单元，由乡镇政府组织编制"多规合一"的规划成果	—
审批	报同级政府审批	未明确	报上级政府审批	未明确
规划成果形式	文字成果、规划图纸		文字成果、规划图纸、数据库，鼓励使用规划实施和管理手册、漫画、海报等清晰简洁的表达形式	一般包括文本、图件，鼓励采用实体模型、数字化模型、多媒体等直观、高效的表达形式

资料来源：作者自绘.

7.2 保护类专项规划

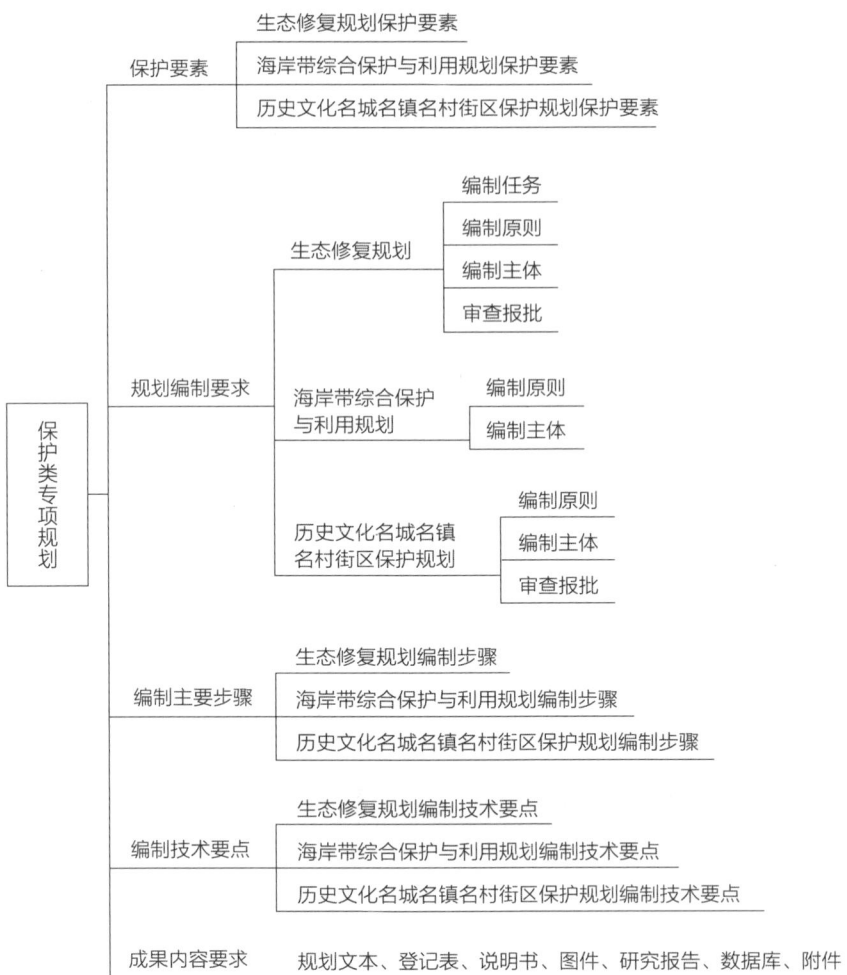

图 7-2 保护类专项规划知识图谱
资料来源：作者自绘.

7.2.1 保护要素

1. 生态修复规划

国土空间生态修复规划突出强调"山水林田湖草生命共同体"系统思想，在规划编制中应遵循以维护和提升区域生态系统服务功能为核心，统筹管理自然资源与环境、污染治理与生态保护、水—气—土—生物要素管理，目标是保护生态系统原真性、完整性和生态服务功能，平衡生态环境保护与经济发展、资源利用的关系。

根据《全国国土空间规划纲要（2021—2035 年）》《全国土地整治规划（2016—2020 年）》《矿山地质环境保护规定》等相关要求，国土空间生态修复应包括国土空间生态整治、退化土地生态修复、矿山地质环境治理等核心内容。按照其作用对象

及对应国土空间规划生产空间、生活空间和生态空间的区位分布，具体修复内容可
细分为12个具体类型（表7-2）。

生态修复空间 表7-2

类型		具体类型	解释
国土空间生态修复	生产空间	矿山地质环境监管与治理	矿山地质环境是指曾经开采、正在开采或准备开采的矿山及其邻近地区的岩石圈表层与大气圈、水圈、生物圈组分之间不断进行物质交换和能量流动的一个相对独立的环境系统
		工矿废弃地土地整理复垦	工矿废弃地是指在工业生产和矿产资源开发利用过程所形成的固体废弃物排放场以及废弃的采矿场
		农用地土地整理复垦	农用地是直接或间接为农业生产所利用的土地，包括耕地、园地、林地、牧草地、养殖水面、坑塘水面、农田水利设施用地，以及田间道路和其他一切种植、养殖设施等农业生产性建筑物占用的土地等
		高标准农田建设	高标准农田是指土地平整、集中连片、设施完善、农田配套、土壤肥沃、生态良好、抗灾能力强，与现代农业生产和经营方式相适应的旱涝保收、高产稳产，应划定为永久基本农田的耕地
	生活空间	低效用地再开发	低效用地是指城镇中布局散乱、利用粗放、用途不合理的存量建设用地
		人居环境综合整治	人居环境是人类工作劳动、生活居住、休息游乐和社会交往的空间场所
	生态空间	湿地生态修复	湿地在涵养水源、净化水质、蓄洪抗旱、调节气候和维护生物多样性等方面发挥着重要功能，是重要的自然生态系统，也是自然生态空间的重要组成部分
		河湖岸线生态修复	河湖岸线是指河流两侧、湖泊周边一定范围内水陆相交的带状区域，是河流、湖泊自然生态空间的重要组成
		海岸生态修复	海岸是指海洋与陆地交会地带，包括海岸线向陆域侧延伸的滨海陆地和向海洋侧延伸的近岸海域
		森林生态修复	森林包括乔木林、竹林和国家特别规定的灌木林地，按用途可以分为防护林、特种用途林、用材林、经济林和能源林（原薪炭林）
		草原生态修复	草原包括在较干旱环境下形成的以草本植物为主的植被，主要包括热带草原（热带稀树草原）和温带草原两大类型
		生态景观修复	生态景观是社会、经济、自然复合生态系统组成的多维生态网络，包括自然景观、经济景观、人文景观的格局、过程和功能的多维耦合，是由物理的、化学的、生物的、区域的、社会的、经济的及文化的组分在时、空、量、构、序范畴上相互作用形成的人与自然的复合生态网络

资料来源：作者自绘.

2. 海岸带综合保护与利用规划

海岸带综合保护与利用规划是以陆海主体功能区规划为基础，与其他相关规划
融合和衔接，对海岸带地区经济社会发展、生态保护、资源利用和灾害防治等作出

的统筹综合安排，是海岸带地区的总体性、基础性和综合性的空间类规划。对海岸带地区生态保护和综合整治、岸线开发保护、海域使用等具有约束作用，对其他相关规划具有指导和协调作用。海岸带综合保护与利用规划是国土空间规划的专项规划，是陆海统筹的专门安排，是海岸带高质量发展的空间蓝图，是国土空间总体规划的补充与细化，在国土空间总体规划确定的主体功能定位以及规划分区基础上，统筹协调海岸带资源节约集约利用、生态保护修复、产业布局优化、人居环境品质提升等开发保护活动（表7-3）。

海岸带综合保护要素 表7-3

序号	保护要素	要素内涵
1	自然岸线	指海陆相互作用形成的海岸线，包括砂质岸线、淤泥质岸线、基岩岸线、生物岸线等原生岸线。整治修复后具有自然海岸形态特征和生态功能的海岸线纳入自然岸线管控目标管理
2	近岸农田	指靠近海岸的农用地
3	防护林	指沿海以防护为主要目的的森林、林木和灌木林，在防灾抗灾、护岸固沙、维护生态、美化景观等方面发挥着极其重要的作用
4	滨海湿地	指沿海滩涂、河口三角洲、沙滩、红树林和珊瑚礁等典型生态系统集中分布区域，以及近海生物重要栖息繁殖地和鸟类迁徙中转站
5	河口海湾	指海岸线的凹进部分或海洋的突出部分
6	浅海	指水深小于500m的区域，大陆周围较平坦的浅水海域
7	海岛	指散布于海洋中面积不小于500m^{2}的小块陆地
8	典型生态系统	指在海洋中由生物群落及其环境相互作用所构成的自然系统
9	珍稀濒危物种	指所有由于物种自身的原因或受到人类活动或自然灾害的影响而导致其野生种群在不久的将来面临灭绝的概率很高的物种

资料来源：作者自绘.

3. 历史文化名城名镇名村街区保护规划

历史文化名城名镇名村街区保护规划应当挖掘本地历史文化资源，梳理历史文化遗产保护名录，明确和整合各级文物保护单位、历史文化名城名镇名村、历史城区、历史文化街区、传统村落、历史建筑等历史文化遗存的保护范围，统筹划定包括城市紫线在内的各类历史文化保护线。保护历史性城市景观和文化景观，针对历史文化和自然景观资源富集、空间分布集中的区域和走廊，明确整体保护和活化利用的空间要求（表7-4）。

历史文化名城名镇名村街区保护要素 表7-4

序号	保护要素	要素内涵
1	传统风貌建筑	除挂牌保护的文物保护单位、历史建筑外，具有一定建成历史，对历史地段整体风貌特征形成具有价值和意义的建筑物、构筑物

序号	保护要素	要素内涵
2	历史村镇	形成较早，拥有较丰富的文化与自然资源，具有一定历史、文化、科学、艺术、经济、社会价值的村镇
3	工业遗产	具有较高的历史价值、科技价值、社会价值和艺术价值的工业厂区或者工业遗存
4	历史地段	能够真实地反映一定历史时期传统风貌和民族、地方特色的地区
5	名人故居	社会公认的某领域已故著名人物出生、辞世或确曾居住过的，能够突出见证、反映该人物业绩、贡献的居所
6	军事建筑及构筑物	历史著名战役遗址和纪念地；代表不同时期军事特色的建筑物、构筑物；重要军事革命事件的发生地和历史遗迹
7	革命文物	见证近代以来中国人民长期革命斗争、特别是中国共产党领导的新民主主义革命与社会主义革命历程，反映革命文化的遗址、遗迹和纪念设施
8	历史环境要素	反映历史风貌的古井、古桥、渡槽、围墙、石阶、铺地、驳岸、古树名木等
9	自然环境要素	与人们生活和生产环境相关联、具有一定历史和文化意义（如历史故事、传说、文化象征等）的古树、山体、水体等环境
10	特色景观空间	人工改造过的自然环境（如梯田）或精巧设计的道路、广场、绿地等游憩、观赏空间
11	非物质文化遗产	各族人民世代相传并视为其文化遗产组成部分的各种传统文化表现形式，以及与传统文化表现形式相关的实物和场所
12	不可移动文物	经县级以上人民政府公布的，具有历史、艺术、科学价值的古遗址、古墓葬、古建筑、石窟寺和石刻、近代现代重要史迹和代表性建筑等
13	历史建筑	经城市、县人民政府确定公布的具有一定保护价值，能够反映历史风貌和地方特色的建筑物、构筑物

资料来源：作者自绘.

7.2.2 规划编制要求

1. 生态修复规划（表 7-5）

生态修复规划编制要求 表 7-5

编制任务	具体内容扫描二维码 7-1 阅读	
		二维码 7-1

编制原则	具体内容扫描二维码 7-2 阅读	
		二维码 7-2
编制主体	省级生态修复规划应由省级自然资源主管部门牵头，会同相关部门开展规划编制；市级生态修复规划应由市级自然资源主管部门牵头，会同发展改革、财政、生态环境、住房和城乡建设、水利、农业农村、林草等相关部门开展规划编制工作	
审查报批	规划成果论证完善后，按《国土空间规划管理办法》要求报批。 规划经批准后，应按要求向社会公告。涉及向社会公开的图件，应符合国家地图管理有关规定并依法履行地图审核程序	

资料来源：作者自绘.

2. 海岸带综合保护与利用规划（表 7-6）

海岸带综合保护与利用规划编制要求　　　　　表 7-6

编制原则	具体内容扫描二维码 7-3 阅读	
		二维码 7-3
编制主体	省级海岸带综合保护与利用规划由省级自然资源或海洋主管部门牵头，会同相关部门开展规划编制；市级海岸带综合保护与利用规划由市级自然资源或海洋主管部门牵头，会同相关部门开展规划编制	

资料来源：作者自绘.

3. 历史文化名城名镇名村街区保护规划（表 7-7）

历史文化名城名镇名村街区保护规划编制要求　　　　　表 7-7

编制原则	具体内容扫描二维码 7-4 阅读	
		二维码 7-4
编制主体	历史文化名城批准公布后，历史文化名城人民政府应当组织编制历史文化名城保护规划。历史文化名镇、名村批准公布后，所在地的县级人民政府应当组织编制历史文化名镇、名村保护规划。历史文化街区批准公布后，所在地的城市、县人民政府应当组织编制历史文化街区保护规划	

续表

	在历史文化名城、名镇、名村、街区保护规划成果编制阶段，历史文化名城、名镇、名村、街区所在地的省、自治区、直辖市人民政府城乡规划主管部门，应当组织专家对保护规划的成果进行审查。
审查报批	历史文化名城、名镇、名村保护规划由省、自治区、直辖市人民政府审批。历史文化街区保护规划按照省、自治区、直辖市的有关规定审批。
	保护规划的组织编制机关应当将经依法批准的历史文化名城保护规划和中国历史文化名镇、名村保护规划，报国务院建设主管部门和国务院文物主管部门备案

资料来源：作者自绘.

7.2.3 编制主要步骤

1. 生态修复规划

国土空间生态修复规划编制主要包括调查评估、目标分析、方案设计、成果集成4个步骤：

（1）调查评估。在收集整理相关资料文献的基础上，分析规划区自然资源、人口社会、经济状况、开发格局、规划区划、人居环境、耕地质量、生态状况、矿山修复问题和实施基础等国土空间生态修复领域的现状、问题，预测未来发展趋势。

（2）目标分析。根据调查评估分析明确的突出问题，结合上位专项规划或区域总体规划等对于国土空间生态修复领域设定的任务性目标，重点从国土空间开发格局优化成效、生态环境质量改善效率、工程项目任务完成量等方面，综合制定生态修复评价指标体系。

（3）方案设计。根据规划区国土空间生态修复各领域存在的突出问题和设定目标，依据国家、相关地方政府及有关部门政策要求和技术规范，提出解决突出生态问题，完成任务目标的具体措施、工程、政策、制度等。

（4）成果集成。结合上述三个方面的成果，按照要求，依据相关领域规划编制技术规范，形成规划文本、说明、图集、研究报告、数据库、信息系统等成果。

2. 海岸带综合保护与利用规划

海岸带综合保护与利用规划编制主要包括以下7个步骤：

（1）开展基础数据和资料收集分析。重点围绕陆海功能协调、空间资源利用、生态保护修复、产业布局、人居环境品质等方面，梳理海岸带保护和利用存在的突出问题，形成问题清单，开展有针对性的专题研究。

（2）划定海洋功能区。识别保护和利用空间，对陆域城镇、农业和生态空间进行布局优化调整，从空间用途准入、开发利用方式、保护修复等方面提出管控要求。

（3）进行岸线分类保护与利用，划定海岸建筑退缩线，摸清潮间带分布类型，识别划入生态保护红线和生态空间的潮间带范围，优化近海空间利用，拓展远海空间利用，加强海岛管控，对滨海土地进行合理利用。

（4）构建海岸带生物多样性保护网络，恢复修复海岸带生态，强化陆地污染源头治理，防止海岸带环境污染。

（5）针对现有产业优化调整以及未来新增产业的布局提出规划举措和高质量发展要求。

（6）实施海岸带综合管理。健全综合管理机制，推进生态产品价值实现。

（7）建立规划组织实施保障机制。健全法律法规和技术标准，完善配套政策，针对规划实施、修订等建立规划定期评估和监督考核机制。

3.历史文化名城名镇名村街区保护规划

历史文化名城名镇名村街区保护规划主要步骤包括以下4个步骤：

（1）进行基础调查。对自然与人文资源的价值、特色、现状、保护情况等进行调研与评估。

（2）提出保护要求和目标。对历史文化名城、历史文化街区、名镇、名村的传统格局、历史风貌、空间尺度与其相互依存的自然景观和环境提出保护要求和目标。

（3）明确保护内容。划定保护和控制范围，各级文物保护单位的保护范围和建设控制地带以及地下文物埋藏区的界线，以各级人民政府公布的保护范围、建设控制地带为准。历史建筑的保护范围包括历史建筑本身和必要的建设控制区。历史文化街区、名镇、名村内传统格局和历史风貌较为完整、历史建筑和传统风貌建筑集中成片的地区划定为核心保护范围。在核心保护范围之外划定建设控制地带。核心保护范围和建设控制地带的确定应边界清楚，便于管理。历史文化名城的保护范围，应包括历史城区和其他需要保护、控制的地区。

（4）制定保护与利用的规划措施。提出保护范围内建筑物、构筑物、环境要素的分类保护整治要求和基础设施改善方案，核定历史文化遗产展示利用的环境容量，提出展示与合理利用的措施与建议。

7.2.4 编制技术要点

1.生态修复规划

（1）构建重要生态廊道和生态网络。以重要山脉、河流水系、重要动物栖息地和迁徙路线、重要交通水利等基础设施等为脉络，衔接大江大河保护治理，保护和维持现有良好的生态廊道，在问题突出区域建设多尺度生态廊道，构建生物多样性保护网络，改善陆海之间、流域水系之间、重要生态系统之间的连通性。加强外来物种管控，有效治理外来有害物种入侵。通过生态廊道和生态网络的有机串联和合理布局，促进三类空间的统筹协同和融合共生。

（2）生态空间生态修复。科学确定生态修复目标，科学采取保育保护、自然恢复、辅助修复、生态重塑等措施，优先保护良好生态系统和重要物种栖息地，构建和完善生态廊道，加强重要河流湖泊湿地保护修复，推行森林草原休养生息，推进荒漠化、石漠化、水土流失综合治理，开展国土绿化行动，实施重点生态功能区退耕（牧、垦、养）还林（草、湿、海），提升生态系统质量和稳定性，提高生态功能，保障生态安全。

（3）农业空间生态修复。保护乡村自然景观，实施退化农用地生态修复，构建生态廊道和生态缓冲带，改善农田及周边生境，恢复田间生物群落和生态链，提高农田生态系统生物多样性；加快历史遗留矿山修复和综合治理；推进生态型土地整治，开展农村土地综合整治，整体推进农用地、建设用地整理和乡村生态保护修复，实施耕地休耕轮作，提高耕地质量和生态效益，提升农村土地使用效率和节约、集约化水平，促进乡村国土空间格局优化，助力生态宜居乡村建设。

（4）城镇空间生态修复。识别各城镇生态修复主攻方向，提出方向性和政策性指导，对城市群、都市圈、重点地市，以及能源资源基地、国家规划矿区、省级矿产资源重点开采区等，提出针对性生态修复任务。统筹城内城外，保护和修复各类自然生态系统，连通原有河湖水系，完善蓝绿交织、亲近自然的生态网络，促进生态用地可持续复合利用；减少城市内涝、热岛效应，提高城市韧性，提升城市生态品质；科学开展城镇山体整治修复，加快各类型矿山生态修复，综合治理沉陷区。

（5）三类空间相邻或冲突区域生态修复。在城镇、农业与生态空间相邻或冲突区域，对全国土地调查发现的耕地、园地、林地、草地、湿地等用地中不符合自然地理格局和水资源受限的利用方式，按照"宜耕则耕、宜林则林、宜草则草、宜湿则湿、宜荒则荒"的原则逐步进行调整和修复，并因地制宜建设边缘地带生态缓冲带。

2. 海岸带综合保护与利用规划

（1）规划分区划定

基于国土空间规划分区体系，继承和优化原海洋功能区划，从保护与利用两类目标出发，在国土空间总体规划明确的生态、农业、城镇等功能空间和划定的永久基本农田、生态保护红线、城镇开发边界的基础上，落实全国海岸带规划区域指引中保护修复要求和发展导向，结合"海洋两空间内部一红线"、典型生境识别等成果，将海洋空间划分为生态保护区、生态控制区和海洋发展区，实现岸线向海一侧功能分区全覆盖。按照陆海统筹、人海和谐原则，识别陆海相互关联的特殊空间，提出协调管控要求。

（2）资源分类管控

精细化管控海岸线，参照《海岸线保护与利用管理办法》要求，严格保护、限制开发和优化利用三种类型分类分段实施精细化管控，分段明确海岸线利用类型，提出对岸线两侧空间范围的保护和利用要求。

强化对潮间带的整体性保护，分类分区制定管控措施；根据地区经济社会发展，结合海域资源条件，优化调整用海结构，实现海域资源的集约高效利用。

保护和合理利用海岛资源，提出纳入生态保护区、生态控制区和海洋发展区的无居民海岛清单，明确功能定位、管控要求和保护措施；优化利用有居民海岛，节约集约利用海岛岸线、土地等资源，控制海岛及周边海域利用规模和开发强度。

明确退缩线具体位置（起始生态环境保护修复点）、退缩距离、退缩区域管控要求和准入清单。

合理利用滨海土地，分析近岸土地资源利用情况，推进废弃盐田、盐碱地、淤积成陆区、填海成陆区等土地资源合理利用。

（3）生态环境保护修复

识别本地区珍稀濒危生物及其栖息地，提出针对性保护措施。识别重要迁徙物种的传播、迁移路径，确定生态廊道位置、连通方式、生态特征和功能，明确保护格局，在基础设施建设中合理避让。掌握海岸带生态损害状况，分析受损程度和原因，评估生态系统退化程度和恢复可行性。强化陆地污染源头治理，依据海洋环境质量现状和减排潜力，明确近岸海域优良水质比例目标，提出污染防控的主要任务和差异化对策，制定入海河流水质改善措施。强化陆地污染源头治理，依据海洋环境质量现状和减排潜力，明确近岸海域优良水质比例目标，提出污染防控的主要任务和差异化对策，制定入海河流水质改善措施。

3. 历史文化名城名镇名村街区保护规划

（1）文化资源特色与价值评价分析

辨识与地域密切相关的历史环境，分析布局特点、视觉廊道等。总结街巷形态和功能，根据传统街巷的铺装材质、尺度、走向以及沿街立面保存风貌将街巷分级。分析不可移动文物、历史建筑、现有建筑保存现状。对反映历史风貌、构成地域特征的历史环境要素进行分类图示表达，并从地域民族特征、历史功能特色、营建智慧技巧等多维度进行分析评价。

主要从遗产资源的历史文化、科学艺术、社会经济等方面进行价值特色甄别。评估历史文化价值、特色和保存情况。可从空间格局、整体风貌、街巷特色、院落特色、建筑质量、建筑风貌、建筑年代、建筑高度、建筑形制、建筑功能、基础设施现状、交通现状、用地现状、人口现状、环境要素现状、保护工作等方面进行分析评估。

以四川省自贡市三多寨镇历史文化名镇保护规划为例，在选址特色方面，三多寨四面悬崖峭壁、山峦起伏、山上人烟稀少、土地宽阔。四周马鞍山、松树山、茅草山环抱，中间应家山凸出，湖塘在西，地势东高西低，形成盘龙出水的选址特色。东宜居，西宜耕，四壁环堡寨，寨中有宅院、田园，可以在紧急情况下自给自足，沿地势建寨墙易守难攻，具有独特有利防卫的地理位置和天然宜居的气候条件。

在格局特色方面，寨堡为避战乱匪患，构建"五门、三轴、内外城"的结构形式，形成强劲的防御体系。战乱中许多巨商富豪纷纷移居至三多寨，造就了三多寨恢宏的建筑群和人烟繁华的街道小巷（图7-3）。

在建筑特色方面，寨内建筑多为盐商大宅，数量众多，鼎盛时多达100余处，形成房舍相连、屋宇相接的建筑群。寨内建筑包括私家大院、庙宇、工业遗迹等类型，风貌多样，规划对寨内各建筑的年代、风貌、质量、高度进行了逐一评价，从而确定建筑保护级别（图7-4）。

历史环境要素方面，三多寨镇内主要有寨墙和寨门、古井、八景文化等人文要素，同时也有古树、河塘等自然环境要素。随着时间推移，城墙等环境要素大多残缺、坍塌或遗失。需现场走访调研、进行历史资料的对比研究，对历史环境要素进行识别，为历史环境要素的保护修缮奠定基础（图7-5）。

非物质文化特色方面，古镇非物质文化遗产有耍龙灯技艺和竹扇编制，其中，耍龙灯需要通过排练和表演，受到现有的公共文化场所和开放空间有限的制约，传承情况不佳。

（2）明确保护原则和保护内容

在保护规划编制过程中应始终坚持保护历史真实载体、完整保护历史环境和合理利用历史遗存的原则。真实的历史遗存能够直观地提供遗存信息，历史文化遗存具有不可再生性，一旦毁坏不可逆转，必须注重保护。历史文化遗存通常依托周围的历史要素共同构成遗存的整体历史环境，需加强对整体历史环境的妥善保护。同时，应根据历史遗存的不同特点确定恰当的利用方式。

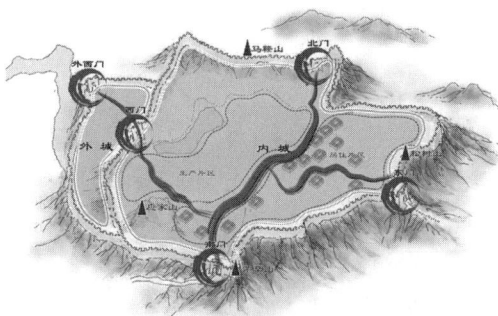

图7-3　三多寨镇选址格局图

资料来源：《四川省自贡市三多寨镇历史文化名镇保护规划》，中国建筑设计研究院有限责任公司，2020.

图7-4　三多寨镇建筑综合评价图

资料来源：《四川省自贡市三多寨镇历史文化名镇保护规划》，中国建筑设计研究院有限责任公司，2020.

保护内容主要包括传统格局、历史风貌、空间尺度和与其相互依存的自然景观和环境；文物保护单位、历史建筑、尚未定级和有保护价值的古迹、近现代代表建筑；古树名木、桥梁牌坊、古井码头等历史环境要素，以及依托镇村活态传承的非物质文化遗产等。

以四川省自贡市三多寨镇历史文化名镇保护规划为例，结合三多寨镇的实际情况，确定整体保护三多寨镇镇域内的八景文化、格局肌理、文物古迹、历史建筑、古树名木、非物质文化等自然遗产和文化遗产（图7-6）。

（3）提出保护范围，明确管控要求

历史文化名镇名村的保护范围包括核心保护范围和建设控制地带。根据文物、古建筑、环境要素分布情况，将传统格局和历史风貌较为完整、历史建筑或者传统风貌建筑集中成片的地区划定为核心保护范围，在核心保护范围之外，结合视廊分析、现状用地、地形地貌及周围环境等因素，划定建设控制地带。核心保护范围和建设控制地带应当边界清楚，四至范围明确，可依据道路、河流、农田、建筑轮廓、山脊线等有明确标志的地物为界，便于保护和管理。

针对不同保护界线制定相应措施，保护范围内应注意加强管控，保证各类活动不得损害历史文化遗产的真实性和完整性，不得对传统格局和历史风貌构成破坏性影响。核心保护范围内重在对历史建筑、文物保护单位及其环境的保护；建设控制地带内重在控制建筑的性质、高度、体量、色彩及形式，使之与核心保护范围内的形态相协调。

以四川省自贡市三多寨镇历史文化名镇保护规划为例，保护区划范围是根据现存空间格局、自然环境、历史建筑、传统风貌建筑、历史环境要素等现状，结合历史舆图综合划定。古镇保护范围分为核心保护范围、建设控制地带，保护范围外划定环境协调区。核心保护范围内妥善修缮文物保护单位、历史建筑，延续当地传统民居建筑的形制与风貌特征，并提出人居环境整治提升要求。建设控制地带内重点控制

图7-5 三多寨镇历史环境要素分析图
资料来源：《四川省自贡市三多寨镇历史文化名镇保护规划》，中国建筑设计研究院有限责任公司，2020.

图7-6 保护对象构成图
资料来源：《四川省自贡市三多寨镇历史文化名镇保护规划》，中国建筑设计研究院有限责任公司，2020.

建筑物的体量、色彩及形制，逐步改善现存风貌较差的建筑和院落。环境协调区内重点控制新建建筑的风格及色彩，使古镇区整体建筑风貌与环境协调统一（图7-7）。

（4）制定分类保护整治要求

对与名镇名村密切相关的地形地貌、河湖水系、农田、乡土景观、自然生态提出保护整治要求。对名镇名村的传统格局、历史风貌、空间尺度、传统街巷及公共空间等提出保护要求与控制措施。

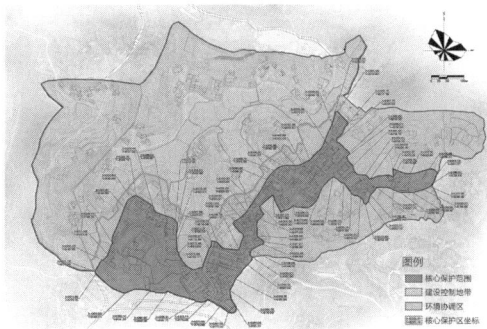

图7-7 三多寨镇保护区划图

资料来源：《四川省自贡市三多寨镇历史文化名镇保护规划》，中国建筑设计研究院有限责任公司，2020.

对保护范围内的建、构筑物根据其自身保护级别划定、功能需求制定恰当的保护措施：文物保护单位严格按照《文物保护法》的要求保护；历史建筑和建议历史建筑可参照文物保护单位进行保护修缮，并完善内部设施；传统风貌建筑应在不改变外观风貌的前提下进行维护、修缮、整治、改善。其他建构筑物可根据对历史风貌的影响程度，分别提出保留、整治、改造要求。

对非物质文化遗产、传统生产生活方式、有价值的乡风民俗等传统文化的保护和传承提出规划措施，对承载传统文化的空间、实物载体等提出保护利用的要求和措施。

以四川省自贡市三多寨镇历史文化名镇保护规划为例：

1）要保护整体格局。三多寨古镇自然环境、别具特色的寨堡风貌，保护农田与生态系统，整治水塘景观环境；保护"五门、三轴、内外城"的空间关系，保护控制传统商铺组成的商业街格局，保护盐商大宅、镇政府等空间节点，注重历史文化环境的保护和文脉的延续。

2）要保护历史街巷。保护三多寨古镇历史街巷格局、空间尺度及沿街传统建筑形式。将街巷划分三个保护级别，分别采取保护修缮、整治提升、更新改造的保护措施。

3）要进行建筑保护整治。对文物保护建筑、历史建筑、一类建筑实施保护修缮，采用传统材料与工艺做法，恢复传统风貌。评价为二类的建筑，重点加固传统建筑的结构体系，通过更换外墙材质、色彩，恢复传统形式的门窗、屋顶，达到与传统风貌相协调的要求。评价为三类的建筑，参照传统建筑形制、工艺，实施风貌整治。评价为四类的建筑，可根据整体风貌影响程度，分期适时地实施风貌整治更新，使其与古镇区整体风貌相协调，对于整体风貌影响较大的现代建筑，也可选择拆除翻建，或改造为公共空间、公共绿地。

图 7-8　街巷保护措施图

资料来源:《四川省自贡市三多寨镇历史文化名镇
保护规划》,中国建筑设计研究院有限责任公司,
2020.

4)要保护历史环境要素。保护三多寨镇古井、水塘、寨门寨墙及重要构筑物等历史环境要素。历史环境要素周边建设与环境整治需体现古镇传统文化特色。

5)保护非物质文化遗产。通过结合数字博物馆、专题网站等形式,集中、系统、全面地展示古镇区历史文化遗产,加强文化传播,建立完善的传承人培养系统,加强非遗传承空间建设,开展常态化非遗展演活动,并进行挂牌标识;可尝试运用"互联网+"技术,通过 VR、全景地图、3D 影像、APP 等现代化技术手段,多元化展示古镇历史文化(图 7-8)。

(5)提出改善基础设施、公共服务设施、生产生活环境的规划方案

改善居住条件,提出传统建筑在提升建筑安全、居住舒适性等方面的引导措施。

提升人居环境,在不改变街道空间尺度和风貌的情况下,提出名镇名村的路网规划、交通组织及管理、停车设施规划、公交车站设置、可能的旅游线路组织。完善基础设施、公共服务,安排防灾设施。

以四川省自贡市三多寨镇历史文化名镇保护规划为例,三多寨镇主要以保护古镇历史风貌的完整性为基本原则,兼顾其未来需要发展的功能定位,满足居民生活需求,对规划范围内用地作出调整建议。在保证传统格局不变的基础上,结合现状道路进行改善提升,完善安全疏散的要求。古镇内保持慢行交通为主,形成舒适宜人的步行和自行车游览体验线路(图 7-9、图 7-10)。

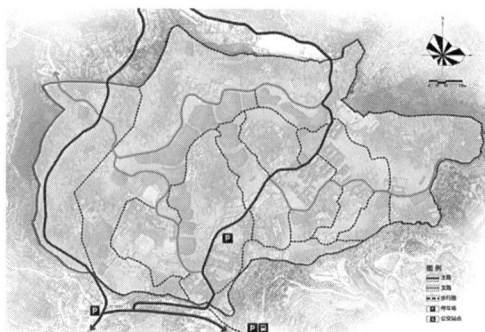

图 7-9　道路交通规划

资料来源:《四川省自贡市三多寨镇历史文化名镇保护
规划》,中国建筑设计研究院有限责任公司,2020.

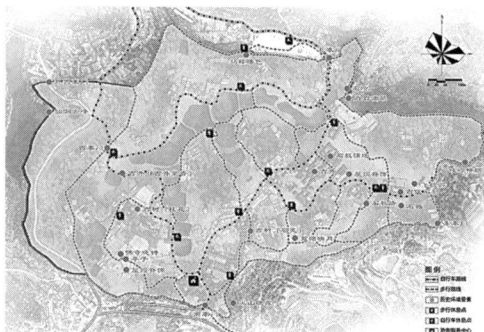

图 7-10　慢行系统规划

资料来源:《四川省自贡市三多寨镇历史文化名镇保护
规划》,中国建筑设计研究院有限责任公司,2020.

以改善当地居民生活条件，保证古镇区安全、持续发展为目标，逐步完善基础设施。充分协调三多寨镇保护与更新改造、发展旅游、改善居民生活的关系，努力实现设施现代化与传统聚落风貌特色相统一。

（6）明确保护规划分期实施方案

历史文化名镇名村保护是一项长期的工作，应在综合考虑历史文化遗产保护现状、当地经济社会发展水平、基础设施和公共服务设施建设状况的基础上，制定保护规划分期实施方案，确定近远期的保护内容、保护目标和投资估算。明确近期保护重点和范围，妥善安排保护整治项目。

7.2.5　成果内容要求（表7-8）

规划成果要求表　　　　　表7-8

序号	成果形式	生态修复规划	海岸带综合保护与利用规划	历史文化名城名镇名村街区保护规划
1	规划文本	文本大纲扫描二维码7-5阅读 二维码7-5	文本大纲扫描二维码7-6阅读 二维码7-6	应当完整、准确地表述保护规划的各项内容。语言简洁、规范 二维码7-7
2	登记表	—	功能区登记表是规划文本的配套材料，与规划文本具有同等效力，应以一区一表的形式建立海岸带功能区登记表，并附对应的功能区索引表	—
3	说明书	从编制背景、编制过程、分析评价的方法与过程、指标确定和分解依据、投资需求和效益分析、规划衔接和意见采纳等方面，说明规划编制情况		包括历史文化价值和特色评估、历版保护规划评估、现状问题分析、规划意图阐释等内容。调查研究和分析的资料归入基础资料汇编
4	图件	基础分析图、评价分析图、规划成果图；具体内容扫描二维码7-5阅读	海岸带规划编制应形成规划分区图、海岸建筑退缩线位置图、典型生境空间分布图等，作为规划文本的配套图件，与规划文本具有同等效力	历史资料图、现状分析图、保护规划图，具体内容扫描二维码7-7阅读

序号	成果形式	生态修复规划	海岸带综合保护与利用规划	历史文化名城名镇名村街区保护规划
5	研究报告	根据设置的重大专题，形成相应专题研究报告	研究报告是规划成果的重要组成部分，应当全面、系统地反映问题清单、专题研究等规划成果，使规划文本中每一条款的编制依据在报告中均有据可查	—
6	数据库	包括各类文字报告、图件及各类数据，主要涉及调查分析评价、专题研究、规划文档、规划表格、工程布局、栅格数据和矢量数据、元数据等	具体内容扫描二维码7-6阅读	电子数据
7	附件	包括规划编制中形成的工作报告、基础资料、会议纪要、部门意见、专家论证意见、公众参与记录，规划报批文件等	—	基础资料汇编

资料来源：作者自绘.

7.3 更新类专项规划

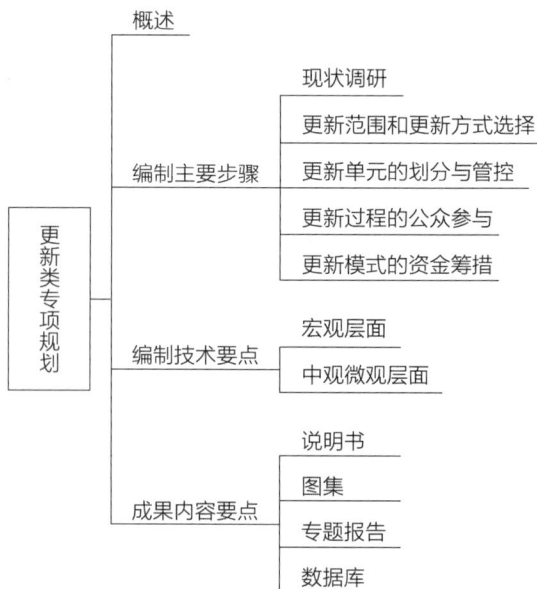

图 7-11 更新类专项规划知识图谱

资料来源：作者自绘.

7.3.1　概述

党的十九大报告指出，"中国特色社会主义进入新时代，我国社会主要矛盾已经转化为人民日益增长的美好生活需要和不平衡不充分的发展之间的矛盾"。这种"不平衡不充分"主要体现在我国城镇化发展中的城市建设上城市与郊区、城市和农村建设差距日益变大；在城镇化高速发展取得重大成就的同时，我国城市建设也暴露了很多问题，如土地资源紧张、城市特色消失、资源浪费、生态环境恶化、交通拥堵等，这些问题的解决可以通过城市更新的手段来提升城市经济、社会、物质和环境等效益，缩小新旧城区差异，有效推进新型城镇化建设，以满足城市居民日益增长的美好生活需求。

《中华人民共和国国民经济和社会发展第十四个五年规划和2035年远景目标纲要》明确提出：推进以人为核心的新型城镇化的目标；指出实施城市更新行动、推进城市生态修复、功能完善工作，统筹城市规划、建设、管理，合理确定城市规模、人口密度、空间结构，促进大中小城市和小城镇协调发展。至此，城市更新工作的重要性提升至前所未有的新高度，同时也将成为城市建设领域"十四五"工作的主旋律。这是以习近平同志为核心的党中央站在全面建设社会主义现代化国家、实现中华民族伟大复兴中国梦的战略高度，为实现城市高质量发展而作出的重大决策部署，也是"十四五"以及今后一段时期我国推动城市高质量发展的重要抓手和路径。

7.3.2　编制主要步骤

1. 现状调研

调查更新地块基础数据指的是城市更新范围的土地、房屋、人口、经济、产业、文化遗存、古树名木、公建配套及市政设施等现状基础数据。提供近五年的数据（表7-9）。

基础数据内容和获取方式　　　　　　　　表7-9

数据类型	内容	获取方式
基础测绘成果	更新地块四至范围	国土规划部门
土地	基础地理信息（地形图统一比例尺）、土地利用现状、土地利用总体规划、城市控制性详细规划、基本农田数据、土地业务数据	国土规划目标提供
房屋	房屋基本情况、房屋权利情况、其他状况等房屋登记数据	国土规划、住房和城乡建设部门
人口	总人口人数和户数、常住人口和户籍人口、流动人口数和户数	街道派出所、社区提供
经济、产业	经济总收入情况、年经济增长情况、分红情况等；产业类型、年产值	经贸部门或社区提供

数据类型	内容	获取方式
历史文化	历史建筑、传统文化风貌建筑、非物质文化遗产等；树龄在百年以上的古树、珍稀名贵或具有历史价值、纪念意义的名木	街道、社区文化主管部门
公建配套及市政设施	包括教育、医疗卫生、文化体育、商业服务等配套修建的各种公用建筑；城市道路、供水、排水、园林绿化、道路照明等设施及附属设施	街道、社区相关主管部门提供
标准图框	按各市级城市更新制图标准实行	城市更新部门提供

资料来源：《广州市城市更新基础数据调查和管理办法》一张图，2017年.

2. 更新范围和更新方式选择（表7-10）

广州、深圳、上海城市更新范围比较　　　　　　　　表7-10

城市	城市更新范围	更新方式
广州	"三旧"改造、棚户区改造、危破旧房	全面改造、微改造
深圳	城市建成区内的旧工业区、旧商业区、旧住宅区、城中村及旧屋村	综合整治功能改变拆除重建
上海	建成区中按照市政府规定程序认定的城市更新地区	—

资料来源：广州市人民政府办公厅秘书处.广州市城市更新办法[Z].2015；深圳市政府.深圳市城市更新办法[Z].2016；上海市政府.上海市城市更新实施办法[Z].2015.

3. 更新单元的划分与管控

（1）更新单元划分

更新单元的划分需要统筹考虑城市更新空间单元是否能够维系原有社区、经济关系及人文特色，统筹城市整体再发展的社会、经济与环境的综合效益，保证城市公共设施配置的公平和公正，同时符合更新处理一致性的需求，兼顾土地权利整合的可行性和环境亟需更新的必要性。

城市更新单元是落实城市更新策略的具体单位，也是对接详细规划的有效途径，更是更新项目实施的基本依据。现列举广州、深圳和上海的划分原则，见表7-11。

广州、深圳、上海《城市更新（实施）办法》中更新单元划分要求　表7-11

城市	要求
广州	需要保证基础设施和公共服务设施相对完整、综合考虑道路、河流等自然要素及产权边界等因素，符合成片连片和有关技术规范的要求。此外，注意对接城市规划管理单元界线与土地规划的重要控制线，片区范围应结合土地整理的手段保持单元的完整性和独立性
深圳	城市更新单元内拆除范围的用地面积应当大于10000m²；城市更新单元不得违反基本生态控制性、一级水源保护区、重大危险设施管理控制区（橙线）、城市基础设施管理控制区（黄线）、历史文化遗产保护区（紫线）等城市控制性区域管制要求；城市更新单元内可供无偿移交给政府，用于建设城市基础设施、公共服务设施或城市公共利益项目的独立用地应当大于3000m²且小于拆除范围用地面积的15%

续表

城市	要求
上海	地区发展能级亟待提升、现状公共空间环境较差、建筑质量较低、民生需求迫切、公共要素亟待完善的区域；根据区域评估结论，所需配置的公共要素布局较为集中的区域；近期有条件实施建设的区域，即物业权利主体、市场主体有改造意愿，或政府有投资意向，利益相关人认同度较高，近期可实施性较高的区域

资料来源：广州市人民政府办公厅秘书处.广州市城市更新办法[Z].2015；深圳市政府.深圳市城市更新办法[Z].2016；上海市政府.上海市城市更新实施办法[Z].2015.

（2）更新单元管控

从单元范围、建设规模、功能业态、公共空间、公共服务、道路交通、市政公用设施、文化传承、风貌形态和公共安全的层面进行更新单元的管控。具体内容扫描二维码7-8阅读。

二维码7-8

4. 更新过程的公众参与

目前公众参与已经成为城市更新工作的重要环节，不仅能够促进城市更新的实施，还能监督城市更新的有序开展，更大限度地保障公共利益。广州、上海和深圳三地在各自版本的城市更新办法条例中均有明确的章节来说明。具体可参考如下：

（1）广州

公众咨询委员会/村民理事会。在旧城镇城市更新中设立公众咨询委员会，在旧村庄更新中设立村民理事会，协调城市更新过程中的意见、利益纠纷和矛盾冲突，保障利益相关人的合法权益，促进城市更新项目顺利推进（《广州市城市更新办法》第十八条）。

（2）上海

全周期的公众参与。上海将城市更新分为区域评估和实施计划两个阶段，在《城市更新办法》中分别规定了区域评估和实施计划中应组织公众参与，在区域评估中应广泛开展公众参与，鼓励市民和专业人士参与城市更新工作（《上海市城市更新实施办法》第十、十四条）。

（3）深圳

分类参与。深圳城市更新工作遵循"公众参与"的原则（《深圳市城市更新办法》第三条），按照综合整治类、功能改变类、拆除重建类规定不同的参与形式。综合整治类由多方协商确定（第二十二条），功能改变类应当征得相关利害关系人同意（第二十五条），拆除重建类应征得占建筑面积总面积2/3以上业主且占总人数2/3以上的业主同意（第三十三条）。

5. 更新模式的资金筹措

由政府主导的城市更新模式越来越受到资金的制约，不能做到可持续地更新发展。大部分城市目前的城市更新项目仍然是以拆除、重建或持有重资产开发运营为主，追求短期利益最大化，缺少长期管理运营理念。存量空间的改造时期已经到来，城市更新已经迎来精细化管理阶段。

广州、深圳、上海在城市更新实施办法中的资金筹措与使用的规定见表 7-12。

广州、深圳、上海《城市更新（实施）办法》中资金筹措与使用规定　　表 7-12

城市	广州	深圳	上海
资金来源	财政经费；信贷资金；土地出让金；市场投资；自筹经费	财政经费；土地出让金；自筹经费	财政经费；土地出让金
资金使用	规划、策划、实施方案编制；基础数据调查、数据库建设；土地征收、整备；更新项目补助；理论、技术规范严谨	组织实施城市更新；基础设施和公共服务设施建设	组织实施城市更新；基础设施建设
优惠政策	安置复建房目等	—	城市更新项目等

资料来源：广州市人民政府办公厅秘书处 . 广州市城市更新办法 [Z]. 2015；深圳市政府 . 深圳市城市更新办法 [Z]. 2016；上海市政府 . 上海市城市更新实施办法 [Z]. 2015.

7.3.3　编制技术要点

城市更新专项规划应体现城市对城市更新的战略高度和统筹思维，重点在于对市、区级城市更新工作进行宏观引导，确保更新工作的有序开展。总体来说，更新专项规划层面应当重点考虑城市更新区域在人居环境改善、产业升级和结构调整、土地资源优化配置、历史文化保护与传承等方面的目标任务，提出更新总体目标与策略、规模控制、功能布局、开发强度、更新方式、配套设施和综合交通等方面的具体指引要求，确定近期重点更新地区和更新时序指引等。不同层级的城市更新，侧重点与规划内容有所不同。具体分类扫描二维码 7-9、二维码 7-10 阅读。

二维码 7-9

7.3.4　成果内容要求

城市更新专项规划成果包括说明书、图集、专题报告、数据库。

1. 说明书

说明书包括如下章节：总则、更新总体目标与策略、更新规模控制、更新功能引导、更新强度指引、空间管控指引、专项控制指引、近期重点工作与更新时序指引、规划实施机制。近期重点工作指引可以包括以下方面：更新地区范围、用地规模、更新地区现状用地性质、更新目标、方式，拆除重建地区的保障性住房配建指标等。说明书具体内容扫描二维码 7-11 阅读。

二维码 7-10

二维码 7-11

2. 图集

图集为反映更新专项规划意图的图示性说明，主要包括以下内容：区位分析图、城市更新用地现状分布图、城市更新用地现状权属图、城市更新用地与国土空间规划关系图、城市更新用地土地利用规划图、城市更新功能指引图、城市更新强度指引图、城市更新片区划分图、更新时序指引图、近期重点地区统筹规划图，以及其他根据需要增加的图纸等。

3. 专题报告

专题报告可根据更新专项规划的实际需要或是其他主管部门的要求选择编制，主要包括以下几方面：产业发展专题研究、道路交通专题研究、环境影响专题研究、历史文化专题研究。

4. 数据库

（1）基础数据库构建

1）基础数据收集

重点收集近年来存量用地供给数据与现状存量用地数据。近年来存量用地供给数据主要包括近年来市区两级政府供给的存量地块的土地使用情况、供应方式、土地承包、产权划分、出让性质、容积率等方面的信息，作为存量用地更新情况评估依据。现状存量用地数据主要包括存量用地的现状范围线、区位条件、用地信息、产权信息、现状建筑信息、历史要素等数据信息，明确现状存量用地的供给分布、供给规模、开发条件等情况。

2）数据库构建

汇总存量用地数据信息，同时进行数据分类和预处理，在建立统一坐标系和标准的基础上，将其纳入存量用地基础数据库，作为存量"一张图"基础数据平台。

（2）对接"多规合一"平台

借助"多规合一"数据平台，获取存量用地范围内的规划用地布局、用地属性、底线管控要素、绿地广场分布、交通设施规划以及公共服务设施配套等情况，作为存量用地开发用途确定及潜力评估的重要规划依据。

（3）对接大数据平台

在大数据和新技术环境下开展存量更新规划工作，核心思路是充分利用新数据源，挖掘物质空间与真实的社会经济活动之间的互动关系，分析随着时空推移各种"流"（人流、交通流、物资流）的变化情况，并通过更加精细的量化手段对其进行描述，重点应用的领域包括存量空间资源评估与类型划分、典型地段问题分析、更新时序分析等。

具体形式可以参考《广州市城市更新基础数据标准与调查工作指引》中数据库所需数据的具体流程和数据表格的规范要求。

7.4　实用性村庄规划

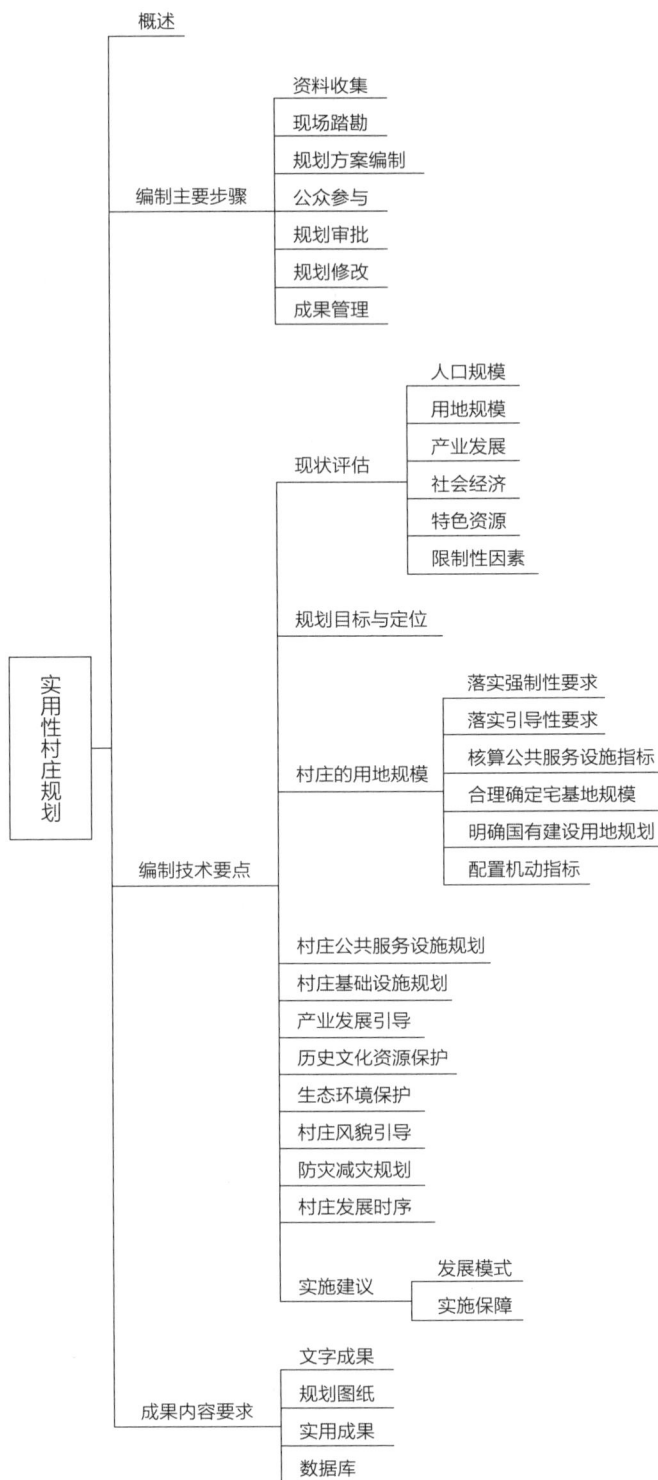

图 7-12　实用性村庄规划知识图谱

资料来源：作者自绘．

7.4.1 概述

自 2017 年党的十九大提出实施乡村振兴战略以来，中共中央、国务院连续发布中央一号文件指导"三农"工作，2022 年中央一号文件中明确"三项重点"就是扎实有序推进乡村发展、乡村建设、乡村治理工作。乡村规划作为引导乡村发展、实施乡村振兴战略的重要抓手，做好"实用性"尤为重要。原本由多部门主导的各类乡村规划，因政策法规不同，导致了规划事权与空间存在"重叠"与"真空"地带。国土空间规划体系下的实用性村庄规划是法定规划，编制上需通盘考虑土地利用、产业发展、居民点布局、人居环境整治、生态保护和历史文化传承，尊重村民意愿、反映村民诉求，保护优先并兼顾生态与发展，做到因地制宜、突出地域特色，避免"千村一面"现象的出现。为了保障规划编制切合村庄实际发展需求，鼓励建立驻村规划师制度，依据村庄发展影响要素将村庄进行分类，给予不同深度的编制要求，规划成果要简明易懂，做到"吸引人、看得懂、记得住、能落地、好监督"，最终汇交至省级自然资源主管部门，纳入国土空间规划"一张图"体系。

北京市村庄规划编制范围以村域为基础单位，以第三次全国国土调查边界为基准，最终完成无缝隙、不重叠的"一张图"数据库。规划年限与《北京城市总体规划（2016 年—2035 年）》保持一致。

本章以北京市村庄规划为例对实用性村庄规划工作流程、规划编制主要内容、规划成果表达三方面进行阐述。

7.4.2 编制主要步骤

1. 资料收集

资料收集内容主要包括：上位规划、相关政策、已有规划、用地基础、人口数据、产业经济、历史文化、公共服务设施、基础设施及宅基地证明。收集方式主要有下发、大数据收集、座谈、资料收集等，收集资料内容及方式扫描二维码 7-12 阅读。

二维码 7-12

2. 现场踏勘

现场踏勘工作可结合资料收集工作同步推进，通过现场踏勘对资料内容进行进一步校核确认及补充。现场踏勘内容详见表 7-13。

现状踏勘内容   表 7-13

踏勘阶段	工作内容	工作周期
前期准备	基础资料收集（地形图、卫片、村域范围、基础设施、公共服务设施、产业）	1~2 周

续表

踏勘阶段	工作内容	工作周期
踏勘重点	风貌特色； 公共服务设施、基础设施使用情况； 产业现状； 土地利用现状； 宅院使用情况； 二调后新建宅院、公服设施、基础设施	2~4周
踏勘总结	将踏勘情况与收集资料进行校核确认； 从人口、用地规模、产业发展、社会经济、特色资源 五大板块对现状情况行总结	1~2周

资料来源：作者自绘.

3. 规划方案编制

依照《北京市村庄规划导则（修订版）》（以下简称《导则》）中明确的要求、目标与引导内容进行编制。方案编制深度及内容依照四类村庄分类引导内容进行把控（具体内容扫描二维码 7-13 阅读），村庄类型由上位规划定性，可依据资源条件进行动态调整。

二维码 7-13

4. 公众参与

（1）居民意见收集

居民意见收集分为两个阶段：

1）需求及资料收集阶段：主要形式有发放调查问卷、入户座谈及村民代表座谈。通过对村民发放问卷，调查村民对生产、生活的满意度及需求，发放比例不低于 10%。除入户进行访谈填写外，还可以在座谈会上、村委宣传栏、村集体微信群等多个途径传播线上调查问卷宣传海报（图 7-13），以此提高村民参与度。在现场踏勘期间进行入户座谈，是切实了解村民生活状态、村庄各项设施使用情况、居民诉求等信息的有效方式，可以最大限度避免沟通误差及样本指派的情况。在村庄基本信息收集环节，由村委会组织进行村民代表座谈，除村干部外，可组织老村民及产业代表等人员对村史、文化特征、产业发展等内容进行深入了解。

图 7-13　村民调查问卷宣传海报

资料来源：作者自绘.

2）方案比选及意见征集阶段：通过宣传栏方案公示及组织居民代表进行方案宣讲来传达阶段性规划方案成果，广泛收集居民意见，并对其进行梳理研判，将主要意见内容纳入方案成果修改中。

（2）专家咨询

专家咨询主要分为两个阶段：第一是专题研究阶段，多由编制团队组织专家进行阶段成果咨询，形式、次数不限；第二是专家评审阶段，由区规自分局组织，需出具专家评审意见，作为其他附件纳入最终成果。

（3）成果公示

村庄规划编制完成后应当在村委会公示 30 日，经村民会议或村民代表会议讨论同意签字确认。意见表应盖村委会公章，作为其他附件纳入最终成果。

5. 规划审批

中国历史文化名村编制历史文化名村保护规划，以区人民政府为组织编制和申报主体，在征求市级相关部门意见后，报送市规划和自然资源委员会审查，由北京市人民政府审批。区人民政府应将经依法批准的历史文化名村保护规划，报国务院城乡规划主管部门和国务院文物主管部门备案。

中国传统村落和北京市传统村落的村庄规划，应以区人民政府为申报主体，在征求市级相关部门意见后，报送市规划和自然资源委员会审查，市规划和自然资源委会同有关部门形成联审意见。

村庄规划经乡村责任规划师技术审核后，区规自分局组织各区级有关部门进行技术审查，由市规划自然资源主管部门派出机构组织审查后，报区人民政府审批，经审批后报区人民代表大会常务委员会备案（表 7-14）。

村庄规划批准后，由所在地乡镇人民政府依法公布。

历史文化名城审批流程　　　　　　　　　　　表 7-14

审批流程	中国历史文化名村编制历史文化名村保护规划	中国传统村落和北京市传统村落的村庄规划	其他村庄规划
技术审核	乡村责任规划师		
联合审查	市级相关部门	市规划和自然资源委会同有关部门	区规自分局组织区级有关部门
审查	市规划和自然资源委员会		
审批	市级人民政府	区人民政府	
备案	国务院城乡规划主管部门和国务院文物主管部门	区人民代表大会常务委员会	

资料来源：作者自绘.

6. 规划修改

村庄规划一经批准，必须严格执行，任何部门和个人不得随意修改、违规变更。村庄规划确需修改的，应当按照原审批程序进行，修改后的村庄规划应当依法重新公布。

7. 成果管理

以各区为单位对行政区划范围内完成的村庄规划成果进行汇总，形成项目档案库及规划汇总图，各区规自分局负责规划成果的存档管理及规划汇总图的动态维护工作，并定期向市规划和自然资源委员会反馈有关数据和图纸。

7.4.3 编制技术要点

1. 现状评估

（1）人口规模

村庄人口规模统计包括户籍人口和常住人口两个部分，为了落实北京市全市人口疏解目标，北京市村庄规划导则将户籍人口定为确定村庄用地规模的主要依据；常住人口统计范围包括居住本村庄半年以上的户籍人口和外来人口，是产业发展、配套设施等需要酌情参考的依据。

村庄户籍人口和常住人口现状数据由镇政府协调，从公安、民政、流动人口管理办公室、村委会获得并进行校核（具体内容扫描二维码 7-14 阅读）。人口分析内容主要包括户数、年龄、性别、劳动力。通过对年龄结构、就业情况、流动人口等分析，对该村的活力度、特点及需求进行综合研判。

二维码 7-14

以北京市榆垡镇西黄垡村为例，村庄现状共计 320 户，常住人口 1150 人，户籍人口 908 人，60 岁以上人口占比为 26.7%，村庄老龄化严重，对养老、活动设施需求较为强烈。村庄流动人口以餐饮业服务人员、租房者为主。

（2）用地规模

为完成"一张图"系统内的无缝衔接，北京市村庄规划研究范围与第三次全国国土调查（以下简称"三调"）村域范围保持一致。

非建设用地层面主要以三调用地性质为准，其中设施农用地的认定上线为第二次全国国土调查（以下简称"二调"），耕地的认定底线为永久基本农田，林业用地的认定底线为未被现状村庄建设用地及耕地占的平原造林，最后依据《导则》用地分类完成基数转换工作（具体内容扫描二维码 7-15 阅读）。村内非建设用地判定标准优先级从高到低为：永久基本农田、生态用地、耕地、平原造林、其他用地。

建设用地层面分为村庄建设用地与城市建设用地，城市建设用地范围以三调斑块为准，用地性质需与规划和自然资源委员会区分局进行校核，用地分类采用《北京市城乡规划用地分类标准》DB 11/996—2013。村庄建设用地是用地现状认定的一大难点，尤其是村民住宅用地部分。认定基础为二调、上轮基期为 2006、2007 年的

二维码 7-15

村庄用地现状图与近期地形图，对新增村庄建设用地需核实集体建设用地使用权证、不动产权证等合法证书或由村、镇、区三级认定的一户一宅、公共公益证明文件。

在用地摸底的过程中，结合村庄实际情况，参考村民意愿，以入户调研、座谈、问卷调查等形式摸清村庄闲置房屋和宅基地的规模、数量、区位与特征，并对村庄人均宅基地、人均住宅面积进行分析，为村庄规模划定提供依据。

（3）产业发展

村庄产业基础是未来产业发展的基石，产业发展现状包括村域一、二、三产的具体内容、发展模式、规模、上下游产业链情况等。资料收集来源以村委会为主，可与村内产业从业人员、领导进行座谈，深入了解村内产业发展现状。

（4）社会经济

村庄近 3 年社会经济情况由镇政府提供，了解近年来经济发展趋势；与镇域其他村庄进行横向比对，了解经济发展水平；以座谈会或者填写基本情况表的形式了解村庄主要的经济收入来源。

（5）特色资源

特色资源梳理部分主要针对特色提升型村庄。北京市特色提升型村庄主要包括全市在录的各类特色保留村庄，主要包含中国历史文化名村、传统村落、中国美丽宜居乡村、第五批传统村落备选村庄。鼓励其他类型村庄进入特色提升型村庄名录，鼓励大运河文化带、长城文化带、西山永定河文化带三大文化带周边村庄积极纳入特色提升型村庄名录。针对这类型村庄，对其历史文化、特色产业、生态环境、传统风貌等多个方面进行深入挖掘并进行梳理，完成特色要素的提炼，为村庄建设、产业发展、文脉延续提供基础。

（6）限制性因素

限制性因素主要包含地质灾害、高压走廊、污水处理厂、垃圾处理厂、水库、河道蓝线、不可移动文物、城市开发边界线、生态红线等限制村庄发展方式及形态的元素。通过各级掌握数据落实对客观影响较大的空间落位，以环境保护、生态保育、文物保护、生产生活安全为目标进行限制性因素专项研究。

2. 规划目标与定位

根据村庄所处区域，落实上位规划两线三区管控及其他有关要求，结合现状评估成果，对村庄生产、生活、生态发展提出切实可行的规划目标及定位，避免形成"千村一面"的情况。

以高庄村为例：高庄村规划借鉴公园城市的理念，提出了"公园乡村"的总体发展目标。首先，明确了借助矿山公园的建设助力乡村发展的产业转型路径；其次，在公园乡村的概念中，突出公共交往、生态系统、乡土文化、村落风貌的综合展示与提升策略。

3. 村庄的用地规模

（1）落实强制性要求

强制性要求包括落实《总规》"两线三区"整体管控目标，落实生态红线、永久基本农田及永久基本农田储备区，守好耕地红线，落实和巩固平原造林成果。严格落实上位下发强制性要求，并将相关指标纳入村庄规划核心指标表。

各村规划需要结合村庄实际情况，划定有关控制线，引导有序发展。规划重点明确以下控制线：

划定村庄建设用地的控制界线，严格控制村庄建设用地规模。

划定村域内永久基本农田的控制界线，明确用地规模，落实到地块，提出保护和控制要求。

黄线，划定村域内必须落实的重大基础设施用地的控制界线，提出保护和控制要求。

蓝线，落实相关规划要求，划定村域内江、河、湖、库、渠、湿地等地表水体保护和控制的地域界线，提出保护和控制要求。

紫线，依据相关文物保护要求，划定历史文化名村和传统村落等保护范围界线，以及文物保护单位、历史建筑、重要地下文物埋藏区等保护范围界线，提出保护和控制要求。对于没有明确保护范围界限的文物保护单位，应在规划中落实其空间位置，并根据实际需要征求相关文物主管部门的意见。

以高庄村为例：高庄村涉及的村庄控制线主要包括：

紫线：大白玉塘及玉皇塔为市级文保单位，落实保护范围及建设控制地带要求。

蓝线：房山区河道蓝线规划（南泉水河河道蓝线宽度为70m）、房山区两线三区控制要求（表7-15）。

大白玉塘及玉皇塔紫线控制要求 表7-15

标题	房山大白玉塘采石场遗址	玉皇塔
批次	第九批划定文保单位的保护范围及建控地带	第七批划定文保单位的保护范围及建控地带
所在地区	房山区	房山区
保护范围	东至距文物本体以东300m处至251.3高点与264.1高点连线的垂直线，南至251.3高点与264.1高点连线延长线，西至距文物本体以西300m处至251.3高点与264.1高点连接的垂直线，北至其南界以北600m平行线	塔基周围20m半径范围内
建设控制地带	V类 东至保护范围以东100m，南至264.1高点与251.3高点连接线延长线，西至保护范围以	V类 东南至100m等高线。西南至距塔基B点外150m平行线及100m等高线。西北至125m

续表

标题	房山大白玉塘采石场遗址	玉皇塔
建设控制地带	西100m，北至保护范围以北200m。要求如下：未经文物行政主管部门允许，禁止挖掘、开采、爆破、钻探等工程。允许进行土地平整、植被恢复等环境整治工程；允许修建道路；允许建设不危及文物及其环境安全的建筑物或构筑物。建筑高度不得超过9m	等高线。东北至距塔基A点外约160m远处的现状道路西沿。此地带内不得开山采石、采矿及进行建设工程。应加强绿化，保护地形地貌，已破坏的地形应尽量恢复

资料来源：北京市房山区大石窝镇高庄村村庄规划.

根据所有控制要素的要求，与现状村庄集中建设区、村庄产业用地、采矿用地空间分布进行叠合，形成村庄发展的限制要素综合分析图，强调上位规划底线控制的刚性传导。

在要素叠合分析的基础上划分村域空间管制范围，经划定，适宜建设区布局村庄集中建设区及整合后的产业发展用地，总面积36.02hm²，占村域总面积的6.84%；限制建设区面积16.04hm²，现状产业区主要实现产业腾退与景观提升，可考虑结合矿山公园建设公园配套设施，占比3.05%；禁止建设区474.40hm²，占比90.11%。严格禁止新建项目，保育生态环境，对原有矿业废弃地进行生态绿化修复。对三类范围提出不同的管控要求：

1）禁止建设区：属高生态敏感区，规划要求对整体生态条件进行保护并进行定向生态保育，禁止在该区域进行有损生态环境的各种活动，村庄建设不得占用该区域范围内任何用地，对区域内的居民点和产业用地予以搬迁并做好生态恢复工作。

2）限制建设区：生态敏感性较强，该类地区对各类建设活动加以严格控制，其中现有的各类农村居民点应严格按照规划适度开发建设；严格控制新建建筑物、构筑物的使用性质、高度、体量、色彩；自然环境控制地带应保护各类农业生产用地、山体植被及其他部分山体景观等，禁止大面积开山。

3）适宜建设区：严格执行村庄建设管理规定，区内一切建设活动必须符合村庄规划要求，合理利用土地资源，严格控制用地指标，保护生态环境（图7-14）。

（2）落实引导性要求

以"集约高效、减量提质"为原则，落实上位规划确定的城乡建设用地。以区、镇为主体，明确村庄建设用地管控目标、规模总量。村庄建设用地减量以集体产业用地腾退集约整理为主，对于没有集体产业用地且原地保留更新的山区村庄，应充分考虑村庄的实际情况，不宜采取一刀切的用地减量要求。

根据不同村庄类型，结合村庄实际，从不同路径落实减量发展要求。城镇集建型村庄，在实施城镇化过程中，应按各区拆占比和拆建比统筹落实减量任务。实施整体搬迁的村庄，新建村庄的城乡建设用地应落实各区拆占比和拆建比要求实施，

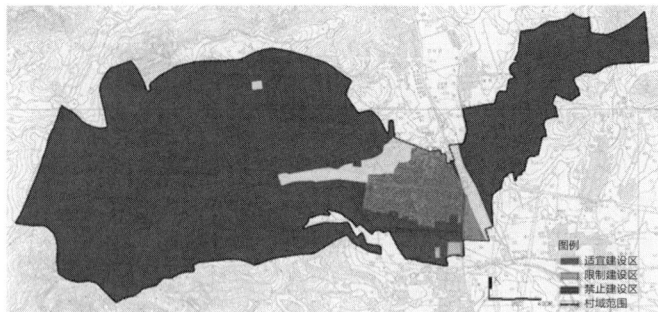

图7-14　村域空间管制分析图

资料来源：北京市房山区大石窝镇高庄村村庄规划.

区镇统筹，落实减量任务，并以建设用地增减挂钩为原则，对实施搬迁后的旧村，应拆除的要限期进行拆除还绿。特色提升型村庄，应以集体产业用地的腾退集约为减量重点。整治完善型村庄涉及在村内进行局部搬迁整治的，应以建设用地的增减挂钩为原则，对实施搬迁后应拆除的旧宅进行限期拆除还绿，其他一般村庄，以集体产业用地的腾退集约为减量重点，针对条件成熟、可实施宅基地集并改造的村庄，应明确新宅建设与旧宅腾退的增减挂钩要求。

（3）核算公共服务设施指标

规划应依据村庄规模对公共服务设施进行指标核算（具体内容扫描二维码7-16阅读），核算依据扫描二维码7-17阅读。

（4）合理确定宅基地规模

严格落实"一户一宅"，不得占用永久基本农田、永久基本农田储备区，尽量使用原有宅基地及村内空闲地，依据《北京市人民政府关于落实户有所居加强农村宅基地及房屋建设管理的指导意见》（京政发〔2020〕15号）关于宅基地管控内容，合理确定宅基地规模。其中新增宅基地用地标准：人多地少的地区最高不得超过167m²/户，其他地区最高不得超过200m²/户，具体标准由各相关区根据本区实际情况确定。

二维码7-16

二维码7-17

（5）明确国有建设用地规划

村庄规划中国有建设用地应落实乡镇国土空间规划内容。城镇集建型、整体搬迁型村庄如近期即将实施，应在国有建设用地落实现状用地的情况下，与乡镇近期实施项目相对接，结合实际发展需求进行规划。

（6）配置机动指标

在乡镇国土空间规划控制下，村庄规划可预留不超过5%的建设用地机动指标。按照建设用地规模不增加、耕地保有量不减少、环境风貌不破坏的原则，优化调整乡村各类用地布局。允许规划"留白"，对一时难以明确具体用途的建设用地，可暂不明确规划用地性质。建设项目规划审批时落地机动指标、明确规划用地性质，项目批准后更新数据库。机动指标使用不得占用永久基本农田和生态保护红线。

4. 村庄公共服务设施规划

村庄公共服务设施规划中除应设设施外，其余公共服务设施应遵循普惠共享、城乡一体、集约用地的原则，盘活利用闲置宅基地，可根据村民生产生活习惯、村庄发展需求增设快递收发点、村史馆等设施以提升公共服务品质。城镇集建型和整体搬迁型村庄应根据实际情况酌情降低设施配置标准。

5. 村庄基础设施规划

（1）道路交通

道路规划指标参照表 7-16，具体规划细则要求扫描二维码 7-18 阅读。

二维码 7-18

村庄内道路分级及技术指标表　　　　　　　　表 7-16

道路级别	规划指标			
	道路功能	红线宽度（m）	路面宽度（m）	道路间距（m）
干路	村内主要交通道路，与对外公路相连接，联系村内重要公共服务设施，以机动车行驶为主，兼顾非机动车和人行	15~20	9~14	250~500
支路	村内集散道路，是各户通往干路的道路，可供机动车单向或双向行驶	10~14	6~10	120~300
巷路	农户宅间的小路，以农用车、非机动车和人行为主	6~8	3~5	60~150

注1：红线宽度指道路的用地控制边界，是道路内设施与其余用地的分界线，道路内设施包括道路路面、人行道、路旁绿化及道路下埋设的管线等。

注2：此表据《乡村道路工程技术规范》GB/T 51224—2017 等规范标准自行拟定，供新建村庄道路时参考，保留型村庄可根据实际情况确定道路红线宽度。

资料来源：《北京市村庄规划导则》.

（2）市政基础设施

1）供水

供水工程规划应包含括用水量预测、水源选择、供水方式、输配水管网布置、水压要求等内容。

用水量预测按照《室外给水设计规范》GB 50013，规划水质、水压、供水管网系统等要求扫描二维码 7-19 阅读。

2）排水

排水工程规划包括确定排水量、排水体制、排放标准、排水系统、污水处理设施等内容。

二维码 7-19

排水体制、排放标准等要求扫描二维码 7-20 阅读。

3）供电

供电工程规划主要应包括预测用电负荷，确定供电电源、主变容量、电压等级、供电线路、供电设施等内容。

二维码 7-20

供电电源、村庄人均用电负荷应以上位供电规划为依据，利用电力供暖，涉及产业用地的村庄，还应充分考虑供暖及产业的用电负荷。电压等级、供电线路等要求扫描二维码 7-21 阅读。

4）电信

电信工程规划主要应包括电信负荷，确定电信源、电信线路、电信设施等内容。

二维码 7-21

村庄电信规划要求扫描二维码 7-22 阅读。

5）燃气与供热

燃气与供热规主要应包括能源供给方式及规模、能源来源、能源与供热设施等内容。

二维码 7-22

村庄居民燃气与供热要求扫描二维码 7-23 阅读。

6）环卫

村庄环卫规划主要应包括垃圾量预测、垃圾收集处置模式及点位、户厕标准要求、公共厕所等内容。

二维码 7-23

村庄垃圾收集处理模式及点位设置应按照各区最新标准要求，其余要求扫描二维码 7-24 阅读。

（3）无障碍设施

无障碍设施规划主要应包括公共服务设施、道路交通设施中的无障碍设施标准及点位要求。具体要求扫描二维码 7-25 阅读。

二维码 7-24

6. 产业发展引导

村庄产业发展规划主要应包括产业发展原则、定位、策略、布局等内容。规划应结合全镇产业发展策略及对村庄特色资源的分析，以宜农、生态、绿色、低碳为原则，制定村庄产业发展引导策略，促进村庄产业兴旺。具体要求详见《导则》第 28 页。

二维码 7-25

以高庄村为例：高庄村对大白玉塘进行的生态保护、停工停产等措施，已初步提高了"大白玉塘"周边的植被覆盖率。经镇村两级的对接、区政府支持，高庄村准备通过建设矿山公园的方式来进行转型发展的探索。一方面，展示历史，以大白玉塘的历史演进为内容搭建生态文明实践效果的展示窗口；另一方面，也希望将矿山公园发展为乡村新的支撑载体，实现村民从原先采石加工的第二产业向乡村文化旅游的第三产业的转变。

规划提出高庄村的产业提升不能仅依靠矿业遗迹的利用，同时需要结合自身资源禀赋条件增加具有在地性特征的文化产品的供应。高庄村在编的矿山公园设计方案将村庄定位为高庄汉白玉特色文旅休闲项目，依托现状资源和建设条件划分了汉白玉文化创作区、国际交流区、文化保护区、雕塑艺术区、玉皇塔文化保护区及湿地森林等功能分区，并提出了各分区的设计思路及效果意向。

7. 历史文化资源保护

对于历史文化资源较丰富的村庄，如历史文化名村、传统村落，应提出村庄历史文化资源保护策略，包括文化修复方式、历史文化展示方式等。

8. 生态环境保护

对村域内非建设空间的山水林田湖草资源进行详细梳理，提出村庄生态恢复和环境保护对策，针对具有特色自然资源的保留村庄，应明确特色自然资源的保护范围、保护要求。

以高庄村为例：高庄村首要面临的是生态环境的修复问题。历史长期开采导致土地裸露比例大，大面积地形地貌的破坏状态亟待修复，同时大白玉塘原有采矿切面周边存在严重的安全隐患。

高庄村规划利用适应性的生态技术进行原有采石坑的修复。首先清理浮石、碎石、危岩等对村庄构成安全隐患的要素，并通过加固工程保障现有采石切面的稳定性；其次在现状采石坑周边规划截排水沟，并结合生物措施，进一步净化水质；通过客土喷播、种植槽、蜂巢格室柔性护坡等技术手段，对现状各种坡度的裸露地表进行恢复。在生态修复的基础上，通过引入本土先锋树种，在逐渐改善单一林相等多种方式的同时，实现远期整体提升生态环境的目标。

9. 村庄风貌引导

村庄风貌引导主要应包括景观系统规划，建筑体量、高度、色彩、材质等风貌要素，及院落格局、植物选择、历史环境、乡土文化等元素的引导内容。村庄风貌应尊重传统的营造理念，积极利用村庄的地形地貌和历史文化资源，协调好村庄与周边山、水、林、田等重要自然景观资源的关系，形成有机交融的空间关系，塑造富有地域乡土特色的村庄风貌。

以高庄村为例：规划以村落原"乡"为核心，向西连接"玉"主题的矿山公园、向南衔接"贡"主题的御塘稻田，并利用历史水系的恢复、村内适度引入小型水体等方式对"水"主题进行串联，连接西侧大白玉塘泉水池及东侧的南泉水河。村落在保持村庄基本骨架及空间肌理的基础上，针对村内两条主要道路进行绿化景观风貌提升，通过绿地系统串联村委会、村庄入口、滨水公园等节点。见缝插绿，水系进村，针对村庄实际情况，真正提升乡村的整体风貌（图7-15）。

图 7-15 村庄绿地系统提升规划平面图资料
资料来源：北京市房山区大石窝镇高庄村村庄规划.

10. 防灾减灾规划

不同类型的村庄提出与之匹配的防灾减灾要求，详见表 7-17。

防灾减灾规划内容要求表　　　　　　　　　　表 7-17

村庄类型	规划内容
城镇集建型、整体搬迁型村庄	在实施搬迁安置前应结合村庄现状条件提出明确的防灾减灾要求
特色提升型村庄	应结合历史文化保护、风貌传承制定具体的防灾减灾要求
整治完善型村庄	应结合村庄具体的更新建设方式，明确防灾减灾措施

资料来源：《北京市村庄规划导则》.

11. 村庄发展时序

村庄发展时序应优先遵循"先地下、后地上"的建设顺序和"先基础、后提升"的建设原则，地上建设内容依据建设工作计划及村庄发展需求进行统筹考虑协调，避免重复建设。

针对未来将实施城镇化或整体搬迁的村庄编制简本的，应明确村庄安置与拆迁的时序，处理好村庄搬迁前后的发展衔接问题。

12. 实施建议

（1）发展模式

通过梳理村庄资源禀赋、规划目标，合理构建村庄建设发展工作组织模式。

以高庄村为例：针对矿山公园重点项目，镇、村、项目建设公司、村民主体建立了协调的网络机制。村民首先通过土地入股方式成为镇政府成立的资产经营公司参股主体，在项目建设及运营过程中，优先安排村民就业。据测算，矿山公园产生的安保、售卖、物业、保洁等岗位可产生直接就业人数 1672 人，通过旅游带动的零售、住宿、餐饮、传统手工业等间接就业人数约 3000 人。在项目运营产生收益后，保障政府税收、投资公司收益的基础上，项目公司需要为镇资产经营公司提供保底分红，并经镇资产经营公司传递到村民（图 7-16）。

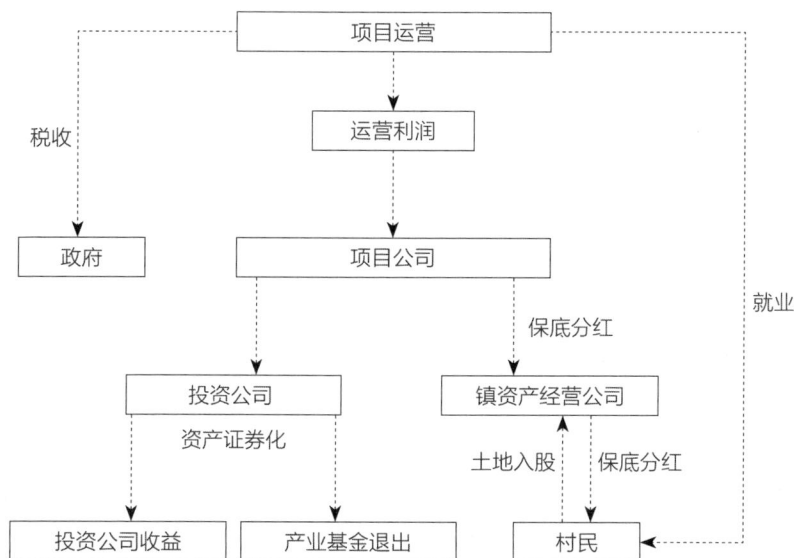

图 7-16　重点项目利益分配机制
资料来源：北京市房山区大石窝镇高庄村村庄规划.

（2）实施保障

村规民约是引导和规范村民自治的重要手段，应将生态环境保护、自然资源保护、历史文化资源保护、产业协作、住房建设、违建防控、卫生保持等方面写入村规民约的规划内容，全面落实"门前三包"政策。村规民约形式应简明易懂，利于宣传、实施。具体要求扫描二维码 7-26 阅读。

二维码 7-26

7.4.4　成果内容要求

成果要吸引人、看得懂、记得住，能落地、好监督。主要包含文字成果、规划图纸、实用成果、数据库。

1. 文字成果

规划文字成果包括村庄规划各项内容的规定性要求，例如发展定位、目标、用地规模、结构布局、管控要求、设施规划、发展时序等。此外，也可结合表达需要，补充分析过程、案例、规划思路等内容（扫描二维码 7-27 阅读）。

二维码 7-27

2. 规划图纸

规划图纸应详细标注项目名称、图名、比例尺、图例、规划时间、规划设计单位名称、规划设计人员等信息。图纸比例尺根据实际表达灵活确定。详细的规划图纸要求详见《导则》附件 D，图纸的电子化表达标准详见《导则》附件 E。

3. 实用成果

以简明易懂、便于指导实施为原则，面向村委会、村民，制定形式多样的村庄规划实用成果。成果形式可为规划实施和管理手册、村规民约等。其核心成果是对村庄规划内容的简化、提炼，确保村民易懂、村委能用、乡镇好管。

4. 数据库

以市规划和自然资源委建立的统一的乡镇域空间规划数据库和村庄规划数据库为标准，建立镇村规划信息平台，衔接全市一张图数据库。由各区规划和自然资源分局牵头，以区为单位，按照数据库标准，收集、汇总、整理各区村庄规划数据，完善各区村庄规划数据库，并做好动态维护。

为规范村庄规划数据库建设，村庄规划成果应严格按照市规划和自然资源委编制的《村庄规划数据库标准》要求，形成可入库的矢量成果。

数据库成果包括：矢量数据、栅格图数据、规划文档、规划表格及元数据（图 7-17）。其中：矢量数据包括村级行政区、基期用地分类、国土空间规划用途分类、村庄五线；栅格图数据为规划图集；规划文档包含文本、说明书及其他文档内容；规划表格为村域土地使用现状结构表、规划结构表及核心指标表。

成果要求村庄规划中规划界线严格采用全国第三次土地调查数据中的行政区界线，确保全市数据的无缝拼接。各个行政区之间不重不漏。具体要求详见《村庄规划数据库标准（修订版）》。

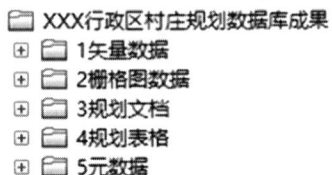

图 7-17　村庄规划数据库成果目录结构图

资料来源：《北京市村庄规划数据库标准（修订版）》.

7.5　城市设计与城市更新

7.5.1　城市设计

1. 工作流程

城市设计工作与城市规划工作相对应，也就是城市规划各个阶段都存在城市设计的问题，因此，城市设计的编制程序与城市规划编制工作类似，城市设计工作内容与目标的多样化特点，要求不同的城市设计任务，要采用与工作目标以及内容相对应的工作方法，城市设计运行的整套程序目前尚无定论。但是，鉴于城市设计和

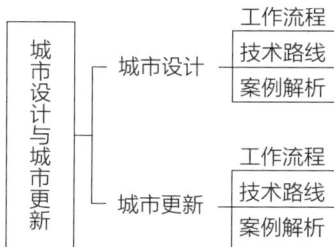

图 7-18　城市设计与城市更新知识图谱

资料来源：作者自绘.

城市规划所处理的内容相近且衔接得非常紧密而无法明确划分，"城市设计与规划一体化"的思想逐步成为专业人士的共识。在此共识基础之上，将城市设计纳入现有规划体系，城市设计程序一般包含七个阶段（图 7-19）。

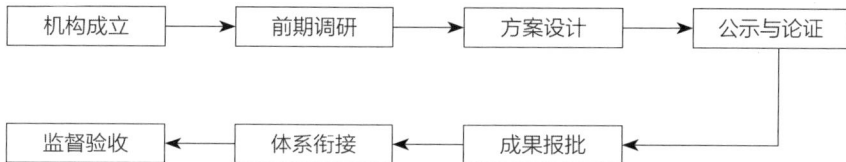

图 7-19　城市设计工作流程

资料来源：作者自绘.

机构成立：成立专门的城市设计小组，吸纳专业人才，并由当地政府规划行政主管部门（规划局、分局或相关建设管理部门）总体负责。

前期调研：城市设计工作与规划编制工作同时开展，两者调研工作可以部分合并，相比之下，规划偏重物质层面，城市设计则更偏重城市特色人文、景观、空间、生态、行为活动支持等非物质层面；预先编制规划的，设计调研工作可在规划调研成果的基础上进行修改和补充。

方案设计：运用城市设计的方法和原则，对项目的形态格局、道路交通、景观特色、开放空间等具体因素进行研究，得出设计成果。城市设计编制工作与规划编制工作同时开展的，注意保持两者间的统一与协调；预先编制规划的，在城市设计编制过程中，应将规划成果作为一项必要的设计依据，并根据实际情况对其进行修改和补充。

公示与论证：城市设计涉及公众利益，其成果应反映大多数人的利益，尤其是城市设计地区中利益涉及群体的意见。按规定，城市设计过程必须实行公众参与，其成果完成需公示，征求各界对城市设计成果的意见，对城市设计成果进行适当调整。城市管理部门组织有关部门与专家对城市设计成果进行论证，并报地方政府批准。

成果报批：城市设计的成果可与城市规划成果同时编制，同时报批，获准生效日期，年限与相应的城市规划成果一致，单独编制，报批并获准的城市设计成果采用的形式：城市设计成果中对应城市总体规划的成果可以以专项规划成果形式存在；重点地段城市设计成果视具体情况，经量化反映到详细规划的指标数据上，图文结合形成管理图本；实施阶段城市设计成果针对性较强，可以个别建设项目的设计要点形式存在，以对应的规划成果相同的报批方式、生效日期和有效期限运作，审批通过后，城市设计成果作为城市规划文本的一部分，具有法律效力。

体系衔接：将城市设计成果纳入详细规划体系，作为规划许可的依据。

监督验收：城市设计实施状况的监督可纳入我国现行城市规划主管部门对开发项目的施工检查和竣工验收工作，由其判定并对不合格和违反者实施处罚。

2. 技术路线

城市设计的技术路线分为四步：收集基础资料，根据基础资料进行问题总结，结合城市发展战略做出方案对策，最后整理为设计成果（图7-20）。

基础资料收集：此阶段通过现状与相关规划解析、民意调查、特色资源梳理与评价，相关城市设计案例的对比与研究，发现城市特色空间因子。

战略与问题研究：在进行策略设计前，需要确定城市发展定位与当前存在问题。根据发展定位来确定设计的总体方向；并根据已收集的基础资料，对城市当前存在问题进行总结。

策略制定：基于城市发展战略目标，对其特色进行强化，对不足进行弥补，并确定空间设计方向与控导目标，最后结合其主要问题，制定出针对性的设计策略。

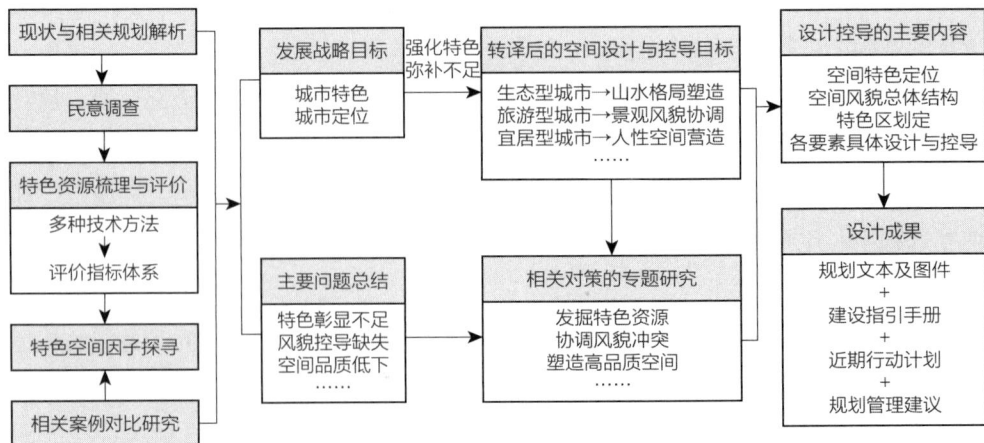

图 7-20　城市设计技术路线

资料来源：作者根据季松，段进，林莉，等.国土空间规划体系下的总体城市设计方法研究——以江苏溧阳为例[J].规划师，2022，38（1）：104-110. 改绘.

成果整理：确定设计控导的主要内容，包括空间特色定位、空间风貌总体结构、特色区划定、各要素具体设计与控导等，并将其整理为设计成果，具体内容为编写规划文本及图件、编写建设指引手册、制定近期行动计划与提出规划管理建议。

3. 案例解析

（1）总体城市设计：湿地之都、晶彩盐城

以盐城市总体规划为例展开阐述。

在对盐城的深入分析与解读后，依据唯一性、可实施性、画面感等城市口号策划的原则，规划提出总体城市意向，"湿地之都、晶彩盐城"八个字为本次总体城市设计的核心理念。其中"湿地之都"四个字代表了盐城市独一无二的自然资源特色，晶彩二字中，晶，取结晶之意。具体而言可以理解为三大结晶：海盐文化结晶——盐城的城市沿革与制盐业的悠久渊源；革命文化结晶——红色革命文化的发展是当代盐城发展的又一契机；国际文化结晶——经济发展的国际化是盐城未来发展的趋势所在。彩，是表达文化的具体媒介，色彩表达了城市的追求，展示了城市的特征，也是文化的外在表达形式之一。规划将盐城概括为五彩：绿色基底、蓝色水网、红色老城、白色的海盐文化、金色的通衢大道，构成了五彩盐城的总体意向。在此基础上，规划进而提出实现形象策划的四大目标，分别为建设晶彩之城、水绿之城、活力之城、有序之城。四大目标通过针对性的十大宏观策略来具体体现。

1）强化特色分区：依据城市总体规划对盐城城区的功能与产业进行划分，结合土地利用规划，从两个层面确定盐城特色定位与特征分区，并划定主要特色斑块，提出各个分区的主要特色定位。宏观上形成"一主四辅"的组团形城市结构。一主是：主城，综合型组团，集中体现盐城文化特色、现代风貌。四辅组团是：港城、水城、森林城、田园城。依据总体规划分区，将中心城进一步划分为六大片区，分别对应不同的风貌特色。

2）激活色彩廊道：依据总体城市意向，结合土地利用和功能定位，通过对盐城主题特色的研究，规划确定了"五彩"的基调，即：红色、白色、蓝色、绿色、橙色。依据区域特色的不同，对盐城建成区内几条主要街道和廊道进行统一的色彩规划。

3）构筑城市意象系统：形成两环相抱、三区辉映、四线交织、六星拱月的总体城市意向结构。明确分区地标与城市地标的位置与要求。城市核心地标的选址建议要求位于城市主要视线通廊上，如主要河道或主要道路视线焦点；在城市中的位置具有一定的指向性，能方便人们记忆、辨识；周边环境良好，具有开阔的观赏空间（图7-21）。

4）构建特色水网：建立"一横、两纵、三环、五湖"的水网结构。纵横交错的河网水系是盐城市的一大特色，通过对水系的整治与梳理，强化水在城市生活中

图例　▨▨▨ 环境绿带　▨▨▨ 特色风貌区　▢ 路径（河道）　▬▬ 核心地标
　　　▨▨▨ 环境水系　▬▬ 路径（道路）　◉ 区域地标

图 7-21　城市意象系统

资料来源：鲁赛，夏南凯 . 理想空间：总体城市设计 [M].
上海：同济大学出版社，2010：17.

的作用，凸显"百河之城"的城市风貌特色。

5）完善城市绿地系统：结合盐城绿地系统规划，控制主要生态绿化廊道的宽度，明确公共绿地的等级结构、特色内涵与分布要求。建设环城绿化带，打造滨河绿化带，建设郊野生态公园，加强主要道路绿化等。

6）建立城市公共活动领域圈：依据不同领域圈的自然与文化特征，组织丰富的城市公共活动，增加城市的吸引力，提高城市的可驻留性。盐城未来重点打造五大公共领域圈：老城区公共活动领域圈（传统商业、休闲活动、红色旅游观光、文化古迹）、黄海公园公共活动领域圈（体育运动、节庆活动、康体健身、公园野趣）、新中心公共活动领域圈（商业消费、文化娱乐、艺术盛会、民俗活动）、城南公共活动领域圈（体育运动、社区集会、康体健身、学术交流）、河东公共活动领域圈（科技博览、汽车文化、商务休闲、创业园区）。

7）组织蓝绿两大城市游览观光系统：通过水系的整理与绿地系统的完善，规划在盐城市区打造水上交通游线与连续的环城绿色步道，并针对线路的选择提出原则要求。

8）建立城市高度分区序列：城市空间应有连续性、功能性、秩序性、流动性、意义性和节奏性，以形成良好的城市空间序列，使人们在城中有不同的城市空间体验。规划对城市建设高度进行全局性的考量，明确不同高度建筑的分布。

9）划分开发强度分区：依据城市总体规划对土地利用功能的划分，针对不同地块区位与未来发展条件，有计划地划分不同的开发强度分区。

10）重点建设项目与时序：为实现总体城市设计的意图，规划对近期应该启动及未来可能实施的项目进行合理安排，为城市建设决策者提供有益的参考。

并且，方案对形成盐城城市风貌的七大主要要素进行控制和引导，使各要素的配置和建设有序进行，并达到统一的水准。要素的选取仅从影响城市风貌的角度进行遴选，并均以形成总体城市特色为目标。七大要素具体包括色彩、建筑、水网、天际线、绿化、街道设施和夜景灯光（图 7-22）。

（2）重点地区城市设计：滨水新城——佛山市高明西江

以佛山市高明西江滨水新城为例展开阐述。

本次规划设计以人、自然、建筑、空间有机融合为主旨，形成"一路三心、一江三湾、一河五曲"的整体城市设计特征：

1）一路三心

规划以荷富路形成主要的空间功能景观轴线，通过该轴线由南至北构建三个主要的功能核心区：城市公共活动中心、中央社区活动中心和生产力服务中心。

①荷富路——西江新城作为未来佛山市西江组团的现代服务业聚集核心，广明高速入城段是城市重要的门户空间。荷富路是西江新城主要的南北向功能景观轴线。本次城市设计强调对荷富路沿线景观的塑造，强调沿路空间、界面的变化和特色区域的塑造，由北至南依次形成形象展示段、特色风貌段、核心意向段和城市意向段。再结合各个生态水廊横向展开形成强烈的轴线对景效果。通过城市设计要素的组织，实现荷富路空间景观由自然到城市的和谐过渡，创造丰富的入城空间体验（图7-23）。

②城市公共活动中心——城市公共活动中心主要由商业中心、文

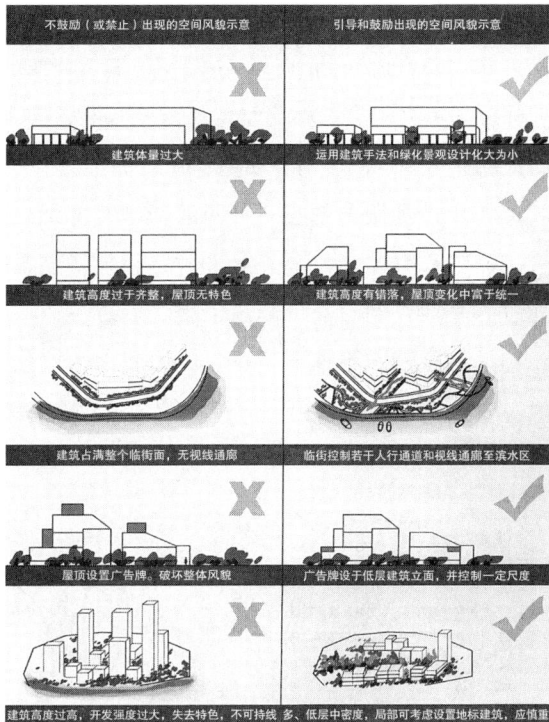

图7-22 城市设计控制要素

资料来源：鲁赛，夏南凯.理想空间：总体城市设计[M].上海：同济大学出版社，2010：18.

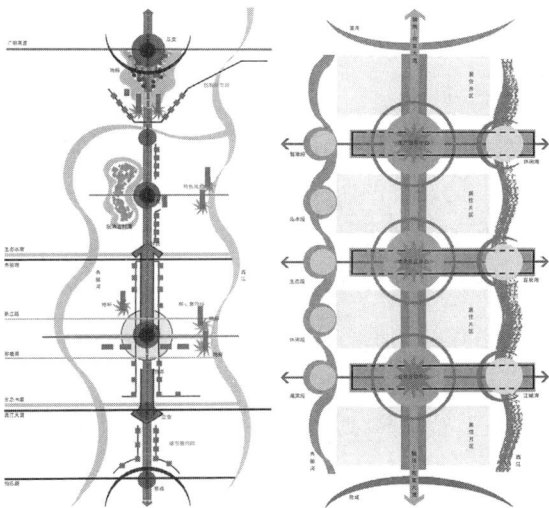

图7-23 荷富路结构图

资料来源：周海波，朱旭晖，张榜.理想空间：新城城市设计[M].上海：同济大学出版社，2011：43.

化中心和体育中心等功能组成。该中心东西沟通西江与秀丽河，形成以水为主题的开放空间，构筑西江新城主要的城市公园。行政中心居中而设，文化建筑结合城市公园设置，与绿化环境融为一体，外围形成以商业办公为主的高层建筑界面。商业

中心依托轨道二号线站点集中设置，大力发展第四代商业综合体的商业业态。

③中央社区活动中心——依托阮涌古村落的保护建设，沿荷富路东西两侧垂直于西江轴线展开设计。在保留古村落原有的岭南水乡特色基础上，整合周边功能，适度引入商业休闲、酒店服务功能，并结合邻里中心的建设，形成地区性的社区活动中心。

④生产性服务中心——西江新城北部结合广明高速的开通，规划生产力服务中心。该中心由生产力服务促进大厦和金融创投中心引领，东侧围绕智湖形成中小企业总部基地，同时安排创意市集、创意会馆等功能。规划明智广场、创智海、启智长廊、创意公园等景观节点。优美的沿水绿化景观、完善的服务配套将提供优质的研发办公场所，为城市发展提供智力支持和创新动力源泉（图7-24）。

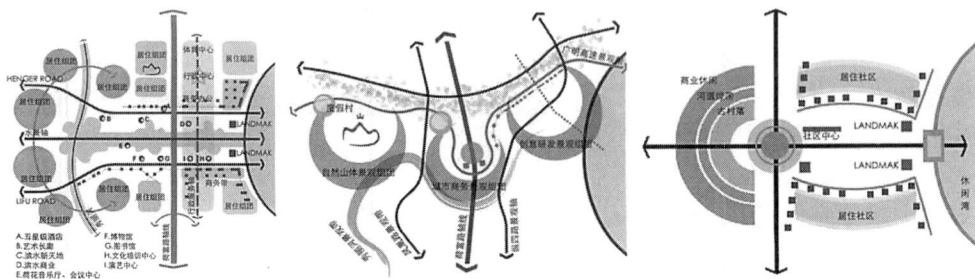

图7-24　公共活动中心结构、生产力服务中心、中央社区中心

资料来源：周海波，朱旭晖，张榜.理想空间：新城城市设计[M].上海：同济大学出版社，2011：43.

2）一江三湾

规划注重西江沿线的塑造，形成富有韵律感的滨江岸线，通过与三个功能核心区的东西向连通，形成三个特色鲜明的港湾式景观节点：江城湾、宜居湾和休闲湾。

作为龙脉的西江水岸将成为高明西江新城崭新的城市高地，沿线以现代高层建筑来打造气势宏伟的城市名片，并结合主要公共空间来营造一江三湾的滨江形象，尽情展现新城滨江风貌。强化西江岸线的设计，结合沿江路采取路堤结合方式，形成具有韵律感的港湾式滨江岸线，结合三个核心功能区塑造明城湾、宜居湾和休闲湾。明城湾形成与城市公共活动中心的互动，为城市公共活动中心创造滨江的城市开放空间，该段断面采取路堤结合的方式；宜居湾结合中央社区活动中心，为居民提供生活休闲的特色空间；休闲湾利用生产力服务中心的功能，滨江设置休闲商业、企业会馆等设施。

3）一河五曲

整合秀丽河的景观资源，根据沿河不同的资源条件和水体曲线的变化，塑造富有韵律的沿河景观，由南至北形成五段不同景观意象，依次为明湖段、生活段、生态段、山水段和明智段，形成富有动感的五段音乐篇章。秀丽河取意中国传统象征祥瑞的器物"如意"，象征西江新城吉祥如意。秀丽河尺度宜人，平均河宽百米左右，蜿蜒曲折，长约十公里，贯穿整个西江新城，她灵动的姿态将是新城魂之所在。沿线将以低矮的特色建筑来衬托秀丽河玲珑而修长的身姿。本次规划强调对秀丽河景观环境的梳理，形成五段各具特色的滨河景观风貌区。

明湖段——形成城市公共中心区域大水面的内湖公园，周边设置游艇码头、星级酒店、商业办公等设施，是西江新城内最主要的开放空间。

休闲段——秀丽河沿线设置滨水商业休闲空间，为居民提供生活休闲的亲水空间。

生态段——利用现状的鱼塘、林木，规划以湿地公园为特色的原生态的滨河风貌区。

山水段——结合古椰岗，创造山水交融的景观意向。

明智段——结合生产力服务中心，放大秀丽河水面，形成智湖，围绕智湖设置企业总部基地等功能，构建滨水而筑的智慧型城市空间。

（3）专项城市设计：长沙色彩、色彩长沙

以长沙市城市色彩设计为例展开阐述。

颜色是城市建筑最直观的体现，不仅仅是直观地向人们展示整个建筑的面部风貌，还有助于所在城市的精神文明建设。选取适合的建筑色彩对装饰美化城市、烘托气氛、区分属性和功能、展示城市文明等都有着深远的意义。

以城市形象历史演变和现状调查为依据，长沙市的城市形象以湖湘文化为特色，是集"山水洲城"于一体的经济、文化、科教、旅游中心。在此基础上，城市形象识别系统（TI），从理念识别、行为识别和视觉识别三个方面塑造长沙形象，是适合长沙市城市形象美化与品牌树立的发展模式。城市色彩作为城市形象景观构成中最基本的一项内容，也正是长沙市政府和市民急切盼望能得到改善和美化的方面。

1）编制框架

通过对长沙市人文、历史、建筑、自然环境、现状诸参数的色彩调查及民众等趋向的多方调查，建立了充分多元的"长沙色彩基因数据库"。

建立《长沙市城市色彩标准体系（长沙100色）》（长沙市城市色彩建筑外立面基调色、辅助色、强调色、屋顶色）城市色彩应用标准。为长沙市的未来10年提供了有效的、科学的城市色彩管理标准。

提供了以"古、山、洲、住、商、政、工"为基准的配色法则，以划分（历史文化、居住用地、行政办公用地、商业金融用地、文教用地、工业用地）城市各功能区域的用色方向，并指导各个区域的配色应用。

2）长沙市建筑色彩规划四项发展方针及控制基本原则

促进山、水、洲、城间的色彩和谐共融——尊重长沙市建筑物传统惯用色；建筑物基调色以暖色系色相为基础。

构建统一协调的城市横向景观秩序——以让建筑基调色融入周边景观环境为控制前提；统一特定区域周边建筑物基调色明度。

构建变化适度的城市竖向景观秩序——严格限制大面积使用高纯度色；以建筑物低层部位为中心适度展开运用高纯度色。

构建层次分明的城市纵向景深秩序——营造与自然景观相协调的远景色彩；体现街区景观连续性的中景色彩；创建适合行人观赏视线转变的近景色彩。

7.5.2 城市更新

1. 工作流程

我国当前城市更新流程通常包括申报与立项阶段、规划编制与审批阶段、实施阶段、利益分配阶段四大环节。不同城市对于城市更新流程有不同的规定，具体步骤又会因为更新项目的内容、规模、发起的主体不同、类型不一而不同。针对我国城市更新的新形势，结合广州、深圳、上海等走在全国前沿的城市在城市更新中的实践，综合介绍及分析城市更新的工作流程（图7-25）。

2. 技术路线

在城市更新项目中，首先要确定项目位置，调查项目基础资料、当地政策及相关规划分析等基础数据，并以此为基础，从问题和目标导向两方面进行综合评估，识别土地、建筑、设施、公共空间等更新资源；然后通过上位规划要求和基础数据调查，结合项目基础资料、更新资源，确定项目功能定位及发展目标，在生活、生态、产业、文化、安全、交通等方面提出更新思路，明确主要更新任务、内容及更新规模上限，并针对需要进行调整的土地提出规划调整建议；结合项目类型和要求明确项目内的更新对象以及更新方式，说明各类主体参与项目建设的合作方式，并对项目的投资和收益进行估算；根据项目资金情况，制定项目的实施计划，确定实施进度（图7-26）。

3. 案例解析

（1）老旧小区更新——上海市静安区永和二村

1）规划背景

在上海城市更新转型发展和创新社会治理的时代背景下，同济规划院承担了彭浦镇20余个住区的更新规划编制，并指导具体工程建设。其中，彭浦镇永和二村是最先启动的试点小区，在老旧住区更新的理念创新、规划方法、实施路径等方面具有创新性、示范性和引领性的作用。

2）规划策略

①从关注空间到侧重居民利益主体：老旧住区更新从增量规划以空间逻辑为主线转变为以社区居民为核心，更新过程体现多元参与和空间正义，民主表决后的更

申请与立项阶段	业主发起更新需求
	意愿征集
	划定城市更新单元
	城市更新计划申报

规划编制与审批阶段	各类设计规范	业主、开发商和设计机构参与
	编制城市更新规划方案	
	提交城市更新领导机构审批并公示	

实施阶段	各类确定要求 → ← 确定实施主体
	划拆迁、征地、移交土地、补偿 → 补偿地价
	开发涉及关键权证获取
	各类实施规范
	更新项目建设 ←

利益分配街道	安置房安置 →	地价规定
	商品房和保障房出售	
	业主	市场	政府

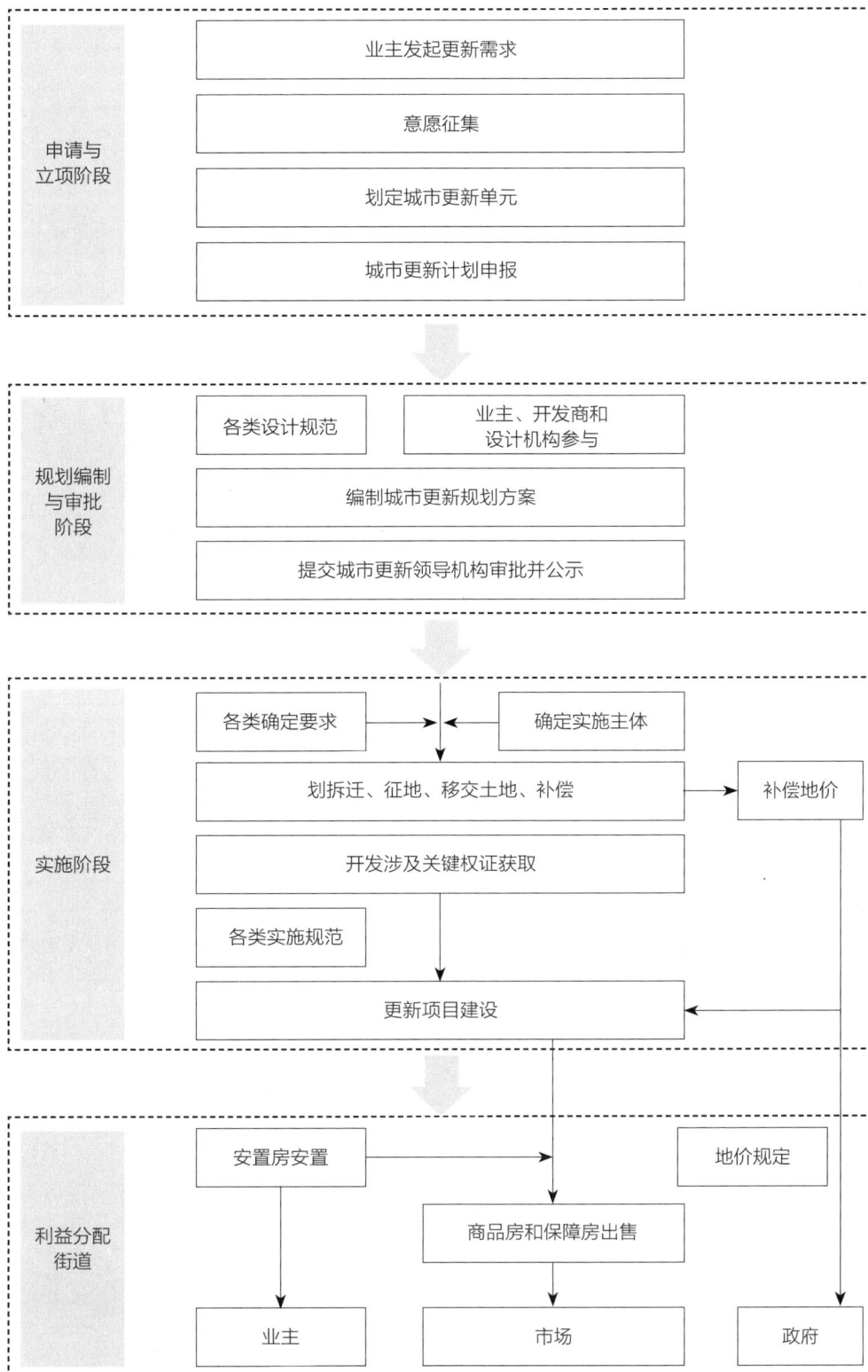

图 7-25　工作流程

资料来源：作者改绘（银通智略.城市更新流程 [EB/OL]. 银通智略：2021–11–23）.

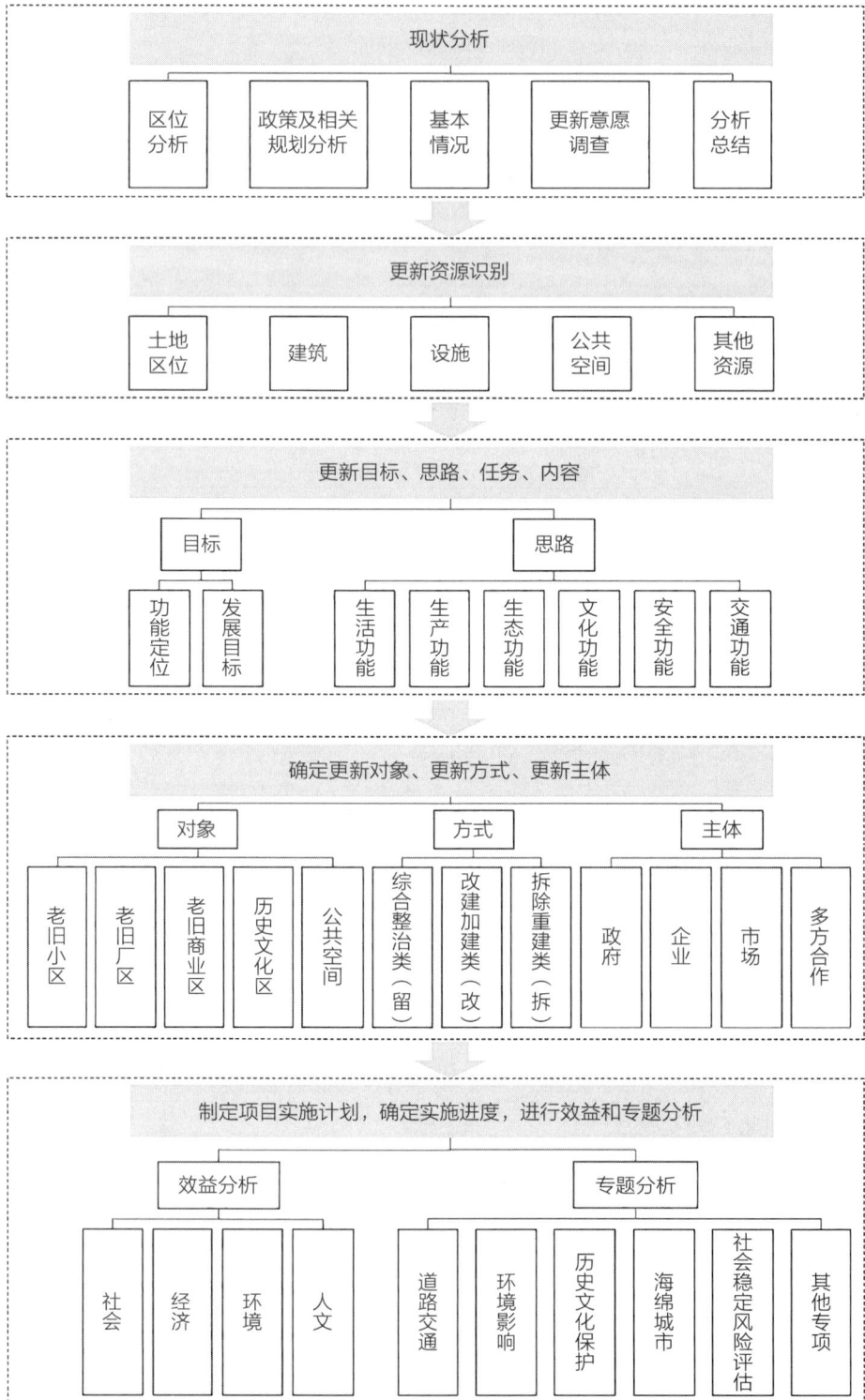

图 7-26　技术路线

资料来源：作者自绘 .（重庆市住房和城乡建设委员会 . 重庆市城市更新技术导则：
渝建发〔2022〕9 号 [S]. 重庆：重庆市住房和城乡建设委员会，2022：26-55；成都市住房和
城乡建设局 . 成都市公园城市有机更新导则 [S]. 成都：成都市住房和城乡建设局，2021）.

新方案体现社区居民的共同意愿，更新结果体现居民公共利益最大化，从而实现提高社区居民的满意度和获得感的更新目标。

②从房修工程到规划引领综合价值提升：老旧住区更新倡导社区规划、社区规划师的综合作用机制，实现从传统的房管主导的维修类工程模式到规划引领的综合更新模式，推动社会治理创新和实现老旧社区综合复兴。

③从问题导向到物质精神双重价值体现：以城市有机更新与创新社会治理为理念指引，定义和诠释老旧社区更新改造的价值内涵；社区更新在以问题导向的基础上，应建立价值导向的指引，诸如更新要体现健康性、正义性、生态性、活力性、人文性等，以提高老旧社区更新的综合效益。

④从蓝图规划到多方参与协作式行动规划：与传统目标导向清晰的蓝图规划相比，社区更新规划应该是一种以自下而上为主导的方式，强调社区居民、政府、规划师、工程单位、社会组织等多方参与，针对社区问题共同探寻一种解决之道的协商式的行动规划，贯穿规划设计、协调、建设、管理全流程。

3）规划主要内容

①将交通组织与生命通道相结合：以确保生命通道和消防通道畅通为主要目标，对住区场所空间进行充分挖潜，梳理现状道路，因地制宜提出人车分流、增加生态停车位、设置太阳能非机动车棚、局部拓展道路转弯半径等交通组织优化方案、规范划定机动车停车位、增设非机动车停车棚和充电设施，确保消防通道和救护设施宽度要求。

②将社区管理与社区安防相结合：实现社区安全全覆盖，主要包括住区出入口综合改造、安全技防设施无死角、基础设施维修等，制定相应的改造方案，增设安全探头装置、非机动车棚等基础设施的消防安全装置、小区出入口安全设施等，将社区综合管理与安防紧密结合，在提高住区安全的同时，也提高了住区的识别性和归属感。

③将环境提升与居民需求相结合：规划重点从景观功能性、针对性、适用性以及美观性四个方面，通过对社区居民日间行为的动态跟踪调研，对小区踩踏路线研究分析，对不同年龄居民的活动时间段和活动范围分析，得出适合不同年龄居民的环形步道和使用率最高的环境场所，对小区公共绿地和活动空间进行充分的提升设计，为各年龄层居民提供公共交往与健康场所。

④将功能完善与空间美化相结合：针对社区建筑本体等基本设施功能有针对性地重点提出改善方案，诸如屋顶漏水、墙面渗水、楼道安全整治等建筑本体存在的问题，此次规划设计一并进行了综合梳理，并确定改造的施工时间先后顺序，尽量全面合理地解决居民的实际问题，并减少社区施工改造期间，对居民日常生活的影响，既解决社区居住建筑的功能性与美观性问题，又合理有序地指引改造

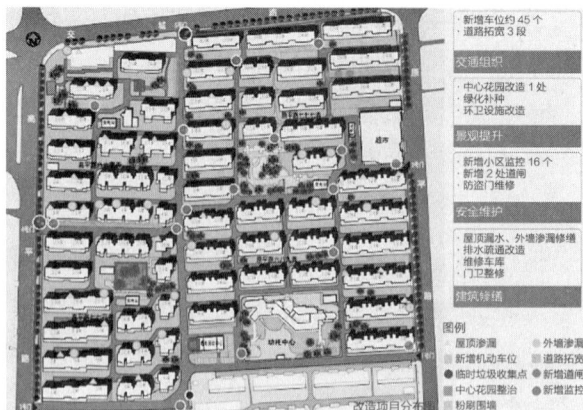

图 7-27　规划内容示意图

资料来源：匡晓明.上海市静安区彭浦镇永和二村
美丽家园社区更新规划 [EB/OL]. 同济规划 TJUPDI:
（2018-07-27）[2022-04-20].

整治的顺利进行（图 7-27）。

4）规划特色

①将社区规划与社区治理相结合：围绕"存量老旧住区"这一特点，在项目前期研究中结合上海创新治理的时代要求，确定了社区更新开展坚持"整体统筹、规划引领、公众参与、群众满意"的基本原则，并重视其惠民工程性质，强调社区规划与社区治理紧密结合。创新提出"社区更新

P+P+P 模式"，分别指规划（Planning）、公众参与（Participating）、实施（Put-into-Effect），即动态规划和自治共治相结合的社区更新理念，并落实具体建设。强调社区更新应以社区居民为核心，依托静安区基层治理中既有的"三会一代理平台"和"1+5+X"自治模式，建立社区更新工作机制，为居民、政府、规划师、建设方搭建一个高效的协同平台，协调各参与主体角色扮演和职责分工，从而积极有效地推动社区更新（图 7-28）。

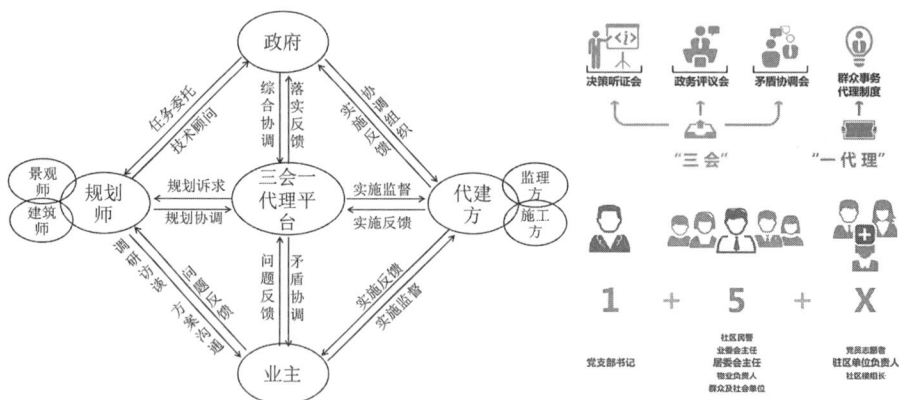

图 7-28　"三会一代理平台"和"1+5+X"自治模式

资料来源：匡晓明.上海市静安区彭浦镇永和二村美丽家园社区更新规划 [EB/OL].
同济规划 TJUPDI:（2018-07-27）[2022-04-20].

②将公众参与与自治共治相结合：规划师的角色由传统单一的设计师逐步向空间治理的社区规划师转型，从蓝图绘制到问题协调转变，服务对象和利益主体由政府、开发商逐渐向普通居民转变。本次实践探索了社区规划师工作机制，强调公众参与和自治共治相结合，强调社区更新以社区居民为核心，为居民、政府、规划师、

建设方搭建一个公众参与协同平台，拓展公众参与的主体、深度、广度，引导住区更新中社区居民共谋、共建、共治、共享。

③将空间规划与问题导向相结合：通过认真细致的现场踏勘、访谈交流、问题汇总，针对住区空间环境的微更新特征，规划采用了一系列的微设计方法，如"人体工程学、行为轨迹法、日照分析法"等，有针对性地提出解决方案，强调社区更新中特色化的设计理念与问题导向相结合的设计方法。

④将物质规划与精神获得相结合：在解决老旧住区最基本的功能性和设施性改善等物质空间问题的基础上，因地制宜提出住区微更新应提倡"健康、环保、生态、人文"等设计理念。增强住区空间场所的特色性、识别性和社区居民的归属感，将物质规划与精神获得相结合，提高居民精神层面和心理层面的满意度。

5）实施成效

①老旧住区物质空间环境得到改善、居民满意度和获得感得到增强。

②社区规划与社区治理深度融合，创新社会治理方式，提高了基层治理能力。

③探索上海社区规划师的工作机制与方法，为上海社区规划师制度的建立起到了积极的试点作用。

④社区规划"P+P+P模式"在静安及上海其他老旧住区更新建设中推广。

（2）旧厂更新——郑州市西区旧棉纺厂地块

1）案例概况

郑州棉纺厂地区位于郑州市西部，嵩山路以西，秦岭路以东，陇海铁路线以南，棉纺西路以北，面积约133hm²。1953年我国开始第一个五年计划时，郑州被列为重点新型工业基地之一，依托发达的铁路运输条件和其解放前的棉纺织业基础，以及河南省内丰富的乡村棉花生产基地，国家在郑州西郊建成了6家国有全能大型棉纺织厂，形成了比当时的郑州市区还要大的"纺织城"，成为全国重要的纺织基地之一。工业企业的蓬勃发展带动了郑州西区的城市建设，围绕厂区周围建起了与其相配套的生活区、学校、医院、俱乐部、电影院等各类公共服务设施，棉纺厂一带一度成为郑州市最繁华的区域。而随着城市半个世纪以来的发展和蔓延，曾经处在市区外围的棉纺厂逐渐被城市包裹，成为郑州市中心城区的一部分。

2）棉纺厂区存在的问题

①企业经营困难，影响社会稳定

由于资金严重匮乏、设备更新缓慢和生产效率低下，棉纺厂连年亏损。职工工资低下，退休工人比重高，企业包袱沉重，二厂、五厂和六厂相继破产。企业的衰落致使工人的生活更加困难，职工的不满情绪不断上升，甚至出现了职工上访的事件，影响了西区的社会稳定。面对此种情况，郑州市政府曾采取了各种政策性的办法和手段，但都显得力不从心，没有得到明显的效果。

②景观环境和生态环境恶化

现在的棉纺企业多处于半停产状态，设备陈旧，厂房破败，年久失修，室外空地杂草丛生。而经济活力的下降又使得厂区得不到及时的修缮和更新，经济条件较好的家庭和年轻人都不愿在此居住和工作，而留下的多为老人和收入较低的阶层，形成了新的城市弱势群体。经济的衰退加剧了西区景观环境和生态环境的恶化，无论从物质还是精神方面都呈现出衰败的景象。

③土地利用效率低下，不适应城市发展需要

厂区由原来的郊区用地发展成为中心城区的一部分，周边的开发强度不断提高，土地价值不断增加。原棉纺厂区内大多为一至两层的厂房和仓库，且企业多处半停产状态，土地利用效率极为低下。随着经济的发展，城市的定位已从原来的新型工业基地向区域中心城市转变，需要大力发展第三产业以满足新时代的职能需要。而作为工业用地的棉纺厂区恰好处在城市中心位置，占用了大量的城区土地且经济效益低下，其功能远远不能满足该区位对它的要求。

④空间结构不合理，影响城市整体发展

棉纺厂地区原为大型工业用地，各厂的结构布局基本相同：中心最大的空间为车间厂房，周边零星地块安排供料、职工食堂和机械维修等辅助用房，结构比较单一。从目前发展的眼光看，基地北边原有的货运编组站阻碍了该地块的南北贯通，地块内又缺少东西向的干道，使得整个地块内部以及地块与外部的交通连接很不通畅，不能满足区域发展的交通需求，其空间结构也不能很好地融入城市整体结构。近年来，郑州市区不断向东扩展，使得东区的发展和西区的衰落形成了巨大反差，进一步造成社会经济结构的分化和经济发展格局的不平衡。

3）郑州市棉纺厂区的更新策略和方法

①引入社会资金，提倡公共参与

为了解决棉纺厂企业和职工面临的问题和困境，政府决定采用"用土地换生存"的方法来解救棉纺厂企业并振兴郑州西区。具体来说就是把六大棉纺厂搬迁出去，出让原有厂址土地的使用权，用土地的差价来更新设备，使棉纺企业能重新参与市场竞争。首先，企业专门召开了职工代表大会，说明了引入社会资金的目的和方法，对此无论是在职还是退休职工对棉纺厂的搬迁都没有提出反对的意见。接下来就是资金的问题。由于旧棉纺厂规模和用地面积较大，其搬迁和更新改造需要巨额资金，为了弥补资金不足的问题，减轻政府的负担，企业决定通过市场机制，用招标和拍卖棉纺厂土地使用权的方式引入社会资本。最终棉纺厂地块被几家房地产企业拍走，工厂的搬迁和改造有了实质性的进展。

②平衡利益，统一规划

为了使棉纺厂区改造更新后，整个地块结构合理，公共服务设施布局和环境协调，政府牵头对棉纺厂地区进行统一规划，分步实施。而在市场运营过程中，公共服务配套设施等用地不能为投资者带来经济回报，棉纺厂拍卖后分属不同的房产企业，为了防止开发商只考虑各自经济效益而影响公共服务设施的合理配置，政府运用得地率平衡的方法来协调开发商、政府和公众之间的利益，也就是按照各开发商购买地块面积的大小，按比例分配其地块所需承担的公共服务设施的量，从而保证公共服务设施的总量和平衡分布，使公共利益和开发商的利益达成一致，推进更新改造的顺利进行。

③提高土地使用效率，合理调整用地功能

政府委托规划设计单位对棉纺厂区的更新进行了科学的定位和规划。在郑州市新一轮的总体规划中，棉纺厂地区处于城市核心景观区的扩展区和东西城市综合服务的聚合轴线上，其区位有着明显的优势：与城市中心区交通便利，轨道交通站点处于建设中，靠近碧沙岗商业中心，商业氛围较浓厚。通过市场分析可以看到，随着区域人口的增加，西区的消费潜力在不断扩大，而西区现有的商业供量不足、高层次商业发展不充分。综合这些条件，规划方案将棉纺厂所在地区的用地调整为以居住生活和配套服务为基础，以购物休闲、文化娱乐、餐饮酒店等为主导功能和以商贸办公、创意研发、产业服务等为特性功能的复合用地，以适应不断变化的城市生活的需求（图7-29）。

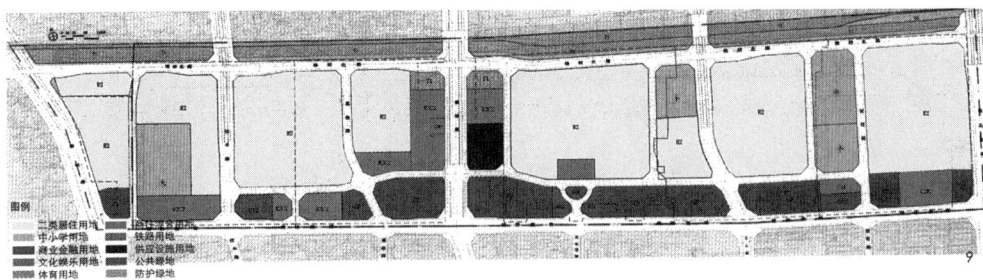

图7-29 土地利用规划图

资料来源：李峰，俞静．理想空间：城市更新[M].上海：同济大学出版社，2010：75.

④优化用地结构，促进经济发展

通过对棉纺厂区域发展的研究和判断，结合其区位、交通、景观等条件，规划确定棉纺厂更新后的规划结构目标为"一心、一带、一区"。

一心：桐柏路商业次中心。规划区作为郑州城市东西发展轴的重要节点，将进一步完善城市总体规划所确定的综合服务带功能，并结合轨道交通捷运体系的建设，形成以商业服务和休闲娱乐为主导功能的郑州西区公共活动中心。

一带：棉纺西路现代服务集聚带。根据老工业基地改造和"退二进三"转型的要求，结合棉纺西路城市景观的塑造，沿棉纺西路重点发展现代服务业，并考虑设置生产力服务、商贸办公、总部经济等现代服务功能，打造棉纺西路现代服务集聚带。

一区：和谐宜居示范区。深入挖掘棉纺厂历史文脉，塑造具有文化底蕴的优美景观环境，完善服务配套功能，建设高品质、高标准宜居区，吸引中高素质人口入住，成为中原片区具有文明生态示范效应的宜居区。

规划从城市整体性出发，以桐柏路和棉纺西路为双轴，将基地由东向西分为七个并列的社区群组，每个社区群组都设一个公共空间作为社区群组的核心，各核心之间、核心与南北的道路和绿化带通过道路和绿化分别相通和连接，形成了核心引领、纵横双轴、绿色网络、七区协同的结构，强调与周边区域的功能互动，同时注重内部空间结构系统布置的整体性，功能组合的协同性和互动性（图7-30）。

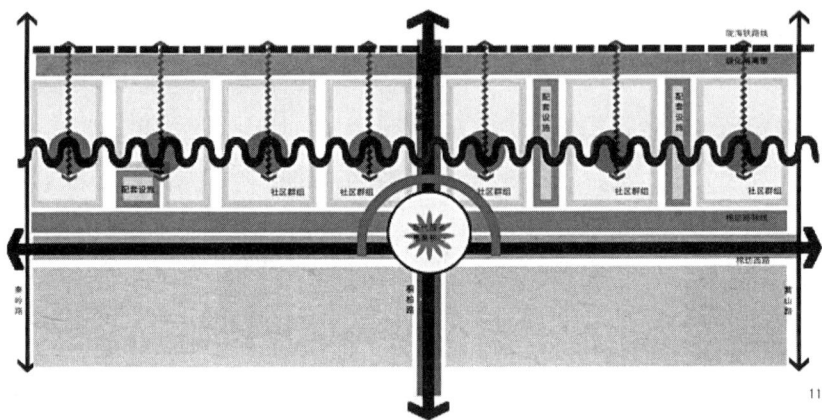

图7-30 规划结构图

资料来源：李峰，俞静.理想空间：城市更新[M].上海：同济大学出版社，2010：75.

⑤注重文化传承，提升环境形象

棉纺厂整个地块东西向呈狭长带状，规划方案在划分六个功能组团的基础上，以一条绿化景观通廊贯穿过去，使六区形成空间景观和环境上的协同互动。同时各功能组团内部也以南北向贯穿的绿化廊道作为景观组织的核心，同东西向景观通廊一同形成纵横交错的景观系统。同时注重挖掘和创新利用棉纺厂地区的历史文化特色，以尊重历史的态度，对遗留下来的建筑物、构筑物、场地要素进行挖掘、判定和重塑。规划保留并利用了四个工厂门楼、四个仓库、三处铁轨、三条街道的古树、四处构筑物、三处地景和雕塑等，使历史遗迹以新的形式和功能与现代生活相交融，在空间构成、景观塑造等诸多方面，塑造具有文化底蕴的优美景观环境（图7-31）。

（3）历史文化街区更新：扬州东关历史文化街区

1）案例概况

东关历史文化街区作为扬州历史城区内四大历史街区中面积最大、保护性开发最早和商业开发最成功的历史街区，集中体现了扬州历史文化特色，是扬州历史文

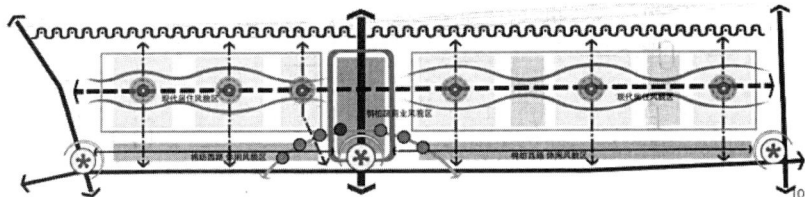

图 7-31 绿化系统

资料来源：李峰，俞静．理想空间：城市更新 [M]．上海：同济大学出版社，2010：75．

脉传承与演绎的核心承载空间。更新重点研究解决街区保护和开发中主要矛盾的路径，提出构建支撑体系的建议。更新总体目标是永续的"双东"——寻求街区保护和开发的最佳平衡点，改善居民生活，完善设施配置，探索历史街区可持续发展之路。更新子目标包括古韵双东，历史遗存"精准保护，活化利用"；活力双东，旅游开发"有机更新，融合共生"；宜居双东，居民生活"完善服务，改善环境"。

2）现状问题

一是游客量远超负荷，旺季游客流量峰值超预期近 5 倍，过度拥挤，游客体验感差，存在安全隐患；二是历史文化资源分布与游客动线不匹配，位于非主动线上的历史文化资源的价值未能充分发挥；三是业态层级和能级不高，"短、频、快"的低端业态不断增多，且同质化严重；四是非物质文化遗产的保护和传承面临困境；五是公共空间匮乏；六是片区面临旅游及生活双重交通压力；七是复杂的产权和其他历史遗留问题困扰街区更新，已有实施模式不能完全协调整体性和个性化的诉求；八是规划和政策支撑体系不能适应新的更新需求。

3）技术路线

通过对街区保护发展的脉络、现状进行全面梳理，分项总结保护性开发的成效与问题。研究借鉴国内外相关案例和理论，掌握街区更新与保护的最新要求；明确保护和更新目标。树立"系统观念"，围绕核心问题，提出"展示历史遗存特色、提升居民生活品质、优化街区旅游开发和完善相关设施建设"等四大专题进行分项研究，从规划编制、管理及实施层面提出政策建议、实施计划（图 7-32）。

4）更新策略

①调整优化空间布局

空间引导——构建游客满意和居民幸福的"商业—居住"空间平衡模式。以主要旅游通道为骨架设置动线，以"串糖葫芦"的方式串联各历史文化资源，形成主次有序、趣味多变的空间序列；盘活历史资源，重点打造节点空间，构建文化底蕴深厚、服务配套完善的网状旅游空间大格局。由旅游动线划分六个居住组团，组团内部配套便民的公共服务设施和口袋公园，在日常生活中尽量减少旅游对居民生活的干扰（图 7-33）。

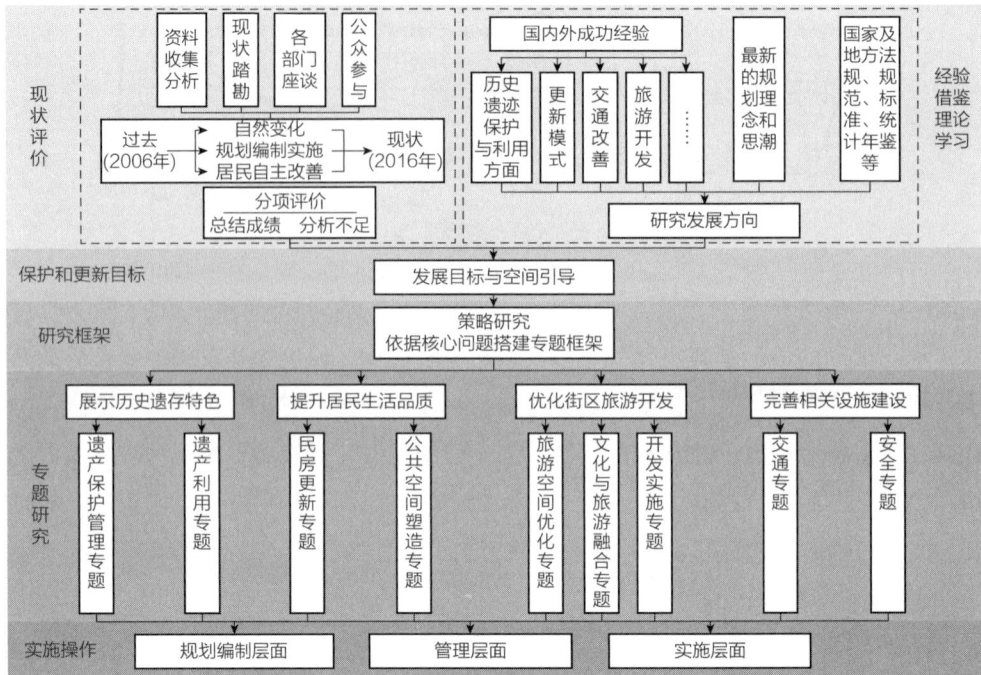

图 7-32　技术路线图

资料来源：王琛，杨纪伟.扬州东关历史文化街区更新策略研究 [C]// 高明，毛蒋兴.
城市更新与可持续发展研究.南宁：广西科学技术出版社，2017：282-292.

　　用地布局引导——粗分类、混合发展的用地布局。街区用地共分为四类，分别是旅游空间、居住空间、混合空间和城市功能空间。以满足游客、城市居民、本区居民三类人群多样活动和多元需求为基础，围绕街区发展需求弹性调整用地布局，避免分类过于细致而制约混合功能的实施和混合业态的发展（图 7-34）。

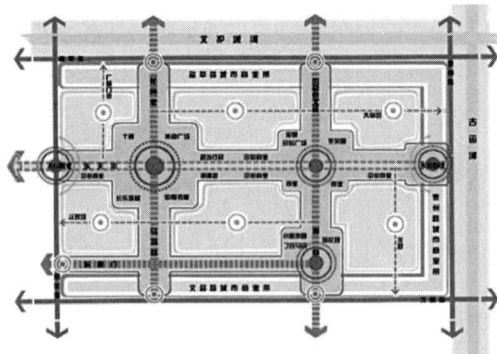

图 7-33　空间结构图

资料来源：王琛，杨纪伟.扬州东关历史文化街区更新策略研究 [C]// 高明，毛蒋兴.城市更新与可持续发展研究.南宁：广西科学技术出版社，2017：282-292.

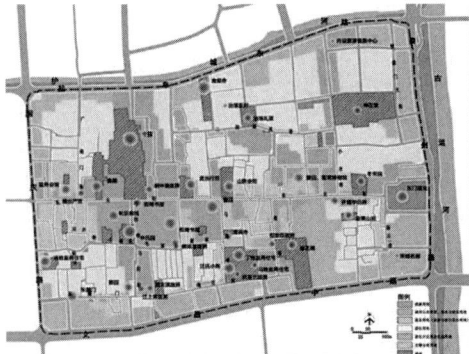

图 7-34　用地布局引导图

资料来源：王琛，杨纪伟.扬州东关历史文化街区更新策略研究 [C]// 高明，毛蒋兴.城市更新与可持续发展研究.南宁：广西科学技术出版社，2017：282-292.

②精准保护历史风貌，活化利用历史文化资源

针对历史街区整体风貌的保护，提出"细化"与"放宽"两种不同的控制策略。"细化"控制要求实现对风貌的精准保护；"放宽"对改造和开发性地块引导性内容的控制，在建筑组合、体量形态上不一味要求仿古，既传承历史空间格局，又适应现代功能需求，促进风貌的有序更替。

③挖掘城市基因，突出文化特色

以古城和众多历史文化遗迹为载体，以盐商文化、园林文化为核心，以精致休闲、文化休闲为理念，将东关街构筑为扬州传统休闲生活体验地。拓展文化旅游产业链的广度和深度，增加游客在街区的驻留时间；以突出特色为重点，将东关街、东圈门、花局里、小草巷北延、观巷和马坊巷这六条街巷进行主题化塑造，提升商业、文化、餐饮等业态的功能；以深度融合为手段，将业态特点和空间格局相结合，将地方文化和产业产品相结合，将民俗客栈融入居住功能区，提升游客体验的丰满度。

④提升人居环境品质，完善便民服务设施

按照"就近、小空间、多而散"的原则布局公共活动空间，打造多处口袋公园，提升人居环境品质。盘活社区内部空关、闲置的存量公房资源，改造利用为社区服务用房和为本地区居民服务的生活型商业服务设施，补齐公共服务和便民设施短板。

⑤完善设施建设

构建"密路网、窄街巷"的路网体系。尽可能分离游客游览线路与居民出行线路，减少相互干扰。街区设置多个入口空间，疏解客流，带动游览线路向纵深延伸。每个居住片区都有一条宽度在3m以上的便捷、顺畅的"绿色通道"对外联系，保障居民出行通畅。打通尽端路，满足居民日常出行便利需求。采取适度从紧的停车需求政策，街区主要出入口的外围区域增设停车场，截留部分机动车，旅游出入口设置停车场及停车楼。

以"车适应路"为原则建立三级消防通道体系；采用网格化消防管理，划分防火组团，设置防火隔离带；布置完备的消防设施；应用新技术对建筑进行性能化防火设计。三管齐下引导人流集散。在保护和延续东关街传统格局和历史风貌的基础上，通过"多通道多入口"方式增加街区疏散总宽度，增强疏散能力；构建新的吸引点，疏解东关街的人群密度；建立监控预警系统，加强控制管理。

⑥强化政策研究，提出实施建议

历史文化资源实现"一张图"管理。全面细致地梳理各类历史文化资源，将文保单位、历史建筑、古树名木、古井等的位置、空间信息、三维模型、历史典故等统一再现于一张图，建立历史文化遗产资源数据库，制定数据管理规则。

探索"机构策划、政府引导、居民参与"的新模式。重要节点、地段改造整治

由政府完成，运营管理机构对街区进行统一包装策划，民居自营参与，提升市场活力和多样性。建议以户为单位，建立民居数据档案库。档案库应包含每户的基本属性、评价体系和规划控制建议。基本属性，包括该院落的各项基本城市和社会指标；评价体系，是基于基本属性的分析评价；规划控制，是在基本属性和评价体系的基础上给出的综合规划措施和建议。

针对当下的私家庭院建设属于"无章建设"，且易出现邻里纠纷、管理部门干涉等问题。建议政府制定相应政策赋予其合法地位，出台鼓励政策，如给予适当资金补贴、技术支持等。尊重居民意愿，建立多样化人口疏导机制。鼓励公房管理机构对公房进行盘活，腾迁部分公房住户。对人均面积较小、愿意改善居住环境的私人住户，可进行产权置换或货币搬迁。优化人口结构，鼓励留住原住民。公房和直管公房的出租、拍卖优先考虑符合条件的中青年群体；通过街区硬件条件改善吸引现状住户家庭成员中的中、青、少年成员回迁，保持街区人口有机更新，提升维持街区活力。鼓励留住原住民，尤其是长时间在双东居住的居民。

5）经验总结

①总结一套普适性的历史文化街区更新工作要点

东关历史文化街区更新策略工作的几大要点：出发点是保护性利用，通过整治修缮、提升和利用等措施促进保护；着力点是提升功能空间，打造游客满意和居民幸福的"商业—居住"空间平衡模式；重点是民生福祉，应改善居民居住环境，提升基础设施水平；关键点是利益分配，应借助利益驱动，引导发展利用共享；保障点是政策策略，制定可操作性强、覆盖面广、部门分工明确的实施政策。对于历史文化街区而言，东关的更新策略研究具有一定的普适性，可以为其他历史文化街区乃至文化遗产地的整治更新提升工作提供借鉴。

②采用"总体设计＋旅游策划"的方法系统考虑整体方案

用总体设计的方法来探讨和构建适用于历史街区的更新，对城市形态、空间环境和功能布局进行系统的构思和安排。对空间环境要素层面提出设计准则，使历史街区能在保护的前提下与城市发展相融合。同步开展旅游策划，对街区内景点建设、形象提升、品牌塑造、旅游线路组织等方面进行创造性思考。运用"总体设计＋旅游策划"的方法，使策划落实到空间，物质空间和人文环境更好地契合，促进街区活力发展。

③"粗分类、混合发展"的用地分类和布局指引

随着片区整体环境的改善和旅游业的发展，一方面居民自发在自家住宅上发起的旅游、商业功能，使得面向游客的服务空间向街区纵深渗透；另一方面分布于旅游主线侧的现状居住用地，因其区位条件较好，本身也存在住宅商业化使用的需求，很难严格限制其用地功能。片区用地划分采用粗分类，从用地性质的规定上保证混合功能的实现和混合业态的发展。

④探索"机构策划、政府引导、居民参与"的更新开发模式

摒弃"政府主导，国企运作"大规模征收模式，同时防止因居民自发经营而造成业态低端化，探索"机构策划、政府引导、居民参与"的新模式，运营管理机构对街区进行统包装策划；政府控负责重要节点、地段改造整治，主导业态起到带动发展作用；民居参与自营，提升市场活力和多样性。旅游开发可为1：1：1的模式，即 1/3 空间政府主导、国企运作持有产权，主导业态；1/3 居民和商铺自营，持有产权，对业态须统一引导；1/3 可保留为民居或者居民自营，对业态不做太多限制。

⑤制定分部门落实、可操作性强的实施计划和保障措施

立足当前，兼顾长远，从时间、空间和发展权等多个维度，制定涵盖业态引导、历史文化遗存利用、环境提升、公共基础设施改善、交通条件优化、人口结构优化、民居修缮、私家庭院建设、产权置换、更新模式等一系列适用于历史街区的实施策略和相关政策建议，并将政策建议和项目计划等分解到各责任部门并监督落实，保障更新项目能够顺利推进。

思考题（具体内容扫描二维码 7-28 阅读）

本章参考文献

二维码 7-28

[1] 中共中央、国务院 . 关于建立国土空间规划体系并监督实施的若干意见（2019 年）[Z]. 北京：中共中央、国务院，2019.

[2] 阳建强 . 城市更新理论与方法 [M]. 北京：中国建筑工业出版社，2021.

[3] 陈群弟 . 国土空间规划体系下城市更新规划编制探讨 [J]. 中国国土资源经济，2021（12）：1–12.

[4] 林若达 . 存量规划背景下存量用地"一张图"构建与辅助更新规划研究——以福州鼓楼区城市更新规划为例 [J]. 住宅产业 – 规划与设计，2021（12）：41–43.

[5] 广州市人民政府 . 广州市城市更新办法（2015 年）[Z]. 广州：广州市人民政府，2015.

[6] 深圳市人民政府 . 深圳市城市更新办法（2016 年）[Z]. 深圳：深圳市人民政府，2016.

[7] 上海市人民政府 . 上海市城市更新实施办法》（2015 年）[Z]. 上海：上海市人民政府，2015.

[8] 杨东 . 更新制度建设的三地比较：广州、深圳、上海 [D] 北京：清华大学，2018.

[9] 中华人民共和国自然资源部 . 省级国土空间生态修复规划编制指南（征求意见稿）[Z]. 北京：中华人民共和国自然资源部，2020.

[10] 中华人民共和国自然资源部 . 省级海岸带综合保护与利用规划编制指南（试行）[Z]. 北京：中华人民共和国自然资源部，2021.

[11] 中华人民共和国住房和城乡建设部 . 历史文化名城名镇名村街区保护规划编制审批办法（住建部〔2014〕20 号）[Z]. 北京：中华人民共和国住房和城乡建设部，2014.

[12] 中共中央、国务院 . 关于建立国土空间规划体系并监督实施的若干意见（中发〔2019〕18 号）[Z]. 北京：中共中央、国务院，2019.

[13] 中华人民共和国自然资源部 . 自然资源部办公厅关于加强村庄规划促进乡村振兴的通知 [Z]. 北京：中华人民共和国自然资源部，2019.

[14] 曹璐，谭静，魏来，等 . 我国村镇规划建设管理的问题与对策 [J]. 中国工程科学，2019，21（2）：14–20.

[15] 北京市规划和自然资源委员会 . 北京市村庄规划导则（修订版）[Z]. 北京：北京市规划和自然资源委员会，2019.

[16] 北京市人民政府 . 关于落实户有所居加强农村宅基地及房屋建设管理的指导意见（京政发〔2020〕15 号）[Z]. 北京：北京市人民政府，2020.

[17] 王建国 . 城市设计 [M]. 北京：中国建筑工业出版社，2009：125–126.

[18] 季松，段进，林莉，等 . 国土空间规划体系下的总体城市设计方法研究——以江苏溧阳为例 [J]. 规划师，2022，38（1）：104–110.

[19] 鲁赛，夏南凯 . 理想空间：总体城市设计 [M]. 上海：同济大学出版社，2010：18.

[20] 周海波，朱旭晖，张榜 . 理想空间：新城城市设计 [M]. 上海：同济大学出版社，2011：43.

[21] 李峰，俞静 . 理想空间：城市更新 [M]. 上海：同济大学出版社，2010：72.

[22] 王琛，杨纪伟 . 扬州东关历史文化街区更新策略研究 [C]// 高明，毛蒋兴 . 城市更新与可持续发展研究 . 南宁：广西科学技术出版社，2017：282–292.

第 8 章

城乡规划管理实践

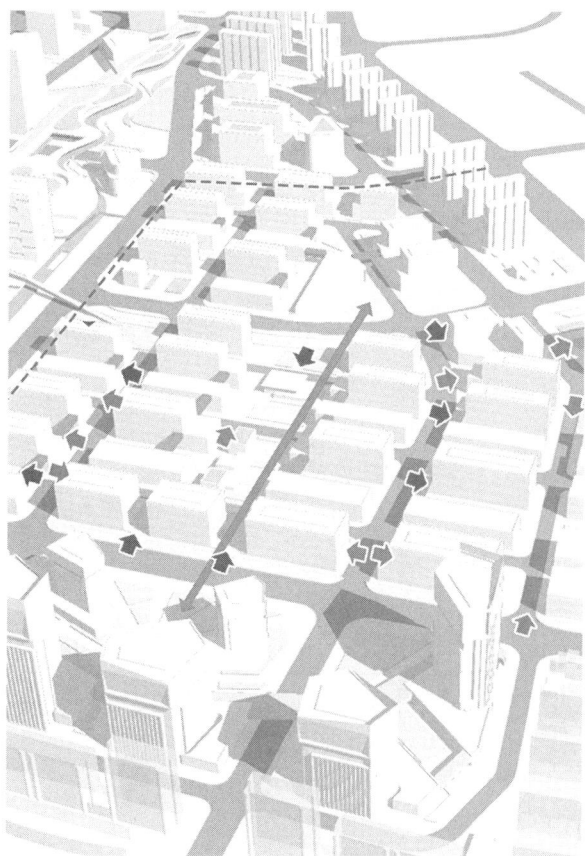

城乡规划管理基本知识
├─ 城乡规划管理的概念和基本特征
├─ 城乡规划管理的基本工作内容
├─ 城乡规划管理的原则
├─ 城乡规划管理的依据
└─ 城乡规划管理的主管部门

城乡规划编制与审批管理
├─ 城乡规划的编制和审批主体
│ ├─ 城镇体系规划、城市总体规划、镇总体规划
│ ├─ 乡规划、村庄规划
│ └─ 控制性详细规划、修建性详细规划
└─ 城乡规划的审批程序
   ├─ 现行中华人民共和国城乡规划法律、法规的规定
   │ ├─ 前置程序
   │ ├─ 上报程序
   │ ├─ 批准程序
   │ └─ 公布程序
   └─ 国土空间规划体系有关规定

城乡规划修改的管理
├─ 省域城镇体系规划、城市总体规划、镇总体规划的修改
│ ├─ 规划实施情况评估
│ ├─ 规划修改的条件
│ └─ 规划修改的程序
├─ 控制性详细规划的修改
├─ 修建性详细规划的修改
├─ 乡规划、村庄规划的修改
└─ 近期建设规划修改的备案

城乡规划编制单位的资质管理
├─ 法律要求
└─ 具体规定
   ├─ 主管部门
   ├─ 资质等级与标准
   └─ 资质管理程序

城乡规划实施管理
├─ 综述
├─ 城市建设工程规划管理
├─ 乡村规划管理
└─ 临时建设和临时用地管理

城乡规划的监督检查
├─ 权力机关对城乡规划工作的监督
├─ 城乡规划监督检查的内容
├─ 城乡规划监督检查的方法
├─ 城乡规划监督检查的程序
└─ 城乡规划的法律责任及处罚

城乡规划责任规划师制度
├─ 国内责任规划师制度的实践
│ ├─ 责任规划师的缘起
│ ├─ 北京责任规划师制度建设
│ └─ 上海社区规划师制度建设
└─ 国外责任规划师制度的实践
   ├─ 美国社区规划师制度建设
   └─ 韩国首尔社区规划师制度建设

(城乡规划管理实践)

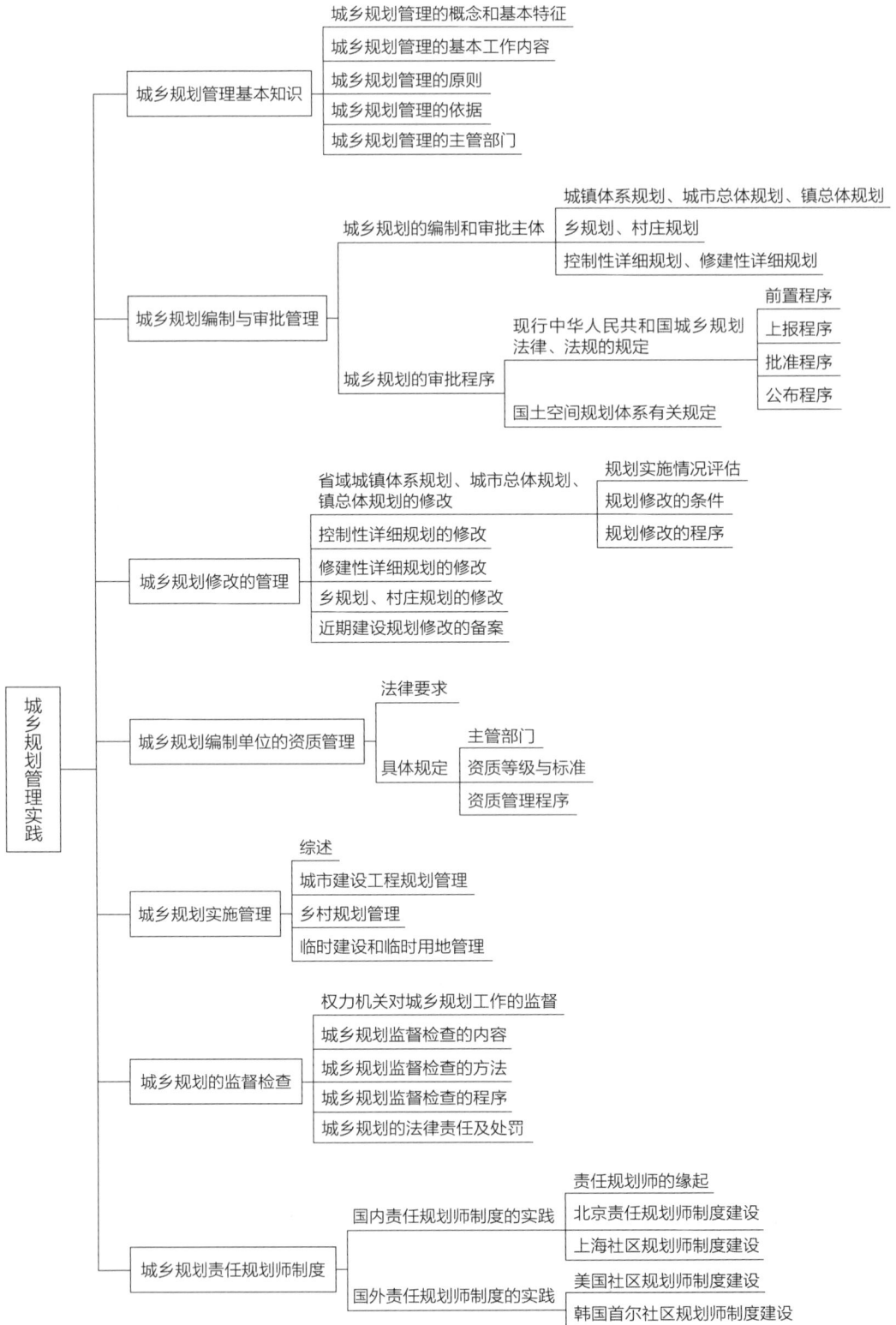

图 8-1　城乡规划管理实践相关知识思维导图
资料来源：作者自绘.

城乡规划的管理是使城乡规划技术措施转化为空间实施的行政手段，是实现城乡规划的核心工作环节，主要包括城乡规划编制和审批的管理、城乡规划实施的管理、城乡规划的监督检查等内容。我国以《中华人民共和国城乡规划法》为主的城市规划法律法规体系以及管理体系已相对完善。目前，我国国土空间规划的改革实践处在进行时，正在建立并完善"多规合一"的国土空间规划体系，是技术体系向治理体系的一次重大变革，是推进国家治理体系和治理能力现代化的重要举措，城乡规划的管理也步入了变革期。规划审批改革：按照谁审批、谁监管的原则，分级建立国土空间规划审查备案制度，精简规划审批内容，管什么就批什么，大幅缩减审批时间。项目审批改革：以"多规合一"为基础，统筹规划、建设、管理三大环节，推动"多审合一""多证合一"。

8.1 城乡规划管理基本知识

8.1.1 城乡规划管理的概念和基本特征

城乡规划管理是一项行政管理工作。从城乡规划专业工作的角度说，城乡规划管理是城市规划编制、审批和实施等管理工作的统称。城乡规划管理主要任务是对编制、实施城乡规划给予组织、控制、引导和监督。

城乡规划管理具有综合性、整体性、系统性、时序性、地方性、政策性、技术性、艺术性等多方面特征。但应特别注意以下五种基本特征：就城乡规划管理的职能来说，既有服务又有制约的双重性；就规划管理的对象来说，既有宏观管理又有微观管理的双重性；就规划管理的内容来说，既有专业又有综合的双重性；就规划管理的过程来说，既有阶段性又有长期性的双重性；就规划管理的方法来说，既有规律性又有能动性的双重性。

8.1.2 城乡规划管理的基本工作内容

城乡规划管理主要有三项内容：一是城乡规划组织编制和审批管理（也称"制定"管理），同时对规划设计单位的资质进行管理；二是城乡规划实施管理（也称"实施"管理），实施管理贯穿于建设工程计划、用地和建设的全过程，根据建设工程的特点和类型不同又分为建筑工程、市政管线工程和市政交通工程三项和历史文化遗产保护规划管理；三是城乡规划实施的监督检查管理（也简称"监督检查"，又称"行政监督"），主要是负责建设工程规划审批后监督管理和检查违法用地、违法建设工作，实施行政处罚。

8.1.3 城乡规划管理的原则

《中华人民共和国城乡规划法》第四条规定，制定和实施城乡规划，应当遵循城乡统筹、合理布局、节约土地、集约发展和先规划后建设的原则，改善生态环境，促进资源、能源节约和综合利用，保护耕地等自然资源和历史文化遗产，保持地方特色、民族特色和传统风貌，防止污染和其他公害，并符合区域人口发展、国防建设、防灾减灾和公共卫生、公共安全的需要。

在具体实践中，需要着重考虑以下三点：

依法行政的原则：是完善社会主义民主制度，保障人民参与管理权利，改善和加强党对政府工作的领导和履行城乡规划管理职能的需要。

系统管理的原则：正确处理局部利益与整体利益及近期建设与远景发展、城乡建设与保护耕地、现代化建设与历史文化遗产保护的关系，切实发挥城乡规划对城乡土地和空间资源的调控作用，促进城乡经济、社会和环境的协调发展。

政务公开的原则：对于城乡规划管理来说，主要涉及规划编制、审批以及建设项目规划许可的公开公示，保障社会知情权以及接受公众监督，让权力在阳光下运行。

8.1.4 城乡规划管理的依据

一是法律规范依据，其中包括：《中华人民共和国城乡规划法》及其配套法规；与城乡规划相关的法律法规包括《中华人民共和国土地管理法》《中华人民共和国土地管理法实施条例》《中华人民共和国城市房地产管理法》等；各省、自治区、直辖市依法制定的城乡规划地方性法规、政府规章和其他规范性管理文件以及城乡规划行政主管部门依法制定的行政制度和工作程序。标准城乡规划行业制定技术规范、标准；各省、自治区、直辖市和其他城市根据国家技术规范编制的地方性技术规范、标准。

二是技术标准、技术规范依据，其中包括：国家制定的城市规划技术规范标准；城乡规划行业制定的技术规范、标准；各省、自治区、直辖市和其他城市根据国家技术规范编制的地方性技术规范、标准。

三是政策依据，其中包括：各级人民政府制定的各项政策，如产业发展政策、城市更新政策等。

四是已经批准的上位城乡规划依据，其中包括：按照法定程序批准的城市发展战略、城镇体系文件与图纸、城市总体规划纲要、城市总体规划文件与图纸、分区规划文件与图纸、专项规划文件与图纸、近期建设规划文件与图纸、控制性详细规划文件与图纸、经城乡规划行政主管部门批准的修建性详细规划文件与图纸等，前一阶段的管理结果也是后一阶段管理的依据。

8.1.5　城乡规划管理的主管部门

根据党的十九届三中全会审议通过的《中共中央关于深化党和国家机构改革的决定》《深化党和国家机构改革方案》和第十三届全国人民代表大会第一次会议批准的《国务院机构改革方案》，将国土资源部的职责，国家发展和改革委员会的组织编制主体功能区规划职责，住房和城乡建设部的城乡规划管理职责，水利部的水资源调查和确权登记管理职责，农业部的草原资源调查和确权登记管理职责，国家林业局的森林、湿地等资源调查和确权登记管理职责，国家海洋局的职责，国家测绘地理信息局的职责整合，组建自然资源部，作为国务院组成部门。随后地方各级相继进行了政府机构改革，目前各级自然资源主管部门是城乡规划的主管部门。

8.2　城乡规划编制与审批管理

8.2.1　城乡规划的编制和审批主体

根据《中华人民共和国城乡规划法》，城乡规划包括城镇体系规划、城市规划、镇规划、乡规划和村庄规划。城市规划、镇规划分为总体规划和详细规划。详细规划分为控制性详细规划和修建性详细规划。城乡规划的编制主体和审批主体为：

1. 城镇体系规划、城市总体规划、镇总体规划

《中华人民共和国城乡规划法》规定，国务院城乡规划主管部门会同国务院有关部门组织编制全国城镇体系规划，用于指导省域城镇体系规划、城市总体规划的编制。省域城镇体系规划由省或自治区人民政府组织编制，报国务院审批。城市人民政府组织编制城市总体规划。直辖市的城市总体规划由直辖市人民政府报国务院审批。省、自治区人民政府所在地的城市以及国务院确定城市的总体规划，由省、自治区人民政府审查同意后，报国务院审批。其他城市的总体规划，由城市人民政府报省、自治区人民政府审批。县人民政府组织编制县人民政府所在地镇的总体规划，报上一级人民政府审批。其他镇的，总体规划由镇人民政府组织编制，报上一级人民政府审批。

需要注意的是，目前我国正在建立"多规合一"的国土空间规划体系，《中共中央 国务院关于建立国土空间规划体系并监督实施的若干意见》于 2019 年 5 月 9 日正式印发，要求建立国土空间规划体系并监督实施，将主体功能区规划、土地利用规划、城乡规划等空间规划融合为统一的国土空间规划，实现"多规合一"。2019 年 5 月 28 日《自然资源部关于全面开展国土空间规划工作的通知》中明确，各地不再新编和报批主体功能区规划、土地利用总体规划、城镇体系规划、城市（镇）总体规划、海洋功能区划等。

《中共中央 国务院关于建立国土空间规划体系并监督实施的若干意见》规定，全国国土空间规划是对全国国土空间作出的全局安排，是全国国土空间保护、开发、利用、修复的政策和总纲，侧重战略性，由自然资源部会同相关部门组织编制，由党中央、国务院审定后印发。省级国土空间规划是对全国国土空间规划的落实，指导市县国土空间规划编制，侧重协调性，由省级政府组织编制，经同级人大常委会审议后报国务院审批。市县和乡镇国土空间规划是本级政府对上级国土空间规划要求的细化落实，是对本行政区域开发保护作出的具体安排，侧重实施性。需报国务院审批的城市（直辖市、计划单列市、省会城市及国务院指定城市）国土空间总体规划，由市政府组织编制，经同级人大常委会审议后，由省级政府报国务院审批；其他市县及乡镇国土空间规划由省级政府根据当地实际，明确规划编制审批内容和程序要求。各地可因地制宜，将市县与乡镇国土空间规划合并编制，也可以几个乡镇为单元编制乡镇级国土空间规划。

2. 乡规划、村庄规划

《中华人民共和国城乡规划法》规定，乡、镇人民政府组织编制乡规划、村庄规划，报上一级人民政府审批。

《中共中央 国务院关于建立国土空间规划体系并监督实施的若干意见》规定，在城镇开发边界外的乡村地区，以一个或几个行政村为单元，由乡镇政府组织编制"多规合一"的实用性村庄规划，作为详细规划，报上一级政府审批。

3. 控制性详细规划、修建性详细规划

《中华人民共和国城乡规划法》规定，城市人民政府城乡规划主管部门根据城市总体规划的要求，组织编制城市的控制性详细规划，经本级人民政府批准后，报本级人民代表大会常务委员会和上一级人民政府备案。县人民政府所在地镇的控制性详细规划，由县人民政府城乡规划主管部门根据镇总体规划的要求组织编制，经县人民政府批准后，报本级人民代表大会常务委员会和上一级人民政府备案。镇人民政府根据镇总体规划的要求，组织编制镇的控制性详细规划，报上一级人民政府审批。城市、县人民政府城乡规划主管部门和镇人民政府可以组织编制重要地块的修建性详细规划。其他地区的修建性详细规划的编制主体是建设单位。各类修建性详细规划由城市、县城乡规划主管部门依法负责审定。修建性详细规划应当符合控制性详细规划。

《中共中央 国务院关于建立国土空间规划体系并监督实施的若干意见》规定，在市县及以下编制详细规划。详细规划是对具体地块用途和开发建设强度等作出的实施性安排，是开展国土空间开发保护活动、实施国土空间用途管制、核发城乡建设项目规划许可、进行各项建设等的法定依据。在城镇开发边界内的详细规划，由市县自然资源主管部门组织编制，报同级政府审批。

8.2.2　城乡规划的审批程序

1. 现行中华人民共和国城乡规划法律、法规的规定

根据现行城乡规划，城乡规划审批包括前置程序、上报程序、批准程序和公布程序。

（1）前置程序

1）报请审议。根据《中华人民共和国城乡规划法》第十六条的规定，省域城镇体系规划和城市总体规划在报上一级人民政府审批前，应当先经本级人民代表大会常务委员会审议，常务委员会组成人员的审议意见交由本级人民政府研究处理。

镇总体规划在报上一级人民政府审批前，应当先经镇人民代表大会审议，代表的审议意见交由本级人民政府研究处理。

城乡规划的组织编制机关报送审批的省域城镇体系规划、城市总体规划或者镇总体规划时，应当将本级人民代表大会常务委员会组成人员或者镇人民代表大会代表的审议意见和根据审议意见修改规划的情况一并报送。

根据《中华人民共和国城乡规划法》第二十二条规定，乡规划、村庄规划在报送审批前，应当经过村民会议或者村民代表会议讨论同意。

2）规划公告。根据《中华人民共和国城乡规划法》第二十六条规定，城乡规划报送审批前，组织编制机关应当依法将城乡规划草案予以公告，并采取论证会、听证会或者其他方式征求专家和公众的意见。公告的时间不得少于 30 日。组织编制机关应当充分考虑专家和公众的意见，并在报送审批的材料中附具意见采纳情况及理由。

（2）上报程序

根据《中华人民共和国城乡规划法》的规定，组织编制城乡规划的机关为城乡规划上报机关。

（3）批准程序

根据《中华人民共和国城乡规划法》第二十七条规定，省域城镇体系规划、城市总体规划、镇总体规划批准前，审批机关应当组织专家和有关部门进行审查。

城乡规划审批机关在对上报的城乡规划组织审查同意后，予以书面批复。

（4）公布程序

根据《中华人民共和国城乡规划法》第七条、第八条规定，经依法批准的城乡规划，是城乡建设和规划管理的依据。城乡规划组织编制机关应当及时公布经依法批准的城乡规划。但是法律、行政法规规定不得公开的内容除外。

2. 国土空间规划体系有关规定

《中共中央 国务院关于建立国土空间规划体系并监督实施的若干意见》规定按照谁审批、谁监管的原则，分级建立国土空间规划审查备案制度。精简规划审批内容，

管什么就批什么，大幅缩减审批时间。《自然资源部关于全面开展国土空间规划工作的通知》要求按照"管什么就批什么"的原则，对省级和市县国土空间规划，侧重控制性审查，重点审查目标定位、底线约束、控制性指标、相邻关系等，并对规划程序和报批成果形式做合规性审查。简化报批流程，取消规划大纲报批环节。压缩审查时间，省级国土空间规划和国务院审批的市级国土空间总体规划，自审批机关交办之日起，一般应在 90 天内完成审查工作，上报国务院审批。各省（自治区、直辖市）也要简化审批流程和时限。《自然资源部办公厅关于加强国土空间规划监督管理的通知》要求规范规划编制审批：（一）严格按照中央精神，依法依规编制和审批国土空间规划，不在国土空间规划体系之外另行编制审批新的土地利用总体规划、城市（镇）总体规划等空间规划，不再出台不符合新发展理念和"多规合一"要求的空间规划类标准规范。（二）建立健全国土空间规划"编""审"分离机制。规划编制实行编制单位终身负责制；规划审查应充分发挥规划委员会的作用，实行参编单位专家回避制度，推动开展第三方独立技术审查。（三）下级国土空间规划不得突破上级国土空间规划确定的约束性指标，不得违背上级国土空间规划的刚性管控要求。各地不得违反国土空间规划约束性指标和刚性管控要求审批其他各类规划，不得以其他规划替代国土空间规划作为各类开发保护建设活动的规划审批依据（图 8-2）。

"三类"规划	"五级"规划		编制部门	审批部门
总体规划	全国国土空间规划		自然资源部会同相关部门	党中央、国务院
	省级国土空间规划		省级人民政府	同级人大常委会审议后报国务院
	市县乡镇	国务院审批的城市国土空间总体规划	城市人民政府	同级人大常委会审议后，由省级人民政府报国务院
		其他市县和乡镇国土空间规划	市级人民政府	省级人民政府明确编制审批内容和程序要求
相关专项规划	海岸带、自然保护地等专项规划及跨行政区域或流域的国土空间规划		所在区域或上一级自然资源主管部门	同级政府
	以空间利用为主的某一领域专项规划		相关主管部门	国土空间规划"一张图"核对
详细规划	城镇开发边界内		市县国土空间规划主管部门	市县人民政府
	城镇开发边界外的乡村地区：村庄规划		乡镇人民政府	市县人民政府

图 8-2　国土空间规划编制审批体系

资料来源：自然资源部国土空间规划局 . 新时代国土空间规划——写给领导干部 [M].
北京：中国地图出版社，2021.

8.3　城乡规划修改的管理

《中华人民共和国城乡规划法》专门设立"城乡规划的修改"一章，从法律上明确了严格的规划修改制度。《自然资源部办公厅关于加强国土空间规划监督管理的通知》要求，规划修改必须严格落实法定程序要求，深入调查研究，征求利害关系人意见，组织专家论证，实行集体决策。不得以城市设计、工程设计或建设方案等非法定方式擅自修改规划、违规变更规划条件。

8.3.1　省域城镇体系规划、城市总体规划、镇总体规划的修改

1. 规划实施情况评估

根据《中华人民共和国城乡规划法》第四十六条规定，省域城镇体系规划、城市总体规划、镇总体规划的组织编制机关应当组织有关部门和专家定期对规划实施情况进行评估，并采取论证会、听证会或者其他方式征求公众意见。组织编制机关应当向本级人民代表大会常务委员会、镇人民代表大会和原审批机关提出评估报告并附具征求意见的情况。

2. 规划修改的条件

根据《中华人民共和国城乡规划法》第四十七条规定，有下列情形之一的，组织编制机关方可按照规定的权限和程序修改省域城镇体系规划、城市总体规划、镇总体规划：（一）上级人民政府制定的城乡规划发生变更，提出修改规划要求的；（二）行政区划调整确需修改规划的；（三）因国务院批准重大建设工程确需修改规划的；（四）经评估确需修改规划的；（五）城乡规划的审批机关认为应当修改规划的其他情形。

3. 规划修改的程序

修改省域城镇体系规划、城市总体规划、镇总体规划前，组织编制机关应当对原规划的实施情况进行总结，并向原审批机关报告。修改涉及城市总体规划、镇总体规划强制性内容的，应当先向原审批机关提出专题报告，经同意后，方可编制修改方案。修改后的省域城镇体系规划、城市总体规划、镇总体规划，应当依照《中华人民共和国城乡规划法》第十三条、第十四条、第十五条和第十六条规定的审批程序报批。

8.3.2　控制性详细规划的修改

修改控制性详细规划的，组织编制机关应当对修改的必要性进行论证，征求规划地段内利害关系人的意见，并向原审批机关提出专题报告，经同意后，方可编制修改方案。修改后的控制性详细规划应当依据《中华人民共和国城乡规划法》第十九条、第二十条规定的审批程序报批。控制性详细规划修改涉及城市总体规划、镇总体规划的强制性内容的，应当先修改总体规划。

8.3.3　修建性详细规划的修改

经依法审定的修建性详细规划、建设工程设计方案的总平面图不得随意修改；

确需修改的，城乡规划主管部门应当采取听证会等形式，听取利害关系人的意见；因修改给利害关系人合法权益造成损失的，应当依法给予补偿。

8.3.4 乡规划、村庄规划的修改

根据《中华人民共和国城乡规划法》第二十二条规定的审批程序报批。即乡、镇人民政府组织修改乡规划、村庄规划，报上一级人民政府审批。

8.3.5 近期建设规划修改的备案

城市、县、镇人民政府修改近期建设规划的，应当将修改后的近期建设规划报总体规划审批机关备案。

8.4 城乡规划编制单位的资质管理

8.4.1 法律要求

根据《中华人民共和国城乡规划法》第二十四条规定，城乡规划组织编制机关应当委托具有相应资质等级的单位承担城乡规划的具体编制工作。从事城乡规划编制工作应当具备下列条件，并经国务院城乡规划主管部门或者省、自治区、直辖市人民政府城乡规划主管部门依法审查合格，取得相应等级的资质证书后，方可在资质等级许可的范围内从事城乡规划编制工作：有法人资格；有规定数量的经相关行业协会注册的规划师；有规定数量的相关专业技术人员；有相应的技术装备；有健全的技术、质量、财务管理制度。

第五十九条规定，城乡规划组织编制机关委托不具有相应资质等级的单位编制城乡规划的，由上级人民政府责令改正，通报批评；对有关人民政府负责人和其他直接责任人员依法给予处分。

第六十二条规定，城乡规划编制单位有下列行为之一的，由所在地城市、县人民政府城乡规划主管部门责令限期改正，处合同约定的规划编制费一倍以上二倍以下的罚款；情节严重的，责令停业整顿，由原发证机关降低资质等级或者吊销资质证书；造成损失的，依法承担赔偿责任：超越资质等级许可的范围承揽城乡规划编制工作的；违反国家有关标准编制城乡规划的。未依法取得资质证书承揽城乡规划编制工作的，由县级以上地方人民政府城乡规划主管部门责令停止违法行为，依照前款规定处以罚款；造成损失的，依法承担赔偿责任。以欺骗手段取得资质证书承揽城乡规划编制工作的，由原发证机关吊销资质证书，依照本条第一款规定处以罚款；造成损失的，依法承担赔偿责任。

第六十三条规定，城乡规划编制单位取得资质证书后，不再符合相应的资质条件的，由原发证机关责令限期改正；逾期不改正的，降低资质等级或者吊销资质证书。

8.4.2 具体规定

《城乡规划编制单位资质管理规定》（2012年7月2日中华人民共和国住房和城乡建设部令第12号公布），对申请城乡规划编制单位资质，实施对城乡规划编制单位资质监督管理作出具体规定。

1. 主管部门

国务院城乡规划主管部门负责全国城乡规划编制单位的资质管理工作。县级以上地方人民政府城乡规划主管部门负责本行政区域内城乡规划编制单位的资质管理工作。城乡规划编制单位甲级资质许可，由国务院城乡规划主管部门实施。城乡规划编制单位乙级、丙级资质许可，由登记注册所在地省、自治区、直辖市人民政府城乡规划主管部门实施。资质许可的实施办法由省、自治区、直辖市人民政府城乡规划主管部门依法确定。

目前，自然资源部负责全国城乡规划编制单位的资质管理工作，县级以上地方人民政府自然资源主管部门负责本行政区域内城乡规划编制单位的资质管理工作。

2. 资质等级与标准

根据《城乡规划编制单位资质管理规定》，城乡规划编制单位资质分为甲级、乙级、丙级。各级标准的条件及业务范围见表8-1。

城乡规划编制单位资质标准和承担规划任务一览表　　　　表8-1

资质标准＼资质等级	甲级	乙级	丙级
业务能力	能承担各种城市规划编制任务的能力	具备相应的承担城市规划编制任务的能力	具备相应的承担城市规划编制任务的能力技术力量
专业技术人员	不少于40人	不少于25人	不少于15人
高级城市规划师	不少于4人	不少于2人	—
具有其他专业的高级技术职称人员	不少于4人（建筑、道路交通、给水排水专业各不少于1人）	高级建筑师不少于1人、高级工程师不少于1人	—
中级技术职称的城市规划专业人员	不少于8人	不少于5人	不少于2人
其他专业的人员	其他专业（建筑、道路交通、园林绿化、给水排水、电力、通信、燃气、环保等）的人员不少于15人	其他专业（建筑、道路交通、园林绿化、给水排水、电力、通信、燃气、环保等）的人员不少于10人	建筑、道路交通、园林绿化、给水排水等专业具有中级技术职称的人员不少于4人
注册规划师	不少于10人	不少于4人	不少于1人

续表

资质等级＼资质标准	甲级	乙级	丙级
管理制度	管理制度健全并得到有效执行	管理制度健全并得到有效执行	管理制度健全并得到有效执行
注册资金	不少于 100 万元	不少于 50 万元	不少于 20 万元
固定工作场所的面积	$400m^2$ 以上	$200m^2$ 以上	$100m^2$ 以上
承担城市规划业务范围	不受限制	可在全国承担：（一）镇、20 万现状人口以下城市总体规划的编制；（二）镇、登记注册所在地城市和 100 万现状人口以下城市相关专项规划的编制；（三）详细规划的编制；（四）乡、村庄规划的编制；（五）建设工程项目规划选址的可行性研究	可以全国承担：（一）镇总体规划（县人民政府所在地镇除外）的编制；（二）镇、登记注册所在地城市和 20 万现状人口以下城市的相关专项规划及控制性详细规划的编制；（三）修建性详细规划的编制；（四）乡、村庄规划的编制；（五）中、小型建设工程项目规划选址的可行性研究

资料来源：邱跃，苏海龙. 城乡规划管理与法规 [M]. 北京：中国建筑工业出版社，2018.

2021 年 12 月 3 日自然资源部办公厅发布了《关于印发深化"证照分离"改革进一步激发市场主体发展活力工作实施方案的通知》，在全国范围内，直接取消"城乡规划编制单位丙级资质认定"，丙级城乡规划编制资质不再进行延续、变更和重新核定等。

3. 资质管理程序

城乡规划编制单位的资质管理应遵守的管理程序是申请、审批、变更、换发补发、备案、监管、处罚七个程序。资质许可机关作出准予资质许可的决定，应当予以公告，公众有权查阅。城乡规划编制单位初次申请，其申请资质等级最高不超过乙级。乙级、丙级城乡规划编制单位取得资质证书满 2 年后，可以申请高一级别的城乡规划编制单位资质。资质许可机关可以依法对城乡规划编制单位进行必要的检查。城乡规划编制单位取得资质后，不再符合相应资质条件的，由原资质许可机关责令限期改正；逾期不改的，降低资质等级或者吊销资质证书。

根据 2021 年 4 月 9 日发布的《自然资源部办公厅关于加强规划资质管理的通知》，自然资源部正按照党中央"多规合一"决策部署，研究制定新的规划资质标准和管理规定。新的规划资质申报标准出台后，将面向各规划编制单位全面开展资质认定工作。通过本轮城乡规划资质核定的规划编制单位，可在原证书有效期到期前申请核发新证。2023 年 6 月 21 日至 7 月 21 日，自然资源部将起草的《城乡规划编制单位资质管理办法（征求意见稿）》向社会公开征求意见。

8.5 城乡规划实施管理

8.5.1 综述

《中华人民共和国城乡规划法》第三十六条、第三十七条、第三十八条、第四十条、第四十一条规定了城乡规划实施管理中，由城乡规划主管部门核发选址意见书、建设用地规划许可证、建设工程规划许可证、乡村建设规划许可证的法律制度，也就是规划行政审批许可证制度。

城乡规划行政审批许可是城乡规划主管部门依建设单位或个人的申请，通过核发规划许可证等形式，依法赋予该单位或个人在城乡规划区内获取土地使用权、进行建设活动的法律权利的行政行为。它是城乡规划实施管理的主要法律手段和法定形式。

选址意见书是城乡规划行政主管部门依法核发的有关建设项目的选址和布局的法律凭证。

建设用地规划许可证是经城乡规划行政主管部门依法确认其建设项目位置和用地范围的法律凭证。

建设工程规划许可证是城乡规划行政主管部门依法核发的有关建设工程的法律凭证。

选址意见书与规划许可证的作用：一是确认城乡中有关建设活动的合法地位，确保有关建设单位和个人的合法权益；二是作为建设活动进行过程中接受监督检查时的法定依据；三是作为城乡建设档案的重要内容。

乡村建设规划许可证是在乡、村庄规划区内进行乡镇企业、乡村公共设施和公益事业建设时，应当取得的规划许可，是《中华人民共和国城乡规划法》城乡统筹规划、管理的重要体现。

8.5.2 城市建设工程规划管理

《中华人民共和国城乡规划法》对于城市建设项目"一书两证"规划管理制度进行了详细的规定，具体如下：

第三十六条，按照国家规定需要有关部门批准或者核准的建设项目，以划拨方式提供国有土地使用权的，建设单位在报送有关部门批准或者核准前，应当向城乡规划主管部门申请核发选址意见书。

前款规定以外的建设项目不需要申请选址意见书。

第三十七条，在城市、镇规划区内以划拨方式提供国有土地使用权的建设项目，经有关部门批准、核准、备案后，建设单位应当向城市、县人民政府城乡规划主管部门提出建设用地规划许可申请，由城市、县人民政府城乡规划主管部门依据控制性详细规划核定建设用地的位置、面积、允许建设的范围，核发建设用地规划许可证。

建设单位在取得建设用地规划许可证后，方可向县级以上地方人民政府土地主管部门申请用地，经县级以上人民政府审批后，由土地主管部门划拨土地。

第三十八条，在城市、镇规划区内以出让方式提供国有土地使用权的，在国有土地使用权出让前，城市、县人民政府城乡规划主管部门应当依据控制性详细规划，提出出让地块的位置、使用性质、开发强度等规划条件，作为国有土地使用权出让合同的组成部分。未确定规划条件的地块，不得出让国有土地使用权。

以出让方式取得国有土地使用权的建设项目，建设单位在取得建设项目的批准、核准、备案文件和签订国有土地使用权出让合同后，向城市、县人民政府城乡规划主管部门领取建设用地规划许可证。

城市、县人民政府城乡规划主管部门不得在建设用地规划许可证中，擅自改变作为国有土地使用权出让合同组成部分的规划条件。

第四十五条，县级以上地方人民政府城乡规划主管部门按照国务院规定对建设工程是否符合规划条件予以核实。未经核实或者经核实不符合规划条件的，建设单位不得组织竣工验收。

建设单位应当在竣工验收后六个月内向城乡规划主管部门报送有关竣工验收资料。

规划审批流程如图 8-3 所示。

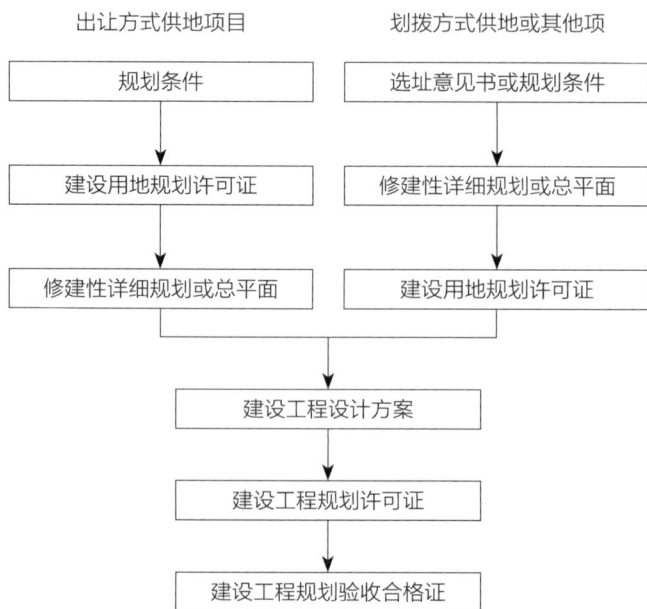

图 8-3 城市建设工程规划管理流程图

资料来源：作者自绘.

　　2019年9月17日，自然资源部发布《自然资源部关于以"多规合一"为基础推进规划用地"多审合一、多证合一"改革的通知》，以"多规合一"为基础推进规划用地"多审合一、多证合一"改革，合并规划选址和用地预审，将建设项目选址意见书、建设项目用地预审意见合并，自然资源主管部门统一核发建设项目用地预审与选址意见书，不再单独核发建设项目选址意见书、建设项目用地预审意见；合并建设用地规划许可和用地批准，将建设用地规划许可证、建设用地批准书合并，自然资源主管部门统一核发新的建设用地规划许可证，不再单独核发建设用地批准书（图8-4~图8-8）。

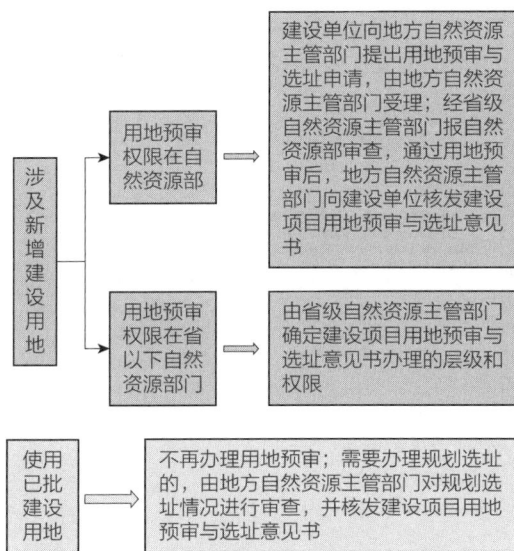

图 8-4　合并规划选址和用地预审流程图
资料来源：自然资源部国土空间规划局.新时代国土空间规划——写给领导干部 [M].北京：中国地图出版社，2021.

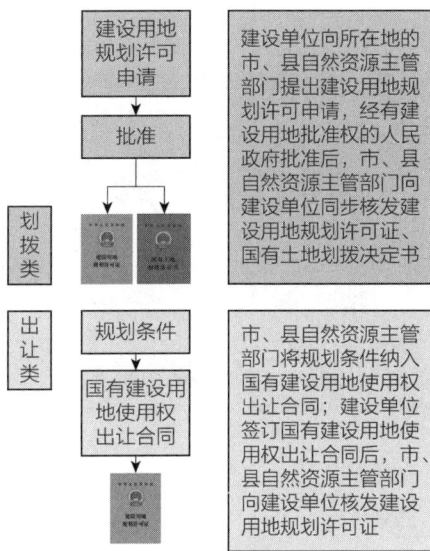

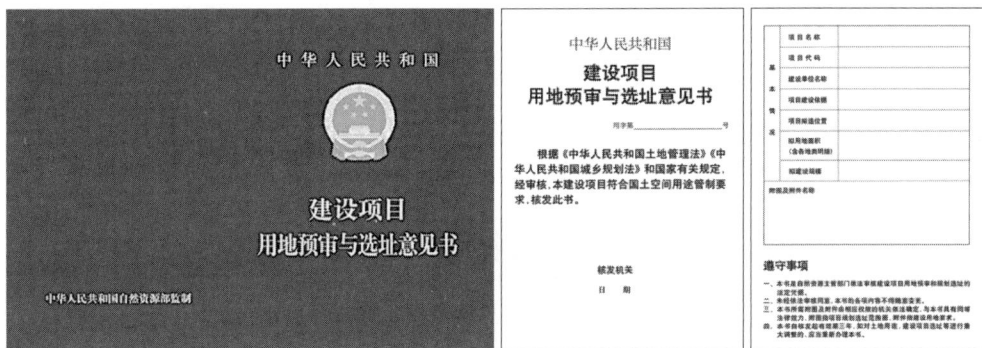

图 8-5　合并建设用地规划许可和用地批准流程图
资料来源：自然资源部国土空间规划局.新时代国土空间规划——写给领导干部 [M].北京：中国地图出版社，2021.

图 8-6　建设项目用地预审与选址意见书封面及内页
资料来源：自然资源部网站.

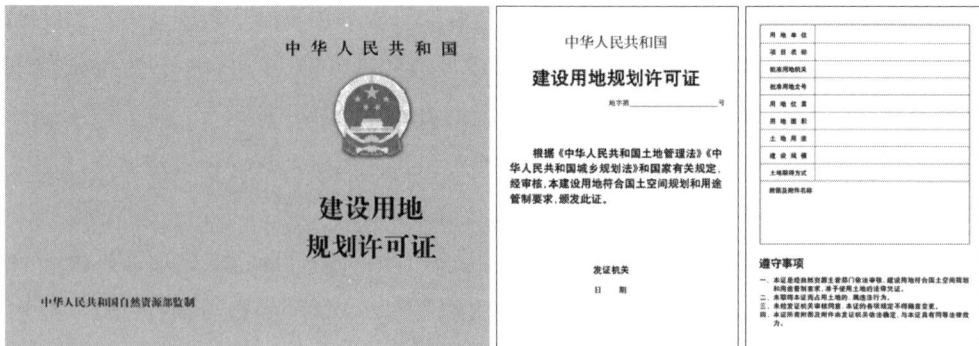

图 8-7　建设用地规划许可证封面及内页

资料来源：自然资源部网站.

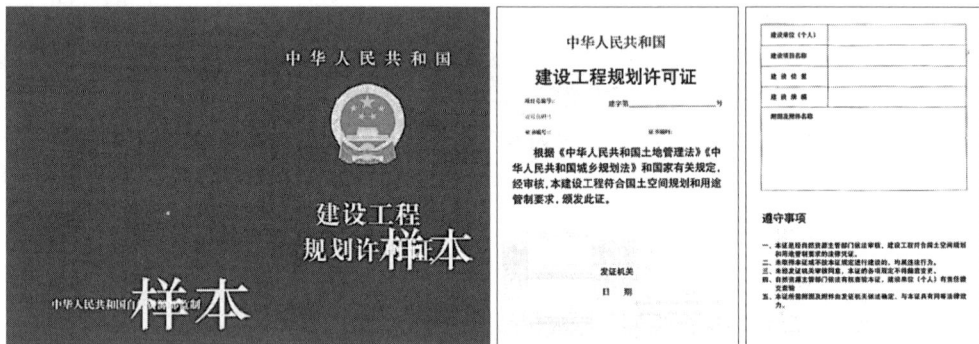

图 8-8　建设工程规划许可证封面及内页

资料来源：天津市规划和自然资源局.

8.5.3　乡村规划管理

《中华人民共和国城乡规划法》对乡村建设规划管理提出了明确要求：

第四十一条，在乡、村庄规划区内进行乡镇企业、乡村公共设施和公益事业建设的，建设单位或者个人应当向乡、镇人民政府提出申请，由乡、镇人民政府报城市、县人民政府城乡规划主管部门核发乡村建设规划许可证。

在乡、村庄规划区内使用原有宅基地进行农村村民住宅建设的规划管理办法，由省、自治区、直辖市制定。

在乡、村庄规划区内进行乡镇企业、乡村公共设施和公益事业建设以及农村村民住宅建设，不得占用农用地；确需占用农用地的，应当依照《中华人民共和国土地管理法》有关规定办理农用地转用审批手续后，由城市、县人民政府城乡规划主管部门核发乡村建设规划许可证。

乡村规划管理流程如图 8-9 所示。

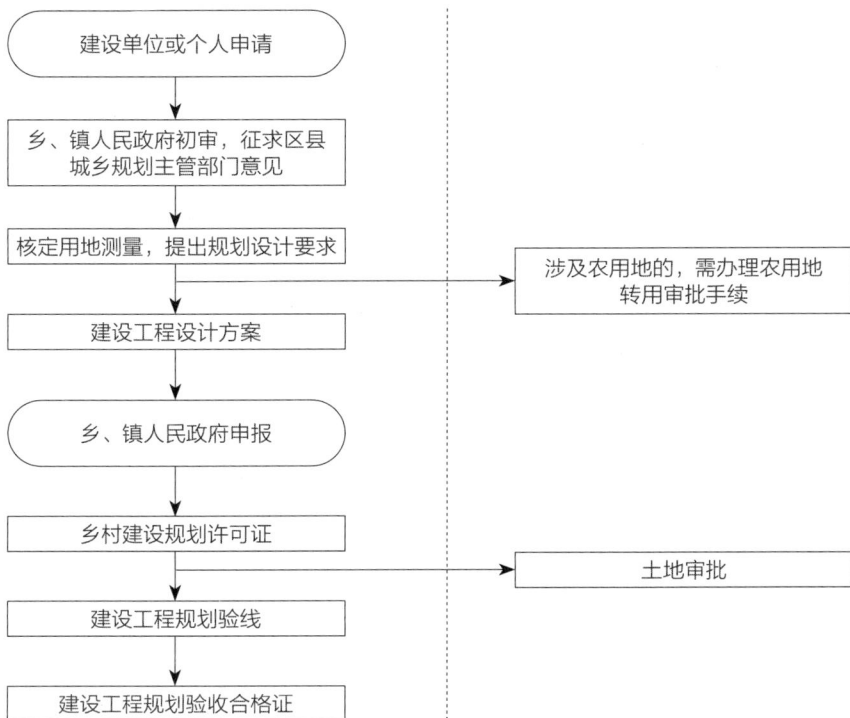

图 8-9 乡村规划管理流程图

资料来源：作者自绘.

8.5.4 临时建设和临时用地管理

1. 临时建设和临时用地规划管理的概念

临时建设，是指经城市、县人民政府城乡规划行政主管部门批准，临时建设并临时性使用，必须在批准的使用期限内自行拆除的建筑物、构筑物、道路、管线或者其他设施等建设工程。

临时用地，是指由于建设工程施工、堆料、安全等需要和其他原因，需要在城市、镇规划区内经批准后临时使用的土地。

临时建设和临时用地规划管理，就是指城市、县人民政府城乡规划主管部门，对于在城市、镇规划区内进行临时建设和临时使用土地，实行严格控制和审查批准，行使规划许可工作职责的总称。

2. 临时建设和临时用地规划管理的程序

临时建设和临时用地规划管理的程序，一般应当包括临时建设和临时用地申请、规划审批、核发批准证件和监督检查。

《中华人民共和国城乡规划法》第四十四条，在城市、镇规划区内进行临时建设的，应当经城市、县人民政府城乡规划主管部门批准。临时建设影响近期建设规划或者控制性详细规划的实施以及交通、市容、安全等的，不得批准。

临时建设应当在批准的使用期限内自行拆除。

临时建设和临时用地规划管理的具体办法，由省、自治区、直辖市人民政府制定。

《中华人民共和国城乡规划法》第六十六条，建设单位或者个人有下列行为之一的，由所在地城市、县人民政府城乡规划主管部门责令限期拆除，可以并处临时建设工程造价一倍以下的罚款：

未经批准进行临时建设的；

未按照批准内容进行临时建设的；

临时建筑物、构筑物超过批准期限不拆除的。

8.6 城乡规划的监督检查

8.6.1 权力机关对城乡规划工作的监督

《中华人民共和国城乡规划法》第五十二条，地方各级人民政府应当向本级人民代表大会常务委员会或者乡、镇人民代表大会报告城乡规划的实施情况，并接受监督。

8.6.2 城乡规划监督检查的内容

城乡规划监督检查，是对建设单位或个人的建设活动是否符合城乡规划进行监督检查；并对违反城乡规划的行为进行查处。

县级以上人民政府规划主管部门对城乡规划实施情况进行监督检查，内容包括：

验证有关土地使用和建设申请的申报条件是否符合法定要求，有无弄虚作假。监管建设工程是否按照依据详细规划核发的建设用地规划许可证、建设工程规划许可证的许可内容进行建设。

建设工程竣工验收之前，检查、核实有关建设工程是否符合规划条件，严格依据规划条件和建设工程规划许可证开展核实。无规划许可或违反规划许可的建筑项目不得通过规划核实，不得组织竣工验收。

8.6.3 城乡规划监督检查的方法

在进行监督检查时可采取执法检查、案件调查、不定期抽查、接收群众举报等措施。

根据《中华人民共和国城乡规划法》第五十三条的规定，城乡规划主管部门在进行规划监督检查时有权采取以下措施：要求有关单位和人员提供与监督事项有关的文件、资料，并进行复制；要求有关单位和人员就监督事项涉及的问题作出解释和说明，并根据需要进入现场进行勘测；责令有关单位和人员停止违反有关城乡规划法律、法规的行为。

8.6.4　城乡规划监督检查的程序

依申请检查的程序分为申请程序（由建设单位或者个人向城乡规划行政主管部门提出申请）、检查程序（由规划管理监督检查人员赴现场进行踏勘检查）和确认程序（城乡规划行政主管部门签署书面意见）。

行政检查过程中应注意的事项主要是：检查人员执行检查时，必须两人以上，并应当佩戴公务标志，主动出示证件；实施行政检查时，监督检查人员应当通知被检查人在现场，检查必须公开进行；依申请施工检查必须及时，即从检查开始到结束不能超过正常时间；有责任为被检查者保守技术秘密和业务秘密；检查结果承担法律责任。

8.6.5　城乡规划的法律责任及处罚

《中华人民共和国城乡规划法》中规定的法律责任可以分为：有关人民政府的责任、城乡规划主管部门的责任、相关行政部门的责任、城乡规划编制单位的责任和行政相对人的责任，还规定了违反村建设规划的法律责任。相关责任内容详见表8-2。

城乡规划管理中的行政违法与法律责任承担　　　　　表 8-2

违法行为的主体	违法行为	处罚内容
城乡规划的组织编制、审批、修改部门	（一）依法应当编制城乡规划而未组织编制； （二）未按法定程序编制、审批、修改城乡规划； （三）委托不具有相应资质等级的单位编制城乡规划	由上级人民政府责令改正，通报批评；对有关人民政府负责人和其他直接责任人员依法给予处分
镇人民政府或者县级以上人民政府城乡规划主管部门	（一）未依法组织编制城市的控制性详细规划、县人民政府所在地镇的控制性详细规划的； （二）超越职权或者对不符合法定条件的申请人核发选址意见书、建设用地规划许可证、建设工程规划许可证、乡村建设规划许可证的； （三）对符合法定条件的申请人未在法定期限内核发选址意见书、建设用地规划许可证、建设工程规划许可证、乡村建设规划许可证的； （四）未依法对经审定的修建性详细规划、建设工程设计方案的总平面图予以公布的； （五）同意修改修建性详细规划、建设工程设计方案的总平面图前未采取听证会等形式听取利害关系人的意见的；	由本级人民政府、上级人民政府城乡规划主管部门或者监察机关依据职权责令改正，通报批评；对直接负责的主管人员和其他直接责任人员依法给予处分

续表

违法行为的主体	违法行为	处罚内容
镇人民政府或者县级以上人民政府城乡规划主管部门	（六）发现未依法取得规划许可或者违反规划许可的规定在规划区内进行建设的行为，而不予查处或者接到举报后不依法处理的	—
县级以上人民政府有关部门	（一）对未依法取得选址意见书的建设项目核发建设项目批准文件的； （二）未依法在国有土地使用权出让合同中确定规划条件或者改变国有土地使用权出让合同中依法确定的规划条件的； （三）对未依法取得建设用地规划许可证的建设单位划拨国有土地使用权的	本级人民政府或者上级人民政府有关部门责令改正，通报批评；对直接负责的主管人员和其他直接责任人员依法给予处分
城乡规划编制单位	（一）超越资质等级许可的范围承揽城乡规划编制工作的； （二）违反国家有关标准编制城乡规划的	由所在地城市、县人民政府城乡规划主管部门责令限期改正，处合同约定的规划编制费1倍以上2倍以下的罚款；情节严重的，责令停业整顿，由原发证机关降低资质等级或者吊销资质证书；造成损失的，依法承担赔偿责任
城乡规划编制单位	未依法取得资质证书承揽城乡规划编制工作的	由县级以上地方人民政府城乡规划主管部门责令停止违法行为，依照上述的规定处以罚款；造成损失的，依法承担赔偿责任
城乡规划编制单位	以欺骗手段取得资质证书承揽城乡规划编制工作的	由原发证机关吊销资质证书，依照上述的规定处以罚款；造成损失的，依法承担赔偿责任
城乡规划编制单位	城乡规划编制单位取得资质证书后，不再符合相应的资质条件的，又逾期不改正的	降低资质等级或者吊销资质证书
规划管理相对人（建设单位）	未取得建设工程规划许可证或者未按照建设工程规划许可证的规定进行建设的	由县级以上地方人民政府城乡规划主管部门责令停止建设；尚可采取改正措施消除对规划实施的影响的，限期改正，处建设工程造价5%以上10%以下的罚款；无法采取改正措施消除影响的，限期拆除，不能拆除的，没收实物或者违法收入，可以并处建设工程造价10%以下的罚款
规划管理相对人（建设单位）	在乡、村庄规划区内未依法取得乡村建设规划许可证或者未按照乡村建设规划许可证的规定进行建设的	由乡、镇人民政府责令停止建设、限期改正；逾期不改正的，可以拆除
建设单位或者个人	（一）未经批准进行临时建设的； （二）未按照批准内容进行临时建设的； （三）临时建筑物、构筑物超过批准期限不拆除的	由所在地城市、县人民政府城乡规划主管部门责令限期拆除，可以并处临时建设工程造价1倍以下的罚款

续表

违法行为的主体	违法行为	处罚内容
建设单位	未在建设工程竣工验收后6个月内向城乡规划主管部门报送有关竣工验收资料的	由所在地城市、县人民政府城乡规划主管部门责令限期补报；逾期不补报的，处1万元以上5万元以下的罚款
有关当事人	城乡规划主管部门作出责令停止建设或者限期拆除的决定后，当事人不停止建设或者逾期不拆除的	建设工程所在地县级以上地方人民政府可以责成有关部门采取查封施工现场、强制拆除等措施
有关人员	违反《中华人民共和国城乡规划法》规定，构成犯罪的	依法追究刑事责任

资料来源：邱跃，苏海龙. 城乡规划管理与法规 [M]. 北京：中国建筑工业出版社，2018.

8.7 城乡规划责任规划师制度

8.7.1 国内责任规划师制度的实践

1. 责任规划师的缘起

在经济增长和城镇化进程放缓、公共健康危机突显、存量挖潜需求加剧的特殊转型期，我国不断强调治理体系与治理能力现代化的重要性。与此相适应的是，近十年来，城乡规划逐渐从传统的技术性工作转变为广泛的治理行为，各地不断涌现的基层规划师制度便是其表现之一。基层规划师在不同地区的称谓不同，如社区规划师、责任规划师和社区营造师等，本质上都是规划设计技术力量深度参与街道和社区工作的体现。

长期以来，基层总是被阻隔在传统城市规划运作体系之外。这种城市规划行动"脱离"基层建设、忽视社区规划与社区治理的做法，不仅在规划与基层间形成了鸿沟，还将规划搁置于"高高在上"的专业技术与精英决策的位置上。事实上，基层政府一直担负着城市建设事务并急需规划技术的服务与支撑。就街道办事处来说，它们不仅每年要负责大量政府专项建设资金的落地，承担公共空间更新、背街小巷治理和老旧小区改造等项目的落实工作，还要对接辖区内各社区居委会，协调解决居民对空间环境整治的不同诉求。由于缺少相关的规划意识和权限，诸多街道办事处在开展这类工作时，往往直接寻找施工队或者小设计公司来推进项目，时常达不到城市空间提质和精细化的社会共治目标，甚至出现了一刀切的"开墙打洞"治理、单调划一的店面广告牌匾整治等现象。可见，广泛动员专业规划技术人员"下基层"以持续跟踪和服务基层规划建设，已经成为新时期规划变革的重要使命。

　　基层规划师作为一股"新力量"介入基层治理体系，带来的不仅是基层规划技术支持的提升，还是基层规划治理体系和权力的重构。基层规划师制度运作的核心，往往不在于规划师推动的城市空间优化改造项目，而是基层规划师的介入是否改变了基层建设行动中的权力结构、是否推进了精英决策与居民自治之间的关系再造。因此，基于规划师"角色转换"和"增权理论"的思想溯源，探讨责任规划师制度推动下的基层规划治理中的增权现象，并对比责任规划师制度建立前后基层治理结构的差异，有助于探索具有中国特色的基层规划治理路径。

　　中国台北在1999年推出社区规划师制度，鼓励具有奉献热诚、熟知地区环境状况的规划师走入社区，担当起社区空间营造经理人的角色，为社区提供相关专业咨询服务，并协助社区制定"地区发展计划"。2012年，深圳颁布《社区规划师制度实施方案》并建立了四种主要的社区规划师模式，包括派出行政力量担任、派出规划编制单位专业技术人员担任、社区自主聘请规划师、原农村集体经济组织依据市场规则聘请规划设计人员提供规划设计服务等。2013年，成都出台《关于在成都市中心城区实行社区规划师制度的实施意见》，由成都市规划管理局、规划分局和成都市规划设计研究院选派业务骨干组队挂点担任社区规划师，将规划工作延伸到街道和社区。上海市杨浦区于2018年创建社区规划师制度，聘请社区规划师与街道（镇）结对，对地区城市更新工作提供长期跟踪指导和咨询服务，以实现街区的整治提升与精细化管理。

2. 北京责任规划师制度建设

（1）北京责任规划师制度的建立

　　责任规划师制度在北京的正式建立主要经过了：早期试点阶段（2015年以前），实践推广阶段（2015—2018年），制度确立阶段（2019年以来）。

（2）北京责任规划师制度的工作机制

　　北京实行"两级政府，三级管理"的行政模式，责任规划师运作也对应确立了由市级政府部门整体统筹、区级政府细化推进、各街道和乡镇进行具体落实的工作机制。

　　第一，责任规划师工作的整体统筹。北京市规划和自然资源委员会成立"责任规划师工作专班"（以下简称工作专班）以统筹全市责任规划师制度的推进，北京城市规划学会对应成立"街区治理与责任规划师工作专委会"，以服务和优化责任规划师制度架构。市级工作专班主要发挥三大作用：一是增强责任规划师团队的综合素养，通过提供多领域的培训丰富责任规划师的知识技能，举办论坛、学术对话等促进责任规划师之间的经验分享与问题交流；二是面向责任规划师提供多元服务与工具支撑，通过搭建信息化平台等推进知识课堂、数据信息在责任规划师工作中的应用；三是整体跟踪各区责任规划师的工作执行情况，总结经验、发现问题，定期形成调研报告并进行评估表彰。

第二，责任规划师工作方案的细化推进。区政府（规划分局）负责各区责任规划师制度的具体开展。在市级规定基础上，各区从本地实际情况出发形成各具特色的责任规划师工作方案，并为街道、乡镇等选聘一一对应的责任规划师或团队。责任规划师在各区被赋予西师、海师、葵花籽、小蜜丰等特色昵称，并形成了诸如"1+1+N"（海淀区）、"1+24+N"（丰台区）、"中方＋外方"（朝阳区）等多层级或多角色的团队结构。不同地区责任规划师的具体工作实践侧重点各异，形成了按需供给的多元化格局：东城区和西城区的历史文化遗产众多，试点工作开展较早，责任规划师的工作重点围绕老城保护与旧城更新展开，着力推进街巷空间整治、胡同院落改造、居民参与设计等；海淀区和朝阳区分别以高校、科研和国际化为特色，责任规划师工作主要围绕公共空间改造、街道与片区环境提升、老旧小区更新等行动展开，强调存量空间提质与城市风貌优化；大兴区属于北京近郊，属地内包括大量乡村地区，因此配置"乡村责任规划师"开展精准服务，工作重心偏向土地利用监管、规划编制与落实、特色乡村建设等；通州城市副中心率先推出责任"双师"制度，将"责任规划师"与"责任建筑师"纳入同一体系，力图实现从规划到建筑设计的全流程治理。

第三，责任规划师工作在街道（乡镇）的具体落实。受聘后的责任规划师在各街道与乡镇开展日常工作，是支持北京各街道、乡镇推进街区更新的重要力量。2020年1月《北京市街道办事处条例》正式实施，规定街道办事处要"配合规划自然资源部门实施街区更新方案和城市设计导则，组织责任规划师、社会公众参与街区更新"，街道由此被赋予更多的基层规划职责。街道（乡镇）通过申请专项公共资金、组织更新项目申报和实施、动员公众参与等，来实现城市更新行动在基层的落地。各街道（乡镇）因地制宜，在责任规划师的协助下完成了诸多特色鲜明的街区更新实践探索，包括公园绿地提升、工业遗产保护与利用、历史街区改造、老旧小区更新、小微空间行动、街道空间整治等。

3.上海社区规划师制度建设

（1）上海社区规划师制度的建立

依据2015年中央城市工作会议提出的"以人民为中心"的思想，上海在2035城市总体规划中明确以共建、共治和共享为发展目标，鼓励构建最广泛的公众参与格局，通过渐进式、由点及面的社区治理行动，落实了一系列"美丽家园""美丽街区"专项建设。2015年《中共上海市委上海市政府关于进一步创新社会治理加强基层建设的意见》发布，其一方面全力优化街道管理权限和条块职责，推动政府权力下放至街道层面，另一方面对扶持社会组织参与城市更新、推进基层协商民主进行了制度化推进。人人都能有序参与治理，成为人民城市的理念。社区作为城市人居环境的最小社会空间单元，成为完善和创新"社会参与机制"的基本治理单元。然而在传统城市建设模式下，公众参与意识和路径尚显单薄，政府部门社区治理类项目仍存在工作难以下沉、治理环节缺失和对以往工作路径依赖的问题。在此制度背景下，社区规划师出现在社区治理视野中。

（2）上海社区规划师制度的工作机制

上海社区规划师制度在工作内容和职责、规划师角色定位以及工作机制等方面呈现如下特征：以社区和街区更新为主要任务，以街镇为责任单元，保障社区治理方向不跑偏；同时在以上各方面不断进行"微创新"。

一是工作内容全程化延展。社区治理实践中，规划内容具有种类繁杂、主体多元、规模较小、地点分散的特点，各区逐步明确了将社区规划师的工作范畴从单纯的空间方案设计、审核，延伸到项目选址论证和后期实施，包括调研、选址、立项、设计、沟通和把控等环节。

二是角色身份多元化转变。在各区试点实践过程中，结合实践经验和禀赋优势，创新地将社区规划师以不同的职责、身份和形式，形成一个行动主体嵌入组织中。无论从公众视角还是专业领域，社区规划师在制度上是独立于政府部门和社区街镇以外的第三方力量，未来仍将作为一个独立的行动主体，成为制度上打通上下、链接左右的关键，全面起到技术全程、纵向传导、横向沟联的作用，并进一步完善基层关系协调、引导居民自治。

三是工作机制主动性嵌入。在政府主导的规划体制下，技术和服务力量跟随上位战略部署推进。当前社区规划师的工作开展，依托于现行行政网络和政策网络，体现出较强的行政主导色彩。一方面，上海各区社区规划师主要由区级规划、民政相关职能部门遴选和负责管理，部分区（县）的社区规划师由职能部门人员直接担任，这意味着行政部门在权力格局、团队选择、项目供给等方面都处于主导地位。另一方面，当前各区社区规划师在工作过程中，建设任务仍然通过各管理条线落地到街镇，形成任务集成和清单制的工作方式，因此社区规划师的工作需要依附于职能部门和街道办事处等不同权力架构，往往陷入"选择性纳入"的尴尬局面。规划作为平衡社会群体关系的调控手段，具有一定的社会性、话语权和权威性。获得制度支持的社区规划师，表现出具有适应性、有效性和主动性的嵌入。第一，双向选择的模式体现适应性嵌入。作为社区规划师，与先期合作或接触的专业团队、社区、街道之间为双向互动选择，避免了行政指派可能引起的"水土不服"。第二，清单计划的模式确保有效性嵌入。在现行工作机制中，街镇与社区规划师共同制定年度工作计划，区规划资源局、区发展改革委、区建设管理委等相关部门参与确定任务清单。任务清单具有推进与约束社区规划师工作的双重性，在高效有序推进其工作的同时使其受到政府部门项目界面、审批接口、专项资金和实践等方面的条件约束。

第三，自下而上地探索体现主动性嵌入。在具体工作中，社区规划师正以多元化的工作模式和协调路径探索社区公众参与主体性的培育。嵌入式工作机制通过提供参与议题、搭建参与平台、推动参与协商、组织参与培训等多种方式，较好地保障了上级政府对基层街镇的政令传达，以及各职能部门之间的横向沟通联系，但自下而上的反馈和传导机制仍有待优化。

四是制度建设适应性完善。通过三年的实践，上海社区规划师制度、体制、相关配套政策等均有较大程度的改善与优化。早期的社区规划师制度侧重传导作用的机制建设，此阶段的公众参与社区治理仍处于初级水平，在编制、实施和管理各阶段，公众参与、集体行动的基础尚未完全形成。随着实践的开展，社区规划师制度正逐渐向确保协调机制、共建机制方向发展，以保障社区规划师制度的常态化运行。

从制度创新的推动历程来看，社区规划治理的主体已由单一的政府部门转向行政部门与社区规划师联合的复合主体，未来将进一步形成包含政府行政部门、社区规划师（专家学术）团队、社会组织等，并以社区自组织团队为主体的多方协力团队。社区规划师也将从专业的空间缔造者逐渐转为空间专业咨询服务的提供方，为社区主体即社区自治组织提供专业咨询服务。

（3）上海社区治理模式的探索与创新

上海各区通过创新引入社区规划师的实践改变了社区空间治理结构"垂而不下"的状况。在已实践的部分社区治理项目中，一些有益的探索产生了广泛的示范影响，有效唤醒了公众参与治理的意识，在一定程度上落实了"人民城市人民建"的重要理念，在治理模式方法上起到了积极示范作用。

各区针对不同小区的特点，个性化地制定了社区治理"P+P"（Planning+Participating）模式、无界融合、先锋种子计划＋众筹和社会组织引导等模式，较大程度上发挥了多元参与式主体的主观能动性，增强了在地居民的参与感。同时通过政府部门、社区规划师、社会组织与居民之间多样化的合作方式，以最优方式促进了社区微更新的顺利进行。

（4）上海社区规划师制度的局限性

区别于传统城市规划，上海市城市更新制度突破了原有的政府委托规划编制单位制订方案的模式，进一步将权力下放到街道，为以街道为基本单元完善社区规划师制度提供了政策开口。但受限于权力下放的有限性和当前社区规划师制度对现有权力结构的依附，无论作为意见收集者向有关管理部门自下而上地反馈，还是作为主导力量参与技术方案，社区规划师都受限于制度约束下的工作范畴、传导水平和利益冲突，较难发挥能动性，需要机制体制保障以提高可实操性和话语权。

在实施层面，社区规划师任务的实行有赖于嵌入当前的规划编制和建设项目体系，但由于没有引入社会力量和开展公众参与的明确要求，公众参与尚不充分，仍以自上而下的引导为主，因此，在此过程中社区规划师既要寻求与政府相契合的思路和关注点，又要在行动上追求中短期可出成效的空间成果，导致其容易忽略需要长期投入培育的社区协商、公众参与等机制的建设，可能弱化社区规划师制度对治理网络的平衡和协调作用。

当前上海社区规划师的工作范畴主要为城市更新领域。在此过程中，社区规划师需要面对多个管理部门，依托职责分工对特定要素依据相关标准进行提升，例如如何解决 15 分钟生活圈的服务设施标准难以应对具体社区更新中的差异化问题。另外，高品质的城市公共活动空间需要跨部门管理要素、跨系统统筹考量，各社区需要差异化对待。表现为一方面需统筹街道公共空间中商铺、店招、围墙、铺装、绿化、安全设施等隶属于不同职能部门管理的要素；另一方面需处理周边公共空间、临时车辆停放及过街设施等，以及各个社区的差异化需求如居家养老问题等。因此，当社区规划师需要综合协调诸多部门诉求时，急需更为高效的决策和沟通机制。

8.7.2　国外责任规划师制度的实践

1. 美国社区规划师制度建设

美国的社区规划兴起于 20 世纪 60 年代的社区行动计划（Community Action Program，简称"CAP"），迄今已经发展了近 60 年。社区行动计划改变了之前过于重视物质形态的精英式规划做法，强调社会、政治和经济在空间发展上的综合，从而促进社区的全面发展。在美国，社区规划师是一个定义比较宽泛的角色，依职能而聘，如规划师（Planner）、理事（Commissioner）和专务（Officer），社区规划师的职位是社区对社会公开聘任的，理事由社区委员会选出，专务由政府对社会公开聘任。事实上，社区的财政专务、人力资源专务、医疗专务和信息专务等都可以称为社区规划师，他们会参与到社区发展中。他们可以是政府人员或政府特聘的专家，也可以是社区委员会聘用的工作人员或专业人士。美国的社区规划师承担着三重职能：社区规划的设计者、社区活动的组织者以及实施规划的参与者。社区规划师的基本工作职责是寻找适当的社区组织或者由社区组织申请、委托相关非政府组织开展规划编制工作，规划师帮助这些社区组织健全机构，培训其领导人，开展具体的住房、环境等规划工作，帮助申请社区发展资金和援助项目，协助社区实施相关规划建设工程。美国社区规划师的重要特点是在发达的非政府组织的指导下（NGO）开展工作的，并非政府选派或指定，也没有严格的征选要求，其社区工作常常带有公益性质。这与城市发展的成熟阶段密切相关。社区规划师起到的不仅是社区规划的作用，而是会促进社区的整体发展，包括全过程参与社区规划编制、规划实施、资金申请援助等各个方面。

相较而言，赋予社区编制规划的权力，并将其规划和正规规划体系相融合，意义重大。在低收入社区、有色人种集聚社区，特别是在有环境问题的贫困社区，社区利用规划工具争取更公平、正义的发展条件。然而，"197-a"规划对规划体系的影响依赖于社区委员会的能力及政府的对接和平衡矛盾的能力。社区委员会的管理人员不足，经常疲于处理琐碎事务；政府对接的积极性不足，如果社区委员会不继续对政府施加压力的话，很多条款会被忽略；而富裕社区则常常表现出狭隘的"不要在我的后院"的内向性思维，这些社区因为拥有更多的权力而大大影响了政客的政策选择。

2. 韩国首尔社区规划师制度建设

自经济危机以来，韩国的经济虽有所恢复，但收入差距大、社会极化现象仍突出，而市场导向、追求经济速度和效益的城市更新方式缺乏对社区利益、低收入居民的考虑，进一步影响了经济复苏和城市的可持续发展，人们对于提升生活质量的诉求越来越强烈。首尔最早的社区空间提升行动并无政府支持，而是社区领袖、非政府机构发起，主要出现在一些小型居住区、商业或艺术街区，如北村居住型历史地段的保护和社区发展。受自发社区行动的鼓舞，首尔市政府开始转换思路、调整路径，试图摆脱单纯市场驱动的城市开发，转向以市民为中心，重视更具包容性的城市治理。韩国城市行政基层社区机构——洞办公室及居民自治中心，长期受自上而下力量主导，与居民关系并不密切，作用有限。因此，首尔致力于激活更广泛的社区力量，希望以社区共同体的形式来承担长效的社区服务责任。

其发展离不开国家与地方政府强力支持。国家城市更新制度倡导社区参与，2003年的《城市地区居住条件维护和提升法》，2005年的《促进城市更新特别法》，2013年的《促进和支持城市更新特别法》等，都是国家层面对城市更新路径转型的引导；将社区规划纳入国家规划体系；首尔地方法规和政府的大力支持，2012年，首尔发布《邻里社区支持条例》，为政府引导的社区建设项目提供法律基础，强调保护地方传统和习俗，培育社区共同体，提高城市环境品质和居民生活质量。与此同时，机构改革也在同时进行，首尔改革中心、城市规划局和城市更新部均设置了支持社区和公众参与的部门颁布以5年为期的社区共同体基本规划，引导多路径的社区建设。

基于国家政府的强力支持，激活社区力量以承担长效责任。由于市场驱动的更新模式遇到越来越多的问题，通过社区力量进行社区更新成为新的方向。"首尔2020"总体规划提出"社区导向的城市"的发展愿景，并指出基于社区的城市更新是实现这一愿景的关键手段。

韩国2008年以来的城市更新计划，探索了不依赖市场力量、基于社区共同体的可持续更新模式，提高了老旧社区生活质量，维护了社区的传统特色，但是最贫困衰败、最不安全的社区被排除在更新计划之外。首尔的地方社区规划具有法定地位，规划成果是编制城市管理规划和更新计划的依据，但是居民主动参与率比较低。虽然"洞级社区规划实验"尝试推进真正的自下而上自主组织编制和实施的社区规划，但其居民投票率仍然很低。

需要特别指出的是，首尔的社区规划制度化是基于激活社区力量、以替代原有市场驱动的考量，但囿于资金不足等问题而常常陷入困境，特别是改善后的社区出现"绅士化"现象，房产价格急升，提高了设施运营的成本。

思考题（具体内容扫描二维码 8-1 阅读）

本章参考文献

二维码 8-1

[1] 邱跃，苏海龙.城乡规划管理与法规 [M].北京：中国建筑工业出版社，2018.

[2] 全国城市规划执业制度管理委员会.城乡规划管理与法规 [M].北京：中国计划出版社，2011.

[3] 自然资源部国土空间规划局.新时代国土空间规划——写给领导干部 [M].北京：中国地图出版社，2021.

[4] 中华人民共和国城乡规划法（2019 年修正）.

[5] 国务院机构改革方案（2018 年）.

[6] 中共中央、国务院.关于建立国土空间规划体系并监督实施的若干意见 [Z].北京：中共中央、国务院，2019.

[7] 中华人民共和国自然资源部关于全面开展国土空间规划工作的通知 [Z].北京：中华人民共和国自然资源部，2019.

[8] 中华人民共和国自然资源部.关于印发深化"证照分离"改革进一步激发市场主体发展活力工作实施方案的通知 [Z].北京：中华人民共和国自然资源部，2021.

[9] 中华人民共和国自然资源部.关于以"多规合一"为基础推进规划用地"多审合一、多证合一"改革的通知 [Z].北京：中华人民共和国自然资源部，2019.

[10] 中华人民共和国自然资源部.自然资源部办公厅关于加强规划资质管理的通知 [Z].北京：中华人民共和国自然资源部，2021.

[11] 刘佳燕，邓翔宇.北京基层空间治理的创新实践——责任规划师制度与社区规划行动策略 [J].国际城市规划，2021，36（6）：40-47.

[12] 唐燕.北京责任规划师制度：基层规划治理变革中的权力重构 [J].规划师，2021，37（6）：38-44.

[13] 朱弋宇，奚婷霞，匡晓明，等.上海社区规划师制度的实践探索及治理视角的优化建议 [J].国际城市规划，2021，36（6）：48-57.

[14] 鲁帅.美国社区规划师参与路径及启示研究 [D].哈尔滨：哈尔滨工业大学，2021.

[15] 王承慧.社区规划制度化的路径探讨——基于美国纽约、韩国首尔和新加坡的比较 [J].规划师，2020，36（20）：84-89.